D1653083

D2

HAPPLedjeff-Hey

Universitätsbibliothek Duisburg

07XSJ1020+1$

DeInventarisiert

Hans Dieter Baehr · Reiner Tillner-Roth

Thermodynamische Eigenschaften umweltverträglicher Kältemittel

Zustandsgleichungen und Tafeln
für Ammoniak, R 22, R 134a, R 152a und R 123

Thermodynamic Properties of Environmentally Acceptable Refrigerants

Equations of State and Tables
for Ammonia, R 22, R 134a, R 152a and R 123

Springer-Verlag
Berlin Heidelberg New York
London Paris Tokyo
Hong Kong Barcelona Budapest

o. Prof. Dr.-Ing. Dr.-Ing. E.h. Hans Dieter Baehr
Dr.-Ing. Reiner Tillner-Roth

Institut für Thermodynamik
Universität Hannover
Callinstr. 36
30167 Hannover

96-11261

Deinventarisiert

ISBN 3-540-58693-8 Springer-Verlag Berlin Heidelberg New York

CIP-Eintrag beantragt

Dieses Werk ist urheberrechtlich geschützt. Die dadurch begründeten Rechte, insbesondere die der Übersetzung, des Nachdrucks, des Vortrags, der Entnahme von Abbildungen und Tabellen, der Funksendung, der Mikroverfilmung oder Vervielfältigung auf anderen Wegen und der Speicherung in Datenverarbeitungsanlagen, bleiben, auch bei nur auszugsweiser Verwertung, vorbehalten. Eine Vervielfältigung dieses Werkes oder von Teilen dieses Werkes ist auch im Einzelfall nur in den Grenzen der gesetzlichen Bestimmungen des Urheberrechtsgesetzes der Bundesrepublik Deutschland vom 9. September 1965 in der jeweils geltenden Fassung zulässig. Sie ist grundsätzlich vergütungspflichtig. Zuwiderhandlungen unterliegen den Strafbestimmungen des Urheberrechtsgesetzes.

© Springer-Verlag Berlin Heidelberg 1995
Printed in Germany

Die Wiedergabe von Gebrauchsnamen, Handelsnamen, Warenbezeichnungen usw. in diesem Buch berechtigt auch ohne besondere Kennzeichnung nicht zu der Annahme, daß solche Namen im Sinne der Warenzeichen- und Markenschutz-Gesetzgebung als frei zu betrachten wären und daher von jedermann benutzt werden dürften.

Sollte in diesem Werk direkt oder indirekt auf Gesetze, Vorschriften oder Richtlinien (z.B. DIN, VDI, VDE) Bezug genommen oder aus ihnen zitiert worden sein, so kann der Verlag keine Gewähr für die Richtigkeit, Vollständigkeit oder Aktualität übernehmen. Es empfiehlt sich, für die eigenen Arbeiten die vollständigen Vorschriften oder Richtlinien in der jeweils gültigen Fassung hinzuzuziehen.

Satz: Reproduktionsfertige Vorlage der Autoren
SPIN: 10483129   60/3020 - 5 4 3 2 1 0 - Gedruckt auf säurefreiem Papier

Vorwort

Nachdem sich die bisher verwendeten Fluor-Chlor-Kohlenwasserstoffe (FCKW) als umweltschädigende Kältemittel erwiesen haben, werden sie jetzt durch Stoffe ersetzt, welche die stratosphärische Ozonschicht nicht oder nur in geringem Maße angreifen. Zum atmosphärischen Treibhauseffekt tragen sie wesentlich weniger bei als die FCKW. Für diese zum Teil neuen Ersatzkältemittel werden genaue und zuverlässige Werte ihrer thermodynamischen Eigenschaften benötigt, um Prozesse und Anlagen der Kälte-, Klima- und Wärmepumpen-Technik zu berechnen.

In diesem Buch bieten wir für fünf umweltverträgliche Kältemittel erstmals genaue Zustandsgleichungen an sowie umfangreiche Tafeln ihrer Zustandsgrößen. Dabei haben wir für die Praxis wichtige Stoffe ausgewählt, deren thermodynamische Eigenschaften aufgrund umfangreicher Messungen sehr genau bekannt sind. Für diese Kältemittel existieren zuverlässige Fundamentalgleichungen, nämlich besondere Zustandsgleichungen, aus denen sich *alle* thermodynamischen Eigenschaften berechnen lassen. Mit diesen Gleichungen haben wir die Tafeln der Zustandsgrößen im Naßdampfgebiet und im Gebiet des Gases und der Flüssigkeit berechnet. Auch im Computerzeitalter sind derartige Tafeln ein für viele Aufgaben geeignetes und völlig ausreichendes Hilfsmittel. Wir haben es für jedes der fünf Kältemittel durch einen Satz Arbeitsgleichungen ergänzt. Unter Verwendung eines PC lassen sich mit ihnen die thermodynamischen Eigenschaften im gesamten kältetechnisch wichtigen Zustandsbereich sehr genau und relativ einfach berechnen. Diese Arbeitsgleichungen ersetzen die schwierig zu handhabenden Fundamentalgleichungen für den praktischen Gebrauch.

Die hier angebotenen Tafeln und Arbeitsgleichungen geben die thermodynamischen Eigenschaften der fünf Kältemittel so genau wieder, wie es zur Zeit möglich ist. Sie sind damit ein zuverlässiges Arbeitsmittel für den planenden und entwerfenden Ingenieur; sie dürften auch für Forschung und Lehre an den Universitäten und Fachhochschulen sehr nützlich sein. Außer den von uns bearbeiteten Stoffen werden zur Zeit weitere umweltverträgliche Kältemittel, zum Beispiel die brennbaren Kohlenwasserstoffe Propan und Isobutan, in Erwägung gezogen und in einigen Anwendungsbereichen eingesetzt. Wir beabsichtigen, auch für diese Kältemittel Arbeitsunterlagen in Form von Tabellen und genauen Zustandsgleichungen bei einer Neuauflage dieses Buches bereitzustellen.

Bei der Gestaltung der Tafeln sowie beim Aufstellen der Gleichungen für die spezifische Enthalpie der siedenden Kältemittel hat uns Herr Dipl.-Ing. Torsten Lüddecke wirkungsvoll unterstützt, wofür wir ihm auch an dieser Stelle herzlich danken.

Hannover, im Herbst 1994   **H.D. Baehr**

R. Tillner-Roth

Inhaltsverzeichnis

Formelzeichen 1

1 **Einleitung** 2

2 **Fundamentalgleichungen** 6
   2.1 Die Helmholtz-Funktion 6
   2.2 Die Fundamentalgleichungen der Kältemittel 12
      2.2.1 Ammoniak – NH_3 12
      2.2.2 R 22 – Monochlordifluormethan 14
      2.2.3 R 134a – 1,1,1,2-Tetrafluorethan 14
      2.2.4 R 152a – 1,1-Difluorethan 16
      2.2.5 R 123 – 1,1-Dichlor-2,2,2-trifluorethan 18

3 **Arbeitsgleichungen** 22
   3.1 Der Gleichungssatz 22
      3.1.1 Das Gasgebiet 22
      3.1.2 Die Sättigungsgrößen 24
      3.1.3 Das Gebiet der Flüssigkeit 26
   3.2 Die Arbeitsgleichungen für die Kältemittel 26
      3.2.1 Ammoniak 26
      3.2.2 R 22 28
      3.2.3 R 134a 32
      3.2.4 R 152a 34
      3.2.5 R 123 36

Literatur 38

Tafeln 39
   Ammoniak 41
   R 22 75
   R 134a 105
   R 152a 135
   R 123 165

Preface

Chlorofluorocarbons (CFCs) have been extensively used in the past, but have proven to be refrigerants that are harmful to the environment. These compounds are now being substituted by substances that will not or only to a small extent deplete the stratospheric ozone-layer and will contribute to global warming (the green-house effect) much less than the CFCs. For these alternative refrigerants (some of them are new substances), accurate and reliable values of their thermodynamic properties are needed for calculating cycles and for designing equipment in refrigeration, air conditioning and heat pump engineering.

In this book, we present accurate equations of state and extensive tables of thermodynamic properties for five environmentally acceptable refrigerants. We selected substances of practical importance whose thermodynamic properties were very accurately known due to extensive experimental investigations. For these refrigerants, reliable fundamental equations of state exist, from which *all* thermodynamic properties can be calculated. Using these fundamental equations, we generated tables of thermodynamic properties for the two-phase region and for the homogeneous gas and liquid phases. Such tables are a useful tool, even in computer age, for the solution of many practical problems. We supplemented the property tables by sets of working equations established for each of the five refrigerants. Using a personal computer, these working equations allow rapid and relatively easy calculation of thermodynamic properties in the whole range of thermodynamic states relevant to refrigeration. For practical applications, the working equations will, therefore, replace the fundamental equations of state which are difficult to handle.

The tables and working equations presented here give values of thermodynamic properties of the five refrigerants with the highest accuracy attainable at present. They are, therefore, a reliable tool for the engineer planning and designing refrigeration cycles and equipment. Moreover, these tables and equations should be useful for researchers and for teaching purposes at universities and engineering colleges. In addition to the substances dealt with here, other environmentally acceptable refrigerants, for example the flammable hydrocarbons propane and iso-butane, are under discussion and are used in special fields of application. We intend to provide tables and accurate equations of state also for these refrigerants in a later edition of our book.

We would like to thank Dipl.-Ing. Torsten Lüddecke who helped us by working on the lay-out of the tables and by establishing the equations for the specific enthalpy of the saturated liquid refrigerants.

Hannover, Autumn 1994
H.D. Baehr
R. Tillner-Roth

Contents

Nomenclature	1
1 Introduction	3
2 Fundamental equations of state	7
2.1 The Helmholtz free energy	7
2.2 The fundamental equations of the refrigerants	13
2.2.1 Ammonia – NH_3	13
2.2.2 R 22 – Monochlorodifluoromethane	15
2.2.3 R 134a – 1,1,1,2-Tetrafluoroethane	15
2.2.4 R 152a – 1,1-Difluoroethane	17
2.2.5 R 123 – 1,1-Dichloro-2,2,2-trifluoroethane	19
3 Working equations	23
3.1 The set of working equations	23
3.1.1 The gaseous phase	23
3.1.2 Saturation properties	25
3.1.3 The liquid phase	27
3.2 The working equations of the refrigerants	27
3.2.1 Ammonia	27
3.2.2 R 22	29
3.2.3 R 134a	33
3.2.4 R 152a	35
3.2.5 R 123	37
References	38
Tables	39
Ammonia	41
R 22	75
R 134a	105
R 152a	135
R 123	165

Formelzeichen

Symbole für Koeffizienten in Gleichungen sind hier nicht aufgeführt.

B	zweiter Virialkoeffizient
c_p	spez. isobare Wärmekapazität
c_v	spez. isochore Wärmekapazität
C	dritter Virialkoeffizient
D	vierter Virialkoeffizient
f	$= u - Ts$ spez. Helmholtz-Funktion
g	$= h - Ts$ spez. Gibbs-Funktion
h	spez. Enthalpie
Δh_v	$= h'' - h'$ spez. Verdampfungsenthalpie
p	Druck
p_s	Dampfdruck
R	spez. Gaskonstante
s	spez. Entropie
Δs_v	$= s'' - s'$ spez. Verdampfungsentropie
t	Celsius-Temperatur
t_s	Siedetemperatur
T	thermodynamische Temperatur*
u	spez. innere Energie
v	spez. Volumen
w	Schallgeschwindigkeit
Z	$= pv/(RT)$ Realgasfaktor
δ	$= \varrho/\varrho_c$ dimensionslose Dichte
θ	$= 1 - (T/T_c)$ dimensionslose Temperaturvariable
μ	Joule-Thomson-Koeffizient
ϱ	Dichte
τ	$= T_c/T$ dimensionslose reziproke Temperatur
Φ	$= f/(RT)$ dimensionslose Helmholtz-Funktion

Indices

c	kritischer Zustand
r	Realteil
tr	Tripelpunkt
o	(hochgestellt) ideales Gas; Idealteil
'	siedende Flüssigkeit
''	gesättigter Dampf

*) Alle in diesem Buch angegebenen Temperaturwerte sind Temperaturen nach der Internationalen Temperaturskala von 1990 (ITS-90)

Nomenclature

Symbols for coefficients in equations are not listed here

B	second virial coefficient
c_p	specific isobaric heat capacity
c_v	specific isochoric heat capacity
C	third virial coefficient
D	fourth virial coefficient
f	$= u - Ts$ specific Helmholtz free energy
g	$= h - Ts$ specific Gibbs function
h	specific enthalpy
Δh_v	$= h'' - h'$ specific enthalpy of evaporation
p	pressure
p_s	vapour pressure
R	specific gas constant
s	specific entropy
Δs_v	$= s'' - s'$ specific entropy of evaporation
t	Celsius-temperature
t_s	saturation temperature
T	thermodynamic temperature*
u	specific internal energy
v	specific volume
w	speed of sound
Z	$= pv/(RT)$ compressibility factor
δ	$= \varrho/\varrho_c$ dimensionless density
θ	$= 1 - (T/T_c)$ dimensionless temperature variable
μ	Joule-Thomson coefficient
ϱ	density
τ	$= T_c/T$ dimensionless reciprocal temperature
Φ	$= f/(RT)$ dimensionless Helmholtz free energy

Indices

c	critical state
r	residual part
tr	triple point
o	ideal gas state; ideal part
'	saturated liquid
''	saturated vapour

*) All values of temperature given in this volume are temperatures according to the International Temperature Scale 1990 (ITS-90)

1 Einleitung

In der Kälte- und Klimatechnik wurden als Kältemittel überwiegend vollhalogenierte Derivate des Methans und Ethans verwendet, die sogenannten Fluor-Chlor-Kohlenwasserstoffe (FCKW). Diese sehr stabilen Verbindungen haben eine große atmosphärische Lebensdauer zwischen 60 und 400 Jahren; sie gelangen daher in die Stratosphäre und zerstören wegen des in ihnen enthaltenen Chlors die dort vorhandene Ozonschicht. Da die FCKW im Infraroten Strahlung absorbieren und emittieren, tragen sie zum atmosphärischen Treibhauseffekt bei. Herstellung und Verwendung dieser global die Umwelt schädigenden Kältemittel werden durch das Montreal-Protokoll von 1987 und seine in Kopenhagen 1992 beschlossene Verschärfung [1] eingeschränkt mit dem Ziel eines totalen Verbots der FCKW in naher Zukunft.

Als Ersatz für die FCKW kann man auf „natürliche" Kältemittel zurückgreifen, die bereits in der Vergangenheit verwendet wurden: Luft und Wasser, Ammoniak, Kohlendioxid sowie Kohlenwasserstoffe wie Propan oder (Iso-)Butan. Einige dieser Stoffe sind jedoch brennbar oder giftig, andere lassen sich nur für spezielle Zwecke einsetzen. In einer Übergangszeit von etwa 25 Jahren – in Deutschland nur bis zum Jahr 2000 – dürfen noch chlorhaltige, aber nur teilhalogenierte Kohlenwasserstoffe, unter ihnen das wichtige CHF_2Cl (R 22) verwendet werden. Diese Verbindungen sind wegen der in ihnen enthaltenen Wasserstoffatome weniger stabil; ihre atmosphärische Lebensdauer beträgt nur einige Jahre, und ihr Beitrag zur Ozonzerstörung und zur globalen Erwärmung ist im Vergleich zu den FCKW, welche keine Wasserstoffatome enthalten, erheblich geringer. In den letzten Jahren wurden einige neue ozonunschädliche Ersatzkältemittel eingeführt, nämlich teilfluorierte Ethanderivate, unter ihnen das CF_3CH_2F (R 134a), welches das vielverwendete CF_2Cl_2 (R 12) ersetzen kann.

Die thermodynamischen Eigenschaften der alten und neuen Kältemittel werden für die Berechnung von Kälteprozessen und für die Auslegung kälte- und klimatechnischer Anlagen benötigt. Im Rahmen internationaler Forschungsprogramme wurden die thermodynamischen Eigenschaften der neuen Stoffe experimentell bestimmt; für alte Kältemittel, insbesondere das bewährte Ammoniak, sind Meßwerte der thermodynamischen Eigenschaften seit längerer Zeit bekannt. Auf dieser Datenbasis aufbauend, hat man sehr genaue und umfassende Zustandsgleichungen entwickelt, sogenannte Fundamentalgleichungen, aus denen alle thermodynamischen Eigenschaften eines Stoffes berechnet werden können.

Für fünf wichtige umweltverträgliche Kältemittel haben wir Fundamentalgleichungen zusammengestellt und mit ihnen umfangreiche Tafeln ihrer thermodynamischen Eigenschaften berechnet. Zusätzlich haben wir Arbeitsgleichungen entwickelt, mit denen die thermodynamischen Eigenschaften im kältetechnisch wichtigen Zustandsbereich schnell und relativ einfach berechnet werden können. Diese Arbeitsgleichungen sind besonders geeignet, um Berechnungen unter Benutzung eines PC auszuführen. Diese von uns neu entwickelten Gleichungen und die Tafeln haben eine hohe Genauigkeit, welche die Genauigkeit früherer Dampftafeln für die FCKW bei weitem übertrifft. Dies ist auf die Fülle sehr genauer Meßwerte zurückzuführen, auf die sich die Fundamentalgleichungen stützen. Außerdem wurden in den letzten Jahren verfeinerte Methoden entwickelt, mit denen relativ kurze und in ihrer Struktur optimierte Gleichungen aufgestellt werden können, die die Zustandsgrößen innerhalb ihrer Meßunsicherheiten wiedergeben. Die in den folgenden Abschnitten angegebenen Gleichungen und Tafeln sind daher als außergewöhnlich zuverlässig und genau anzusehen; sie dürften allen, auch zukünftigen Ansprüchen der Kältetechnik genügen.

1 Introduction

In refrigeration and air conditioning, fully halogenated methanes and ethanes have widely been used as refrigerants. These so-called chlorofluorocarbons (CFCs) are very stable compounds with long atmospheric lifetimes ranging between 60 and 400 years. Therefore, CFCs can reach the stratosphere where the chlorine atoms originating from their dissociation will deplete the ozone-layer. Furthermore, CFCs absorb and emit radiation in the infrared part of the spectrum, thus contributing to global warming of the atmosphere. Restrictions against production and use of the CFCs were agreed upon in the Montreal Protocol in 1987 and, in a more stringent manner, at Copenhagen in 1992 [1] aiming at a total phase-out of CFCs in the near future.

Possible substitutes for the CFCs are the so-called natural refrigerants which already have been used in the past: water and air, ammonia, carbon dioxide and hydrocarbons such as propane and (iso-)butane. Some of these substances are flammable or toxic, others are only suited for special applications. During a transitional period of about 25 years – in Germany only until the year 2000 – it is allowed to use compounds containing chlorine atoms but only in conjunction with hydrogen atoms, the so-called **Hydro-Chloro-Fluoro-Carbons (HCFCs)**. The most important HCFC is CHF_2Cl (R 22). Because of their hydrogen atoms, HCFCs are less stable than the CFCs; they have an atmospheric lifetime of only a few years. Therefore, their contribution to ozone depletion and global warming is considerably less than that of the fully halogenated CFCs. Recently, new chlorine-free substances were introduced as alternative refrigerants which do not deplete the ozone layer. These **Hydro-Fluoro-Carbons (HFCs)** are partially fluorinated methanes and ethanes. Among this class of refrigerants there is CF_3CH_2F (R 134a), which will substitute CF_2Cl_2 (R 12).

Thermodynamic properties of the long-known and the new refrigerants are key data needed for calculation of refrigeration cycles and for designing refrigeration and air-conditioning equipment. Measurements of thermodynamic properties of the new refrigerants were performed within the scope of international research programmes. For the well-known refrigerants, especially for ammonia, many results of extensive measurements are already available. Based on these experimental data, equations of state of high accuracy and with a wide range of validity were established, generally in the form of fundamental equations of state. From a fundamental equation of state, all thermodynamic properties of a substance can be calculated.

For five environmentally acceptable refrigerants of high importance, we compiled the available fundamental equations of state and generated extensive tables of thermodynamic properties. Additionally, we developed a set of working equations for each of the refrigerants by which their thermodynamic properties can be calculated fast and relatively easy in the range of pressures and temperatures important to refrigeration. The working equations are particularly suited to perform calculations using a personal computer. The newly developed working equations as well as the tables of thermodynamic properties have a high accuracy which surpasses the accuracy of tables of thermodynamic properties established years ago for the CFCs. This is due to the large amount of very reliable measurements on which the fundamental equations of state are based. Furthermore, improved optimization methods were developed during the last years by which it became possible to establish comparatively short equations of state that are optimized with respect to their structure. These equations generally represent the thermodynamic properties within the estimated uncertainties of the measurements. Therefore, all

Tabelle 1.1. Einige Eigenschaften der fünf ausgewählten Kältemittel

Name	Chemische Formel	Molare Masse g/mol	Siedetemperatur in °C bei 0,1 MPa	Siedetemperatur in °C bei 2,0 MPa	krit. Temp. t_c/°C	krit. Druck p_c/MPa	ODP-Wert	GWP-Wert 100 Jahre
Ammoniak	NH_3	17,0305	−33,59	49,35	132,25	11,339	0	gering
R 22	CHF_2Cl	86,469	−41,08	51,28	96,13	4,989	0,055	1500
R 134a	CF_3CH_2F	102,032	−26,36	67,48	101,03	4,056	0	1200
R 152a	CHF_2CH_3	66,051	−24,31	72,61	113,26	4,517	0	140
R 123	$CHCl_2CF_3$	152,931	−27,45	147,11	183,68	3,662	0,02	85

Die von uns ausgewählten Kältemittel sind die bekannten und häufig eingesetzten Stoffe Ammoniak und R 22 sowie die neuen Kältemittel R 134a, R 152a und R 123. In Tabelle 1.1 sind einige ihrer Eigenschaften zusammengestellt. Für die Umweltverträglichkeit sind das Ozon-Zerstörungs-Potential (**O**zone **D**epletion **P**otential) und das Treibhaus-Potential (**G**lobal **W**arming **P**otential) maßgebend; sie werden als ODP- und als GWP-Wert des betreffenden Kältemittels angegeben. Der ODP-Wert kennzeichnet das Ozon-Zerstörungs-Potential relativ zum stark ozonzerstörenden R 11 ($CFCl_3$), für welches der ODP-Wert eins festgelegt ist. Kältemittel ohne Chloratome haben den ODP-Wert null, sie greifen die stratosphärische Ozonschicht nicht an. Der GWP-Wert kennzeichnet den Beitrag zum atmosphärischen Treibhauseffekt als eine Temperaturerhöhung, die nach Ablauf einer bestimmten Zeitspanne (meistens werden 100 Jahre gewählt) durch den Ausstoß von 1 kg des betreffenden Kältemittels in die Atmosphäre hervorgerufen wird, im Vergleich zur Temperaturerhöhung, die nach Ablauf der gleichen Zeitspanne durch 1 kg freigesetztes CO_2 bewirkt wird. Für die Praxis ist dieser Wert von untergeordneter Bedeutung, wenn man berücksichtigt, daß beim Betrieb einer Kälteanlage in den stromliefernden Kraftwerken CO_2 erzeugt wird. Der Beitrag dieser CO_2-Menge zum Treibhauseffekt ist erheblich größer als der durch den GWP-Wert gekennzeichnete Beitrag infolge der Freisetzung des Kältemittels bei der Reparatur der Kälteanlage oder ihrer Demontage am Ende ihrer Lebensdauer. Für die Verringerung des Treibhauseffekts ist daher weniger ein niedriger GWP-Wert des Kältemittels wichtig, sondern die Möglichkeit, mit dem Kältemittel eine hohe Leistungszahl der Kälteanlage zu erreichen, also Kälte bei geringem Stromverbrauch zu erzeugen. Hierfür sind – neben guter Konstruktion und Wartung der Anlage – energetisch günstige thermodynamische Eigenschaften des verwendeten Kältemittels maßgebend.

Ammoniak ist eines der ältesten Kältemittel; es wird in Anlagen größerer Leistung häufig verwendet. Auf seine Bedeutung als thermodynamisch günstiges und zugleich umweltverträgliches Kältemittel ist in letzter Zeit wiederholt hingewiesen worden, vgl. [2] bis [6]. Wie Tabelle 1.1 zeigt, ist es völlig ozonunschädlich und liefert kaum einen Beitrag zum Treibhauseffekt.

R 22 hat dagegen ein geringes Ozon-Zerstörungs-Potential. Es darf daher nur noch eine begrenzte Zeit eingesetzt werden, in Deutschland nur noch bis zum 31.12.1999. Da aber noch kein allgemein akzeptierter Ersatzstoff für R 22 existiert, haben wir dieses bewährte Kältemittel, dessen Eigenschaften sehr gut bekannt sind, in unser Werk aufgenommen.

Relativ neu sind die Kältemittel **R 134a** und **R 152a**, welche das R 12 ablösen und in manchen Anwendungen auch das R 22 ersetzen können. Beide Stoffe sind ozonunschädlich, tragen jedoch zum Treibhauseffekt bei, allerdings in viel geringerem Maße als das R 12 mit einem GWP von 7300. R 152a hat günstige thermodynamische Eigenschaften; es ist allerdings brennbar, so daß es nicht in allen Anwendungsfällen eingesetzt werden kann.

Table 1.1. Some properties of the five selected refrigerants

Name	Chemical formula	Molar mass g/mol	Saturation temp. in °C at		critical temp. t_c/°C	critical pressure p_c/MPa	ODP-value	GWP-value 100 years
			0.1 MPa	2.0 MPa				
Ammonia	NH_3	17.0305	−33.59	49.35	132.25	11.339	0	small
R 22	CHF_2Cl	86.469	−41.08	51.28	96.13	4.989	0.055	1500
R 134a	CF_3CH_2F	102.032	−26.36	67.48	101.03	4.056	0	1200
R 152a	CHF_2CH_3	66.051	−24.31	72.61	113.26	4.517	0	140
R 123	$CHCl_2CF_3$	152.931	−27.45	147.11	183.68	3.662	0.02	85

equations and tables given in the following paragraphs are very accurate and reliable. They should meet all current and future requirements of refrigeration industry.

The refrigerants, selected for this book, are the well-known and widely used substances ammonia and R 22, and the new refrigerants R 134a, R 152a and R 123. In Table 1.1, some of their properties are listed. The environmental impact of the fluids in Table 1.1 is characterised by their **O**zone **D**epletion **P**otential (ODP) and their **G**lobal **W**arming **P**otential (GWP). The ODP-value measures the ability to deplete stratospheric ozone relative to the high ozone depletion potential of R 11 ($CFCl_3$) which was arbitrarily set equal to one. Chlorine-free refrigerants have an ODP = 0, which means that they have no impact on stratospheric ozone. The GWP-value indicates the contribution to the global warming effect of 1 kg of a substance released into the atmosphere compared to the contribution of 1 kg CO_2. It may be interpreted as the increase of temperature caused by the substance after a certain period of time (100 years are often used) in relation to the increase of temperature caused during the same period of time by an equal mass of CO_2. In practice, the GWP-value is of minor importance since a considerable amount of CO_2 is produced in power plants supplying the refrigeration equipment with electricity. The contribution of this CO_2 emission during the lifetime of the refrigeration equipment is many times greater than the direct contribution of the refrigerant when released into the environment during servicing or by disposal of the equipment at the end of its lifetime. Therefore, with reference to global warming, the possibility to attain a high coefficient of performance (COP) is more important for the choice of a refrigerant than its low GWP-value. High energy efficiency will be determined mainly by good construction and maintenance of the equipment and by favourable thermodynamic properties of the refrigerant.

Ammonia is one of the oldest refrigerants; it has mainly been used in commercial and industrial refrigeration. During the last years, ammonia became increasingly attractive due to its advantageous thermodynamic properties and its good environmental compatibility, cf. [2] to [6]. As shown in Table 1.1 ammonia does not deplete the ozone layer at all; its contribution to global warming is negligible.

R 22 has a non-zero but low ozone depletion potential. Therefore, R 22 may remain in use during the next 25 years, in Germany its phase-out is scheduled for December 31st, 1999. A generally accepted substitute for R 22 has not been found up to now. Therefore, we included tables and equations of this proven refrigerant.

R 134a and **R 152a** are comparatively new refrigerants suited to replace R 12 and, in some applications, also R 22. Both substances have a zero ODP but contribute to global warming, although much less than R 12 having a GWP-value of 7300. R 152a has favourable thermodynamic properties. Since it is flammable it cannot be used in all applications.

R 123 soll das vollständig halogenierte R 11 als Kältemittel für höhere Temperaturen ersetzen. Da es zwei Chloratome enthält, trägt es zur Ozonzerstörung bei; dies jedoch in sehr geringem Maße, weil seine atmosphärische Lebensdauer klein ist und es daher nur in geringen Mengen in die Stratosphäre gelangen kann.

Die Suche nach umweltverträglichen Kältemitteln und die Bestimmung ihrer thermodynamischen Eigenschaften gehen weiter. Insbesondere für R 22 und R 502, ein Gemisch aus R 22 und R 115 ($CClF_2CF_3$), die z.B. in der Gewerbekälte und der Wärmepumpentechnik weit verbreitet sind, werden noch geeignete Ersatzstoffe gesucht, vgl. z.B. [1], [7]. Außerdem gibt es Bestrebungen, auch brennbare Stoffe zu akzeptieren. Hier kommen Propan als Ersatz für R 22, Isobutan als Alternative zu R 134a oder auch Gemische aus diesen beiden Kohlenwasserstoffen in Betracht. Wir beabsichtigen, auch für diese Stoffe genaue Arbeitsunterlagen in Form von Zustandsgleichungen und Tafeln ihrer thermodynamischen Eigenschaften bei einer Neuauflage unseres Buches anzubieten.

In den folgenden Abschnitten stellen wir für die fünf Kältemittel zunächst die Fundamentalgleichungen zusammen, die wir zum Teil, nämlich für Ammoniak, R 134a und R 152a selbst entwickelt haben. Diese Gleichungen geben alle thermodynamischen Eigenschaften mit höchst möglicher Genauigkeit wieder. Wir haben mit ihnen die umfangreichen Tafeln berechnet. Die Berechnung von Enthalpie und Entropie und vor allem die Berechnung der Sättigungsgrößen aus Fundamentalgleichungen ist nur über recht komplizierte thermodynamische Zusammenhänge möglich, vgl. Abschnitt 2.1. Daher werden Fundamentalgleichungen in der Praxis nur in Ausnahmefällen Verwendung finden. In Abschnitt 3 geben wir deshalb für jedes der fünf Kältemittel einen Satz von Arbeitsgleichungen an. Diese sind wesentlich leichter zu handhaben als die Fundamentalgleichungen, aus denen wir sie hergeleitet haben. Sie geben die thermodynamischen Eigenschaften im kältetechnisch wichtigen Zustandsbereich genau so gut wieder wie die Fundamentalgleichungen. Die Arbeitsgleichungen eignen sich besonders für Berechnungen mit einem PC und lassen sich als Bausteine in Programmen verwenden, mit denen Prozesse der Kältetechnik berechnet und optimiert werden sollen. Wir glauben, mit diesen Gleichungen dem planenden und entwerfenden Ingenieur ein nützliches Hilfsmittel zu bieten.

2 Fundamentalgleichungen

Die Tafeln für die Zustandsgrößen der fünf Kältemittel wurden mit sehr genauen und umfassenden Fundamentalgleichungen berechnet. Im folgenden gehen wir auf die allgemeinen Eigenschaften der Helmholtz-Funktion als der hier verwendeten Fundamentalgleichung ein und führen dann die Gleichungen der einzelnen Kältemittel auf.

2.1 Die Helmholtz-Funktion

Aus einer Fundamentalgleichung, auch kanonische Zustandsgleichung genannt, lassen sich alle thermodynamischen Eigenschaften eines Fluids direkt oder durch Differenzieren der Fundamentalgleichung berechnen. Zur Erfassung des gesamten fluiden Gebiets durch *eine* Gleichung eignet sich besonders die spezifische freie Energie oder Helmholtz-Funktion

$$f := u - Ts \qquad (2.1)$$

R 123 is a substitute for the fully halogenated R 11 as a refrigerant for use at higher temperatures. Since the molecule contains two chlorine atoms, R 123 contributes to ozone depletion, but only to a small extent because its atmospheric lifetime is short. Therefore, only small amounts of R 123 will reach the stratosphere.

The search for environmentally acceptable refrigerants and the determination of their thermodynamic properties will continue. Current research is mainly directed to find substitutes for R 22 and R 502, a mixture of R 22 and R 115 ($CClF_2CF_3$), cf. [1], [7]. Both refrigerants are widely used in commercial refrigeration and heat pump applications. Meanwhile, the acceptance of flammable working fluids is increasing and propane as a substitute for R 22, isobutane for R 134a or mixtures of both hydrocarbons are discussed. It is our intention to provide equations of state and tables of thermodynamic properties also for these fluids in forthcoming editions of this book.

In the following paragraphs we present a compilation of the fundamental equations of state; three of them were established by ourselves, namely those for ammonia, R 134a, and R 152a. These equations represent the thermodynamic properties with the highest accuracy attainable. They were used to generate extensive sets of tables for each of the five refrigerants. The calculation of enthalpy, entropy, and, especially, of saturation properties from fundamental equations of state involves rather complicated relationships as shown in Section 2.1. Therefore, fundamental equations of state will rarely be employed in engineering calculations. For this purpose, a set of simple working equations is given for each refrigerant in Section 3. These working equations are considerably easier to handle than the fundamental equations from which they were derived. They represent the thermodynamic properties of each refrigerant with about the same accuracy as the fundamental equations in the range of states relevant to refrigeration. The working equations are well-suited for calculations with a personal computer and may be implemented into program packages for process simulation and optimization. We believe these equations to be a valuable tool for the engineer planning and designing refrigeration and air-conditioning equipment.

2 Fundamental equations of state

The tables of thermodynamic properties of the five refrigerants presented in this book were generated from comprehensive and very accurate fundamental equations of state. In the following paragraphs we first discuss general properties of the Helmholtz free energy that is the form of fundamental equation used here. Subsequently, the five fundamental equations of the refrigerants are given in detail.

2.1 The Helmholtz free energy

All thermodynamic properties of a fluid can be evaluated from a fundamental equation of state (also called a canonical equation of state) either directly or by differentiation of the fundamental equation. The specific Helmholtz free energy,

$$f := u - Ts, \qquad (2.1)$$

als Funktion der thermodynamischen Temperatur T und des spezifischen Volumens v:

$$f = f(T, v). \tag{2.2}$$

Anstelle von f wird die dimensionslose Helmholtz-Funktion

$$\Phi := f/RT \tag{2.3}$$

verwendet; als unabhängige Variablen dienen

$$\tau := T_c/T \quad \text{und} \quad \delta := \varrho/\varrho_c = v_c/v. \tag{2.4}$$

Dabei sind T_c und ϱ_c Näherungswerte für die kritische Temperatur bzw. die kritische Dichte des Fluids.

Man erhält alle thermodynamischen Eigenschaften des Fluids aus

$$\Phi = \Phi(\tau, \delta) \tag{2.5}$$

mit Hilfe der in Tabelle 2.1 verzeichneten Beziehungen. Die dimensionslose Helmholtz-Funktion wird dabei in einen Idealteil und einen Realteil aufgespalten:

$$\Phi(\tau, \delta) = \Phi^\circ(\tau, \delta) + \Phi^r(\tau, \delta). \tag{2.6}$$

Der Idealteil $\Phi^\circ(\tau, \delta)$ beschreibt die Eigenschaften des Fluids im idealen Gaszustand ($\delta \to 0$) und enthält zusätzlich eine in τ lineare Funktion, deren Koeffizienten a_1° und a_2° durch die Wahl eines Bezugszustands für h und s festgelegt werden:

$$\Phi^\circ(\tau, \delta) = a_1^\circ + a_2^\circ \tau + \ln \delta + \Phi^*(\tau). \tag{2.7}$$

Die Temperaturfunktion $\Phi^*(\tau)$ erhält man nach Tabelle 2.1 durch Integration der spezifischen isochoren Wärmekapazität c_v° des Fluids im idealen Gaszustand. Die Koeffizienten a_1° und a_2° wurden für alle hier behandelten Kältemittel so bestimmt, daß die spezifische Enthalpie und die spezifische Entropie der siedenden Flüssigkeit bei $T = 273{,}15$ K die Werte

$$h' = 200{,}00 \text{ kJ/kg} \quad \text{bzw.} \quad s' = 1{,}0000 \text{ kJ/(kg K)}$$

annehmen.

Die in (2.4) verwendeten Normierungsgrößen T_c und ϱ_c weichen in der Regel nur wenig von den kritischen Daten T_c^* und ϱ_c^* ab, die man aus der Fundamentalgleichung des Fluids erhält, indem man die am kritischen Punkt gültigen Bedingungen

$$(\partial p/\partial v)_T = 0 \quad \text{und} \quad (\partial^2 p/\partial v^2)_T = 0 \tag{2.8}$$

anwendet, also die Gleichungen

$$M(\tau, \delta) := 1 + 2\delta \Phi_\delta^r + \delta^2 \Phi_{\delta\delta}^r = 0 \tag{2.9}$$

und

$$N(\tau, \delta) := 2\Phi_\delta^r + 4\delta \Phi_{\delta\delta}^r + \delta^2 \Phi_{\delta\delta\delta}^r = 0 \tag{2.10}$$

simultan löst. Für die hier behandelten Kältemittel werden T_c und ϱ_c in Abschnitt 2.2 angegeben. Die Werte von T_c^* und ϱ_c^* kann man den Tabellen für das Naßdampfgebiet der Kältemittel entnehmen.

a function of thermodynamic temperature T and specific volume v, is the appropriate fundamental equation for covering the entire thermodynamic surface by only one mathematical expression. Instead of

$$f = f(T, v), \qquad (2.2)$$

the dimensionless Helmholtz free energy,

$$\Phi := f/RT, \qquad (2.3)$$

is used. Independent dimensionless variables of Φ are

$$\tau := T_c/T \quad \text{and} \quad \delta := \varrho/\varrho_c = v_c/v \qquad (2.4)$$

where T_c and ϱ_c are approximate values of the fluid's critical temperature and critical density, respectively.

All thermodynamic properties of the fluid can be calculated from

$$\Phi = \Phi(\tau, \delta) \qquad (2.5)$$

using the relations given in Table 2.1. The reduced Helmholtz free energy is split into an ideal part and a residual part:

$$\Phi(\tau, \delta) = \Phi^\circ(\tau, \delta) + \Phi^r(\tau, \delta). \qquad (2.6)$$

By the ideal part $\Phi^\circ(\tau, \delta)$, the properties of the fluid in the ideal gas state ($\delta \to 0$) are given. $\Phi^\circ(\tau, \delta)$ also includes a linear function of τ with coefficients a_1° and a_2°, that are determined by choosing a reference state with fixed values of h and s:

$$\Phi^\circ(\tau, \delta) = a_1^\circ + a_2^\circ \tau + \ln \delta + \Phi^*(\tau). \qquad (2.7)$$

According to Table 2.1, the temperature function $\Phi^*(\tau)$ is obtained by integration of the specific isochoric heat capacity c_v° of the ideal gas. The coefficients a_1° and a_2° were determined for all refrigerants dealt with here by choosing

$$h' = 200.00 \text{ kJ/kg} \quad \text{and} \quad s' = 1.0000 \text{ kJ/(kg K)}$$

as values of specific enthalpy and specific entropy of the saturated liquid at $T = 273.15$ K.

The constants T_c and ϱ_c used in (2.4) do not differ substantially from the critical values T_c^* and ϱ_c^* that are obtained from the fundamental equation by applying the conditions

$$(\partial p/\partial v)_T = 0 \quad \text{and} \quad (\partial^2 p/\partial v^2)_T = 0 \qquad (2.8)$$

valid at the critical point. These conditions lead to the equations

$$M(\tau, \delta) := 1 + 2\delta \Phi_\delta^r + \delta^2 \Phi_{\delta\delta}^r = 0 \qquad (2.9)$$

and

$$N(\tau, \delta) := 2\Phi_\delta^r + 4\delta \Phi_{\delta\delta}^r + \delta^2 \Phi_{\delta\delta\delta}^r = 0 \qquad (2.10)$$

having the solutions T_c^* and ϱ_c^*. For the refrigerants discussed here, T_c and ϱ_c are given in Section 2.2. Values of T_c^* and ϱ_c^* can be found in the tables of saturation properties.

Die Sättigungsgrößen Dampfdruck $p_s = p_s(\tau)$, Siededichte $\varrho' = \varrho'(\tau)$ und Taudichte $\varrho'' = \varrho''(\tau)$ erhält man für gegebenes τ durch Lösen der drei Gleichungen, die für das Phasengleichgewicht zwischen Gas und Flüssigkeit gelten, nämlich

$$\frac{p_s}{RT_c\varrho_c} = \frac{\delta'}{\tau}\left[1 + \delta'\Phi_\delta^r(\tau,\delta')\right], \qquad (2.11)$$

$$\frac{p_s}{RT_c\varrho_c} = \frac{\delta''}{\tau}\left[1 + \delta''\Phi_\delta^r(\tau,\delta'')\right] \qquad (2.12)$$

und

$$\frac{p_s}{RT_c\varrho_c} = \frac{\delta'\delta''}{\tau(\delta'-\delta'')}\left[\Phi^r(\tau,\delta') - \Phi^r(\tau,\delta'') + \ln\frac{\delta'}{\delta''}\right]. \qquad (2.13)$$

Tabelle 2.1. Zusammenhänge zwischen den thermodynamischen Zustandsgrößen und der dimensionslosen Helmholtz-Funktion $\Phi(\tau,\delta)$ und ihren Ableitungen

Zustandsgröße	Beziehung	
Realgasfaktor Z	$\dfrac{p(\tau,\delta)}{RT\varrho}$	$= 1 + \delta\Phi_\delta^r$
Spez. innere Energie	$\dfrac{u(\tau,\delta)}{RT}$	$= \tau(\Phi_\tau^o + \Phi_\tau^r)$
Spez. Enthalpie	$\dfrac{h(\tau,\delta)}{RT}$	$= 1 + \tau(\Phi_\tau^o + \Phi_\tau^r) + \delta\Phi_\delta^r$
Spez. Entropie	$\dfrac{s(\tau,\delta)}{R}$	$= \tau(\Phi_\tau^o + \Phi_\tau^r) - (\Phi^o + \Phi^r)$
Spez. Gibbs-Funktion	$\dfrac{g(\tau,\delta)}{RT}$	$= 1 + \delta\Phi_\delta^r + (\Phi^o + \Phi^r)$
Spez. isochore Wärmekapazität	$\dfrac{c_v(\tau,\delta)}{R}$	$= -\tau^2(\Phi_{\tau\tau}^o + \Phi_{\tau\tau}^r)$
Spez. isobare Wärmekapazität	$\dfrac{c_p(\tau,\delta)}{R}$	$= \dfrac{c_v}{R} + \dfrac{(1 + \delta\Phi_\delta^r - \delta\tau\Phi_{\delta\tau}^r)^2}{1 + 2\delta\Phi_\delta^r + \delta^2\Phi_{\delta\delta}^r}$
Schallgeschwindigkeit	$\dfrac{w^2(\tau,\delta)}{RT}$	$= 1 + 2\delta\Phi_\delta^r + \delta^2\Phi_{\delta\delta}^r + \dfrac{(1 + \delta\Phi_\delta^r - \delta\tau\Phi_{\delta\tau}^r)^2}{(c_v/R)}$
Joule-Thomson Koeffizient	$\mu(\tau,\delta)R\varrho$	$= \dfrac{-(\delta\Phi_\delta^r + \delta^2\Phi_{\delta\delta}^r + \delta\tau\Phi_{\delta\tau}^r)}{(1 + \delta\Phi_\delta^r - \delta\tau\Phi_{\delta\tau}^r)^2 + (c_v/R)(1 + 2\delta\Phi_\delta^r + \delta^2\Phi_{\delta\delta}^r)}$
Maxwell-Kriterium	$\dfrac{p_s}{RT}\left(\dfrac{1}{\varrho''} - \dfrac{1}{\varrho'}\right)$	$= \Phi^r(\tau,\delta') - \Phi^r(\tau,\delta'') + \ln\dfrac{\delta'}{\delta''}$
Zweiter Virialkoeffizient	$B(\tau)\varrho_c$	$= \lim\limits_{\delta\to 0} \Phi_\delta^r(\tau,\delta)$
Dritter Virialkoeffizient	$C(\tau)\varrho_c^2$	$= \lim\limits_{\delta\to 0} \Phi_{\delta\delta}^r(\tau,\delta)$

Abkürzungen:
$\Phi_\delta = \left(\dfrac{\partial\Phi}{\partial\delta}\right)_\tau, \quad \Phi_\tau = \left(\dfrac{\partial\Phi}{\partial\tau}\right)_\delta, \quad \Phi_{\delta\delta} = \left(\dfrac{\partial^2\Phi}{\partial\delta^2}\right)_\tau, \quad \Phi_{\delta\tau} = \left(\dfrac{\partial^2\Phi}{\partial\delta\,\partial\tau}\right), \quad \Phi_{\tau\tau} = \left(\dfrac{\partial^2\Phi}{\partial\tau^2}\right)_\delta.$

Fundamental equations of state

The saturation properties, namely vapour pressure, $p_s = p_s(\tau)$, saturated liquid density, $\varrho' = \varrho'(\tau)$, and saturated vapour density, $\varrho'' = \varrho''(\tau)$, are obtained for given τ by solving the system of three equations, which are valid for the vapour-liquid-equilibrium, namely

$$\frac{p_s}{RT_c\varrho_c} = \frac{\delta'}{\tau}\left[1 + \delta'\Phi^r_\delta(\tau,\delta')\right], \tag{2.11}$$

$$\frac{p_s}{RT_c\varrho_c} = \frac{\delta''}{\tau}\left[1 + \delta''\Phi^r_\delta(\tau,\delta'')\right], \tag{2.12}$$

and

$$\frac{p_s}{RT_c\varrho_c} = \frac{\delta'\delta''}{\tau(\delta'-\delta'')}\left[\Phi^r(\tau,\delta') - \Phi^r(\tau,\delta'') + \ln\frac{\delta'}{\delta''}\right]. \tag{2.13}$$

Table 2.1. Relations between thermodynamic properties and the dimensionless Helmholtz free energy $\Phi(\tau,\delta)$ and its derivatives

Property	Relation to Helmholtz free energy	
Compressibility factor Z	$\dfrac{p(\tau,\delta)}{RT\varrho}$	$= 1 + \delta\Phi^r_\delta$
Spec. internal energy	$\dfrac{u(\tau,\delta)}{RT}$	$= \tau(\Phi^o_\tau + \Phi^r_\tau)$
Spec. enthalpy	$\dfrac{h(\tau,\delta)}{RT}$	$= 1 + \tau(\Phi^o_\tau + \Phi^r_\tau) + \delta\Phi^r_\delta$
Spec. entropy	$\dfrac{s(\tau,\delta)}{R}$	$= \tau(\Phi^o_\tau + \Phi^r_\tau) - (\Phi^o + \Phi^r)$
Spec. Gibbs function	$\dfrac{g(\tau,\delta)}{RT}$	$= 1 + \delta\Phi^r_\delta + (\Phi^o + \Phi^r)$
Spec. isochoric heat capacity	$\dfrac{c_v(\tau,\delta)}{R}$	$= -\tau^2(\Phi^o_{\tau\tau} + \Phi^r_{\tau\tau})$
Spec. isobaric heat capacity	$\dfrac{c_p(\tau,\delta)}{R}$	$= \dfrac{c_v}{R} + \dfrac{(1 + \delta\Phi^r_\delta - \delta\tau\Phi^r_{\delta\tau})^2}{1 + 2\delta\Phi^r_\delta + \delta^2\Phi^r_{\delta\delta}}$
Speed of sound	$\dfrac{w^2(\tau,\delta)}{RT}$	$= 1 + 2\delta\Phi^r_\delta + \delta^2\Phi^r_{\delta\delta} + \dfrac{(1 + \delta\Phi^r_\delta - \delta\tau\Phi^r_{\delta\tau})^2}{(c_v/R)}$
Joule-Thomson coefficient	$\mu(\tau,\delta)R\varrho$	$= \dfrac{-(\delta\Phi^r_\delta + \delta^2\Phi^r_{\delta\delta} + \delta\tau\Phi^r_{\delta\tau})}{(1 + \delta\Phi^r_\delta - \delta\tau\Phi^r_{\delta\tau})^2 + (c_v/R)(1 + 2\delta\Phi^r_\delta + \delta^2\Phi^r_{\delta\delta})}$
Maxwell rule	$\dfrac{p_s}{RT}\left(\dfrac{1}{\varrho''} - \dfrac{1}{\varrho'}\right)$	$= \Phi^r(\tau,\delta') - \Phi^r(\tau,\delta'') + \ln\dfrac{\delta'}{\delta''}$
Second virial coefficient	$B(\tau)\varrho_c$	$= \lim_{\delta\to 0}\Phi^r_\delta(\tau,\delta)$
Third virial coefficient	$C(\tau)\varrho_c^2$	$= \lim_{\delta\to 0}\Phi^r_{\delta\delta}(\tau,\delta)$

Abbreviations:
$\Phi_\delta = \left(\dfrac{\partial\Phi}{\partial\delta}\right)_\tau$, $\Phi_\tau = \left(\dfrac{\partial\Phi}{\partial\tau}\right)_\delta$, $\Phi_{\delta\delta} = \left(\dfrac{\partial^2\Phi}{\partial\delta^2}\right)_\tau$, $\Phi_{\delta\tau} = \left(\dfrac{\partial^2\Phi}{\partial\delta\,\partial\tau}\right)$, $\Phi_{\tau\tau} = \left(\dfrac{\partial^2\Phi}{\partial\tau^2}\right)_\delta$.

2.2 Die Fundamentalgleichungen der Kältemittel

2.2.1 Ammoniak – NH$_3$

Für Ammoniak wurde die 1993 von R. Tillner-Roth, F. Harms-Watzenberg und H.D. Baehr [8] angegebene Fundamentalgleichung verwendet. Sie gilt zwischen der Temperatur $T_{tr} = 195{,}50$ K des Tripelpunkts und $T = 720$ K bis zu Dichten von 800 kg/m^3 bzw. bis zu Drücken von 1000 MPa. Ihr Gültigkeitsbereich umfaßt nicht nur das kältetechnisch wichtige Gebiet, sondern geht weit darüber hinaus. Die neue Fundamentalgleichung ersetzt die bis dahin bekannten Gleichungen von L. Haar und J.S. Gallagher [9] sowie von J. Ahrendts und H.D. Baehr [10]. Sie basiert auch auf neuen Meßwerten der Dichte im Flüssigkeitsgebiet [11]; sie ist strukturoptimiert und damit erheblich kürzer als die beiden älteren Gleichungen.

Die Bezugsgrößen der Helmholtz-Funktion sind

$$R = 488{,}2175 \text{ J/(kg K)}, \quad T_c = 405{,}40 \text{ K}, \quad \varrho_c = 225 \text{ kg/m}^3.$$

Der Idealteil der Fundamentalgleichung lautet

$$\Phi^\circ(\tau,\delta) = a_1^\circ + a_2^\circ \tau + \ln \delta + a_3^\circ \tau^{1/3} + a_4^\circ \tau^{-3/2} + a_5^\circ \tau^{-7/4} - \ln \tau. \tag{2.14}$$

Die Koeffizienten haben die Werte

$$a_1^\circ = -15{,}81502, \quad a_2^\circ = 4{,}255726, \quad a_3^\circ = 11{,}47434, \quad a_4^\circ = -1{,}296211, \quad a_5^\circ = 0{,}5706757.$$

Der Realteil Φ^r hat die Gestalt

$$\Phi^r(\tau,\delta) = \sum_{i=1}^{5} a_i \tau^{t_i} \delta^{d_i} + \exp(-\delta)\sum_{i=6}^{10} a_i \tau^{t_i} \delta^{d_i} + \exp(-\delta^2)\sum_{i=11}^{17} a_i \tau^{t_i} \delta^{d_i}$$
$$+ \exp(-\delta^3)\sum_{i=18}^{21} a_i \tau^{t_i} \delta^{d_i}. \tag{2.15}$$

Die Koeffizienten a_i und die Exponenten t_i und d_i sind in Tabelle 2.2 aufgeführt.

Tabelle 2.2. Koeffizienten a_i und Exponenten t_i und d_i des Realteils $\Phi^r(\tau,\delta)$ von Ammoniak nach Gl. (2.15).

i	a_i	t_i	d_i	i	a_i	t_i	d_i
1	0,723 8548	1/2	1	12	$-0{,}408\,5375 \cdot 10^{-1}$	6	1
2	$-0{,}185\,8814 \cdot 10^1$	3/2	1	13	0,237 9275	8	2
3	$0{,}454\,4431 \cdot 10^{-1}$	$-1/2$	2	14	$-0{,}182\,3729$	10	2
4	$0{,}122\,9470 \cdot 10^{-1}$	1	4	15	$-0{,}354\,8972 \cdot 10^{-1}$	8	3
5	$0{,}214\,1882 \cdot 10^{-10}$	3	15	16	$0{,}228\,1556 \cdot 10^{-1}$	10	4
6	$-0{,}287\,3571$	4	1	17	$0{,}183\,1117 \cdot 10^{-2}$	5	8
7	$-0{,}349\,7111 \cdot 10^{-1}$	5	2	18	$-0{,}884\,7486 \cdot 10^{-2}$	15/2	1
8	$-0{,}143\,0020 \cdot 10^{-1}$	0	3	19	$0{,}227\,2635 \cdot 10^{-2}$	15	2
9	0,344 1324	3	3	20	$-0{,}666\,3444 \cdot 10^{-2}$	5	3
10	$0{,}235\,2589 \cdot 10^{-4}$	4	8	21	$-0{,}558\,8655 \cdot 10^{-3}$	30	4
11	$0{,}239\,7852 \cdot 10^{-1}$	3	1				

2.2 The fundamental equations of the refrigerants

2.2.1 Ammonia – NH_3

The fundamental equation of ammonia used in this book was developed in 1993 by R. Tillner-Roth, F. Harms-Watzenberg, and H.D. Baehr [8]. It is valid between the triple point temperature $T_{tr} = 195.50$ K and $T = 720$ K for densities up to 800 kg/m³ or pressures up to 1000 MPa. Its range of validity considerably exceeds the ranges of temperature and pressure required in refrigeration. This fundamental equation supersedes the equations developed 1978 by L. Haar and J. S. Gallagher [9] and 1979 by J. Ahrendts and H.D. Baehr [10]. It is based on additional new measurements of liquid densities [11] and has been optimized with respect to its structure. Therefore, it is considerably shorter than both of the older equations.

The constants used in the dimensionless variables Φ, τ, and δ are

$$R = 488.2175 \text{ J/(kg K)}, \quad T_c = 405.40 \text{ K}, \quad \varrho_c = 225 \text{ kg/m}^3.$$

The ideal part of the fundamental equation is given by

$$\Phi^\circ(\tau,\delta) = a_1^\circ + a_2^\circ \tau + \ln\delta + a_3^\circ \tau^{1/3} + a_4^\circ \tau^{-3/2} + a_5^\circ \tau^{-7/4} - \ln\tau \tag{2.14}$$

where the coefficients are

$$a_1^\circ = -15.81502, \ a_2^\circ = 4.255726, \ a_3^\circ = 11.47434, \ a_4^\circ = -1.296211, \ a_5^\circ = 0.5706757.$$

The residual part Φ^r has the form

$$\Phi^r(\tau,\delta) = \sum_{i=1}^{5} a_i \tau^{t_i} \delta^{d_i} + \exp(-\delta)\sum_{i=6}^{10} a_i \tau^{t_i} \delta^{d_i} + \exp(-\delta^2)\sum_{i=11}^{17} a_i \tau^{t_i} \delta^{d_i}$$
$$+ \exp(-\delta^3)\sum_{i=18}^{21} a_i \tau^{t_i} \delta^{d_i}. \tag{2.15}$$

The coefficients a_i and exponents t_i and d_i are listed in Table 2.2.

Table 2.2. Coefficients a_i and exponents t_i and d_i of the residual part $\Phi^r(\tau,\delta)$ of ammonia according to eq. (2.15).

i	a_i	t_i	d_i	i	a_i	t_i	d_i
1	0.7238548	1/2	1	12	$-0.4085375 \cdot 10^{-1}$	6	1
2	$-0.1858814 \cdot 10^{1}$	3/2	1	13	0.2379275	8	2
3	$0.4554431 \cdot 10^{-1}$	-1/2	2	14	-0.1823729	10	2
4	$0.1229470 \cdot 10^{-1}$	1	4	15	$-0.3548972 \cdot 10^{-1}$	8	3
5	$0.2141882 \cdot 10^{-10}$	3	15	16	$0.2281556 \cdot 10^{-1}$	10	4
6	-0.2873571	4	1	17	$0.1831117 \cdot 10^{-2}$	5	8
7	$-0.3497111 \cdot 10^{-1}$	5	2	18	$-0.8847486 \cdot 10^{-2}$	15/2	1
8	$-0.1430020 \cdot 10^{-1}$	0	3	19	$0.2272635 \cdot 10^{-2}$	15	2
9	0.3441324	3	3	20	$-0.6663444 \cdot 10^{-2}$	5	3
10	$0.2352589 \cdot 10^{-4}$	4	8	21	$-0.5588655 \cdot 10^{-3}$	30	4
11	$0.2397852 \cdot 10^{-1}$	3	1				

2.2.2 R 22 – Monochlordifluormethan

Für R 22 wurde die 1993 von W. Wagner *et al.* [12] angegebene Fundamentalgleichung verwendet. Sie gilt zwischen der Temperatur $T_{tr} = 115{,}73$ K des Tripelpunkts und $T = 525$ K bis zu Drücken von 200 MPa. Die Bezugsgrößen der Helmholtz-Funktion sind

$$R = 96{,}15596 \text{ J/(kg K)}, \quad T_c = 369{,}28 \text{ K}, \quad \varrho_c = 520 \text{ kg/m}^3.$$

Der Idealteil lautet

$$\Phi^\circ(\tau, \delta) = a_1^\circ + a_2^\circ \tau + \ln \delta + a_3^\circ \ln \tau + \sum_{i=1}^{4} m_i \ln[1 - \exp(-\vartheta_i^\circ \tau)]. \tag{2.16}$$

Die Koeffizienten haben die Werte

$$\begin{aligned}
a_1^\circ &= -11{,}882\,967, & a_2^\circ &= 8{,}092\,478, & a_3^\circ &= -3{,}006\,7158, \\
m_1 &= 3{,}932\,1463, & m_2 &= 1{,}100\,7467, & m_3 &= 1{,}871\,2909, & m_4 &= 2{,}227\,0666, \\
\vartheta_1^\circ &= 4{,}8242\,1333, & \vartheta_2^\circ &= 11{,}392\,964, & \vartheta_3^\circ &= 2{,}8286\,2148, & \vartheta_4^\circ &= 1{,}5558\,0861.
\end{aligned}$$

Der Realteil der Fundamentalgleichung hat die Form

$$\begin{aligned}
\Phi^r(\tau, \delta) &= \sum_{i=1}^{8} a_i \tau^{t_i} \delta^{d_i} + \exp(-\delta) \sum_{i=9}^{13} a_i \tau^{t_i} \delta^{d_i} + \exp(-\delta^2) \sum_{i=14}^{18} a_i \tau^{t_i} \delta^{d_i} \\
&\quad + \exp(-\delta^3) \sum_{i=19}^{21} a_i \tau^{t_i} \delta^{d_i} + a_{22} \exp(-\delta^4) \tau^{t_{22}} \delta^{d_{22}}.
\end{aligned} \tag{2.17}$$

Die Koeffizienten a_i und die Exponenten t_i und d_i sind in Tabelle 2.3 angegeben.

Tabelle 2.3. Koeffizienten a_i und Exponenten t_i und d_i des Realteils $\Phi^r(\tau, \delta)$ von R 22 nach Gl. (2.17).

i	a_i	t_i	d_i	i	a_i	t_i	d_i
1	0,295 992 0181	0	1	12	$-0{,}117\,222\,1416$	$-1/2$	5
2	$-0{,}115\,139\,2173 \cdot 10^1$	3/2	1	13	0,200 339 4173	0	5
3	0,525 974 6924	0	2	14	$-0{,}209\,7857\,448$	4	1
4	$-0{,}664\,439\,3736$	1/2	2	15	$0{,}128\,449\,7611 \cdot 10^{-1}$	6	1
5	0,172 348 1086	3/2	2	16	$0{,}172\,469\,3488 \cdot 10^{-2}$	4	9
6	$-0{,}115\,852\,5163 \cdot 10^{-3}$	3	5	17	$-0{,}566\,344\,7308 \cdot 10^{-3}$	2	10
7	$0{,}380\,310\,4348 \cdot 10^{-3}$	0	7	18	$0{,}148\,545\,9957 \cdot 10^{-4}$	2	12
8	$0{,}411\,929\,1557 \cdot 10^{-5}$	5/2	8	19	$-0{,}569\,173\,4346 \cdot 10^{-3}$	12	1
9	$-0{,}226\,737\,4456$	5/2	1	20	$0{,}834\,105\,7068 \cdot 10^{-2}$	15	3
10	$0{,}143\,302\,4764 \cdot 10^{-1}$	7/2	3	21	$-0{,}252\,628\,7501 \cdot 10^{-1}$	18	3
11	$-0{,}139\,297\,8451$	3/2	4	22	$0{,}118\,550\,6149 \cdot 10^{-2}$	36	6

2.2.3 R 134a – 1,1,1,2-Tetrafluorethan

Für R 134a wurde die 1993 von R. Tillner-Roth und H.D. Baehr [13] aufgestellte Fundamentalgleichung verwendet. Diese Gleichung wurde von der Internationalen Energieagentur (IEA) durch ihren Annex 18 (Thermophysical Properties of Environmentally Acceptable Refrigerants)

2.2.2 R 22 – Monochlorodifluoromethane

For R 22, the fundamental equation reported in 1993 by W. Wagner et al. [12] was chosen. It is valid between the triple point temperature $T_{tr} = 115.73$ K and $T = 525$ K for pressures up to 200 MPa. The constants used in the dimensionless variables Φ, τ, and δ are

$$R = 96.15596 \text{ J/(kg K)}, \quad T_c = 369.28 \text{ K}, \quad \varrho_c = 520 \text{ kg/m}^3.$$

The ideal part of the fundamental equation is given by

$$\Phi^\circ(\tau, \delta) = a_1^\circ + a_2^\circ \tau + \ln \delta + a_3^\circ \ln \tau + \sum_{i=1}^{4} m_i \ln[1 - \exp(-\vartheta_i^\circ \tau)] \qquad (2.16)$$

where the coefficients are

$$a_1^\circ = -11.882\,967, \quad a_2^\circ = 8.092\,478, \quad a_3^\circ = -3.006\,7158,$$
$$m_1 = 3.932\,1463, \quad m_2 = 1.100\,7467, \quad m_3 = 1.871\,2909, \quad m_4 = 2.227\,0666,$$
$$\vartheta_1^\circ = 4.8242\,1333, \quad \vartheta_2^\circ = 11.392\,964, \quad \vartheta_3^\circ = 2.8286\,2148, \quad \vartheta_4^\circ = 1.5558\,0861.$$

The residual part Φ^r has the form

$$\Phi^r(\tau, \delta) = \sum_{i=1}^{8} a_i \tau^{t_i} \delta^{d_i} + \exp(-\delta) \sum_{i=9}^{13} a_i \tau^{t_i} \delta^{d_i} + \exp(-\delta^2) \sum_{i=14}^{18} a_i \tau^{t_i} \delta^{d_i}$$
$$+ \exp(-\delta^3) \sum_{i=19}^{21} a_i \tau^{t_i} \delta^{d_i} + a_{22} \exp(-\delta^4) \tau^{t_{22}} \delta^{d_{22}}. \qquad (2.17)$$

The coefficients a_i and the exponents t_i and d_i are listed in Table 2.3.

Table 2.3. Coefficients a_i and exponents t_i and d_i of the residual part $\Phi^r(\tau, \delta)$ of R 22 according to eq. (2.17).

i	a_i	t_i	d_i	i	a_i	t_i	d_i
1	0.295 992 0181	0	1	12	$-0.117\,222\,1416$	$-1/2$	5
2	$-0.115\,139\,2173 \cdot 10^1$	3/2	1	13	0.200 339 4173	0	5
3	0.525 974 6924	0	2	14	$-0.209\,7857\,448$	4	1
4	$-0.664\,439\,3736$	1/2	2	15	$0.128\,449\,7611 \cdot 10^{-1}$	6.	1
5	0.172 348 1086	3/2	2	16	$0.172\,469\,3488 \cdot 10^{-2}$	4	9
6	$-0.115\,852\,5163 \cdot 10^{-3}$	3	5	17	$-0.566\,344\,7308 \cdot 10^{-3}$	2	10
7	$0.380\,310\,4348 \cdot 10^{-3}$	0	7	18	$0.148\,545\,9957 \cdot 10^{-4}$	2	12
8	$0.411\,929\,1557 \cdot 10^{-5}$	5/2	8	19	$-0.569\,173\,4346 \cdot 10^{-3}$	12	1
9	$-0.226\,737\,4456$	5/2	1	20	$0.834\,105\,7068 \cdot 10^{-2}$	15	3
10	$0.143\,302\,4764 \cdot 10^{-1}$	7/2	3	21	$-0.252\,628\,7501 \cdot 10^{-1}$	18	3
11	$-0.139\,297\,8451$	3/2	4	22	$0.118\,550\,6149 \cdot 10^{-2}$	36	6

2.2.3 R 134a – 1,1,1,2-Tetrafluoroethane

For R 134a, the fundamental equation of state established in 1993 by R. Tillner-Roth and H.D. Baehr [13] was used. This equation was recommended as an international standard by Annex 18 (Thermophysical Properties of Environmentally Acceptable Refrigerants) of the International

16　　　　　　　　　　　　　　　　　　Fundamentalgleichungen

als international zu verwendende Standard-Formulierung angenommen und empfohlen. Sie gilt zwischen der Temperatur $T_{tr} = 169{,}85$ K des Tripelpunkts und $T = 455$ K bis zu Dichten von 1550 kg/m³ bzw. bis zu Drücken von 70 MPa.

Die Bezugsgrößen der Helmholtz-Funktion sind

$$R = 81{,}488\,856 \text{ J/(kg K)}, \quad T_c = 374{,}18 \text{ K}, \quad \varrho_c = 508 \text{ kg/m}^3.$$

Der Idealteil lautet

$$\Phi^\circ(\tau,\delta) = a_1^\circ + a_2^\circ \tau + \ln\delta + a_3^\circ \ln\tau + a_4^\circ \tau^{-1/2} + a_5^\circ \tau^{-3/4}. \tag{2.18}$$

Die Koeffizienten haben die Werte

$$a_1^\circ = -1{,}019535,\ a_2^\circ = 9{,}047135,\ a_3^\circ = -1{,}629789,\ a_4^\circ = -9{,}723916,\ a_5^\circ = -3{,}927170.$$

Der Realteil hat die Gestalt

$$\begin{aligned}\Phi^r(\tau,\delta) &= \sum_{i=1}^{8} a_i \tau^{t_i} \delta^{d_i} + \exp(-\delta)\sum_{i=9}^{11} a_i \tau^{t_i}\delta^{d_i} + \exp(-\delta^2)\sum_{i=12}^{17} a_i \tau^{t_i}\delta^{d_i} \\ &+ \exp(-\delta^3)\sum_{i=18}^{20} a_i \tau^{t_i}\delta^{d_i} + a_{21}\exp(-\delta^4)\tau^{t_{21}}\delta^{d_{21}}.\end{aligned} \tag{2.19}$$

Die Koeffizienten a_i und die Exponenten t_i und d_i sind in Tabelle 2.4 angegeben.

Tabelle 2.4. Koeffizienten a_i und Exponenten t_i und d_i des Realteils $\Phi^r(\tau,\delta)$ von R 134a nach Gl. (2.19).

i	a_i	t_i	d_i	i	a_i	t_i	d_i
1	$0{,}558\,6817\cdot10^{-1}$	−1/2	2	12	$0{,}101\,7263\cdot10^{-3}$	1	4
2	$0{,}498\,2230$	0	1	13	$-0{,}518\,4567$	5	1
3	$0{,}245\,8698\cdot10^{-1}$	0	3	14	$-0{,}869\,2288\cdot10^{-1}$	5	4
4	$0{,}857\,0145\cdot10^{-3}$	0	6	15	$0{,}205\,7144$	6	1
5	$0{,}478\,8584\cdot10^{-3}$	3/2	6	16	$-0{,}500\,0457\cdot10^{-2}$	10	2
6	$-0{,}180\,0808\cdot10^{1}$	3/2	1	17	$0{,}460\,3262\cdot10^{-3}$	10	4
7	$0{,}267\,1641$	2	1	18	$-0{,}349\,7836\cdot10^{-2}$	10	1
8	$-0{,}478\,1652\cdot10^{-1}$	2	2	19	$0{,}699\,5038\cdot10^{-2}$	18	5
9	$0{,}142\,3987\cdot10^{-1}$	1	5	20	$-0{,}145\,2184\cdot10^{-1}$	22	3
10	$0{,}332\,4062$	3	2	21	$-0{,}128\,5458\cdot10^{-3}$	50	10
11	$-0{,}748\,5907\cdot10^{-2}$	5	2				

2.2.4 R 152a – 1,1-Difluorethan

Für R 152a wurde die 1994 von R. Tillner-Roth [14] entwickelte Fundamentalgleichung verwendet. Sie gilt zwischen der Temperatur $T_{tr} = 154{,}65$ K des Tripelpunkts und $T = 435$ K bis zu Dichten von 1220 kg/m³ bzw. bis zu Drücken von 30 MPa. Die Bezugsgrößen der Helmholtz-Funktion sind

$$R = 125{,}879\,56 \text{ J/(kg K)}, \quad T_c = 386{,}41 \text{ K}, \quad \varrho_c = 368 \text{ kg/m}^3.$$

Der Idealteil lautet

$$\Phi^\circ(\tau,\delta) = a_1^\circ + a_2^\circ \tau + \ln\delta + a_3^\circ \tau^{-1/4} + a_4^\circ \tau^{-2} + a_5^\circ \tau^{-4} - \ln\tau. \tag{2.20}$$

Energy Agency (IEA). It is valid between the triple point temperature $T_{tr} = 169.85$ K and $T = 455$ K for densities up to 1550 kg/m^3 and pressures up to 70 MPa.

The constants used in the dimensionless variables Φ, τ, and δ are

$$R = 81.488\,856 \text{ J/(kg K)}, \quad T_c = 374.18 \text{ K}, \quad \varrho_c = 508 \text{ kg/m}^3.$$

The ideal part of the fundamental equation is given by

$$\Phi^\circ(\tau,\delta) = a_1^\circ + a_2^\circ \tau + \ln\delta + a_3^\circ \ln\tau + a_4^\circ \tau^{-1/2} + a_5^\circ \tau^{-3/4} \tag{2.18}$$

where the coefficients are

$$a_1^\circ = -1.019535,\ a_2^\circ = 9.047135,\ a_3^\circ = -1.629789,\ a_4^\circ = -9.723916,\ a_5^\circ = -3.927170.$$

The residual part Φ^r has the form

$$\Phi^r(\tau,\delta) = \sum_{i=1}^{8} a_i \tau^{t_i} \delta^{d_i} + \exp(-\delta)\sum_{i=9}^{11} a_i \tau^{t_i} \delta^{d_i} + \exp(-\delta^2)\sum_{i=12}^{17} a_i \tau^{t_i} \delta^{d_i}$$
$$+ \exp(-\delta^3)\sum_{i=18}^{20} a_i \tau^{t_i} \delta^{d_i} + a_{21}\exp(-\delta^4)\tau^{t_{21}}\delta^{d_{21}}. \tag{2.19}$$

The coefficients a_i and the exponents t_i and d_i are listed in Table 2.4.

Table 2.4. Coefficients a_i and exponents t_i and d_i of the residual part $\Phi^r(\tau,\delta)$ of R 134a according to eq. (2.19).

i	a_i	t_i	d_i	i	a_i	t_i	d_i
1	$0.558\,6817 \cdot 10^{-1}$	$-1/2$	2	12	$0.101\,7263 \cdot 10^{-3}$	1	4
2	$0.498\,2230$	0	1	13	$-0.518\,4567$	5	1
3	$0.245\,8698 \cdot 10^{-1}$	0	3	14	$-0.869\,2288 \cdot 10^{-1}$	5	4
4	$0.857\,0145 \cdot 10^{-3}$	0	6	15	$0.205\,7144$	6	1
5	$0.478\,8584 \cdot 10^{-3}$	$3/2$	6	16	$-0.500\,0457 \cdot 10^{-2}$	10	2
6	$-0.180\,0808 \cdot 10^{1}$	$3/2$	1	17	$0.460\,3262 \cdot 10^{-3}$	10	4
7	$0.267\,1641$	2	1	18	$-0.349\,7836 \cdot 10^{-2}$	10	1
8	$-0.478\,1652 \cdot 10^{-1}$	2	2	19	$0.699\,5038 \cdot 10^{-2}$	18	5
9	$0.142\,3987 \cdot 10^{-1}$	1	5	20	$-0.145\,2184 \cdot 10^{-1}$	22	3
10	$0.332\,4062$	3	2	21	$-0.128\,5458 \cdot 10^{-3}$	50	10
11	$-0.748\,5907 \cdot 10^{-2}$	5	2				

2.2.4 R 152a – 1,1-Difluoroethane

For R 152a, the fundamental equation developed by R. Tillner-Roth [14] in 1994 was used. It is valid between the triple point temperature $T_{tr} = 154.65$ K and $T = 435$ K for densities up to 1220 kg/m^3 and pressures up to 30 MPa.

The constants used in the dimensionless variables Φ, τ, and δ are

$$R = 125.879\,56 \text{ J/(kg K)}, \quad T_c = 386.41 \text{ K}, \quad \varrho_c = 368 \text{ kg/m}^3.$$

The ideal part of the fundamental equation is given by

$$\Phi^\circ(\tau,\delta) = a_1^\circ + a_2^\circ \tau + \ln\delta + a_3^\circ \tau^{-1/4} + a_4^\circ \tau^{-2} + a_5^\circ \tau^{-4} - \ln\tau \tag{2.20}$$

Die Koeffizienten haben die Werte

$a_1^\circ = 10{,}87227$, $a_2^\circ = 6{,}839515$, $a_3^\circ = -20{,}78887$, $a_4^\circ = -0{,}6539092$, $a_5^\circ = 0{,}03342831$.

Der Realteil hat die Gestalt

$$\Phi^r(\tau,\delta) = \sum_{i=1}^{7} a_i \tau^{t_i} \delta^{d_i} + \exp(-\delta)\sum_{i=8}^{11} a_i \tau^{t_i} \delta^{d_i} + \exp(-\delta^2)\sum_{i=12}^{15} a_i \tau^{t_i} \delta^{d_i}$$
$$+ \exp(-\delta^3)\sum_{i=16}^{19} a_i \tau^{t_i} \delta^{d_i}. \tag{2.21}$$

Die Koeffizienten a_i und die Exponenten t_i und d_i sind in Tabelle 2.5 angegeben.

Tabelle 2.5. Koeffizienten a_i und Exponenten t_i und d_i des Realteils $\Phi^r(\tau,\delta)$ von R 152a nach Gl. (2.21).

i	a_i	t_i	d_i	i	a_i	t_i	d_i
1	0,355 2260	0	1	11	0,199 2515·10^{-1}	2	4
2	−0,142 5660·10^{1}	3/2	1	12	0,344 9040	4	1
3	−0,463 1621·10^{-1}	3	1	13	−0,496 3849	5	1
4	0,690 3546·10^{-1}	−1/2	3/2	14	0,129 0719	6	1
5	0,197 5710·10^{-1}	−1/2	3	15	0,976 0790·10^{-3}	5	8
6	0,748 6977·10^{-3}	−1/2	6	16	0,506 6545·10^{-2}	25/2	2
7	0,464 2204·10^{-3}	3/2	6	17	−0,140 2020·10^{-1}	25	3
8	−0,260 3396	3	1	18	0,516 9918·10^{-2}	20	5
9	−0,762 4212·10^{-1}	4	1	19	0,267 9087·10^{-3}	25	6
10	0,223 3522	3	3				

2.2.5 R 123 − 1,1-Dichlor-2,2,2-trifluorethan

Für R 123 haben B. Younglove und M.O. McLinden [15] 1993 einen Gleichungssatz entwickelt, der aus einer thermischen Zustandsgleichung $p = p(T,\varrho)$ und einer Gleichung für die spezifische isobare Wärmekapazität $c_p^\circ = c_p^\circ(T)$ besteht. Er gilt zwischen der Temperatur $T_{tr} = 166$ K des Tripelpunkts und $T = 525$ K bis zu Dichten von 1774 kg/m^3 bzw. bis zu Drücken von 40 MPa. Die Internationale Energieagentur (IEA) hat auch diese Gleichungen durch ihren Annex 18 als internationale Standard-Formulierungen für R 123 empfohlen. Ein solcher Gleichungssatz ist einer Fundamentalgleichung für die freie Energie äquivalent. Wir haben im Sinne einer einheitlichen Darstellung diesen Gleichungssatz in eine Fundamentalgleichung übergeführt.

Nach Tabelle 2.1 besteht zwischen der spezifischen isobaren Wärmekapazität c_p° im Zustand des idealen Gases und der Funktion $\Phi^*(\tau)$ in Gl. (2.7) der Zusammenhang

$$\frac{c_p^\circ}{R} = 1 + \frac{c_v^\circ}{R} = 1 - \tau^2 \Phi_{\tau\tau}^*(\tau). \tag{2.22}$$

Man erhält dann den Idealteil Φ° der Helmholtz-Funktion durch zweimaliges Integrieren der von Younglove und McLinden angegebenen c_p°-Gleichung zu

$$\Phi^\circ(\tau,\delta) = a_1^\circ + a_2^\circ \tau + \ln\delta + a_3^\circ \ln\tau + a_4^\circ \tau^{-1} + a_5^\circ \tau^{-2} + a_6^\circ \tau^{-3} \tag{2.23}$$

where the coefficients are

$$a_1^\circ = 10.87227, \quad a_2^\circ = 6.839515, \quad a_3^\circ = -20.78887, \quad a_4^\circ = -0.6539092, \quad a_5^\circ = 0.03342831.$$

The residual part Φ^r has the form

$$\Phi^r(\tau,\delta) = \sum_{i=1}^{7} a_i \tau^{t_i} \delta^{d_i} + \exp(-\delta)\sum_{i=8}^{11} a_i \tau^{t_i} \delta^{d_i} + \exp(-\delta^2)\sum_{i=12}^{15} a_i \tau^{t_i} \delta^{d_i}$$
$$+ \exp(-\delta^3)\sum_{i=16}^{19} a_i \tau^{t_i} \delta^{d_i}. \tag{2.21}$$

The coefficients a_i and the exponents t_i and d_i are listed in Table 2.5.

Table 2.5. Coefficients a_i and exponents t_i and d_i of the residual part $\Phi^r(\tau,\delta)$ of R 152a according to eq. (2.21).

i	a_i	t_i	d_i	i	a_i	t_i	d_i
1	0.355 2260	0	1	11	$0.199\,2515 \cdot 10^{-1}$	2	4
2	$-0.142\,5660 \cdot 10^1$	3/2	1	12	0.344 9040	4	1
3	$-0.463\,1621 \cdot 10^{-1}$	3	1	13	$-0.496\,3849$	5	1
4	$0.690\,3546 \cdot 10^{-1}$	$-1/2$	3/2	14	0.129 0719	6	1
5	$0.197\,5710 \cdot 10^{-1}$	$-1/2$	3	15	$0.976\,0790 \cdot 10^{-3}$	5	8
6	$0.748\,6977 \cdot 10^{-3}$	$-1/2$	6	16	$0.506\,6545 \cdot 10^{-2}$	25/2	2
7	$0.464\,2204 \cdot 10^{-3}$	3/2	6	17	$-0.140\,2020 \cdot 10^{-1}$	25	3
8	$-0.260\,3396$	3	1	18	$0.516\,9918 \cdot 10^{-2}$	20	5
9	$-0.762\,4212 \cdot 10^{-1}$	4	1	19	$0.267\,9087 \cdot 10^{-3}$	25	6
10	0.223 3522	3	3				

2.2.5 R 123 – 1,1-Dichloro-2,2,2-trifluoroethane

For R 123, B.A. Younglove and M.O. McLinden [15] established a set of equations in 1993 which consists of a thermal equation of state, $p = p(T,\varrho)$, and an equation for the specific isobaric heat capacity, $c_p^\circ = c_p^\circ(T)$, of the ideal gas. It is valid between the triple point temperature $T_{tr} = 166$ K and $T = 525$ K for densities up to 1774 kg/m^3 and pressures up to 40 MPa. These equations were also recommended by Annex 18 of the International Energy Agency as an international standard formulation for the thermodynamic properties of R 123.

Such a set of equations is equivalent to a fundamental equation in the form of the Helmholtz free energy. We transformed the original equations into a Helmholtz free energy formulation in order to obtain a uniform description of all refrigerants. According to Table 2.1, the specific isobaric heat capacity c_p° of the ideal gas is connected with the function $\Phi^*(\tau)$ in eq. (2.7) by

$$\frac{c_p^\circ}{R} = 1 + \frac{c_v^\circ}{R} = 1 - \tau^2 \Phi_{\tau\tau}^*(\tau). \tag{2.22}$$

The ideal part Φ° of the Helmholtz function is now obtained by integration of the c_p°-equation given by Younglove and McLinden yielding

$$\Phi^\circ(\tau,\delta) = a_1^\circ + a_2^\circ \tau + \ln\delta + a_3^\circ \ln\tau + a_4^\circ \tau^{-1} + a_5^\circ \tau^{-2} + a_6^\circ \tau^{-3} \tag{2.23}$$

mit den Koeffizienten

$$a_1^\circ = -13{,}23249393, \quad a_2^\circ = 10{,}94800494, \quad a_3^\circ = 1{,}0460090,$$
$$a_4^\circ = -11{,}11599550, \quad a_5^\circ = 1{,}94308183, \quad a_6^\circ = -0{,}22430542.$$

Den Realteil Φ^r erhält man durch Integration der thermischen Zustandsgleichung unter Verwendung der in Tabelle 2.1 aufgeführten Beziehung zwischen Helmholtz-Funktion und dem Druck $p = p(T, \varrho)$ zu

$$\Phi^r(\tau, \delta) = \int_0^\varrho \left[\frac{p(T, \varrho)}{RT\varrho^2} - \frac{1}{\varrho} \right] d\varrho. \tag{2.24}$$

Aus der von Younglove und McLinden entwickelten Zustandsgleichung ergibt sich dann

$$\Phi^r(\tau, \delta) = \sum_{i=1}^{19} a_i \tau^{t_i} \delta^{d_i} + \left(\exp(-\delta^2) - 1\right) \sum_{i=20}^{22} a_i \tau^{t_i} + \exp(-\delta^2) \sum_{i=23}^{37} a_i \tau^{t_i} \delta^{d_i}. \tag{2.25}$$

Diese Gleichung hat 37 Terme gegenüber 32 Termen der thermischen Zustandsgleichung von Younglove und McLinden. Die zusätzlichen Terme ergeben sich dadurch, daß sich die Integrale mit Exponentialfunktionen nur als Termsummen darstellen lassen. Die für Gl. (2.25) gültigen Koeffizienten a_i und die Exponenten t_i und d_i sind in Tabelle 2.6 angegeben. Als Bezugsgrößen für die Helmholtz-Funktion wurden die Werte von Younglove und McLinden verwendet:

$$R = 54{,}36782 \text{ J/(kg K)}, \quad T_c = 456{,}831 \text{ K}, \quad \varrho_c = 550 \text{ kg/m}^3.$$

Tabelle 2.6. Koeffizienten a_i und Exponenten t_i und d_i des Realteils $\Phi^r(\tau, \delta)$ von R 123 nach Gl. (2.25).

i	a_i	t_i	d_i	i	a_i	t_i	d_i
1	$-0{,}2843\,7940\,866$	0	1	20	$10{,}0242\,6041\,90$	3	–
2	$5{,}9392\,8062\,73$	1/2	1	21	$0{,}2806\,0780\,091$	4	–
3	$-9{,}3656\,0314\,48$	1	1	22	$-0{,}0206\,8166\,3555$	5	–
4	$4{,}1666\,0760\,29$	2	1	23	$7{,}9892\,3475\,27$	3	2
5	$-1{,}7402\,3279\,01$	3	1	24	$-0{,}5479\,7182\,413$	4	2
6	$0{,}1770\,1988\,347$	0	2	25	$-0{,}0206\,8166\,3555$	5	2
7	$-1{,}5472\,1673\,13$	1	2	26	$2{,}4914\,2560\,43$	3	4
8	$1{,}6182\,0475\,58$	2	2	27	$-0{,}2739\,8591\,206$	4	4
9	$2{,}8890\,3493\,65$	3	2	28	$0{,}2360\,0169\,709$	5	4
10	$-0{,}1184\,9385\,247$	0	3	29	$0{,}5405\,2783\,233$	3	6
11	$1{,}3095\,2241\,58$	1	3	30	$-0{,}0600\,4572\,9028$	4	6
12	$-1{,}1730\,8081\,65$	2	3	31	$0{,}0786\,6723\,2362$	5	6
13	$-0{,}1281\,2510\,167$	1	4	32	$0{,}0708\,0852\,6299$	3	8
14	$-0{,}0786\,0870\,4212$	2	5	33	$-0{,}0150\,1143\,2257$	4	8
15	$-0{,}0816\,0001\,4077$	3	5	34	$1{,}8220\,5021\,33 \cdot 10^{-3}$	5	8
16	$0{,}0536\,4508\,2587$	2	6	35	$3{,}1497\,8268\,75 \cdot 10^{-3}$	3	10
17	$-6{,}8007\,7838\,59 \cdot 10^{-3}$	2	7	36	$7{,}8445\,4810\,67 \cdot 10^{-3}$	4	10
18	$7{,}0126\,3697\,23 \cdot 10^{-3}$	3	7	37	$3{,}6441\,0042\,65 \cdot 10^{-4}$	5	10
19	$-9{,}0176\,1795\,89 \cdot 10^{-4}$	3	8				

where the coefficients are

$$a_1^\circ = -13.2324\,9393, \quad a_2^\circ = 10.9480\,0494, \quad a_3^\circ = 1.0460\,090,$$
$$a_4^\circ = -11.1159\,9550, \quad a_5^\circ = 1.9430\,8183, \quad a_6^\circ = -0.2243\,0542.$$

The residual part Φ^r is obtained by integration of the thermal equation of state utilizing the relation between $\Phi^r(\tau,\delta)$ and the pressure, $p = p(T,\varrho)$, given in Table 2.1. This results in

$$\Phi^r(\tau,\delta) = \int_0^\varrho \left[\frac{p(T,\varrho)}{RT\varrho^2} - \frac{1}{\varrho}\right] d\varrho. \tag{2.24}$$

With the thermal equation of state reported by Younglove and McLinden, the residual part is obtained as

$$\Phi^r(\tau,\delta) = \sum_{i=1}^{19} a_i \tau^{t_i} \delta^{d_i} + \left(\exp(-\delta^2) - 1\right) \sum_{i=20}^{22} a_i \tau^{t_i} + \exp(-\delta^2) \sum_{i=23}^{37} a_i \tau^{t_i} \delta^{d_i}. \tag{2.25}$$

Eq. (2.25) has 37 terms compared to 32 terms of the thermal equation of state established by Younglove and McLinden. The additional terms result from the fact that integrals of exponential functions can only be expressed by sums of terms. The coefficients a_i and the exponents t_i and d_i to be used in eq. (2.25) are listed in Table 2.6. The constants used in the dimensionless variables Φ, τ, and δ have the values given by Younglove and McLinden:

$$R = 54.367\,82 \text{ J/(kg K)}, \quad T_c = 456.831 \text{ K}, \quad \varrho_c = 550 \text{ kg/m}^3.$$

Table 2.6. Coefficients a_i and exponents t_i and d_i of the residual part $\Phi^r(\tau,\delta)$ of R 123 according to eq. (2.25).

i	a_i	t_i	d_i	i	a_i	t_i	d_i
1	−0.2843 7940 866	0	1	20	10.0242 6041 90	3	—
2	5.9392 8062 73	1/2	1	21	0.2806 0780 091	4	—
3	−9.3656 0314 48	1	1	22	−0.0206 8166 3555	5	—
4	4.1666 0760 29	2	1	23	7.9892 3475 27	3	2
5	−1.7402 3279 01	3	1	24	−0.5479 7182 413	4	2
6	0.1770 1988 347	0	2	25	−0.0206 8166 3555	5	2
7	−1.5472 1673 13	1	2	26	2.4914 2560 43	3	4
8	1.6182 0475 58	2	2	27	−0.2739 8591 206	4	4
9	2.8890 3493 65	3	2	28	0.2360 0169 709	5	4
10	−0.1184 9385 247	0	3	29	0.5405 2783 233	3	6
11	1.3095 2241 58	1	3	30	−0.0600 4572 9028	4	6
12	−1.1730 8081 65	2	3	31	0.0786 6723 2362	5	6
13	−0.1281 2510 167	1	4	32	0.0708 0852 6299	3	8
14	−0.0786 0870 4212	2	5	33	−0.0150 1143 2257	4	8
15	−0.0816 0001 4077	3	5	34	1.8220 5021 33·10^{-3}	5	8
16	0.0536 4508 2587	2	6	35	3.1497 8268 75·10^{-3}	3	10
17	−6.8007 7838 59·10^{-3}	2	7	36	7.8445 4810 67·10^{-3}	4	10
18	7.0126 3697 23·10^{-3}	3	7	37	3.6441 0042 65·10^{-4}	5	10
19	−9.0176 1795 89·10^{-4}	3	8				

3 Arbeitsgleichungen

Fundamentalgleichungen eignen sich nur bedingt zur schnellen und einfachen Berechnung von Zustandsgrößen, wie sie z.B. bei der Berechnung von Kälteprozessen benötigt werden. Wir haben daher für jedes der fünf Kältemittel einen Gleichungssatz entwickelt, welcher die Bestimmung der Zustandsgrößen im kältetechnisch wichtigen Bereich erlaubt, ohne daß komplizierte oder rechenintensive Operationen erforderlich werden.

Der Gültigkeitsbereich der im folgenden dargestellten Arbeitsgleichungen ist kleiner als der der Fundamentalgleichungen. Innerhalb ihres Gültigkeitsbereichs sind die Arbeitsgleichungen fast ebenso genau wie die Fundamentalgleichungen, aus denen sie hergeleitet wurden. Ähnliche Gleichungssätze wurden schon früher für die Darstellung der thermodynamischen Eigenschaften von Kältemitteln benutzt, vgl. z.B. S. Kabelac und H.D. Baehr [16] und S. Kabelac [17].

3.1 Der Gleichungssatz

Die Arbeitsgleichungen bestehen mindestens aus einer thermischen Zustandsgleichung $p = p(T, \varrho)$ für das Gasgebiet, einer Dampfdruckgleichung $p_s = p_s(T)$, einer Gleichung für die Dichte $\varrho' = \varrho'(T)$ der siedenden Flüssigkeit und einer Gleichung für die spezifische isobare Wärmekapazität $c_p^o = c_p^o(T)$ im idealen Gaszustand. Mit diesem Gleichungssatz lassen sich unter Benutzung exakter thermodynamischer Beziehungen die Sättigungsgrößen sowie Dichte, spezifische Enthalpie und spezifische Entropie im Gasgebiet und im Flüssigkeitsgebiet berechnen. Letzteres gelingt unter der in guter Näherung zutreffenden Annahme, daß Dichte, Enthalpie und Entropie der Flüssigkeit auf jeder Isotherme $T =$ const nicht vom Druck abhängen.

Im folgenden erläutern wir zunächst den Aufbau der Gleichungssätze, die wir für die fünf Kältemittel aufgestellt haben. Um die Berechnung der Sättigungsgrößen zu vereinfachen, haben wir zusätzlich eine Gleichung für die spezifische Enthalpie $h' = h'(T)$ der siedenden Flüssigkeit angegeben. Für jedes der fünf Kältemittel sind schließlich die Arbeitsgleichungen und die Werte der darin auftretenden Koeffizienten aufgeführt.

3.1.1 Das Gasgebiet

Grundlage der Berechnung der Zustandsgrößen im Gasgebiet ist eine Virialzustandsgleichung der Form

$$\frac{p(\varrho, T)}{\varrho R T} = 1 + B(T)\varrho + C(T)\varrho^2 + D(T)\varrho^3. \tag{3.1}$$

Mit einer Gleichung für die Temperaturabhängigkeit der spezifischen Wärmekapazität

$$c_p^o = c_p^o(T) \tag{3.2}$$

im idealen Gaszustand erhält man aus bekannten thermodynamischen Beziehungen, vgl. z.B. [18], die spezifische Enthalpie

$$h = h(T, \varrho) \tag{3.3}$$

und die spezifische Entropie

$$s = s(T, \varrho). \tag{3.4}$$

3 Working equations

Fundamental equations of state can only be used to a limited extent for rapid and easy calculation of thermodynamic properties which are often required for evaluation and optimisation of processes in refrigeration. Therefore, we developed a set of rather simple working equations for each of the five refrigerants. These working equations enable the engineer to evaluate thermodynamic properties without invoking complicated and time-consuming operations.

Our working equations are valid in the range of temperatures and pressures relevant to refrigeration. This range is somewhat smaller than the range of validity of the fundamental equations. Within their range of validity, the working equations are almost as accurate as the fundamental equations from which they were derived. Similar sets of equations were proposed earlier to represent thermodynamic properties of refrigerants, cf. H.D. Baehr and S. Kabelac [16] and S. Kabelac [17].

3.1 The set of working equations

The set of working equations must at least consist of a thermal equation of state, $p = p(T, \varrho)$, for the gaseous phase, a vapour pressure equation, $p_s = p_s(T)$, an equation for the saturated liquid density, $\varrho' = \varrho'(T)$, and an equation for the specific isobaric heat capacity, $c_p^o = c_p^o(T)$, for the ideal gas. Using this set of equations and exact thermodynamic relations, saturation properties as well as density, specific enthalpy, and specific entropy of the gas and the liquid can be calculated. For the liquid phase, the simplification is introduced that density, enthalpy, and entropy on an isotherm, $T = \text{const}$, are independent of pressure, which is a good approximation.

In the following paragraphs, we will explain the structure of the equations that we established for the five refrigerants. In addition to the equations mentioned above, we developed an equation for the specific enthalpy of the saturated liquid, $h' = h'(T)$, thus further simplifying the calculation of saturation properties. Finally, the working equations and the values of their coefficients are given for the five refrigerants.

3.1.1 The gaseous phase

Calculation of thermodynamic properties of the gaseous refrigerant is based on a virial equation of state truncated after the term with the fourth virial coefficient:

$$\frac{p(\varrho, T)}{\varrho RT} = 1 + B(T)\varrho + C(T)\varrho^2 + D(T)\varrho^3. \tag{3.1}$$

This equation, together with an equation for the temperature dependence of the specific heat capacity in the ideal gas state,

$$c_p^o = c_p^o(T), \tag{3.2}$$

enables calculation of the specific enthalpy,

$$h = h(T, \varrho), \tag{3.3}$$

and the specific entropy,

$$s = s(T, \varrho), \tag{3.4}$$

by means of well-known thermodynamic relations [18].

Die im Druck explizite Virialzustandsgleichung (3.1) hat den Vorteil, daß mit den Termen bis ϱ^3 ein großes Zustandsgebiet erheblich genauer wiedergegeben werden kann als mit einer gleich langen Virialgleichung, welche die Dichte ϱ als Funktion von T und p beschreibt. Um aber bei gegebener Temperatur T die Enthalpie h und die Entropie s für einen gegebenen Druck p (und nicht für eine bekannte Dichte ϱ) zu berechnen, muß man zunächst aus (3.1) die zum Druck p gehörige Dichte bestimmen. Hierzu ist eine Iteration erforderlich, welche meist nach wenigen Schritten konvergiert, wenn man aus der Zustandsgleichung

$$\varrho = p/(RT) \qquad (3.5)$$

des idealen Gases einen Startwert für die Dichte berechnet.

3.1.2 Die Sättigungsgrößen

Grundlage für die Berechnung der Sättigungsgrößen bei vorgegebener Temperatur ist eine Gleichung für den Dampfdruck,

$$p_s = p_s(T). \qquad (3.6)$$

Ist dagegen der Druck gegeben, so muß man aus (3.6) die zugehörige Siedetemperatur T iterativ bestimmen.

Man erhält die Taudichte $\varrho'' = \varrho''(T)$, indem man in (3.1) $p(\varrho'', T) = p_s(T)$ setzt und die Gleichung iterativ nach ϱ'' auflöst. Ist $\varrho''(T)$ bekannt, so ergeben sich die spezifische Enthalpie

$$h''(T) = h(T, \varrho'') \qquad (3.7)$$

des gesättigten Dampfes aus (3.3) und seine spezifische Entropie

$$s''(T) = s(T, \varrho'') \qquad (3.8)$$

aus (3.4).

Für die Siededichte $\varrho' = \varrho'(T)$ wird eine gesonderte Gleichung angegeben. Unter Benutzung der Gleichung von Clausius-Clapeyron,

$$\frac{dp_s}{dT} = \frac{s'' - s'}{(1/\varrho'') - (1/\varrho')} = \frac{h'' - h'}{T[(1/\varrho'') - (1/\varrho')]}, \qquad (3.9)$$

könnte man daraus s' und h' berechnen. Um die etwas komplizierte Bestimmung der Ableitung dp_s/dT der Dampfdruckkurve zu umgehen, haben wir eine zusätzliche Gleichung für die spezifische Enthalpie

$$h' = h'(T) \qquad (3.10)$$

der siedenden Flüssigkeit entwickelt und in den Gleichungssatz aufgenommen. Mit ihr erhält man die spezifische Entropie der siedenden Flüssigkeit zu

$$s' = s'(T) = s''(T) - \frac{h''(T) - h'(T)}{T}. \qquad (3.11)$$

The pressure explicit virial equation of state (3.1) has the advantage that a large part of the thermodynamic surface can be represented with higher accuracy than by using a virial equation of the same length that expresses density ϱ as a function of T and p. On the other hand, calculation of enthalpy h and entropy s for given temperature T and pressure p (and not for a known density ϱ) requires determination of that density ϱ belonging to the given pressure p. For this purpose, eq. (3.1) must be solved for ϱ by iteration. Convergence is generally obtained after a few iteration cycles when starting with a value for ϱ calculated from the equation of state of the ideal gas,

$$\varrho = p/(RT). \tag{3.5}$$

3.1.2 Saturation properties

Calculation of saturation properties for a given temperature is based on the vapour pressure equation

$$p_s = p_s(T). \tag{3.6}$$

For given pressure p, the corresponding saturation temperature T must be obtained by an iteration procedure from eq. (3.6).

The saturated vapour density, $\varrho'' = \varrho''(T)$, is obtained by setting $p(\varrho'', T) = p_s(T)$ and solving eq. (3.1) by iteration. When $\varrho''(T)$ is known, the specific enthalpy of the saturated vapour,

$$h''(T) = h(T, \varrho''), \tag{3.7}$$

is calculated from (3.3) and the specific entropy,

$$s''(T) = s(T, \varrho''), \tag{3.8}$$

from (3.4).

The saturated liquid density, $\varrho' = \varrho'(T)$, is given by an equation belonging to the set of working equations. Using the Clausius-Clapeyron relation,

$$\frac{dp_s}{dT} = \frac{s'' - s'}{(1/\varrho'') - (1/\varrho')} = \frac{h'' - h'}{T[(1/\varrho'') - (1/\varrho')]}, \tag{3.9}$$

s' and h' may now be calculated. To avoid the complicated determination of the derivative dp_s/dT of the vapour pressure curve, we established an additional equation for the specific enthalpy of the saturated liquid,

$$h' = h'(T). \tag{3.10}$$

With the aid of this equation, the specific entropy of the saturated liquid is obtained from

$$s' = s'(T) = s''(T) - \frac{h''(T) - h'(T)}{T}. \tag{3.11}$$

3.1.3 Das Gebiet der Flüssigkeit

Um Dichte, Enthalpie und Entropie des flüssigen Kältemittels zu erhalten, genügt es in der Regel,

$$\varrho(T,p) = \varrho'(T), \qquad (3.12)$$

$$h(T,p) = h'(T) \qquad (3.13)$$

und

$$s(T,p) = s'(T) \qquad (3.14)$$

zu setzen. Die Gleichungen (3.12) und (3.14) entsprechen der Annahme, das Kältemittel verhielte sich auf jeder Isotherme wie ein inkompressibles Fluid, was bei nicht zu hohen Drücken in guter Näherung zutrifft. In Gl. (3.13) müßte für ein inkompressibles Fluid der Term $(p-p_s)v' = [p-p_s(T)]/\varrho'(T)$ zu $h'(T)$ addiert werden, vgl. [19]. Wir haben hierauf verzichtet, weil ein großer Teil des für die Kältetechnik interessanten Flüssigkeitsgebiets in der Nähe der Inversionskurve des Joule-Thomson-Effekts liegt. In diesem Gebiet ist $(\partial h/\partial p)_T$ so klein, daß die Berücksichtigung des Zusatzterms $[p-p_s(T)]/\varrho'(T)$ in Gl. (3.13) auf zu große Werte der spezifischen Enthalpie führt.

3.2 Die Arbeitsgleichungen für die Kältemittel

Die in Abschnitt 3.1 erläuterten Arbeitsgleichungen werden im folgenden in dimensionsloser Form angegeben. Dabei verwenden wir wie bei der Formulierung der Fundamentalgleichungen die dimensionslosen Variablen

$$\tau := \frac{T_c}{T} \quad \text{und} \quad \delta := \frac{\varrho}{\varrho_c}. \qquad (3.15)$$

Zur Darstellung der Temperaturabhängigkeit der Sättigungsgrößen dient statt τ die Variable

$$\theta := 1 - \frac{T}{T_c} = \frac{\tau - 1}{\tau}. \qquad (3.16)$$

Die Normierungsgrößen T_c und ϱ_c sind Näherungswerte für die kritische Temperatur und die kritische Dichte des betreffenden Kältemittels.

Die für die spezifische Wärmekapazität $c_p^\circ(T)$ angegebene Gleichung wird nicht unmittelbar benötigt, weil sie schon in den Gleichungen für die spezifische Enthalpie $h(\tau,\delta)$ und die spezifische Entropie $s(\tau,\delta)$ im Gasgebiet berücksichtigt wurde. Wenn man c_p°-Werte nicht explizit berechnen will, kann man die Gleichung für $c_p^\circ(T)$ weglassen.

3.2.1 Ammoniak

Allgemeine Konstanten: $R = 488{,}2175$ J/(kg K), $T_c = 405{,}40$ K, $\varrho_c = 225$ kg/m^3.

Gleichungen für das Gasgebiet, gültig für 200 K $\leq T \leq$ 450 K und $p \leq p_s(T) < 6{,}0$ MPa:

$$\begin{aligned}\frac{p(\tau,\delta)}{\varrho RT} &= 1 + \delta(b_1\tau^{-1} + b_2\tau^2 + b_3\tau^{9/2} + b_4\tau^7)\\&\quad + 2\delta^2(c_1\tau^{-1} + c_2\tau^4 + c_3\tau^{12} + c_4\tau^{15}) + 3\delta^3 d_1\tau^9,\end{aligned} \qquad (3.17)$$

3.1.3 The liquid phase

Density, enthalpy, and entropy of a liquid refrigerant are generally calculated with sufficient accuracy from

$$\varrho(T,p) = \varrho'(T), \tag{3.12}$$

$$h(T,p) = h'(T) \tag{3.13}$$

and

$$s(T,p) = s'(T). \tag{3.14}$$

Equations (3.12) and (3.14) comply with the assumption that the refrigerant behaves like an incompressible fluid on every isotherm, which is a good approximation for pressures not too high. For an incompressible fluid, the term $(p - p_s)v' = [p - p_s(T)]/\varrho'(T)$ should be added to the righthand side of eq. (3.13), cf. [19]. We refrained from doing so, since the major part of the liquid region relevant to refrigeration is located in the vicinity of the Joule-Thomson inversion curve. Here the derivative $(\partial h/\partial p)_T$ is so small that adding the term $[p - p_s(T)]/\varrho'(T)$ in eq. (3.13) would result in values of specific enthalpy that are too high.

3.2 The working equations of the refrigerants

The working equations described in section 3.1 were established in dimensionless form. As already used in the fundamental equations of state, the independent variables are

$$\tau := \frac{T_c}{T} \quad \text{and} \quad \delta := \frac{\varrho}{\varrho_c}. \tag{3.15}$$

The temperature dependence of the saturation properties is formulated in terms of the variable

$$\theta := 1 - \frac{T}{T_c} = \frac{\tau - 1}{\tau} \tag{3.16}$$

instead of using τ. The quantities T_c and ϱ_c are approximate values for critical temperature and critical density of the refrigerant under consideration.

The equation giving the specific heat capacity $c_p^\circ(T)$ is not of immediate importance since it is already incorporated in the equations for the specific enthalpy $h(\tau,\delta)$ and the specific entropy $s(\tau,\delta)$ of the gaseous phase. When c_p°-values are not needed, the equation for $c_p^\circ(T)$ can be omitted.

3.2.1 Ammonia

Constants: $R = 488.2175$ J/(kg K), $T_c = 405.40$ K, $\varrho_c = 225$ kg/m^3.

Equations for the vapour phase, valid for 200 K $\leq T \leq$ 450 K and $p \leq p_s(T) < 6.0$ MPa:

$$\begin{aligned}\frac{p(\tau,\delta)}{\varrho RT} &= 1 + \delta(b_1\tau^{-1} + b_2\tau^2 + b_3\tau^{9/2} + b_4\tau^7) \\ &\quad + 2\delta^2(c_1\tau^{-1} + c_2\tau^4 + c_3\tau^{12} + c_4\tau^{15}) + 3\delta^3 d_1\tau^9,\end{aligned} \tag{3.17}$$

$$\frac{h(\tau,\delta)}{RT} = a_1^*\tau + \frac{3}{2}m_1\tau^{1/3} + \frac{2}{5}m_2\tau^{-3/2} + \frac{4}{11}m_3\tau^{-7/4}$$
$$+ \delta(3b_2\tau^2 + \frac{11}{2}b_3\tau^{9/2} + 8b_4\tau^7)$$
$$+ \delta^2(c_1\tau^{-1} + 6c_2\tau^4 + 14c_3\tau^{12} + 17c_4\tau^{15}) + 12d_1\tau^9\delta^3, \quad (3.18)$$

$$\frac{s(\tau,\delta)}{R} = a_0^* - (1 - \ln\tau) - \ln\delta - 3m_1\tau^{1/3} + \frac{2}{3}m_2\tau^{-3/2} + \frac{4}{7}m_3\tau^{-7/4}$$
$$+ \delta(-2b_1\tau^{-1} + b_2\tau^2 + \frac{7}{2}b_3\tau^{9/2} + 6b_4\tau^7)$$
$$+ \delta^2(-2c_1\tau^{-1} + 3c_2\tau^4 + 11c_3\tau^{12} + 14c_4\tau^{15}) + 8d_1\tau^9\delta^3, \quad (3.19)$$

$$\frac{c_p^\circ(\tau)}{R} = m_1\tau^{1/3} + m_2\tau^{-3/2} + m_3\tau^{-7/4}, \quad (3.20)$$

$b_1 = 0{,}1060\,7551$, $b_2 = -1{,}3425\,5220$, $b_3 = -0{,}1886\,3113$, $b_4 = -0{,}0251\,3333$,
$c_1 = 0{,}0257\,4382$, $c_2 = 0{,}4070\,0989$, $c_3 = -0{,}0460\,0760$, $c_4 = 0{,}0032\,33546$,
$d_1 = 0{,}0284\,9799$, $a_0^* = 15{,}815\,020$, $a_1^* = 4{,}255\,726$,
$m_1 = 2{,}549\,85$, $m_2 = 4{,}860\,791$, $m_3 = -2{,}746\,377$.

Gleichungen für die Sättigungsgrößen mit θ nach (3.16):

$$\ln\frac{p_s(\theta)}{p_0} = \frac{1}{1-\theta}\left[a_1\theta + a_2\theta^{5/4} + a_3\theta^{3/2} + a_4\theta^{7/4} + a_5\theta^{9/2} + a_6\theta^{17/2}\right], \quad (3.21)$$

gültig für $195{,}50\,\text{K} \leq T \leq 405{,}40\,\text{K}$ mit $p_0 = 11{,}339\,26$ MPa und den Koeffizienten

$a_1 = -6{,}731\,962$, $a_2 = -3{,}501\,5526$, $a_3 = 9{,}325\,1383$, $a_4 = -6{,}147\,8322$,
$a_5 = -2{,}827\,7491$, $a_6 = 2{,}085\,3131$.

$$\frac{\varrho'(\theta)}{\text{kg/m}^3} = q_0 + q_1\theta^{1/3} + q_2\theta^{1/2} + q_3\theta^{11/3} + q_4\theta^6, \quad (3.22)$$

gültig für $195{,}50\,\text{K} \leq T \leq 400\,\text{K}$ mit den Koeffizienten

$q_0 = 246{,}734$, $q_1 = 199{,}132$, $q_2 = 440{,}676$, $q_3 = 229{,}581$, $q_4 = -593{,}315$.

$$\ln\left(\frac{h'(\theta) + 800\,\text{kJ/kg}}{h_0}\right) = n_1\theta^{1/3} + n_2\theta^{2/3} + n_3\theta^{3/4} + n_4\theta^3 + n_5\theta^{18}, \quad (3.23)$$

gültig für $195{,}50\,\text{K} \leq T \leq 400\,\text{K}$ mit $h_0 = 1954{,}61$ kJ/kg und den Koeffizienten

$n_1 = -0{,}690\,775$, $n_2 = 4{,}656\,3165$, $n_3 = -5{,}435\,6179$, $n_4 = -1{,}582\,4712$, $n_5 = -100{,}923\,39$.

3.2.2 R 22

Allgemeine Konstanten: $R = 96{,}155\,96$ J/(kg K), $T_c = 369{,}28$ K, $\varrho_c = 520$ kg/m^3.

Gleichungen für das Gasgebiet, gültig für $190\,\text{K} \leq T \leq 450\,\text{K}$ und $p \leq p_s(T) < 3{,}5$ MPa:

$$\frac{p(\tau,\delta)}{\varrho RT} = 1 + \delta(b_1 + b_2\tau^{1/2} + b_3\tau^{11/4} + b_4\tau^{12})$$
$$+ 2\delta^2(c_1\tau^{-1/2} + c_2\tau^{11/4}) + 3\delta^3(d_1\tau^{12} + d_2\tau^{15} + d_3\tau^{20}), \quad (3.24)$$

$$\frac{h(\tau,\delta)}{RT} = a_1^*\tau + \frac{3}{2}m_1\tau^{1/3} + \frac{2}{5}m_2\tau^{-3/2} + \frac{4}{11}m_3\tau^{-7/4}$$
$$+ \delta(3b_2\tau^2 + \frac{11}{2}b_3\tau^{9/2} + 8b_4\tau^7)$$
$$+ \delta^2(c_1\tau^{-1} + 6c_2\tau^4 + 14c_3\tau^{12} + 17c_4\tau^{15}) + 12d_1\tau^9\delta^3, \quad (3.18)$$

$$\frac{s(\tau,\delta)}{R} = a_0^* - (1 - \ln\tau) - \ln\delta - 3m_1\tau^{1/3} + \frac{2}{3}m_2\tau^{-3/2} + \frac{4}{7}m_3\tau^{-7/4}$$
$$+ \delta(-2b_1\tau^{-1} + b_2\tau^2 + \frac{7}{2}b_3\tau^{9/2} + 6b_4\tau^7)$$
$$+ \delta^2(-2c_1\tau^{-1} + 3c_2\tau^4 + 11c_3\tau^{12} + 14c_4\tau^{15}) + 8d_1\tau^9\delta^3, \quad (3.19)$$

$$\frac{c_p^\circ(\tau)}{R} = m_1\tau^{1/3} + m_2\tau^{-3/2} + m_3\tau^{-7/4}. \quad (3.20)$$

$b_1 = 0.1060\,7551, \quad b_2 = -1.3425\,5220, \quad b_3 = -0.1886\,3113, \quad b_4 = -0.0251\,3333,$
$c_1 = 0.0257\,4382, \quad c_2 = 0.4070\,0989, \quad c_3 = -0.0460\,0760, \quad c_4 = 0.0032\,33546,$
$d_1 = 0.0284\,9799, \quad a_0^* = 15.815\,020, \quad a_1^* = 4.255\,726,$
$m_1 = 2.549\,85, \quad m_2 = 4.860\,791, \quad m_3 = -2.746\,377.$

Equations for saturation properties with θ according to eq. (3.16):

$$\ln\frac{p_s(\theta)}{p_0} = \frac{1}{1-\theta}\left[a_1\theta + a_2\theta^{5/4} + a_3\theta^{3/2} + a_4\theta^{7/4} + a_5\theta^{9/2} + a_6\theta^{17/2}\right], \quad (3.21)$$

valid for $195.50\text{ K} \leq T \leq 405.40\text{ K}$ with $p_0 = 11.339\,26$ MPa and the coefficients

$a_1 = -6.731\,962, \quad a_2 = -3.501\,5526, \quad a_3 = 9.325\,1383, \quad a_4 = -6.147\,8322,$
$a_5 = -2.827\,7491, \quad a_6 = 2.085\,3131.$

$$\frac{\varrho'(\theta)}{\text{kg/m}^3} = q_0 + q_1\theta^{1/3} + q_2\theta^{1/2} + q_3\theta^{11/3} + q_4\theta^6, \quad (3.22)$$

valid for $195.50\text{ K} \leq T \leq 400\text{ K}$ with the coefficients

$q_0 = 246.734, \quad q_1 = 199.132, \quad q_2 = 440.676, \quad q_3 = 229.581, \quad q_4 = -593.315.$

$$\ln\left(\frac{h'(\theta) + 800\text{ kJ/kg}}{h_0}\right) = n_1\theta^{1/3} + n_2\theta^{2/3} + n_3\theta^{3/4} + n_4\theta^3 + n_5\theta^{18}, \quad (3.23)$$

valid for $195.50\text{ K} \leq T \leq 400\text{ K}$ with $h_0 = 1954.61$ kJ/kg and the coefficients

$n_1 = -0.690\,775, \quad n_2 = 4.656\,3165, \quad n_3 = -5.435\,6179, \quad n_4 = -1.582\,4712, \quad n_5 = -100.923\,39.$

3.2.2 R 22

Constants: $R = 96.155\,96$ J/(kg K), $\quad T_c = 369.28$ K, $\quad \varrho_c = 520$ kg/m^3.

Equations for the vapour phase, valid for $190\text{ K} \leq T \leq 450\text{ K}$ and $p \leq p_s(T) < 3.5$ MPa:

$$\frac{p(\tau,\delta)}{\varrho RT} = 1 + \delta(b_1 + b_2\tau^{1/2} + b_3\tau^{11/4} + b_4\tau^{12})$$
$$+ 2\delta^2(c_1\tau^{-1/2} + c_2\tau^{11/4}) + 3\delta^3(d_1\tau^{12} + d_2\tau^{15} + d_3\tau^{20}), \quad (3.24)$$

$$\frac{h(\tau,\delta)}{RT} = a_1^*\tau + m_0 + \sum_{i=1}^{4}\frac{m_i\vartheta_i^\circ\tau}{\exp(\vartheta_i^\circ\tau)-1}$$
$$+ \delta(b_1 + \frac{3}{2}b_2\tau^{1/2} + \frac{15}{4}b_3\tau^{11/4} + 13b_4\tau^{12})$$
$$+ \delta^2(\frac{3}{2}c_1\tau^{-1/2} + \frac{19}{4}c_2\tau^{11/4}) + \delta^3(15d_1\tau^{12} + 18d_2\tau^{15} + 23d_3\tau^{20}), \qquad (3.25)$$

$$\frac{s(\tau,\delta)}{R} = a_0^* + (m_0-1)(1-\ln\tau) - \ln\delta + \sum_{i=1}^{4}m_i\left(\frac{\vartheta_i^\circ\tau}{\exp(\vartheta_i^\circ\tau)-1} - \ln[1-\exp(-\vartheta_i^\circ\tau)]\right)$$
$$+ \delta(-b_1 - \frac{1}{2}b_2\tau^{1/2} + \frac{7}{4}b_3\tau^{11/4} + 11b_4\tau^{12})$$
$$+ \delta^2(-\frac{3}{2}c_1\tau^{-1/2} + \frac{7}{4}c_2\tau^{11/4}) + \delta^3(11d_1\tau^{12} + 14d_2\tau^{15} + 19d_3\tau^{20}), \qquad (3.26)$$

$$\frac{c_p^\circ(\tau)}{R} = m_0 - \tau^2\sum_{i=1}^{4}m_i\vartheta_i^{\circ 2}\frac{\exp(-\vartheta_i^\circ\tau)}{1-(\exp(-\vartheta_i^\circ\tau))^2}, \qquad (3.27)$$

$b_1 = 0{,}9160\,0051,\quad b_2 = -1{,}3251\,5680,\quad b_3 = -0{,}8706\,7173,\quad b_4 = -0{,}557\,053\cdot10^{-3},$
$c_1 = 0{,}0689\,9598,\quad c_2 = 0{,}2023\,9048,\quad d_1 = 0{,}1007\,7497,\quad d_2 = -0{,}0708\,9631,$
$d_3 = -4{,}5428\,931\cdot10^{-3},\quad a_0^* = -11{,}882\,967,\quad a_1^* = 8{,}092\,478,\quad m_0 = 4{,}0067\,158,$
$m_1 = 3{,}932\,1463\quad m_2 = 1{,}1007\,467,\quad m_3 = 1{,}8712\,909,\quad m_4 = 2{,}2270\,666,$
$\vartheta_1^\circ = 4{,}8242\,1333\quad \vartheta_2^\circ = 11{,}3929\,6400,\quad \vartheta_3^\circ = 2{,}8286\,2148,\quad \vartheta_4^\circ = 1{,}5558\,0861.$

Gleichungen für die Sättigungsgrößen mit θ nach (3.16):

$$\ln\frac{p_s(\theta)}{p_0} = \frac{1}{1-\theta}\left[a_1\theta + a_2\theta^{3/2} + a_3\theta^2 + a_4\theta^{17/4}\right], \qquad (3.28)$$

gültig für $170\text{ K} \leq T \leq 369{,}28\text{ K}$ mit $p_0 = 4{,}988\,44$ MPa und den Koeffizienten

$a_1 = -7{,}139\,4518,\quad a_2 = 2{,}135\,2753,\quad a_3 = -1{,}761\,0879,\quad a_4 = -3{,}016\,9960.$

$$\frac{\varrho'(\theta)}{\text{kg/m}^3} = q_0 + q_1\theta^{1/2} + q_2\theta^{2/3} + q_3\theta^{4/3} + q_4\theta^{13/3}, \qquad (3.29)$$

gültig für $170\text{ K} \leq T \leq 365\text{ K}$ mit den Koeffizienten

$q_0 = 563{,}604,\quad q_1 = 2319{,}228,\quad q_2 = -1297{,}809,\quad q_3 = 382{,}565,\quad q_4 = 65{,}957.$

$$\ln\frac{h'(\theta)}{h_0} = n_1\theta^{1/2} + n_2\theta^{5/4} + n_3\theta^3 + n_4\theta^6 + n_5\theta^{12}, \qquad (3.30)$$

gültig für $170\text{ K} \leq T \leq 365\text{ K}$ mit $h_0 = 360{,}93$ kJ/kg und den Koeffizienten

$n_1 = -0{,}583\,4740,\quad n_2 = -1{,}424\,9663,\quad n_3 = -1{,}507\,1151,\quad n_4 = -3{,}604\,5226,\quad n_5 = -20{,}250\,411.$

$$\frac{h(\tau,\delta)}{RT} = a_1^*\tau + m_0 + \sum_{i=1}^{4}\frac{m_i\vartheta_i^\circ \tau}{\exp(\vartheta_i^\circ \tau) - 1}$$
$$+ \delta(b_1 + \frac{3}{2}b_2\tau^{1/2} + \frac{15}{4}b_3\tau^{11/4} + 13b_4\tau^{12})$$
$$+ \delta^2(\frac{3}{2}c_1\tau^{-1/2} + \frac{19}{4}c_2\tau^{11/4}) + \delta^3(15d_1\tau^{12} + 18d_2\tau^{15} + 23d_3\tau^{20}), \qquad (3.25)$$

$$\frac{s(\tau,\delta)}{R} = a_0^* + (m_0 - 1)(1 - \ln\tau) - \ln\delta + \sum_{i=1}^{4}m_i\left(\frac{\vartheta_i^\circ \tau}{\exp(\vartheta_i^\circ \tau) - 1} - \ln[1 - \exp(-\vartheta_i^\circ \tau)]\right)$$
$$+ \delta(-b_1 - \frac{1}{2}b_2\tau^{1/2} + \frac{7}{4}b_3\tau^{11/4} + 11b_4\tau^{12})$$
$$+ \delta^2(-\frac{3}{2}c_1\tau^{-1/2} + \frac{7}{4}c_2\tau^{11/4}) + \delta^3(11d_1\tau^{12} + 14d_2\tau^{15} + 19d_3\tau^{20}), \qquad (3.26)$$

$$\frac{c_p^\circ(\tau)}{R} = m_0 - \tau^2\sum_{i=1}^{4}m_i\vartheta_i^{\circ 2}\frac{\exp(-\vartheta_i^\circ \tau)}{1 - (\exp(-\vartheta_i^\circ \tau))^2}. \qquad (3.27)$$

$b_1 = 0.9160\,0051,$ $\quad b_2 = -1.3251\,5680,$ $\quad b_3 = -0.8706\,7173,$ $\quad b_4 = -0.557\,053\cdot 10^{-3},$
$c_1 = 0.0689\,9598,$ $\quad c_2 = 0.2023\,9048,$ $\quad d_1 = 0.1007\,7497,$ $\quad d_2 = -0.0708\,9631,$
$d_3 = -4.5428\,931\cdot 10^{-3},$ $\quad a_0^* = -11.882\,967,$ $\quad a_1^* = 8.092\,478,$ $\quad m_0 = 4.006\,7158,$
$m_1 = 3.932\,1463$ $\quad m_2 = 1.100\,7467,$ $\quad m_3 = 1.871\,2909,$ $\quad m_4 = 2.227\,0666,$
$\vartheta_1^\circ = 4.8242\,1333$ $\quad \vartheta_2^\circ = 11.3929\,6400,$ $\quad \vartheta_3^\circ = 2.8286\,2148,$ $\quad \vartheta_4^\circ = 1.5558\,0861.$

Equations for saturation properties with θ according to eq. (3.16):

$$\ln\frac{p_s(\theta)}{p_0} = \frac{1}{1-\theta}\left[a_1\theta + a_2\theta^{3/2} + a_3\theta^2 + a_4\theta^{17/4}\right], \qquad (3.28)$$

valid for 170 K $\leq T \leq$ 369.28 K with $p_0 = 4.988\,44$ MPa and the coefficients

$a_1 = -7.139\,4518,\ a_2 = 2.135\,2753,\ a_3 = -1.761\,0879,\ a_4 = -3.016\,9960.$

$$\frac{\varrho'(\theta)}{\text{kg/m}^3} = q_0 + q_1\theta^{1/2} + q_2\theta^{2/3} + q_3\theta^{4/3} + q_4\theta^{13/3}, \qquad (3.29)$$

valid for 170 K $\leq T \leq$ 365 K with the coefficients

$q_0 = 563.604,\ q_1 = 2319.228,\ q_2 = -1297.809,\ q_3 = 382.565,\ q_4 = 65.957.$

$$\ln\frac{h'(\theta)}{h_0} = n_1\theta^{1/2} + n_2\theta^{5/4} + n_3\theta^3 + n_4\theta^6 + n_5\theta^{12}, \qquad (3.30)$$

valid for 170 K $\leq T \leq$ 365 K with $h_0 = 360.93$ kJ/kg and the coefficients

$n_1 = -0.583\,4740,\ n_2 = -1.424\,9663,\ n_3 = -1.507\,1151,\ n_4 = -3.604\,5226,\ n_5 = -20.250\,411.$

3.2.3 R 134a

Allgemeine Konstanten: $R = 81{,}488\,856$ J/(kg K), $T_c = 374{,}18$ K, $\varrho_c = 508$ kg/m³.

Gleichungen für das Gasgebiet, gültig für 195 K $\leq T \leq$ 455 K und $p \leq p_s(T) < 3{,}5$ MPa:

$$\frac{p(\tau,\delta)}{\varrho RT} = 1 + \delta(b_1\tau^{-1/2} + b_2\tau^{7/4} + b_3\tau^4 + b_4\tau^{12})$$
$$+ 2\delta^2(c_1\tau^{-1/4} + c_2\tau^{5/2}) + 3\delta^3(d_1\tau^{7/2} + d_2\tau^{12} + d_3\tau^{20}), \tag{3.31}$$

$$\frac{h(\tau,\delta)}{RT} = a_1^*\tau + m_1 + \frac{2}{3}m_2\tau^{-1/2} + \frac{4}{7}m_3\tau^{-3/4}$$
$$+ \delta(\frac{1}{2}b_1\tau^{-1/2} + \frac{11}{4}b_2\tau^{7/4} + 5b_3\tau^4 + 13b_4\tau^{12})$$
$$+ \delta^2(\frac{7}{4}c_1\tau^{-1/4} + \frac{9}{2}c_2\tau^{5/2}) + \delta^3(\frac{13}{2}d_1\tau^{7/2} + 15d_2\tau^{12} + 23d_3\tau^{20}), \tag{3.32}$$

$$\frac{s(\tau,\delta)}{R} = a_0^* + (m_1 - 1)(1 - \ln\tau) - \ln\delta + 2m_2\tau^{-1/2} + \frac{4}{3}m_3\tau^{-3/4}$$
$$+ \delta(-\frac{3}{2}b_1\tau^{-1/2} + \frac{3}{4}b_2\tau^{7/4} + 3b_3\tau^4 + 11b_4\tau^{12})$$
$$+ \delta^2(-\frac{5}{4}c_1\tau^{-1/4} + \frac{3}{2}c_2\tau^{5/2}) + \delta^3(\frac{5}{2}d_1\tau^{7/2} + 11d_2\tau^{12} + 19d_3\tau^{20}), \tag{3.33}$$

$$\frac{c_p^o(\tau)}{R} = m_1 + m_2\tau^{-1/2} + m_3\tau^{-3/4}, \tag{3.34}$$

$b_1 = 0{,}220\,1286$, $b_2 = -1{,}267\,4020$, $b_3 = -0{,}308\,4991$, $b_4 = -3{,}546\,135 \cdot 10^{-4}$,
$c_1 = 0{,}013\,8731$, $c_2 = 0{,}335\,3155$, $d_1 = -0{,}063\,5663$, $d_2 = 0{,}081\,2035$,
$d_3 = -0{,}036\,9965$, $a_0^* = 1{,}019\,535$, $a_1^* = 9{,}047\,135$,
$m_1 = -0{,}629\,789$, $m_2 = 7{,}292\,937$, $m_3 = 5{,}154\,411$,

Gleichungen für die Sättigungsgrößen mit θ nach (3.16):

$$\ln\frac{p_s(\theta)}{p_0} = \frac{1}{1-\theta}\left[a_1\theta + a_2\theta^{3/2} + a_3\theta^2 + a_4\theta^4\right], \tag{3.35}$$

gültig für 169,85 K $\leq T \leq$ 374,18 K mit $p_0 = 4{,}056\,318$ MPa und den Koeffizienten

$a_1 = -7{,}705\,7291$, $a_2 = 2{,}418\,6313$, $a_3 = -2{,}184\,8312$, $a_4 = -3{,}453\,0733$.

$$\frac{\varrho'(\theta)}{\text{kg/m}^3} = q_0 + q_1\theta^{1/3} + q_2\theta^{2/3} + q_3\theta^{13/4}, \tag{3.36}$$

gültig für 185 K $\leq T \leq$ 373 K mit den Koeffizienten

$q_0 = 518{,}236$, $q_1 = 885{,}538$, $q_2 = 482{,}517$, $q_3 = 192{,}157$.

$$\ln\frac{h'(\theta)}{h_0} = n_1\theta^{1/2} + n_2\theta^{5/4} + n_3\theta^3 + n_4\theta^4 + n_5\theta^{10}, \tag{3.37}$$

gültig für 185 K $\leq T \leq$ 373 K mit $h_0 = 384{,}07$ kJ/kg und den Koeffizienten

$n_1 = -0{,}534\,728$, $n_2 = -1{,}757\,777$, $n_3 = -0{,}928\,326$, $n_4 = -2{,}666\,564$, $n_5 = -30{,}825\,70$.

3.2.3 R 134a

Constants: $R = 81.488\,856$ J/(kg K), $T_c = 374.18$ K, $\varrho_c = 508$ kg/m^3.

Equations for the vapour phase, valid for $195\text{ K} \leq T \leq 455\text{ K}$ and $p \leq p_s(T) < 3.5$ MPa:

$$\frac{p(\tau,\delta)}{\varrho RT} = 1 + \delta(b_1\tau^{-1/2} + b_2\tau^{7/4} + b_3\tau^4 + b_4\tau^{12})$$
$$+ 2\delta^2(c_1\tau^{-1/4} + c_2\tau^{5/2}) + 3\delta^3(d_1\tau^{7/2} + d_2\tau^{12} + d_3\tau^{20}), \quad (3.31)$$

$$\frac{h(\tau,\delta)}{RT} = a_1^*\tau + m_1 + \frac{2}{3}m_2\tau^{-1/2} + \frac{4}{7}m_3\tau^{-3/4}$$
$$+ \delta(\frac{1}{2}b_1\tau^{-1/2} + \frac{11}{4}b_2\tau^{7/4} + 5b_3\tau^4 + 13b_4\tau^{12})$$
$$+ \delta^2(\frac{7}{4}c_1\tau^{-1/4} + \frac{9}{2}c_2\tau^{5/2}) + \delta^3(\frac{13}{2}d_1\tau^{7/2} + 15d_2\tau^{12} + 23d_3\tau^{20}), \quad (3.32)$$

$$\frac{s(\tau,\delta)}{R} = a_0^* + (m_1 - 1)(1 - \ln\tau) - \ln\delta + 2m_2\tau^{-1/2} + \frac{4}{3}m_3\tau^{-3/4}$$
$$+ \delta(-\frac{3}{2}b_1\tau^{-1/2} + \frac{3}{4}b_2\tau^{7/4} + 3b_3\tau^4 + 11b_4\tau^{12})$$
$$+ \delta^2(-\frac{5}{4}c_1\tau^{-1/4} + \frac{3}{2}c_2\tau^{5/2}) + \delta^3(\frac{5}{2}d_1\tau^{7/2} + 11d_2\tau^{12} + 19d_3\tau^{20}), \quad (3.33)$$

$$\frac{c_p^\circ(\tau)}{R} = m_1 + m_2\tau^{-1/2} + m_3\tau^{-3/4}. \quad (3.34)$$

$b_1 = 0.2201\,2860$, $b_2 = -1.2674\,0200$, $b_3 = -0.3084\,9910$, $b_4 = -3.546\,135\cdot10^{-4}$,
$c_1 = 0.0138\,7313$, $c_2 = 0.3353\,1550$, $d_1 = -0.0635\,6633$, $d_2 = 0.0812\,0353$,
$d_3 = -0.0369\,9965$, $a_0^* = 1.019\,535$, $a_1^* = 9.047\,135$,
$m_1 = -0.629\,789$, $m_2 = 7.292\,937$, $m_3 = 5.154\,411$,

Equations for saturation properties with θ according to eq. (3.16):

$$\ln\frac{p_s(\theta)}{p_0} = \frac{1}{1-\theta}\left[a_1\theta + a_2\theta^{3/2} + a_3\theta^2 + a_4\theta^4\right], \quad (3.35)$$

valid for $169.85\text{ K} \leq T \leq 374.18\text{ K}$ with $p_0 = 4.056\,318$ MPa and the coefficients

$a_1 = -7.705\,7291$, $a_2 = 2.418\,6313$, $a_3 = -2.184\,8312$, $a_4 = -3.453\,0733$.

$$\frac{\varrho'(\theta)}{\text{kg/m}^3} = q_0 + q_1\theta^{1/3} + q_2\theta^{2/3} + q_3\theta^{13/4}, \quad (3.36)$$

valid for $185\text{ K} \leq T \leq 373\text{ K}$ with the coefficients

$q_0 = 518.236$, $q_1 = 885.538$, $q_2 = 482.517$, $q_3 = 192.157$.

$$\ln\frac{h'(\theta)}{h_0} = n_1\theta^{1/2} + n_2\theta^{5/4} + n_3\theta^3 + n_4\theta^4 + n_5\theta^{10}, \quad (3.37)$$

valid for $185\text{ K} \leq T \leq 373\text{ K}$ with $h_0 = 384.07$ kJ/kg and the coefficients

$n_1 = -0.534\,728$, $n_2 = -1.757\,777$, $n_3 = -0.928\,326$, $n_4 = -2.666\,564$, $n_5 = -30.825\,70$.

3.2.4 R 152a

Allgemeine Konstanten: $R = 125{,}879\,56$ J/(kg K), $T_c = 386{,}41$ K, $\varrho_c = 368$ kg/m³.

Gleichungen für das Gasgebiet, gültig für 190 K $\leq T \leq$ 435 K und $p \leq p_s(T) < 3{,}5$ MPa:

$$\frac{p(\tau,\delta)}{\varrho RT} = 1 + \delta(b_1\tau^{1/4} + b_2\tau^{7/4} + b_3\tau^{11/2} + b_4\tau^6)$$
$$+ 2\delta^2(c_1\tau^{5/4} + c_2\tau^9 + c_3\tau^{15}) + 3\delta^3(d_1\tau^{-1} + d_2\tau^{15} + d_3\tau^{20}), \quad (3.38)$$

$$\frac{h(\tau,\delta)}{RT} = a_1^*\tau + \frac{4}{5}m_1\tau^{-1/4} + \frac{1}{3}m_2\tau^{-2} + \frac{1}{5}m_3\tau^{-4}$$
$$+ \delta(\frac{5}{4}b_1\tau^{1/4} + \frac{11}{4}b_2\tau^{7/4} + \frac{13}{2}b_3\tau^{11/2} + 7b_4\tau^6)$$
$$+ \delta^2(\frac{13}{4}c_1\tau^{5/4} + 11c_2\tau^9 + 17c_3\tau^{15}) + \delta^3(2d_1\tau^{-1} + 18d_2\tau^{15} + 23d_3\tau^{20}), (3.39)$$

$$\frac{s(\tau,\delta)}{R} = a_0^* - (1-\ln\tau) - \ln\delta + 4m_1\tau^{-1/4} + \frac{1}{2}m_2\tau^{-2} + \frac{1}{4}m_3\tau^{-4}$$
$$+ \delta(-\frac{3}{4}b_1\tau^{1/4} + \frac{3}{4}b_2\tau^{7/4} + \frac{9}{2}b_3\tau^{11/2} + 5b_4\tau^6)$$
$$+ \delta^2(\frac{1}{4}c_1\tau^{5/4} + 8c_2\tau^9 + 14c_3\tau^{15}) + \delta^3(-2d_1\tau^{-1} + 14d_2\tau^{15} + 19d_3\tau^{20}), (3.40)$$

$$\frac{c_p^o(\tau)}{R} = m_1\tau^{-1/4} + m_2\tau^{-2} + m_3\tau^{-4}, \quad (3.41)$$

$b_1 = 0{,}3515\,5006$, $b_2 = -1{,}6216\,8600$, $b_3 = -0{,}4291\,2696$, $b_4 = 0{,}2355\,0549$,
$c_1 = 0{,}3784\,6507$, $c_2 = 0{,}0971\,3719$, $c_3 = -0{,}0142\,5093$, $d_1 = -0{,}0741\,1180$,
$d_2 = 0{,}0616\,1657$, $d_3 = -0{,}0541\,3642$, $a_0^* = -10{,}872\,270$, $a_1^* = 6{,}839\,515$,
$m_1 = 6{,}496\,522$, $m_2 = 3{,}923\,455$, $m_3 = -0{,}668\,566$.

Gleichungen für die Sättigungsgrößen mit θ nach (3.16):

$$\ln\frac{p_s(\theta)}{p_0} = \frac{1}{1-\theta}\left[a_1\theta + a_2\theta^{3/2} + a_3\theta^{5/2} + a_4\theta^3 + a_5\theta^{17/4}\right], \quad (3.42)$$

gültig für 154,65 K $\leq T \leq$ 386,41 K mit $p_0 = 4{,}516\,81$ MPa und den Koeffizienten

$a_1 = -7{,}428\,4069$, $a_2 = 1{,}824\,5044$, $a_3 = -3{,}411\,0761$, $a_4 = 2{,}325\,2755$, $a_5 = -3{,}507\,7925$.

$$\frac{\varrho'(\theta)}{\text{kg/m}^3} = q_0 + q_1\theta^{1/3} + q_2\theta^{1/2} + q_3\theta^{7/3}, \quad (3.43)$$

gültig für 190 K $\leq T \leq$ 383 K mit den Koeffizienten

$q_0 = 392{,}236$, $q_1 = 358{,}397$, $q_2 = 594{,}808$, $q_3 = 114{,}020$.

$$\ln\frac{h'(\theta)}{h_0} = n_1\theta^{1/3} + n_2\theta + n_3\theta^2 + n_4\theta^4 + n_5\theta^{10}, \quad (3.44)$$

gültig für 190 K $\leq T \leq$ 383 K mit $h_0 = 475{,}45$ kJ/kg und den Koeffizienten

$n_1 = -0{,}310\,2657$, $n_2 = -1{,}716\,059$, $n_3 = -1{,}350\,532$, $n_4 = -5{,}466\,153$, $n_5 = -108{,}536\,73$.

3.2.4 R 152a

Constants: $R = 125.879\,56$ J/(kg K), $T_c = 386.41$ K, $\varrho_c = 368$ kg/m^3.

Equations for the vapour phase, valid for 190 K $\leq T \leq 435$ K and $p \leq p_s(T) < 3.5$ MPa:

$$\frac{p(\tau,\delta)}{\varrho R T} = 1 + \delta(b_1\tau^{1/4} + b_2\tau^{7/4} + b_3\tau^{11/2} + b_4\tau^6)$$
$$+ 2\delta^2(c_1\tau^{5/4} + c_2\tau^9 + c_3\tau^{15}) + 3\delta^3(d_1\tau^{-1} + d_2\tau^{15} + d_3\tau^{20}), \qquad (3.38)$$

$$\frac{h(\tau,\delta)}{RT} = a_1^*\tau + \frac{4}{5}m_1\tau^{-1/4} + \frac{1}{3}m_2\tau^{-2} + \frac{1}{5}m_3\tau^{-4}$$
$$+ \delta(\frac{5}{4}b_1\tau^{1/4} + \frac{11}{4}b_2\tau^{7/4} + \frac{13}{2}b_3\tau^{11/2} + 7b_4\tau^6)$$
$$+ \delta^2(\frac{13}{4}c_1\tau^{5/4} + 11c_2\tau^9 + 17c_3\tau^{15}) + \delta^3(2d_1\tau^{-1} + 18d_2\tau^{15} + 23d_3\tau^{20}), (3.39)$$

$$\frac{s(\tau,\delta)}{R} = a_0^* - (1 - \ln\tau) - \ln\delta + 4m_1\tau^{-1/4} + \frac{1}{2}m_2\tau^{-2} + \frac{1}{4}m_3\tau^{-4}$$
$$+ \delta(-\frac{3}{4}b_1\tau^{1/4} + \frac{3}{4}b_2\tau^{7/4} + \frac{9}{2}b_3\tau^{11/2} + 5b_4\tau^6)$$
$$+ \delta^2(\frac{1}{4}c_1\tau^{5/4} + 8c_2\tau^9 + 14c_3\tau^{15}) + \delta^3(-2d_1\tau^{-1} + 14d_2\tau^{15} + 19d_3\tau^{20}), (3.40)$$

$$\frac{c_p^\circ(\tau)}{R} = m_1\tau^{-1/4} + m_2\tau^{-2} + m_3\tau^{-4}. \qquad (3.41)$$

$b_1 = 0.3515\,5006$, $b_2 = -1.6216\,8600$, $b_3 = -0.4291\,2696$, $b_4 = 0.2355\,0549$,
$c_1 = 0.3784\,6507$, $c_2 = 0.0971\,3719$, $c_3 = -0.0142\,5093$, $d_1 = -0.0741\,1180$,
$d_2 = 0.0616\,1657$, $d_3 = -0.0541\,3642$, $a_0^* = -10.872\,270$, $a_1^* = 6.839\,515$,
$m_1 = 6.496\,522$, $m_2 = 3.923\,455$, $m_3 = -0.668\,566$.

Equations for saturation properties with θ according to eq. (3.16):

$$\ln\frac{p_s(\theta)}{p_0} = \frac{1}{1-\theta}\left[a_1\theta + a_2\theta^{3/2} + a_3\theta^{5/2} + a_4\theta^3 + a_5\theta^{17/4}\right], \qquad (3.42)$$

valid for 154.65 K $\leq T \leq 386.41$ K with $p_0 = 4.516\,81$ MPa and the coefficients

$a_1 = -7.428\,4069$, $a_2 = 1.824\,5044$, $a_3 = -3.411\,0761$, $a_4 = 2.325\,2755$, $a_5 = -3.507\,7925$.

$$\frac{\varrho'(\theta)}{\text{kg/m}^3} = q_0 + q_1\theta^{1/3} + q_2\theta^{1/2} + q_3\theta^{7/3}, \qquad (3.43)$$

valid for 190 K $\leq T \leq 383$ K with the coefficients

$q_0 = 392.236$, $q_1 = 358.397$, $q_2 = 594.808$, $q_3 = 114.020$.

$$\ln\frac{h'(\theta)}{h_0} = n_1\theta^{1/3} + n_2\theta + n_3\theta^2 + n_4\theta^4 + n_5\theta^{10}, \qquad (3.44)$$

valid for 190 K $\leq T \leq 383$ K with $h_0 = 475.45$ kJ/kg and the coefficients

$n_1 = -0.310\,2657$, $n_2 = -1.716\,059$, $n_3 = -1.350\,532$, $n_4 = -5.466\,153$, $n_5 = -108.536\,73$.

3.2.5 R 123

Allgemeine Konstanten: $R = 54{,}367\,822$ J/(kg K), $T_c = 456{,}831$ K, $\varrho_c = 550$ kg/m³.

Gleichungen für das Gasgebiet, gültig für $200\text{ K} \leq T \leq 480\text{ K}$ und $p \leq p_s(T) < 3{,}0$ MPa:

$$\frac{p(\tau,\delta)}{\varrho RT} = 1 + \delta(b_1 + b_2\tau^{1/4} + b_3\tau^{7/2}) + 2\delta^2(c_1\tau^{-1/2} + c_2\tau^{-1/4}), \tag{3.45}$$

$$\begin{aligned}\frac{h(\tau,\delta)}{RT} &= a_1^*\tau + m_1 + \frac{1}{2}m_2\tau^{-1} + \frac{1}{3}m_3\tau^{-2} + \frac{1}{4}m_4\tau^{-3} \\ &+ \delta(b_1 + \frac{5}{4}b_2\tau^{1/4} + \frac{9}{2}b_3\tau^{7/2}) + \delta^2(\frac{3}{2}c_1\tau^{-1/2} + \frac{7}{4}c_2\tau^{-1/4}),\end{aligned} \tag{3.46}$$

$$\begin{aligned}\frac{s(\tau,\delta)}{R} &= a_0^* + (m_1 - 1)(1 - \ln\tau) - \ln\delta + m_2\tau^{-1} + \frac{1}{2}m_3\tau^{-2} + \frac{1}{3}m_4\tau^{-3} \\ &+ \delta(-b_1 - \frac{3}{4}b_2\tau^{1/4} + \frac{5}{2}b_3\tau^{7/2}) + \delta^2(-\frac{3}{2}c_1\tau^{-1/2} - \frac{5}{4}c_2\tau^{-1/4}),\end{aligned} \tag{3.47}$$

$$\frac{c_p^\circ(\tau)}{R} = m_1 + m_2\tau^{-1} + m_3\tau^{-2} + m_4\tau^{-3}, \tag{3.48}$$

$b_1 = 4{,}6367\,330$, $b_2 = -5{,}3773\,427$, $b_3 = -0{,}5467\,7089$, $c_1 = -2{,}8206\,711$,
$c_2 = 3{,}1091\,167$, $a_0^* = 13{,}2324\,9393$, $a_1^* = 10{,}9480\,0494$
$m_1 = 2{,}046\,009$, $m_2 = 22{,}231\,991$, $m_3 = -11{,}658\,491$, $m_4 = 2{,}691\,665$.

Gleichungen für die Sättigungsgrößen mit θ nach (3.16):

$$\ln\frac{p_s(\theta)}{p_0} = \frac{1}{1-\theta}\left[a_1\theta + a_2\theta^{5/4} + a_3\theta^{11/4} + a_4\theta^{19/4}\right], \tag{3.49}$$

gültig für $200\text{ K} \leq T \leq 456{,}831\text{ K}$ mit $p_0 = 3{,}662\,10$ MPa und den Koeffizienten
$a_1 = -7{,}797\,6657$, $a_2 = 1{,}578\,5306$, $a_3 = -1{,}832\,6329$, $a_4 = -3{,}232\,3211$.

$$\frac{\varrho'(\theta)}{\text{kg/m}^3} = q_0 + q_1\theta^{1/3} + q_2\theta^{2/3} + q_3\theta + q_4\theta^{13/4}, \tag{3.50}$$

gültig für $200\text{ K} \leq T \leq 450\text{ K}$ mit den Koeffizienten
$q_0 = 542{,}570$, $q_1 = 1071{,}622$, $q_2 = 141{,}140$, $q_3 = 271{,}449$, $q_4 = 122{,}756$.

$$\ln\frac{h'(\theta)}{h_0} = n_1\theta^{1/2} + n_2\theta^{5/4} + n_3\theta^4 + n_4\theta^5 + n_5\theta^{10}, \tag{3.51}$$

gültig für $200\text{ K} \leq T \leq 450\text{ K}$ mit $h_0 = 433{,}14$ kJ/kg und den Koeffizienten
$n_1 = -0{,}406\,3274$, $n_2 = -1{,}430\,3573$, $n_3 = -3{,}066\,7385$, $n_4 = 2{,}258\,7596$, $n_5 = -6{,}667\,0599$.

3.2.5 R 123

Constants: $R = 54.367\,822$ J/(kg K), $T_c = 456.831$ K, $\varrho_c = 550$ kg/m^3.

Equations for the vapour phase, valid for 200 K $\leq T \leq$ 480 K and $p \leq p_s(T) < 3.0$ MPa:

$$\frac{p(\tau,\delta)}{\varrho RT} = 1 + \delta(b_1 + b_2\tau^{1/4} + b_3\tau^{7/2}) + 2\delta^2(c_1\tau^{-1/2} + c_2\tau^{-1/4}), \tag{3.45}$$

$$\frac{h(\tau,\delta)}{RT} = a_1^*\tau + m_1 + \frac{1}{2}m_2\tau^{-1} + \frac{1}{3}m_3\tau^{-2} + \frac{1}{4}m_4\tau^{-3}$$
$$+ \delta(b_1 + \frac{5}{4}b_2\tau^{1/4} + \frac{9}{2}b_3\tau^{7/2}) + \delta^2(\frac{3}{2}c_1\tau^{-1/2} + \frac{7}{4}c_2\tau^{-1/4}), \tag{3.46}$$

$$\frac{s(\tau,\delta)}{R} = a_0^* + (m_1 - 1)(1 - \ln\tau) - \ln\delta + m_2\tau^{-1} + \frac{1}{2}m_3\tau^{-2} + \frac{1}{3}m_4\tau^{-3}$$
$$+ \delta(-b_1 - \frac{3}{4}b_2\tau^{1/4} + \frac{5}{2}b_3\tau^{7/2}) + \delta^2(-\frac{3}{2}c_1\tau^{-1/2} - \frac{5}{4}c_2\tau^{-1/4}), \tag{3.47}$$

$$\frac{c_p^o(\tau)}{R} = m_1 + m_2\tau^{-1} + m_3\tau^{-2} + m_4\tau^{-3}, \tag{3.48}$$

$b_1 = 4.6367\,330$, $b_2 = -5.3773\,427$, $b_3 = -0.5467\,7089$, $c_1 = -2.8206\,711$,
$c_2 = 3.1091\,167$, $a_0^* = 13.2324\,9393$, $a_1^* = 10.9480\,0494$
$m_1 = 2.046\,009$, $m_2 = 22.231\,991$, $m_3 = -11.658\,491$, $m_4 = 2.691\,665$.

Equations for saturation properties with θ according to eq. (3.16):

$$\ln\frac{p_s(\theta)}{p_0} = \frac{1}{1-\theta}\left[a_1\theta + a_2\theta^{5/4} + a_3\theta^{11/4} + a_4\theta^{19/4}\right], \tag{3.49}$$

valid for 200 K $\leq T \leq$ 456.831 K with $p_0 = 3.662\,10$ MPa and the coefficients

$a_1 = -7.797\,6657$, $a_2 = 1.578\,5306$, $a_3 = -1.832\,6329$, $a_4 = -3.232\,3211$.

$$\frac{\varrho'(\theta)}{\text{kg/m}^3} = q_0 + q_1\theta^{1/3} + q_2\theta^{2/3} + q_3\theta + q_4\theta^{13/4}, \tag{3.50}$$

valid for 200 K $\leq T \leq$ 450 K with the coefficients

$q_0 = 542.570$, $q_1 = 1071.622$, $q_2 = 141.140$, $q_3 = 271.449$, $q_4 = 122.756$.

$$\ln\frac{h'(\theta)}{h_0} = n_1\theta^{1/2} + n_2\theta^{5/4} + n_3\theta^4 + n_4\theta^5 + n_5\theta^{10}, \tag{3.51}$$

valid for 200 K $\leq T \leq$ 450 K with $h_0 = 433.14$ kJ/kg and the coefficients

$n_1 = -0.406\,3274$, $n_2 = -1.430\,3573$, $n_3 = -3.066\,7385$, $n_4 = 2.258\,7596$, $n_5 = -6.667\,0599$.

Literatur – References

[1] Kuijpers, L.J.M.: Copenhagen 1992: A revision or a landmark? Int. J. Refrig. 16 (1993) 210 - 220

[2] Bansal, P.K.; Dutto, T.; Hivet, B.: Performance evaluation of environmentally benign refrigerants in heat pumps. Int. J. Refrig. 15 (1992) 340 - 348

[3] Lorentzen, G.: Ammonia: an excellent alternative. Int. J. Refrig. 11 (1988) 248 - 252

[4] Lorentzen, G.: Kältetechnik, Energie und Umwelt. DKV-Tagungsbericht Hannover 1989

[5] Kruse, H.: Substitution der Fluorchlorkohlenwasserstoffe im Hinblick auf Ozonabbau und Treibhauseffekt. VDI-Berichte Nr. 809 (1990) 247 - 267

[6] Stoecker, W.F.: Growing opportunities for ammonia refrigeration. In: CFCs, time of transition. ASHRAE, Atlanta 1989, 129 - 139

[7] Kruse, H.: European research concerning CFC and HCFC substitution. Int. J. Refrig. 17 (1994) 149 - 155

[8] Tillner-Roth, R.; Harms-Watzenberg, F.; Baehr, H.D.: Eine neue Fundamentalgleichung für Ammoniak. DKV-Tagungsbericht 20 (1993) Bd. II, 167 - 181.

[9] Haar, L.; Gallagher, J.S.: Thermodynamic properties of ammonia. J. Phys. Chem. Ref. Data 7 (1978) 635 - 792

[10] Ahrendts, J.; Baehr, H.D.: Die thermodynamischen Eigenschaften von Ammoniak. VDI-Forschungsheft Nr. 596, VDI-Verlag, Düsseldorf: 1979

[11] Harms-Watzenberg, F.: Messung und Korrelation der thermodynamischen Eigenschaften von Wasser-Ammoniak-Gemischen. Dissertation, Univ. Hannover 1994

[12] Wagner, W.; Marx, V.; Pruß, A.: A new equation of state for chlorodifluoromethane (R 22) covering the entire fluid region from 116 K to 550 K at pressures up to 200 MPa. Int. J. Refrig. 16 (1993) 6, 373 - 389.

[13] Tillner-Roth, R.; Baehr, H.D.: An international standard formulation of the thermodynamic properties of 1,1,1,2-tetrafluoroethane (HFC-134a) for temperatures between 170 K and 455 K at pressures up to 70 MPa. To be published in J. Phys. Chem. Ref. Data.

[14] Tillner-Roth, R.: A fundamental equation of state for 1,1-difluoroethane (R 152a). Submitted to Int. J. Thermophysics.

[15] Younglove, B.A.; McLinden, M.O.: An international standard equation of state formulation of the thermodynamic properties of refrigerant - 123 (2,2-dichloro-1,1,1-trifluoroethane). To be publsihed in J. Phys. Chem. Ref. Data.

[16] Baehr, H.D.; Kabelac, S.: Vorläufige Zustandsgleichungen für das ozonunschädliche Kältemittel R 134a. Ki Klima-Kälte-Heizung 2 (1989) 69 - 71

[17] Kabelac, S.: A simple set of equations of state for process calculations and its application to R 134a and R 152a. Int. J. Refrig. 14 (1991) 217 - 222

[18] Baehr, H.D.: Thermodynamik, 8. Aufl. Berlin: Springer-Verlag 1992, S. 178 - 181

[19] Baehr, H.D.: Thermodynamik, 8. Aufl. Berlin: Springer-Verlag 1992, S. 182

Tafeln – Tables

Seite

Ammoniak – NH$_3$ 41
R 22 – Monochlordifluormethan 75
R 134a – 1,1,1,2-Tetrafluorethan 105
R 152a – 1,1-Difluorethan 135
R 123 – 1,1-Dichlor-2,2,2-trifluorethan 165

Page

Ammonia – NH$_3$ 41
R 22 – Monochlorodifluoromethane 75
R 134a – 1,1,1,2-Tetrafluoroethane 105
R 152a – 1,1-Difluoroethane 135
R 123 – 1,1-Dichloro-2,2,2-trifluoroethane 165

Die folgenden Tafeln wurden mit den in Abschnitt 2.2 angegebenen Fundamentalgleichungen berechnet. Alle Temperaturen entsprechen der ITS-90. Für jedes der fünf Kältemittel stehen drei Tafeln zur Verfügung:

1. **Tafeln der Sättigungsgrößen als Funktionen der Celsius-Temperatur** $t = T - 273{,}15$ K. Für ganzzahlige Celsius-Temperaturen werden angegeben: Dampfdruck p_s in MPa; Dichte ϱ' der siedenden Flüssigkeit und Dichte ϱ'' des gesättigten Dampfes jeweils in kg/m^3; spezifische Enthalpien h' der siedenden Flüssigkeit, h'' des gesättigten Dampfes sowie die spezifische Verdampfungsenthalpie $\Delta h_v = h'' - h'$ jeweils in kJ/kg; spezifische Entropien s' der siedenden Flüssigkeit, s'' des gesättigten Dampfes sowie die spezifische Verdampfungsentropie $\Delta s_v = s'' - s'$ jeweils in kJ/(kg K).

2. **Tafeln der Sättigungsgrößen als Funktionen des Drucks** p. Es sind angegeben: die Siedetemperatur t_s in °C, die Dichten ϱ' und ϱ'', die spezifischen Enthalpien h', Δh_v und h'' sowie die Entropien s', Δs_v und s''.

3. **Tafeln der Zustandsgrößen im Gas- und Flüssigkeitsgebiet.** Auf Isobaren ($p =$ const) sind in Abhängigkeit von der Celsius-Temperatur t angegeben: die Dichte ϱ in kg/m^3, die spezifische Enthalpie h in kJ/kg und die spezifische Entropie s in kJ/(kg K). Für jede Isobare ist die zugehörige Siedetemperatur im Tabellenkopf verzeichnet. Die Tabellen reichen von 0,01 MPa bis 3 MPa; für R 123 wurde als Obergrenze 2,1 MPa gewählt. Der Temperaturbereich der Tabellen erstreckt sich von −50 °C bis 175 °C, bei R 123 von −25 °C bis 200 °C.

The following tables were generated using the fundamental equations given in section 2.2. All temperatures are given according to ITS-90. There are three sets of tables available for each of the five refrigerants:

1. **Tables of saturation properties as functions of Celsius-temperature** $t = T - 273.15$ K. For integer values of Celsius-temperature values of the following properties are listed: vapour pressure p_s in MPa; densities ϱ' of saturated liquid and ϱ'' of saturated vapour in kg/m^3; specific enthalpies h' of saturated liquid, h'' of saturated vapour and specific enthalpy of vaporization $\Delta h_v = h'' - h'$ in kJ/kg; specific entropies s' of saturated liquid, s'' of saturated vapour, and specific entropy of vaporization $\Delta s_v = s'' - s'$ in kJ/(kg K).

2. **Tables of saturation properties as functions of pressure** p. They contain: saturation temperature t_s in °C, densities ϱ' and ϱ'', specific enthalpies h', Δh_v, and h'', and specific entropies s', Δs_v, and s''.

3. **Tables of properties of liquid and gas.** On isobars ($p =$ const) the following properties are listed as functions of Celsius-temperature t: density ϱ in kg/m^3, specific enthalpy h in kJ/kg, and specific entropy s in kJ/(kg K). For each pressure, the saturation temperature is noted in the heading. The ranges of the tables are from 0.01 MPa to 3 MPa and from −50 °C to 175 °C; for R 123 from 0.01 MPa to 2.1 MPa and from −25 °C to 200 °C.

Ammoniak − Ammonia

NH_3

	Seite
Sättigungsgrößen als Funktionen der Celsius-Temperatur	42
Sättigungsgrößen als Funktionen des Drucks	47
Zustandsgrößen im Gas- und Flüssigkeitsgebiet	51

	Page
Saturation properties as functions of Celsius-temperature	42
Saturation properties as functions of pressure	47
Properties of liquid and gas	51

Sättigungsgrößen als Funktionen der Celsius-Temperatur
Saturation properties as functions of Celsius-temperature

t °C	p_s MPa	ϱ' ϱ'' kg/m³	h' Δh_v h'' kJ/kg	s' Δs_v s'' kJ/(kg K)
−77,65	0,00609	732,90 0,0641	−143,14 1484,4 1341,2	−0,4715 7,5928 7,1213
−77	0,00642	732,21 0,0673	−140,39 1482,9 1342,5	−0,4575 7,5598 7,1023
−76	0,00694	731,16 0,0725	−136,18 1480,5 1344,4	−0,4361 7,5097 7,0736
−75	0,00751	730,10 0,0780	−131,97 1478,2 1346,2	−0,4148 7,4600 7,0452
−74	0,00811	729,03 0,0838	−127,75 1475,9 1348,1	−0,3936 7,4108 7,0172
−73	0,00875	727,96 0,0900	−123,52 1473,5 1350,0	−0,3724 7,3620 6,9896
−72	0,00943	726,88 0,0966	−119,29 1471,1 1351,8	−0,3513 7,3136 6,9623
−71	0,01016	725,80 0,1036	−115,05 1468,8 1353,7	−0,3303 7,2657 6,9354
−70	0,01094	724,72 0,1110	−110,81 1466,4 1355,6	−0,3094 7,2181 6,9088
−69	0,01177	723,63 0,1189	−106,56 1464,0 1357,4	−0,2885 7,1710 6,8825
−68	0,01265	722,53 0,1272	−102,31 1461,6 1359,2	−0,2677 7,1243 6,8566
−67	0,01358	721,43 0,1359	−98,05 1459,1 1361,1	−0,2470 7,0780 6,8309
−66	0,01457	720,33 0,1452	−93,78 1456,7 1362,9	−0,2264 7,0320 6,8056
−65	0,01562	719,22 0,1550	−89,51 1454,2 1364,7	−0,2058 6,9865 6,7807
−64	0,01674	718,11 0,1653	−85,23 1451,8 1366,5	−0,1853 6,9413 6,7560
−63	0,01792	716,99 0,1762	−80,95 1449,3 1368,4	−0,1649 6,8965 6,7316
−62	0,01917	715,87 0,1877	−76,66 1446,8 1370,2	−0,1446 6,8521 6,7075
−61	0,02049	714,75 0,1998	−72,36 1444,3 1371,9	−0,1243 6,8080 6,6837
−60	0,02189	713,62 0,2125	−68,06 1441,8 1373,7	−0,1040 6,7642 6,6602
−59	0,02337	712,48 0,2259	−63,75 1439,3 1375,5	−0,0839 6,7208 6,6369
−58	0,02493	711,35 0,2400	−59,44 1436,7 1377,3	−0,0638 6,6778 6,6140
−57	0,02658	710,20 0,2548	−55,12 1434,2 1379,1	−0,0438 6,6351 6,5913
−56	0,02832	709,06 0,2703	−50,80 1431,6 1380,8	−0,0238 6,5927 6,5689
−55	0,03014	707,90 0,2866	−46,47 1429,0 1382,6	−0,0040 6,5507 6,5467
−54	0,03207	706,75 0,3037	−42,13 1426,4 1384,3	0,0159 6,5089 6,5248
−53	0,03410	705,59 0,3216	−37,79 1423,8 1386,0	0,0356 6,4675 6,5031
−52	0,03624	704,43 0,3403	−33,44 1421,2 1387,8	0,0553 6,4264 6,4817
−51	0,03848	703,26 0,3600	−29,09 1418,6 1389,5	0,0749 6,3856 6,4606
−50	0,04084	702,09 0,3806	−24,73 1415,9 1391,2	0,0945 6,3451 6,4396
−49	0,04331	700,91 0,4021	−20,36 1413,2 1392,9	0,1140 6,3049 6,4189
−48	0,04591	699,73 0,4246	−15,99 1410,6 1394,6	0,1334 6,2650 6,3985
−47	0,04864	698,55 0,4481	−11,62 1407,9 1396,3	0,1528 6,2254 6,3782
−46	0,05149	697,36 0,4726	−7,23 1405,2 1397,9	0,1721 6,1861 6,3582
−45	0,05449	696,17 0,4982	−2,85 1402,4 1399,6	0,1914 6,1470 6,3384
−44	0,05763	694,97 0,5250	1,55 1399,7 1401,2	0,2106 6,1082 6,3188
−43	0,06091	693,77 0,5529	5,94 1396,9 1402,9	0,2297 6,0697 6,2994
−42	0,06434	692,57 0,5819	10,35 1394,2 1404,5	0,2488 6,0315 6,2803
−41	0,06794	691,36 0,6122	14,76 1391,4 1406,1	0,2678 5,9935 6,2613
−40	0,07169	690,15 0,6438	19,17 1388,6 1407,8	0,2867 5,9558 6,2425
−39	0,07561	688,94 0,6767	23,59 1385,8 1409,4	0,3056 5,9183 6,2240
−38	0,07971	687,72 0,7108	28,01 1382,9 1411,0	0,3245 5,8811 6,2056
−37	0,08399	686,49 0,7464	32,44 1380,1 1412,5	0,3432 5,8442 6,1874
−36	0,08845	685,27 0,7834	36,88 1377,2 1414,1	0,3619 5,8074 6,1694

Ammonia

t °C	p_s MPa	ϱ'	ϱ'' kg/m³	h'	Δh_v	h'' kJ/kg	s'	Δs_v	s'' kJ/(kg K)
−35	0,09310	684,04	0,8218	41,32	1374,4	1415,7	0,3806	5,7710	6,1516
−34	0,09795	682,80	0,8618	45,77	1371,5	1417,2	0,3992	5,7347	6,1339
−33	0,10300	681,57	0,9033	50,22	1368,5	1418,8	0,4177	5,6987	6,1165
−32	0,10826	680,32	0,9463	54,67	1365,6	1420,3	0,4362	5,6629	6,0992
−31	0,11373	679,08	0,9910	59,14	1362,7	1421,8	0,4547	5,6274	6,0820
−30	0,11943	677,83	1,0374	63,60	1359,7	1423,3	0,4730	5,5921	6,0651
−29	0,12535	676,58	1,0855	68,07	1356,7	1424,8	0,4914	5,5569	6,0483
−28	0,13151	675,32	1,1353	72,55	1353,7	1426,3	0,5096	5,5221	6,0317
−27	0,13792	674,06	1,1870	77,03	1350,7	1427,8	0,5278	5,4874	6,0152
−26	0,14457	672,80	1,2405	81,52	1347,7	1429,2	0,5460	5,4529	5,9989
−25	0,15147	671,53	1,2959	86,01	1344,6	1430,7	0,5641	5,4187	5,9827
−24	0,15864	670,26	1,3533	90,51	1341,6	1432,1	0,5821	5,3846	5,9667
−23	0,16608	668,98	1,4126	95,01	1338,5	1433,5	0,6001	5,3507	5,9508
−22	0,17379	667,71	1,4740	99,52	1335,4	1434,9	0,6180	5,3171	5,9351
−21	0,18179	666,42	1,5376	104,03	1332,3	1436,3	0,6359	5,2836	5,9195
−20	0,19008	665,14	1,6033	108,55	1329,1	1437,7	0,6538	5,2504	5,9041
−19	0,19867	663,85	1,6711	113,07	1326,0	1439,0	0,6715	5,2173	5,8888
−18	0,20756	662,55	1,7413	117,60	1322,8	1440,4	0,6893	5,1844	5,8736
−17	0,21677	661,25	1,8138	122,13	1319,6	1441,7	0,7069	5,1517	5,8586
−16	0,22630	659,95	1,8886	126,67	1316,4	1443,1	0,7246	5,1191	5,8437
−15	0,23617	658,65	1,9659	131,22	1313,2	1444,4	0,7421	5,0868	5,8289
−14	0,24637	657,34	2,0456	135,76	1309,9	1445,7	0,7597	5,0546	5,8143
−13	0,25691	656,02	2,1279	140,32	1306,6	1446,9	0,7771	5,0226	5,7997
−12	0,26782	654,70	2,2128	144,88	1303,3	1448,2	0,7946	4,9908	5,7853
−11	0,27908	653,38	2,3003	149,44	1300,0	1449,5	0,8119	4,9591	5,7710
−10	0,29071	652,06	2,3906	154,01	1296,7	1450,7	0,8293	4,9276	5,7569
−9	0,30273	650,73	2,4837	158,58	1293,3	1451,9	0,8466	4,8962	5,7428
−8	0,31513	649,39	2,5795	163,16	1290,0	1453,1	0,8638	4,8651	5,7289
−7	0,32793	648,06	2,6783	167,75	1286,6	1454,3	0,8810	4,8340	5,7150
−6	0,34114	646,71	2,7801	172,34	1283,2	1455,5	0,8981	4,8032	5,7013
−5	0,35476	645,37	2,8849	176,94	1279,7	1456,7	0,9152	4,7724	5,6877
−4	0,36880	644,02	2,9928	181,54	1276,3	1457,8	0,9323	4,7419	5,6741
−3	0,38327	642,66	3,1038	186,15	1272,8	1458,9	0,9493	4,7115	5,6607
−2	0,39819	641,30	3,2181	190,76	1269,3	1460,1	0,9662	4,6812	5,6474
−1	0,41356	639,94	3,3357	195,38	1265,8	1461,2	0,9831	4,6510	5,6342
0	0,42938	638,57	3,4567	200,00	1262,2	1462,2	1,0000	4,6210	5,6210
1	0,44568	637,20	3,5811	204,63	1258,7	1463,3	1,0168	4,5912	5,6080
2	0,46246	635,82	3,7090	209,27	1255,1	1464,4	1,0336	4,5615	5,5951
3	0,47972	634,44	3,8405	213,91	1251,5	1465,4	1,0503	4,5319	5,5822
4	0,49748	633,06	3,9757	218,55	1247,8	1466,4	1,0670	4,5024	5,5695
5	0,51575	631,66	4,1146	223,21	1244,2	1467,4	1,0837	4,4731	5,5568
6	0,53453	630,27	4,2573	227,87	1240,5	1468,4	1,1003	4,4439	5,5442
7	0,55385	628,87	4,4039	232,53	1236,8	1469,3	1,1169	4,4148	5,5317
8	0,57370	627,46	4,5545	237,20	1233,1	1470,3	1,1334	4,3858	5,5192
9	0,59409	626,05	4,7092	241,88	1229,3	1471,2	1,1499	4,3570	5,5069
10	0,61505	624,64	4,8679	246,57	1225,5	1472,1	1,1664	4,3283	5,4946
11	0,63657	623,22	5,0309	251,26	1221,7	1473,0	1,1828	4,2997	5,4824
12	0,65866	621,79	5,1983	255,95	1217,9	1473,9	1,1992	4,2712	5,4703
13	0,68135	620,36	5,3700	260,66	1214,1	1474,7	1,2155	4,2428	5,4583
14	0,70463	618,93	5,5461	265,37	1210,2	1475,6	1,2318	4,2145	5,4463

Ammoniak

t °C	p_s MPa	ϱ' kg/m³	ϱ'' kg/m³	h' kJ/kg	Δh_v kJ/kg	h'' kJ/kg	s' kJ/(kg K)	Δs_v kJ/(kg K)	s'' kJ/(kg K)
15	0,72852	617,49	5,7269	270,09	1206,3	1476,4	1,2481	4,1863	5,4344
16	0,75303	616,04	5,9123	274,81	1202,4	1477,2	1,2643	4,1583	5,4226
17	0,77817	614,59	6,1025	279,54	1198,4	1477,9	1,2805	4,1303	5,4108
18	0,80395	613,13	6,2975	284,28	1194,4	1478,7	1,2967	4,1024	5,3991
19	0,83038	611,67	6,4975	289,03	1190,4	1479,4	1,3128	4,0747	5,3874
20	0,85748	610,20	6,7025	293,78	1186,4	1480,2	1,3289	4,0470	5,3759
21	0,88524	608,72	6,9127	298,54	1182,3	1480,9	1,3449	4,0194	5,3643
22	0,91369	607,24	7,1281	303,31	1178,2	1481,5	1,3610	3,9919	5,3529
23	0,94283	605,76	7,3488	308,09	1174,1	1482,2	1,3770	3,9645	5,3415
24	0,97268	604,26	7,5751	312,87	1169,9	1482,8	1,3929	3,9372	5,3301
25	1,00324	602,76	7,8069	317,67	1165,8	1483,4	1,4089	3,9100	5,3188
26	1,03453	601,26	8,0443	322,47	1161,6	1484,0	1,4248	3,8828	5,3076
27	1,06656	599,75	8,2876	327,28	1157,3	1484,6	1,4406	3,8558	5,2964
28	1,09934	598,23	8,5368	332,09	1153,0	1485,1	1,4565	3,8288	5,2853
29	1,13288	596,70	8,7920	336,92	1148,7	1485,7	1,4723	3,8019	5,2742
30	1,16720	595,17	9,0533	341,76	1144,4	1486,2	1,4881	3,7751	5,2631
31	1,20230	593,63	9,3209	346,60	1140,0	1486,6	1,5038	3,7483	5,2521
32	1,23819	592,08	9,5950	351,45	1135,7	1487,1	1,5196	3,7216	5,2412
33	1,27489	590,53	9,8755	356,32	1131,2	1487,5	1,5353	3,6950	5,2303
34	1,31242	588,97	10,163	361,19	1126,8	1488,0	1,5509	3,6684	5,2194
35	1,35077	587,40	10,457	366,07	1122,3	1488,3	1,5666	3,6420	5,2086
36	1,38997	585,82	10,758	370,96	1117,7	1488,7	1,5822	3,6155	5,1978
37	1,43002	584,24	11,066	375,87	1113,2	1489,0	1,5979	3,5891	5,1870
38	1,47094	582,65	11,381	380,78	1108,6	1489,4	1,6134	3,5628	5,1763
39	1,51273	581,05	11,703	385,70	1103,9	1489,6	1,6290	3,5366	5,1656
40	1,55542	579,44	12,034	390,64	1099,3	1489,9	1,6446	3,5104	5,1549
41	1,59901	577,82	12,371	395,58	1094,6	1490,1	1,6601	3,4842	5,1443
42	1,64352	576,20	12,717	400,54	1089,8	1490,4	1,6756	3,4581	5,1337
43	1,68896	574,56	13,071	405,51	1085,0	1490,5	1,6911	3,4320	5,1231
44	1,73533	572,92	13,432	410,48	1080,2	1490,7	1,7065	3,4060	5,1126
45	1,78266	571,27	13,803	415,48	1075,4	1490,8	1,7220	3,3800	5,1020
46	1,83095	569,61	14,181	420,48	1070,5	1490,9	1,7374	3,3541	5,0915
47	1,88022	567,94	14,569	425,49	1065,5	1491,0	1,7528	3,3282	5,0810
48	1,93049	566,25	14,965	430,52	1060,5	1491,1	1,7683	3,3023	5,0706
49	1,98175	564,56	15,371	435,56	1055,5	1491,1	1,7836	3,2765	5,0601
50	2,03403	562,86	15,785	440,62	1050,5	1491,1	1,7990	3,2507	5,0497
51	2,08734	561,15	16,209	445,69	1045,3	1491,0	1,8144	3,2249	5,0393
52	2,14169	559,43	16,643	450,77	1040,2	1491,0	1,8297	3,1991	5,0289
53	2,19710	557,70	17,087	455,87	1035,0	1490,9	1,8451	3,1734	5,0185
54	2,25358	555,95	17,541	460,98	1029,8	1490,7	1,8604	3,1477	5,0081
55	2,31113	554,20	18,006	466,10	1024,5	1490,6	1,8758	3,1220	4,9977
56	2,36978	552,43	18,481	471,24	1019,1	1490,4	1,8911	3,0963	4,9873
57	2,42954	550,65	18,967	476,40	1013,7	1490,1	1,9064	3,0706	4,9770
58	2,49042	548,86	19,464	481,57	1008,3	1489,9	1,9217	3,0449	4,9666
59	2,55244	547,06	19,973	486,76	1002,8	1489,6	1,9370	3,0192	4,9562
60	2,61560	545,24	20,493	491,97	997,30	1489,3	1,9523	2,9935	4,9458
61	2,67992	543,41	21,025	497,19	991,71	1488,9	1,9676	2,9679	4,9355
62	2,74543	541,57	21,570	502,43	986,07	1488,5	1,9829	2,9422	4,9251
63	2,81212	539,72	22,127	507,69	980,38	1488,1	1,9982	2,9165	4,9147
64	2,88001	537,85	22,697	512,97	974,63	1487,6	2,0135	2,8908	4,9043

Ammonia

t °C	p_s MPa	ϱ' kg/m³	ϱ'' kg/m³	h' kJ/kg	Δh_v kJ/kg	h'' kJ/kg	s' kJ/(kg K)	Δs_v kJ/(kg K)	s'' kJ/(kg K)
65	2,94913	535,96	23,280	518,26	968,82	1487,1	2,0288	2,8651	4,8939
66	3,01947	534,06	23,877	523,58	962,96	1486,5	2,0441	2,8393	4,8834
67	3,09107	532,15	24,488	528,91	957,04	1485,9	2,0594	2,8136	4,8730
68	3,16392	530,22	25,113	534,27	951,05	1485,3	2,0747	2,7878	4,8625
69	3,23805	528,27	25,753	539,64	945,01	1484,7	2,0901	2,7620	4,8520
70	3,31347	526,31	26,407	545,04	938,90	1483,9	2,1054	2,7361	4,8415
71	3,39020	524,33	27,078	550,46	932,72	1483,2	2,1208	2,7102	4,8310
72	3,46824	522,33	27,764	555,90	926,48	1482,4	2,1361	2,6843	4,8204
73	3,54763	520,32	28,467	561,37	920,18	1481,5	2,1515	2,6583	4,8098
74	3,62836	518,28	29,186	566,86	913,80	1480,7	2,1669	2,6323	4,7992
75	3,71045	516,23	29,923	572,38	907,35	1479,7	2,1823	2,6062	4,7885
76	3,79393	514,16	30,678	577,91	900,83	1478,7	2,1977	2,5801	4,7778
77	3,87881	512,07	31,451	583,48	894,23	1477,7	2,2131	2,5538	4,7670
78	3,96509	509,96	32,244	589,07	887,56	1476,6	2,2286	2,5276	4,7562
79	4,05281	507,83	33,056	594,69	880,80	1475,5	2,2441	2,5012	4,7453
80	4,14197	505,67	33,888	600,34	873,97	1474,3	2,2596	2,4748	4,7344
81	4,23259	503,49	34,741	606,02	867,05	1473,1	2,2752	2,4482	4,7234
82	4,32469	501,29	35,615	611,73	860,04	1471,8	2,2908	2,4216	4,7124
83	4,41828	499,07	36,512	617,47	852,95	1470,4	2,3064	2,3949	4,7013
84	4,51339	496,82	37,432	623,24	845,77	1469,0	2,3220	2,3681	4,6901
85	4,61002	494,54	38,376	629,04	838,49	1467,5	2,3377	2,3412	4,6789
86	4,70820	492,24	39,344	634,88	831,11	1466,0	2,3534	2,3141	4,6675
87	4,80794	489,91	40,338	640,76	823,64	1464,4	2,3692	2,2869	4,6561
88	4,90926	487,56	41,359	646,67	816,06	1462,7	2,3850	2,2596	4,6446
89	5,01218	485,17	42,407	652,62	808,37	1461,0	2,4009	2,2322	4,6330
90	5,11672	482,75	43,484	658,61	800,58	1459,2	2,4168	2,2045	4,6213
91	5,22289	480,31	44,590	664,63	792,67	1457,3	2,4328	2,1768	4,6095
92	5,33072	477,82	45,728	670,71	784,65	1455,4	2,4488	2,1488	4,5976
93	5,44022	475,31	46,898	676,82	776,50	1453,3	2,4649	2,1207	4,5856
94	5,55141	472,76	48,101	682,98	768,22	1451,2	2,4810	2,0924	4,5734
95	5,66432	470,17	49,340	689,19	759,82	1449,0	2,4973	2,0639	4,5612
96	5,77896	467,55	50,615	695,44	751,28	1446,7	2,5136	2,0352	4,5487
97	5,89535	464,88	51,928	701,75	742,59	1444,3	2,5300	2,0062	4,5362
98	6,01352	462,18	53,282	708,11	733,76	1441,9	2,5464	1,9770	4,5234
99	6,13349	459,43	54,677	714,53	724,78	1439,3	2,5630	1,9475	4,5105
100	6,25527	456,63	56,117	721,00	715,63	1436,6	2,5797	1,9178	4,4975
101	6,37889	453,79	57,603	727,54	706,32	1433,9	2,5964	1,8878	4,4842
102	6,50438	450,90	59,138	734,14	696,83	1431,0	2,6133	1,8575	4,4708
103	6,63176	447,95	60,724	740,80	687,15	1428,0	2,6303	1,8268	4,4571
104	6,76104	444,95	62,365	747,54	677,28	1424,8	2,6474	1,7958	4,4432
105	6,89227	441,90	64,063	754,35	667,21	1421,6	2,6647	1,7644	4,4291
106	7,02545	438,78	65,822	761,24	656,93	1418,2	2,6821	1,7326	4,4147
107	7,16062	435,59	67,646	768,21	646,42	1414,6	2,6996	1,7004	4,4001
108	7,29781	432,34	69,539	775,27	635,67	1410,9	2,7173	1,6678	4,3851
109	7,43704	429,01	71,505	782,43	624,67	1407,1	2,7352	1,6346	4,3698
110	7,57834	425,61	73,550	789,68	613,39	1403,1	2,7533	1,6009	4,3543
111	7,72174	422,12	75,679	797,04	601,83	1398,9	2,7716	1,5667	4,3383
112	7,86728	418,54	77,899	804,52	589,96	1394,5	2,7902	1,5318	4,3219
113	8,01498	414,86	80,217	812,12	577,76	1389,9	2,8090	1,4962	4,3052
114	8,16487	411,08	82,642	819,86	565,20	1385,1	2,8280	1,4599	4,2879

Ammoniak

t °C	p_s MPa	ϱ'	ϱ'' kg/m³	h'	Δh_v kJ/kg	h''	s'	Δs_v kJ/(kg K)	s''
115	8,31700	407,18	85,182	827,74	552,26	1380,0	2,8474	1,4228	4,2702
116	8,47140	403,15	87,849	835,78	538,89	1374,7	2,8671	1,3848	4,2519
117	8,62811	398,99	90,654	844,00	525,07	1369,1	2,8872	1,3458	4,2330
118	8,78716	394,67	93,614	852,41	510,73	1363,1	2,9077	1,3057	4,2134
119	8,94861	390,18	96,745	861,04	495,83	1356,9	2,9287	1,2644	4,1931
120	9,11249	385,49	100,07	869,92	480,31	1350,2	2,9502	1,2217	4,1719
121	9,27885	380,57	103,61	879,09	464,07	1343,2	2,9724	1,1774	4,1498
122	9,44775	375,40	107,40	888,58	447,01	1335,6	2,9953	1,1312	4,1266
123	9,61924	369,93	111,48	898,45	429,01	1327,5	3,0191	1,0829	4,1021
124	9,79337	364,08	115,90	908,79	409,89	1318,7	3,0440	1,0321	4,0761
125	9,97022	357,80	120,73	919,68	389,44	1309,1	3,0702	0,9781	4,0483
126	10,14984	350,95	126,06	931,29	367,33	1298,6	3,0980	0,9203	4,0183
127	10,33232	343,37	132,03	943,81	343,10	1286,9	3,1280	0,8574	3,9854
128	10,51773	334,79	138,85	957,60	316,03	1273,6	3,1611	0,7878	3,9489
129	10,70616	324,74	146,87	973,27	284,90	1258,2	3,1986	0,7084	3,9071
130	10,89768	312,29	156,77	992,02	247,30	1239,3	3,2437	0,6134	3,8571
131	11,09233	295,07	170,15	1017,0	197,27	1214,3	3,3041	0,4881	3,7922
132	11,28976	262,70	193,88	1063,0	108,59	1171,6	3,4160	0,2680	3,6840
132,36	11,36114	224,50	224,50	1120,5	0,00	1120,5	3,5571	0,0000	3,5571

Ammonia

Sättigungsgrößen als Funktionen des Drucks
Saturation properties as functions of pressure

p MPa	t_s °C	ϱ' ϱ'' kg/m³		h' Δh_v h'' kJ/kg			s' Δs_v s'' kJ/(kg K)		
0,010	−71,22	726,04	0,1020	−115,98	1469,3	1353,3	−0,3349	7,2762	6,9412
0,011	−69,93	724,64	0,1116	−110,50	1466,2	1355,7	−0,3079	7,2147	6,9068
0,012	−68,73	723,33	0,1210	−105,42	1463,3	1357,9	−0,2829	7,1584	6,8755
0,013	−67,62	722,11	0,1305	−100,67	1460,6	1359,9	−0,2598	7,1064	6,8467
0,014	−66,57	720,96	0,1398	−96,22	1458,1	1361,9	−0,2382	7,0582	6,8200
0,015	−65,59	719,87	0,1492	−92,02	1455,7	1363,7	−0,2179	7,0132	6,7953
0,016	−64,66	718,84	0,1585	−88,04	1453,4	1365,4	−0,1988	6,9709	6,7721
0,017	−63,77	717,86	0,1677	−84,27	1451,2	1366,9	−0,1807	6,9312	6,7505
0,018	−62,94	716,92	0,1769	−80,67	1449,1	1368,5	−0,1636	6,8936	6,7300
0,019	−62,13	716,02	0,1861	−77,23	1447,1	1369,9	−0,1473	6,8580	6,7107
0,020	−61,37	715,16	0,1953	−73,94	1445,2	1371,3	−0,1317	6,8241	6,6924
0,022	−59,93	713,54	0,2135	−67,75	1441,6	1373,9	−0,1026	6,7610	6,6585
0,024	−58,59	712,02	0,2316	−61,99	1438,2	1376,2	−0,0757	6,7032	6,6275
0,026	−57,35	710,60	0,2496	−56,62	1435,1	1378,4	−0,0507	6,6498	6,5991
0,028	−56,18	709,26	0,2675	−51,57	1432,1	1380,5	−0,0274	6,6002	6,5728
0,030	−55,08	707,99	0,2853	−46,80	1429,2	1382,4	−0,0055	6,5539	6,5484
0,032	−54,04	706,79	0,3030	−42,29	1426,5	1384,2	0,0151	6,5105	6,5256
0,034	−53,05	705,65	0,3207	−38,00	1424,0	1386,0	0,0346	6,4695	6,5042
0,036	−52,11	704,55	0,3383	−33,91	1421,5	1387,6	0,0532	6,4308	6,4840
0,038	−51,21	703,50	0,3558	−30,00	1419,1	1389,1	0,0708	6,3941	6,4650
0,040	−50,35	702,50	0,3733	−26,25	1416,8	1390,6	0,0877	6,3592	6,4469
0,042	−49,52	701,53	0,3907	−22,65	1414,6	1392,0	0,1038	6,3260	6,4297
0,044	−48,73	700,59	0,4080	−19,19	1412,5	1393,3	0,1192	6,2942	6,4134
0,046	−47,97	699,69	0,4253	−15,85	1410,5	1394,6	0,1341	6,2637	6,3978
0,048	−47,23	698,82	0,4426	−12,62	1408,5	1395,9	0,1484	6,2345	6,3828
0,050	−46,52	697,97	0,4598	−9,50	1406,6	1397,1	0,1621	6,2064	6,3685
0,055	−44,83	695,97	0,5026	−2,12	1402,0	1399,9	0,1946	6,1406	6,3351
0,060	−43,27	694,10	0,5451	4,74	1397,7	1402,4	0,2245	6,0802	6,3047
0,065	−41,81	692,35	0,5875	11,16	1393,7	1404,8	0,2523	6,0244	6,2767
0,070	−40,45	690,69	0,6296	17,20	1389,8	1407,0	0,2783	5,9726	6,2509
0,075	−39,15	689,12	0,6715	22,91	1386,2	1409,1	0,3027	5,9241	6,2268
0,080	−37,93	687,63	0,7132	28,32	1382,8	1411,1	0,3257	5,8786	6,2043
0,085	−36,77	686,21	0,7548	33,47	1379,4	1412,9	0,3475	5,8357	6,1832
0,090	−35,66	684,85	0,7962	38,38	1376,3	1414,6	0,3683	5,7951	6,1633
0,095	−34,60	683,55	0,8375	43,08	1373,2	1416,3	0,3880	5,7566	6,1445
0,100	−33,59	682,30	0,8786	47,60	1370,3	1417,9	0,4068	5,7199	6,1267
0,110	−31,68	679,92	0,9605	56,11	1364,7	1420,8	0,4422	5,6515	6,0936
0,120	−29,90	677,71	1,0420	64,04	1359,4	1423,5	0,4748	5,5886	6,0634
0,130	−28,24	675,63	1,1230	71,46	1354,5	1425,9	0,5052	5,5305	6,0357
0,140	−26,68	673,66	1,2037	78,45	1349,8	1428,2	0,5336	5,4764	6,0100
0,150	−25,21	671,80	1,2841	85,07	1345,3	1430,3	0,5603	5,4258	5,9861
0,160	−23,81	670,02	1,3641	91,34	1341,0	1432,3	0,5854	5,3783	5,9638
0,170	−22,49	668,33	1,4438	97,32	1336,9	1434,2	0,6093	5,3335	5,9428
0,180	−21,22	666,71	1,5233	103,03	1333,0	1436,0	0,6320	5,2910	5,9230
0,190	−20,01	665,15	1,6026	108,51	1329,2	1437,7	0,6536	5,2507	5,9043

Ammoniak

p MPa	t_s °C	ϱ' kg/m³	ϱ''	h' kJ/kg	Δh_v	h''	s' kJ/(kg K)	Δs_v	s''
0,200	−18,85	663,65	1,6816	113,76	1325,5	1439,2	0,6742	5,2123	5,8865
0,210	−17,73	662,20	1,7605	118,81	1321,9	1440,8	0,6940	5,1756	5,8696
0,220	−16,66	660,81	1,8391	123,69	1318,5	1442,2	0,7130	5,1405	5,8535
0,230	−15,62	659,46	1,9175	128,39	1315,2	1443,6	0,7312	5,1069	5,8381
0,240	−14,62	658,15	1,9958	132,94	1311,9	1444,9	0,7488	5,0746	5,8234
0,250	−13,65	656,88	2,0739	137,35	1308,8	1446,1	0,7658	5,0435	5,8092
0,260	−12,71	655,65	2,1519	141,62	1305,7	1447,3	0,7821	5,0135	5,7956
0,270	−11,80	654,45	2,2298	145,77	1302,7	1448,5	0,7980	4,9845	5,7825
0,280	−10,92	653,28	2,3075	149,81	1299,8	1449,6	0,8133	4,9566	5,7699
0,290	−10,06	652,14	2,3850	153,73	1296,9	1450,6	0,8282	4,9295	5,7577
0,300	−9,22	651,03	2,4625	157,56	1294,1	1451,7	0,8427	4,9033	5,7460
0,320	−7,62	648,88	2,6171	164,92	1288,7	1453,6	0,8704	4,8531	5,7235
0,340	−6,09	646,83	2,7713	171,95	1283,5	1455,4	0,8967	4,8058	5,7025
0,360	−4,62	644,86	2,9251	178,67	1278,4	1457,1	0,9216	4,7609	5,6826
0,380	−3,22	642,97	3,0786	185,11	1273,6	1458,7	0,9455	4,7183	5,6637
0,400	−1,88	641,14	3,2319	191,31	1268,9	1460,2	0,9682	4,6776	5,6458
0,420	−0,59	639,38	3,3849	197,27	1264,3	1461,6	0,9901	4,6387	5,6288
0,440	0,65	637,68	3,5376	203,03	1259,9	1462,9	1,0110	4,6015	5,6125
0,460	1,85	636,02	3,6902	208,59	1255,6	1464,2	1,0312	4,5658	5,5969
0,480	3,02	634,42	3,8425	213,98	1251,4	1465,4	1,0506	4,5314	5,5820
0,500	4,14	632,86	3,9947	219,20	1247,3	1466,5	1,0694	4,4983	5,5677
0,550	6,80	629,15	4,3746	231,61	1237,5	1469,1	1,1136	4,4205	5,5341
0,600	9,28	625,65	4,7538	243,21	1228,3	1471,5	1,1546	4,3488	5,5034
0,650	11,61	622,35	5,1325	254,12	1219,4	1473,5	1,1928	4,2823	5,4750
0,700	13,80	619,21	5,5109	264,44	1211,0	1475,4	1,2286	4,2201	5,4487
0,750	15,88	616,22	5,8892	274,23	1202,8	1477,1	1,2623	4,1617	5,4240
0,800	17,85	613,35	6,2674	283,56	1195,0	1478,6	1,2942	4,1067	5,4009
0,850	19,73	610,60	6,6458	292,48	1187,5	1480,0	1,3245	4,0546	5,3790
0,900	21,52	607,95	7,0243	301,03	1180,2	1481,2	1,3533	4,0051	5,3584
0,950	23,24	605,40	7,4030	309,24	1173,1	1482,3	1,3808	3,9579	5,3387
1,000	24,89	602,92	7,7821	317,16	1166,2	1483,4	1,4072	3,9129	5,3200
1,050	26,49	600,52	8,1616	324,80	1159,5	1484,3	1,4325	3,8697	5,3022
1,100	28,02	598,20	8,5416	332,19	1153,0	1485,2	1,4568	3,8283	5,2851
1,150	29,50	595,93	8,9221	339,34	1146,6	1485,9	1,4802	3,7884	5,2686
1,200	30,93	593,73	9,3032	346,28	1140,3	1486,6	1,5028	3,7501	5,2529
1,250	32,32	591,58	9,6850	353,03	1134,2	1487,3	1,5246	3,7130	5,2376
1,300	33,67	589,48	10,067	359,59	1128,2	1487,8	1,5458	3,6772	5,2230
1,350	34,98	587,43	10,451	365,97	1122,4	1488,3	1,5663	3,6425	5,2088
1,400	36,25	585,42	10,835	372,20	1116,6	1488,8	1,5862	3,6089	5,1950
1,450	37,49	583,46	11,219	378,28	1110,9	1489,2	1,6055	3,5762	5,1817
1,500	38,70	581,53	11,605	384,21	1105,3	1489,6	1,6243	3,5445	5,1688
1,550	39,87	579,64	11,991	390,01	1099,9	1489,9	1,6426	3,5137	5,1563
1,600	41,02	577,79	12,378	395,67	1094,5	1490,2	1,6604	3,4837	5,1441
1,650	42,14	575,97	12,766	401,23	1089,2	1490,4	1,6778	3,4544	5,1322
1,700	43,24	574,18	13,155	406,68	1083,9	1490,6	1,6947	3,4259	5,1206
1,750	44,31	572,41	13,546	412,02	1078,7	1490,7	1,7113	3,3980	5,1093
1,800	45,36	570,67	13,937	417,27	1073,6	1490,9	1,7275	3,3707	5,0983
1,850	46,39	568,96	14,330	422,41	1068,6	1491,0	1,7434	3,3441	5,0875
1,900	47,39	567,28	14,723	427,47	1063,6	1491,0	1,7589	3,3180	5,0769
1,950	48,38	565,61	15,118	432,44	1058,6	1491,1	1,7741	3,2925	5,0666

Ammonia

p MPa	t_s °C	ϱ'	ϱ'' kg/m³	h'	Δh_v kJ/kg	h''	s'	Δs_v kJ/(kg K)	s''
2,000	49,35	563,97	15,514	437,32	1053,8	1491,1	1,7890	3,2675	5,0565
2,050	50,30	562,35	15,911	442,13	1048,9	1491,1	1,8036	3,2430	5,0466
2,100	51,23	560,75	16,309	446,86	1044,2	1491,0	1,8179	3,2189	5,0369
2,150	52,15	559,17	16,709	451,52	1039,4	1491,0	1,8320	3,1953	5,0273
2,200	53,05	557,61	17,109	456,12	1034,7	1490,9	1,8458	3,1721	5,0180
2,250	53,93	556,07	17,511	460,64	1030,1	1490,7	1,8594	3,1493	5,0088
2,300	54,81	554,54	17,915	465,10	1025,5	1490,6	1,8728	3,1270	4,9997
2,350	55,66	553,03	18,319	469,50	1020,9	1490,4	1,8859	3,1049	4,9908
2,400	56,51	551,54	18,725	473,85	1016,4	1490,3	1,8988	3,0833	4,9821
2,450	57,34	550,05	19,132	478,13	1011,9	1490,1	1,9115	3,0620	4,9735
2,500	58,15	548,59	19,541	482,37	1007,5	1489,8	1,9240	3,0410	4,9650
2,600	59,75	545,69	20,364	490,69	998,66	1489,4	1,9485	2,9999	4,9484
2,700	61,31	542,85	21,191	498,80	989,98	1488,8	1,9723	2,9600	4,9323
2,800	62,82	540,05	22,025	506,74	981,41	1488,1	1,9954	2,9211	4,9166
2,900	64,29	537,30	22,865	514,50	972,95	1487,5	2,0179	2,8833	4,9013
3,000	65,72	534,59	23,711	522,11	964,58	1486,7	2,0399	2,8464	4,8863
3,100	67,12	531,91	24,564	529,57	956,30	1485,9	2,0613	2,8104	4,8717
3,200	68,48	529,28	25,421	536,87	948,13	1485,0	2,0822	2,7753	4,8574
3,300	69,82	526,67	26,287	544,06	940,01	1484,1	2,1026	2,7408	4,8434
3,400	71,12	524,09	27,161	551,13	931,96	1483,1	2,1226	2,7071	4,8297
3,500	72,40	521,53	28,042	558,08	923,98	1482,1	2,1422	2,6740	4,8162
3,600	73,65	519,00	28,930	564,92	916,06	1481,0	2,1614	2,6415	4,8029
3,700	74,87	516,50	29,826	571,65	908,19	1479,8	2,1803	2,6096	4,7899
3,800	76,07	514,02	30,730	578,29	900,38	1478,7	2,1988	2,5783	4,7770
3,900	77,24	511,56	31,643	584,84	892,61	1477,5	2,2169	2,5475	4,7644
4,000	78,40	509,12	32,563	591,30	884,89	1476,2	2,2348	2,5171	4,7519
4,100	79,53	506,69	33,492	597,67	877,21	1474,9	2,2523	2,4873	4,7396
4,200	80,64	504,28	34,430	603,97	869,56	1473,5	2,2696	2,4578	4,7274
4,300	81,73	501,89	35,377	610,18	861,94	1472,1	2,2865	2,4288	4,7154
4,400	82,80	499,51	36,333	616,33	854,36	1470,7	2,3033	2,4002	4,7035
4,500	83,86	497,14	37,299	622,41	846,80	1469,2	2,3198	2,3719	4,6917
4,600	84,89	494,79	38,274	628,43	839,27	1467,7	2,3360	2,3440	4,6801
4,700	85,91	492,44	39,260	634,38	831,75	1466,1	2,3521	2,3164	4,6685
4,800	86,92	490,11	40,255	640,27	824,26	1464,5	2,3679	2,2892	4,6571
4,900	87,91	487,78	41,262	646,11	816,78	1462,9	2,3835	2,2622	4,6457
5,000	88,88	485,46	42,279	651,90	809,31	1461,2	2,3990	2,2355	4,6344
5,100	89,84	483,15	43,307	657,63	801,85	1459,5	2,4142	2,2090	4,6232
5,200	90,78	480,84	44,347	663,32	794,40	1457,7	2,4293	2,1828	4,6121
5,300	91,71	478,54	45,399	668,96	786,96	1455,9	2,4442	2,1569	4,6010
5,400	92,63	476,24	46,463	674,56	779,52	1454,1	2,4589	2,1311	4,5900
5,500	93,54	473,95	47,539	680,12	772,07	1452,2	2,4735	2,1055	4,5791
5,600	94,43	471,65	48,628	685,64	764,63	1450,3	2,4880	2,0802	4,5682
5,700	95,31	469,36	49,731	691,12	757,19	1448,3	2,5023	2,0550	4,5573
5,800	96,18	467,07	50,847	696,57	749,73	1446,3	2,5165	2,0300	4,5465
5,900	97,04	464,79	51,977	701,98	742,27	1444,3	2,5306	2,0051	4,5357
6,000	97,88	462,50	53,122	707,37	734,80	1442,2	2,5445	1,9804	4,5249
6,100	98,72	460,20	54,282	712,72	727,31	1440,0	2,5584	1,9558	4,5142
6,200	99,55	457,91	55,457	718,05	719,81	1437,9	2,5721	1,9314	4,5034
6,300	100,36	455,61	56,648	723,35	712,29	1435,6	2,5857	1,9070	4,4927
6,400	101,17	453,31	57,855	728,63	704,75	1433,4	2,5992	1,8828	4,4820

Ammoniak

p MPa	t_s °C	ϱ' $\quad$ ϱ'' kg/m³	h' $\quad$ Δh_v $\quad$ h'' kJ/kg	s' $\quad$ Δs_v $\quad$ s'' kJ/(kg K)
6,500	101,96	451,01 $\quad$ 59,080	733,89 $\quad$ 697,18 $\quad$ 1431,1	2,6127 $\quad$ 1,8586 $\quad$ 4,4713
6,600	102,75	448,70 $\quad$ 60,322	739,13 $\quad$ 689,59 $\quad$ 1428,7	2,6260 $\quad$ 1,8345 $\quad$ 4,4605
6,700	103,53	446,38 $\quad$ 61,582	744,35 $\quad$ 681,98 $\quad$ 1426,3	2,6393 $\quad$ 1,8105 $\quad$ 4,4498
6,800	104,30	444,06 $\quad$ 62,861	749,55 $\quad$ 674,33 $\quad$ 1423,9	2,6525 $\quad$ 1,7866 $\quad$ 4,4391
6,900	105,06	441,72 $\quad$ 64,160	754,74 $\quad$ 666,64 $\quad$ 1421,4	2,6656 $\quad$ 1,7627 $\quad$ 4,4283
7,000	105,81	439,38 $\quad$ 65,479	759,91 $\quad$ 658,93 $\quad$ 1418,8	2,6787 $\quad$ 1,7388 $\quad$ 4,4175
7,100	106,55	437,03 $\quad$ 66,819	765,07 $\quad$ 651,17 $\quad$ 1416,2	2,6917 $\quad$ 1,7150 $\quad$ 4,4067
7,200	107,29	434,67 $\quad$ 68,180	770,22 $\quad$ 643,37 $\quad$ 1413,6	2,7047 $\quad$ 1,6911 $\quad$ 4,3958
7,300	108,01	432,30 $\quad$ 69,565	775,37 $\quad$ 635,52 $\quad$ 1410,9	2,7176 $\quad$ 1,6673 $\quad$ 4,3849
7,400	108,73	429,91 $\quad$ 70,972	780,51 $\quad$ 627,63 $\quad$ 1408,1	2,7304 $\quad$ 1,6435 $\quad$ 4,3740
7,500	109,45	427,51 $\quad$ 72,405	785,64 $\quad$ 619,68 $\quad$ 1405,3	2,7433 $\quad$ 1,6197 $\quad$ 4,3629
7,600	110,15	425,09 $\quad$ 73,863	790,78 $\quad$ 611,68 $\quad$ 1402,5	2,7561 $\quad$ 1,5958 $\quad$ 4,3519
7,700	110,85	422,66 $\quad$ 75,348	795,91 $\quad$ 603,62 $\quad$ 1399,5	2,7688 $\quad$ 1,5719 $\quad$ 4,3408
7,800	111,54	420,21 $\quad$ 76,860	801,05 $\quad$ 595,49 $\quad$ 1396,5	2,7816 $\quad$ 1,5480 $\quad$ 4,3296
7,900	112,22	417,74 $\quad$ 78,402	806,19 $\quad$ 587,30 $\quad$ 1393,5	2,7943 $\quad$ 1,5240 $\quad$ 4,3183
8,000	112,90	415,24 $\quad$ 79,974	811,33 $\quad$ 579,03 $\quad$ 1390,4	2,8070 $\quad$ 1,4999 $\quad$ 4,3069
8,100	113,57	412,73 $\quad$ 81,578	816,49 $\quad$ 570,69 $\quad$ 1387,2	2,8197 $\quad$ 1,4757 $\quad$ 4,2955
8,200	114,23	410,19 $\quad$ 83,215	821,65 $\quad$ 562,26 $\quad$ 1383,9	2,8325 $\quad$ 1,4514 $\quad$ 4,2839
8,300	114,89	407,63 $\quad$ 84,888	826,84 $\quad$ 553,74 $\quad$ 1380,6	2,8452 $\quad$ 1,4270 $\quad$ 4,2722
8,400	115,54	405,03 $\quad$ 86,598	832,04 $\quad$ 545,13 $\quad$ 1377,2	2,8579 $\quad$ 1,4025 $\quad$ 4,2604
8,500	116,18	402,41 $\quad$ 88,347	837,25 $\quad$ 536,42 $\quad$ 1373,7	2,8707 $\quad$ 1,3778 $\quad$ 4,2485
8,600	116,82	399,75 $\quad$ 90,137	842,50 $\quad$ 527,60 $\quad$ 1370,1	2,8835 $\quad$ 1,3529 $\quad$ 4,2365
8,700	117,45	397,06 $\quad$ 91,971	847,77 $\quad$ 518,66 $\quad$ 1366,4	2,8964 $\quad$ 1,3278 $\quad$ 4,2242
8,800	118,08	394,33 $\quad$ 93,852	853,07 $\quad$ 509,59 $\quad$ 1362,7	2,9093 $\quad$ 1,3025 $\quad$ 4,2119
8,900	118,70	391,55 $\quad$ 95,782	858,41 $\quad$ 500,39 $\quad$ 1358,8	2,9223 $\quad$ 1,2770 $\quad$ 4,1993
9,000	119,31	388,73 $\quad$ 97,764	863,80 $\quad$ 491,04 $\quad$ 1354,8	2,9354 $\quad$ 1,2512 $\quad$ 4,1866
9,100	119,92	385,86 $\quad$ 99,803	869,22 $\quad$ 481,54 $\quad$ 1350,8	2,9485 $\quad$ 1,2251 $\quad$ 4,1736
9,200	120,53	382,93 $\quad$ 101,90	874,70 $\quad$ 471,86 $\quad$ 1346,6	2,9618 $\quad$ 1,1986 $\quad$ 4,1604
9,300	121,12	379,95 $\quad$ 104,07	880,25 $\quad$ 462,00 $\quad$ 1342,2	2,9752 $\quad$ 1,1718 $\quad$ 4,1470
9,400	121,72	376,90 $\quad$ 106,30	885,85 $\quad$ 451,93 $\quad$ 1337,8	2,9888 $\quad$ 1,1445 $\quad$ 4,1333
9,500	122,30	373,77 $\quad$ 108,61	891,54 $\quad$ 441,64 $\quad$ 1333,2	3,0025 $\quad$ 1,1168 $\quad$ 4,1193
9,600	122,89	370,56 $\quad$ 111,00	897,31 $\quad$ 431,10 $\quad$ 1328,4	3,0164 $\quad$ 1,0885 $\quad$ 4,1049
9,700	123,46	367,27 $\quad$ 113,48	903,18 $\quad$ 420,29 $\quad$ 1323,5	3,0305 $\quad$ 1,0597 $\quad$ 4,0902
9,800	124,04	363,87 $\quad$ 116,06	909,17 $\quad$ 409,19 $\quad$ 1318,4	3,0449 $\quad$ 1,0302 $\quad$ 4,0751
9,900	124,60	360,35 $\quad$ 118,76	915,28 $\quad$ 397,74 $\quad$ 1313,0	3,0596 $\quad$ 1,0000 $\quad$ 4,0596
10,000	125,17	356,71 $\quad$ 121,57	921,55 $\quad$ 385,91 $\quad$ 1307,5	3,0746 $\quad$ 0,9689 $\quad$ 4,0435
10,200	126,27	348,96 $\quad$ 127,62	934,60 $\quad$ 360,95 $\quad$ 1295,6	3,1059 $\quad$ 0,9037 $\quad$ 4,0096
10,400	127,36	340,39 $\quad$ 134,40	948,65 $\quad$ 333,64 $\quad$ 1282,3	3,1396 $\quad$ 0,8330 $\quad$ 3,9726
10,600	128,44	330,64 $\quad$ 142,17	964,14 $\quad$ 303,08 $\quad$ 1267,2	3,1767 $\quad$ 0,7547 $\quad$ 3,9315
10,800	129,49	319,05 $\quad$ 151,41	981,92 $\quad$ 267,57 $\quad$ 1249,5	3,2194 $\quad$ 0,6645 $\quad$ 3,8840
11,000	130,52	304,14 $\quad$ 163,16	1004,0 $\quad$ 223,32 $\quad$ 1227,3	3,2725 $\quad$ 0,5532 $\quad$ 3,8258
11,200	131,55	281,02 $\quad$ 180,65	1037,0 $\quad$ 158,13 $\quad$ 1195,1	3,3525 $\quad$ 0,3907 $\quad$ 3,7433
11,361	132,36	224,50 $\quad$ 224,50	1120,5 $\quad$ 0,00 $\quad$ 1120,5	3,5571 $\quad$ 0,0000 $\quad$ 3,5571

Ammonia

Zustandsgrößen im Gas- und Flüssigkeitsgebiet
Properties of liquid and gas

	$p = 0{,}01$ MPa $(-71{,}22\ °C)$			$p = 0{,}02$ MPa $(-61{,}37\ °C)$			$p = 0{,}03$ MPa $(-55{,}08\ °C)$		
t °C	ϱ $\frac{kg}{m^3}$	h $\frac{kJ}{kg}$	s $\frac{kJ}{kg\,K}$	ϱ $\frac{kg}{m^3}$	h $\frac{kJ}{kg}$	s $\frac{kJ}{kg\,K}$	ϱ $\frac{kg}{m^3}$	h $\frac{kJ}{kg}$	s $\frac{kJ}{kg\,K}$
−75	730,10	−131,97	−0,4148	730,10	−131,96	−0,4148	730,10	−131,95	−0,4149
−70	0,1014	1355,8	6,9538	724,72	−110,80	−0,3094	724,72	−110,79	−0,3094
−65	0,0989	1366,2	7,0042	719,23	−89,51	−0,2058	719,23	−89,50	−0,2059
−60	0,0965	1376,5	7,0532	0,1940	1374,2	6,7060	713,62	−68,05	−0,1041
−55	0,0943	1386,8	7,1010	0,1893	1384,7	6,7549	0,2852	1382,6	6,5492
−50	0,0921	1397,1	7,1476	0,1849	1395,2	6,8025	0,2784	1393,3	6,5977
−45	0,0901	1407,4	7,1931	0,1807	1405,7	6,8488	0,2720	1403,9	6,6448
−40	0,0881	1417,6	7,2376	0,1767	1416,1	6,8939	0,2659	1414,5	6,6907
−35	0,0862	1427,9	7,2811	0,1729	1426,5	6,9381	0,2601	1425,0	6,7354
−30	0,0844	1438,2	7,3238	0,1693	1436,9	6,9812	0,2546	1435,5	6,7790
−25	0,0827	1448,4	7,3656	0,1658	1447,2	7,0234	0,2493	1446,0	6,8217
−20	0,0811	1458,7	7,4066	0,1625	1457,6	7,0648	0,2442	1456,5	6,8635
−15	0,0795	1469,0	7,4468	0,1593	1468,0	7,1054	0,2394	1467,0	6,9044
−10	0,0780	1479,3	7,4864	0,1562	1478,4	7,1452	0,2347	1477,4	6,9445
−5	0,0765	1489,6	7,5252	0,1533	1488,8	7,1843	0,2303	1487,9	6,9839
0	0,0751	1500,0	7,5635	0,1504	1499,2	7,2228	0,2260	1498,3	7,0226
5	0,0737	1510,3	7,6011	0,1477	1509,6	7,2606	0,2218	1508,8	7,0606
10	0,0724	1520,7	7,6381	0,1450	1520,0	7,2978	0,2178	1519,3	7,0980
15	0,0712	1531,2	7,6746	0,1425	1530,5	7,3345	0,2140	1529,8	7,1348
20	0,0699	1541,6	7,7106	0,1401	1541,0	7,3706	0,2103	1540,4	7,1710
25	0,0688	1552,1	7,7460	0,1377	1551,5	7,4061	0,2067	1550,9	7,2067
30	0,0676	1562,6	7,7810	0,1354	1562,1	7,4412	0,2033	1561,5	7,2419
35	0,0665	1573,2	7,8155	0,1332	1572,6	7,4758	0,2000	1572,1	7,2766
40	0,0655	1583,7	7,8496	0,1310	1583,2	7,5100	0,1967	1582,7	7,3108
45	0,0644	1594,4	7,8832	0,1290	1593,9	7,5437	0,1936	1593,4	7,3446
50	0,0634	1605,0	7,9164	0,1270	1604,6	7,5770	0,1906	1604,1	7,3780
55	0,0625	1615,7	7,9493	0,1250	1615,3	7,6099	0,1877	1614,8	7,4110
60	0,0615	1626,4	7,9817	0,1231	1626,0	7,6424	0,1848	1625,6	7,4435
65	0,0606	1637,2	8,0138	0,1213	1636,8	7,6745	0,1821	1636,4	7,4757
70	0,0597	1648,0	8,0455	0,1195	1647,6	7,7063	0,1794	1647,3	7,5076
75	0,0589	1658,9	8,0769	0,1178	1658,5	7,7378	0,1768	1658,1	7,5391
80	0,0580	1669,8	8,1080	0,1161	1669,4	7,7689	0,1743	1669,1	7,5702
85	0,0572	1680,7	8,1387	0,1145	1680,4	7,7997	0,1718	1680,0	7,6010
90	0,0564	1691,7	8,1692	0,1129	1691,3	7,8301	0,1695	1691,0	7,6315
95	0,0557	1702,7	8,1993	0,1114	1702,4	7,8603	0,1671	1702,1	7,6617
100	0,0549	1713,8	8,2292	0,1099	1713,5	7,8902	0,1649	1713,2	7,6917
105	0,0542	1724,9	8,2588	0,1084	1724,6	7,9198	0,1627	1724,3	7,7213
110	0,0535	1736,0	8,2881	0,1070	1735,8	7,9492	0,1606	1735,5	7,7507
115	0,0528	1747,2	8,3171	0,1056	1747,0	7,9782	0,1585	1746,7	7,7798
120	0,0521	1758,5	8,3459	0,1043	1758,2	8,0071	0,1565	1758,0	7,8086
125	0,0515	1769,8	8,3745	0,1030	1769,5	8,0356	0,1545	1769,3	7,8372

Ammoniak

t °C	$p = 0{,}04$ MPa ($-50{,}53$ °C)			$p = 0{,}05$ MPa ($-46{,}52$ °C)			$p = 0{,}06$ MPa ($-43{,}27$ °C)		
	ϱ $\frac{\text{kg}}{\text{m}^3}$	h $\frac{\text{kJ}}{\text{kg}}$	s $\frac{\text{kJ}}{\text{kg K}}$	ϱ $\frac{\text{kg}}{\text{m}^3}$	h $\frac{\text{kJ}}{\text{kg}}$	s $\frac{\text{kJ}}{\text{kg K}}$	ϱ $\frac{\text{kg}}{\text{m}^3}$	h $\frac{\text{kJ}}{\text{kg}}$	s $\frac{\text{kJ}}{\text{kg K}}$
−50	0,3726	1391,4	6,4503	702,09	−24,72	0,0945	702,09	−24,71	0,0945
−45	0,3639	1402,2	6,4983	0,4565	1400,4	6,3832	696,17	−2,84	0,1914
−40	0,3556	1412,9	6,5449	0,4459	1411,3	6,4305	0,5368	1409,7	6,3360
−35	0,3478	1423,6	6,5902	0,4359	1422,1	6,4764	0,5246	1420,7	6,3825
−30	0,3403	1434,2	6,6344	0,4264	1432,9	6,5211	0,5130	1431,6	6,4278
−25	0,3331	1444,8	6,6775	0,4174	1443,6	6,5647	0,5020	1442,4	6,4718
−20	0,3263	1455,4	6,7196	0,4088	1454,3	6,6072	0,4915	1453,1	6,5148
−15	0,3198	1465,9	6,7609	0,4005	1464,9	6,6488	0,4815	1463,9	6,5567
−10	0,3135	1476,5	6,8013	0,3926	1475,5	6,6895	0,4719	1474,5	6,5977
−5	0,3075	1487,0	6,8409	0,3850	1486,1	6,7294	0,4628	1485,2	6,6379
0	0,3017	1497,5	6,8798	0,3777	1496,7	6,7686	0,4540	1495,9	6,6772
5	0,2962	1508,0	6,9180	0,3707	1507,3	6,8070	0,4455	1506,5	6,7158
10	0,2908	1518,6	6,9556	0,3640	1517,9	6,8447	0,4374	1517,1	6,7538
15	0,2857	1529,1	6,9925	0,3575	1528,5	6,8818	0,4296	1527,8	6,7910
20	0,2807	1539,7	7,0289	0,3513	1539,1	6,9183	0,4220	1538,4	6,8277
25	0,2759	1550,3	7,0647	0,3453	1549,7	6,9543	0,4148	1549,1	6,8638
30	0,2713	1560,9	7,1000	0,3395	1560,4	6,9897	0,4078	1559,8	6,8993
35	0,2668	1571,6	7,1349	0,3339	1571,0	7,0246	0,4010	1570,5	6,9343
40	0,2625	1582,2	7,1692	0,3284	1581,7	7,0590	0,3945	1581,2	6,9688
45	0,2584	1592,9	7,2031	0,3232	1592,4	7,0930	0,3882	1592,0	7,0029
50	0,2543	1603,6	7,2365	0,3181	1603,2	7,1265	0,3820	1602,7	7,0365
55	0,2504	1614,4	7,2695	0,3132	1614,0	7,1596	0,3761	1613,5	7,0696
60	0,2466	1625,2	7,3022	0,3084	1624,8	7,1923	0,3704	1624,4	7,1024
65	0,2429	1636,0	7,3344	0,3038	1635,6	7,2246	0,3648	1635,2	7,1347
70	0,2393	1646,9	7,3663	0,2994	1646,5	7,2566	0,3594	1646,1	7,1667
75	0,2359	1657,8	7,3978	0,2950	1657,4	7,2881	0,3542	1657,1	7,1984
80	0,2325	1668,7	7,4290	0,2908	1668,4	7,3194	0,3491	1668,0	7,2296
85	0,2292	1679,7	7,4599	0,2867	1679,4	7,3503	0,3442	1679,0	7,2606
90	0,2261	1690,7	7,4904	0,2827	1690,4	7,3809	0,3394	1690,1	7,2912
95	0,2230	1701,8	7,5207	0,2788	1701,5	7,4111	0,3348	1701,2	7,3215
100	0,2200	1712,9	7,5506	0,2751	1712,6	7,4411	0,3302	1712,3	7,3515
105	0,2170	1724,0	7,5803	0,2714	1723,7	7,4708	0,3258	1723,4	7,3813
110	0,2142	1735,2	7,6097	0,2678	1734,9	7,5002	0,3215	1734,7	7,4107
115	0,2114	1746,4	7,6388	0,2644	1746,2	7,5294	0,3173	1745,9	7,4399
120	0,2087	1757,7	7,6677	0,2610	1757,5	7,5583	0,3133	1757,2	7,4688
125	0,2061	1769,0	7,6963	0,2577	1768,8	7,5869	0,3093	1768,5	7,4975
130	0,2035	1780,4	7,7247	0,2545	1780,2	7,6153	0,3054	1779,9	7,5259
135	0,2010	1791,8	7,7529	0,2513	1791,6	7,6435	0,3017	1791,4	7,5541
140	0,1985	1803,3	7,7808	0,2483	1803,1	7,6715	0,2980	1802,9	7,5821
145	0,1962	1814,8	7,8085	0,2453	1814,6	7,6992	0,2944	1814,4	7,6098
150	0,1938	1826,4	7,8360	0,2424	1826,2	7,7267	0,2909	1826,0	7,6373
155	0,1916	1838,0	7,8633	0,2395	1837,8	7,7540	0,2875	1837,6	7,6646
160	0,1893	1849,7	7,8904	0,2367	1849,5	7,7811	0,2842	1849,3	7,6918
165	0,1872	1861,4	7,9173	0,2340	1861,2	7,8080	0,2809	1861,0	7,7187
170	0,1851	1873,1	7,9440	0,2314	1873,0	7,8347	0,2777	1872,8	7,7454
175	0,1830	1885,0	7,9705	0,2288	1884,8	7,8612	0,2746	1884,6	7,7719

Ammonia

t °C	$p = 0{,}07$ MPa (−40,45 °C) ϱ $\frac{kg}{m^3}$	h $\frac{kJ}{kg}$	s $\frac{kJ}{kg\,K}$	$p = 0{,}08$ MPa (−37,93 °C) ϱ $\frac{kg}{m^3}$	h $\frac{kJ}{kg}$	s $\frac{kJ}{kg\,K}$	$p = 0{,}09$ MPa (−35,66 °C) ϱ $\frac{kg}{m^3}$	h $\frac{kJ}{kg}$	s $\frac{kJ}{kg\,K}$
−50	702,10	−24,70	0,0944	702,10	−24,69	0,0944	702,11	−24,68	0,0944
−45	696,17	−2,83	0,1913	696,18	−2,83	0,1913	696,18	−2,82	0,1913
−40	0,6283	1408,0	6,2551	690,15	19,18	0,2867	690,16	19,19	0,2867
−35	0,6138	1419,2	6,3024	0,7035	1417,7	6,2322	0,7938	1416,1	6,1697
−30	0,6001	1430,2	6,3482	0,6876	1428,8	6,2786	0,7756	1427,4	6,2166
−25	0,5871	1441,1	6,3927	0,6725	1439,9	6,3236	0,7584	1438,6	6,2621
−20	0,5747	1452,0	6,4360	0,6582	1450,8	6,3673	0,7421	1449,7	6,3063
−15	0,5629	1462,8	6,4783	0,6445	1461,7	6,4100	0,7266	1460,7	6,3493
−10	0,5516	1473,6	6,5196	0,6315	1472,6	6,4516	0,7117	1471,6	6,3912
−5	0,5408	1484,3	6,5601	0,6191	1483,4	6,4923	0,6976	1482,5	6,4322
0	0,5304	1495,0	6,5996	0,6071	1494,2	6,5321	0,6841	1493,3	6,4723
5	0,5205	1505,7	6,6385	0,5957	1504,9	6,5711	0,6711	1504,2	6,5115
10	0,5109	1516,4	6,6766	0,5847	1515,7	6,6094	0,6586	1515,0	6,5500
15	0,5018	1527,1	6,7140	0,5741	1526,4	6,6470	0,6467	1525,7	6,5877
20	0,4929	1537,8	6,7508	0,5640	1537,2	6,6840	0,6352	1536,5	6,6248
25	0,4844	1548,5	6,7870	0,5542	1547,9	6,7203	0,6241	1547,3	6,6613
30	0,4762	1559,2	6,8226	0,5448	1558,7	6,7560	0,6135	1558,1	6,6971
35	0,4683	1570,0	6,8577	0,5357	1569,4	6,7913	0,6032	1568,9	6,7324
40	0,4606	1580,7	6,8924	0,5269	1580,2	6,8260	0,5932	1579,7	6,7672
45	0,4532	1591,5	6,9265	0,5184	1591,0	6,8602	0,5837	1590,5	6,8015
50	0,4461	1602,3	6,9602	0,5102	1601,8	6,8939	0,5744	1601,4	6,8353
55	0,4391	1613,1	6,9934	0,5022	1612,7	6,9272	0,5654	1612,2	6,8687
60	0,4324	1623,9	7,0262	0,4945	1623,5	6,9601	0,5567	1623,1	6,9017
65	0,4259	1634,8	7,0586	0,4871	1634,4	6,9926	0,5483	1634,0	6,9342
70	0,4196	1645,7	7,0907	0,4798	1645,4	7,0247	0,5401	1645,0	6,9663
75	0,4135	1656,7	7,1223	0,4728	1656,3	7,0564	0,5322	1656,0	6,9981
80	0,4075	1667,7	7,1537	0,4660	1667,3	7,0877	0,5246	1667,0	7,0295
85	0,4018	1678,7	7,1846	0,4594	1678,4	7,1188	0,5171	1678,0	7,0606
90	0,3962	1689,7	7,2153	0,4530	1689,4	7,1495	0,5099	1689,1	7,0913
95	0,3907	1700,8	7,2457	0,4468	1700,5	7,1799	0,5028	1700,2	7,1217
100	0,3854	1712,0	7,2757	0,4407	1711,7	7,2099	0,4960	1711,4	7,1518
105	0,3803	1723,2	7,3055	0,4348	1722,9	7,2397	0,4893	1722,6	7,1817
110	0,3753	1734,4	7,3349	0,4290	1734,1	7,2692	0,4829	1733,8	7,2112
115	0,3704	1745,6	7,3641	0,4235	1745,4	7,2985	0,4766	1745,1	7,2405
120	0,3656	1757,0	7,3931	0,4180	1756,7	7,3274	0,4704	1756,4	7,2694
125	0,3610	1768,3	7,4218	0,4127	1768,1	7,3561	0,4645	1767,8	7,2982
130	0,3565	1779,7	7,4502	0,4075	1779,5	7,3846	0,4586	1779,2	7,3267
135	0,3521	1791,1	7,4784	0,4025	1790,9	7,4128	0,4530	1790,7	7,3549
140	0,3478	1802,6	7,5064	0,3976	1802,4	7,4408	0,4474	1802,2	7,3829
145	0,3436	1814,2	7,5342	0,3928	1814,0	7,4686	0,4420	1813,7	7,4107
150	0,3395	1825,8	7,5617	0,3881	1825,5	7,4962	0,4367	1825,3	7,4383
155	0,3355	1837,4	7,5890	0,3835	1837,2	7,5235	0,4316	1837,0	7,4657
160	0,3316	1849,1	7,6162	0,3791	1848,9	7,5506	0,4266	1848,7	7,4928
165	0,3278	1860,8	7,6431	0,3747	1860,6	7,5776	0,4217	1860,4	7,5198
170	0,3241	1872,6	7,6698	0,3705	1872,4	7,6043	0,4169	1872,2	7,5465
175	0,3204	1884,4	7,6964	0,3663	1884,2	7,6309	0,4122	1884,1	7,5731

Ammoniak

t °C	$p = 0{,}10$ MPa $(-33{,}59$ °C)			$p = 0{,}12$ MPa $(-29{,}90$ °C)			$p = 0{,}14$ MPa $(-26{,}68$ °C)		
	ϱ $\frac{\text{kg}}{\text{m}^3}$	h $\frac{\text{kJ}}{\text{kg}}$	s $\frac{\text{kJ}}{\text{kg K}}$	ϱ $\frac{\text{kg}}{\text{m}^3}$	h $\frac{\text{kJ}}{\text{kg}}$	s $\frac{\text{kJ}}{\text{kg K}}$	ϱ $\frac{\text{kg}}{\text{m}^3}$	h $\frac{\text{kJ}}{\text{kg}}$	s $\frac{\text{kJ}}{\text{kg K}}$
−50	702,11	−24,67	0,0944	702,12	−24,66	0,0943	702,13	−24,64	0,0943
−45	696,19	−2,81	0,1913	696,20	−2,79	0,1912	696,21	−2,77	0,1912
−40	690,16	19,19	0,2867	690,17	19,21	0,2866	690,18	19,23	0,2866
−35	684,04	41,33	0,3806	684,05	41,34	0,3805	684,06	41,36	0,3805
−30	0,8641	1426,1	6,1607	677,83	63,60	0,4730	677,84	63,62	0,4730
−25	0,8447	1437,4	6,2067	1,0186	1434,8	6,1095	1,1943	1432,2	6,0260
−20	0,8263	1448,5	6,2513	0,9960	1446,2	6,1550	1,1672	1443,8	6,0724
−15	0,8089	1459,6	6,2946	0,9746	1457,5	6,1992	1,1417	1455,3	6,1173
−10	0,7923	1470,6	6,3369	0,9542	1468,7	6,2421	1,1174	1466,6	6,1609
−5	0,7764	1481,6	6,3781	0,9348	1479,8	6,2839	1,0944	1477,9	6,2033
0	0,7612	1492,5	6,4184	0,9163	1490,8	6,3247	1,0724	1489,1	6,2446
5	0,7467	1503,4	6,4579	0,8986	1501,8	6,3645	1,0514	1500,2	6,2849
10	0,7328	1514,2	6,4965	0,8817	1512,7	6,4036	1,0314	1511,3	6,3243
15	0,7194	1525,1	6,5345	0,8654	1523,7	6,4418	1,0122	1522,3	6,3629
20	0,7066	1535,9	6,5717	0,8498	1534,6	6,4793	0,9938	1533,3	6,4007
25	0,6942	1546,7	6,6083	0,8348	1545,5	6,5162	0,9761	1544,2	6,4378
30	0,6823	1557,5	6,6443	0,8204	1556,4	6,5524	0,9590	1555,2	6,4743
35	0,6708	1568,3	6,6797	0,8065	1567,3	6,5881	0,9427	1566,2	6,5101
40	0,6597	1579,2	6,7146	0,7931	1578,1	6,6231	0,9269	1577,1	6,5454
45	0,6490	1590,0	6,7490	0,7801	1589,0	6,6577	0,9116	1588,1	6,5801
50	0,6387	1600,9	6,7829	0,7676	1600,0	6,6917	0,8969	1599,0	6,6143
55	0,6287	1611,8	6,8163	0,7555	1610,9	6,7253	0,8827	1610,0	6,6481
60	0,6190	1622,7	6,8493	0,7438	1621,9	6,7584	0,8690	1621,0	6,6813
65	0,6096	1633,6	6,8819	0,7325	1632,8	6,7911	0,8557	1632,0	6,7141
70	0,6005	1644,6	6,9141	0,7215	1643,8	6,8234	0,8428	1643,1	6,7465
75	0,5917	1655,6	6,9459	0,7109	1654,9	6,8554	0,8303	1654,1	6,7786
80	0,5832	1666,6	6,9774	0,7006	1665,9	6,8869	0,8182	1665,2	6,8102
85	0,5749	1677,7	7,0085	0,6905	1677,0	6,9181	0,8065	1676,4	6,8415
90	0,5668	1688,8	7,0392	0,6808	1688,1	6,9489	0,7951	1687,5	6,8724
95	0,5590	1699,9	7,0697	0,6714	1699,3	6,9795	0,7840	1698,7	6,9030
100	0,5513	1711,1	7,0998	0,6622	1710,5	7,0097	0,7733	1709,9	6,9332
105	0,5439	1722,3	7,1297	0,6533	1721,7	7,0396	0,7628	1721,2	6,9632
110	0,5367	1733,6	7,1592	0,6446	1733,0	7,0692	0,7526	1732,5	6,9929
115	0,5297	1744,9	7,1885	0,6362	1744,3	7,0985	0,7428	1743,8	7,0223
120	0,5229	1756,2	7,2175	0,6279	1755,7	7,1276	0,7331	1755,2	7,0514
125	0,5162	1767,6	7,2463	0,6199	1767,1	7,1564	0,7238	1766,6	7,0802
130	0,5098	1779,0	7,2748	0,6121	1778,5	7,1849	0,7146	1778,0	7,1088
135	0,5034	1790,5	7,3031	0,6045	1790,0	7,2132	0,7057	1789,5	7,1371
140	0,4973	1802,0	7,3311	0,5971	1801,5	7,2413	0,6970	1801,1	7,1653
145	0,4913	1813,5	7,3589	0,5899	1813,1	7,2691	0,6886	1812,7	7,1931
150	0,4854	1825,1	7,3865	0,5828	1824,7	7,2968	0,6803	1824,3	7,2208
155	0,4797	1836,8	7,4139	0,5759	1836,4	7,3242	0,6723	1836,0	7,2482
160	0,4741	1848,5	7,4410	0,5692	1848,1	7,3514	0,6644	1847,7	7,2754
165	0,4686	1860,2	7,4680	0,5626	1859,8	7,3784	0,6567	1859,5	7,3025
170	0,4633	1872,0	7,4948	0,5562	1871,7	7,4052	0,6492	1871,3	7,3293
175	0,4581	1883,9	7,5214	0,5500	1883,5	7,4318	0,6419	1883,1	7,3559

Ammonia

t °C	$p = 0{,}16$ MPa ($-23{,}81$ °C)			$p = 0{,}18$ MPa ($-21{,}22$ °C)			$p = 0{,}20$ MPa ($-18{,}85$ °C)		
	ϱ $\frac{kg}{m^3}$	h $\frac{kJ}{kg}$	s $\frac{kJ}{kg\,K}$	ϱ $\frac{kg}{m^3}$	h $\frac{kJ}{kg}$	s $\frac{kJ}{kg\,K}$	ϱ $\frac{kg}{m^3}$	h $\frac{kJ}{kg}$	s $\frac{kJ}{kg\,K}$
−50	702,14	−24,62	0,0942	702,15	−24,60	0,0942	702,15	−24,59	0,0941
−45	696,21	−2,76	0,1911	696,22	−2,74	0,1911	696,23	−2,72	0,1910
−40	690,19	19,25	0,2865	690,20	19,26	0,2865	690,21	19,28	0,2864
−35	684,07	41,38	0,3804	684,08	41,39	0,3804	684,09	41,41	0,3803
−30	677,85	63,64	0,4729	677,86	63,65	0,4729	677,87	63,67	0,4728
−25	671,54	86,02	0,5640	671,55	86,04	0,5640	671,56	86,05	0,5639
−20	1,3401	1441,4	5,9997	1,5146	1438,9	5,9346	665,14	108,56	0,6537
−15	1,3102	1453,1	6,0454	1,4802	1450,8	5,9812	1,6517	1448,6	5,9228
−10	1,2819	1464,6	6,0897	1,4477	1462,6	6,0261	1,6148	1460,5	5,9685
−5	1,2550	1476,0	6,1327	1,4169	1474,1	6,0697	1,5799	1472,2	6,0128
0	1,2295	1487,3	6,1745	1,3876	1485,6	6,1121	1,5468	1483,8	6,0557
5	1,2052	1498,6	6,2153	1,3598	1497,0	6,1533	1,5154	1495,3	6,0974
10	1,1819	1509,8	6,2551	1,3333	1508,2	6,1935	1,4855	1506,7	6,1380
15	1,1597	1520,9	6,2940	1,3079	1519,5	6,2328	1,4570	1518,0	6,1776
20	1,1384	1532,0	6,3322	1,2837	1530,6	6,2712	1,4297	1529,3	6,2164
25	1,1179	1543,0	6,3695	1,2604	1541,8	6,3089	1,4035	1540,5	6,2543
30	1,0983	1554,0	6,4062	1,2381	1552,9	6,3458	1,3784	1551,7	6,2915
35	1,0794	1565,1	6,4423	1,2166	1564,0	6,3821	1,3543	1562,9	6,3280
40	1,0612	1576,1	6,4778	1,1959	1575,0	6,4178	1,3312	1574,0	6,3638
45	1,0436	1587,1	6,5126	1,1760	1586,1	6,4528	1,3089	1585,1	6,3991
50	1,0267	1598,1	6,5470	1,1568	1597,2	6,4874	1,2873	1596,2	6,4338
55	1,0103	1609,1	6,5809	1,1383	1608,3	6,5214	1,2666	1607,4	6,4679
60	0,9945	1620,2	6,6143	1,1203	1619,3	6,5549	1,2466	1618,5	6,5016
65	0,9792	1631,2	6,6472	1,1030	1630,4	6,5879	1,2272	1629,6	6,5347
70	0,9644	1642,3	6,6797	1,0863	1641,5	6,6206	1,2085	1640,8	6,5675
75	0,9500	1653,4	6,7118	1,0700	1652,7	6,6528	1,1903	1651,9	6,5998
80	0,9361	1664,5	6,7435	1,0543	1663,8	6,6846	1,1728	1663,1	6,6317
85	0,9226	1675,7	6,7749	1,0391	1675,0	6,7160	1,1557	1674,3	6,6632
90	0,9096	1686,9	6,8059	1,0243	1686,2	6,7471	1,1392	1685,6	6,6943
95	0,8969	1698,1	6,8365	1,0099	1697,4	6,7778	1,1232	1696,8	6,7251
100	0,8845	1709,3	6,8669	0,9960	1708,7	6,8082	1,1076	1708,1	6,7556
105	0,8725	1720,6	6,8969	0,9824	1720,0	6,8383	1,0925	1719,4	6,7858
110	0,8609	1731,9	6,9266	0,9693	1731,4	6,8681	1,0778	1730,8	6,8156
115	0,8495	1743,3	6,9561	0,9564	1742,7	6,8976	1,0635	1742,2	6,8451
120	0,8385	1754,6	6,9852	0,9440	1754,1	6,9268	1,0496	1753,6	6,8744
125	0,8277	1766,1	7,0141	0,9319	1765,6	6,9557	1,0361	1765,1	6,9034
130	0,8173	1777,6	7,0428	0,9200	1777,1	6,9844	1,0230	1776,6	6,9321
135	0,8071	1789,1	7,0711	0,9085	1788,6	7,0128	1,0101	1788,1	6,9605
140	0,7971	1800,6	7,0993	0,8973	1800,2	7,0410	0,9976	1799,7	6,9888
145	0,7874	1812,2	7,1272	0,8864	1811,8	7,0689	0,9854	1811,4	7,0167
150	0,7780	1823,9	7,1549	0,8757	1823,4	7,0966	0,9735	1823,0	7,0445
155	0,7687	1835,6	7,1823	0,8653	1835,1	7,1241	0,9619	1834,7	7,0720
160	0,7597	1847,3	7,2096	0,8551	1846,9	7,1514	0,9506	1846,5	7,0993
165	0,7509	1859,1	7,2366	0,8452	1858,7	7,1785	0,9396	1858,3	7,1264
170	0,7423	1870,9	7,2635	0,8355	1870,5	7,2054	0,9288	1870,2	7,1533
175	0,7339	1882,8	7,2901	0,8261	1882,4	7,2321	0,9183	1882,1	7,1800

Ammoniak

t °C	$p = 0{,}22$ MPa ($-16{,}66$ °C) ϱ kg/m³	h kJ/kg	s kJ/kgK	$p = 0{,}24$ MPa ($-14{,}62$ °C) ϱ kg/m³	h kJ/kg	s kJ/kgK	$p = 0{,}26$ MPa ($-12{,}71$ °C) ϱ kg/m³	h kJ/kg	s kJ/kgK
−50	702,16	−24,57	0,0941	702,17	−24,55	0,0940	702,18	−24,53	0,0940
−45	696,24	−2,70	0,1910	696,25	−2,69	0,1909	696,26	−2,67	0,1909
−40	690,22	19,30	0,2864	690,23	19,31	0,2863	690,24	19,33	0,2863
−35	684,10	41,43	0,3803	684,11	41,44	0,3802	684,12	41,46	0,3802
−30	677,88	63,68	0,4728	677,89	63,70	0,4727	677,90	63,72	0,4726
−25	671,57	86,07	0,5639	671,58	86,08	0,5638	671,59	86,10	0,5638
−20	665,15	108,57	0,6537	665,16	108,59	0,6536	665,18	108,60	0,6536
−15	1,8248	1446,3	5,8693	658,65	131,22	0,7421	658,66	131,23	0,7421
−10	1,7832	1458,4	5,9158	1,9532	1456,2	5,8670	2,1245	1454,1	5,8214
−5	1,7441	1470,3	5,9606	1,9096	1468,3	5,9125	2,0763	1466,4	5,8677
0	1,7071	1482,0	6,0041	1,8685	1480,2	5,9565	2,0310	1478,4	5,9123
5	1,6720	1493,7	6,0463	1,8295	1492,0	5,9992	1,9881	1490,3	5,9554
10	1,6386	1505,2	6,0873	1,7926	1503,6	6,0406	1,9474	1502,1	5,9973
15	1,6068	1516,6	6,1273	1,7574	1515,2	6,0810	1,9088	1513,7	6,0381
20	1,5764	1528,0	6,1664	1,7238	1526,6	6,1204	1,8719	1525,3	6,0778
25	1,5473	1539,3	6,2046	1,6917	1538,0	6,1589	1,8368	1536,7	6,1166
30	1,5194	1550,5	6,2420	1,6609	1549,3	6,1966	1,8031	1548,2	6,1546
35	1,4926	1561,8	6,2788	1,6315	1560,6	6,2336	1,7708	1559,5	6,1918
40	1,4669	1572,9	6,3148	1,6031	1571,9	6,2698	1,7399	1570,8	6,2282
45	1,4422	1584,1	6,3502	1,5759	1583,1	6,3054	1,7101	1582,1	6,2640
50	1,4183	1595,3	6,3851	1,5497	1594,4	6,3404	1,6815	1593,4	6,2992
55	1,3953	1606,5	6,4194	1,5244	1605,6	6,3749	1,6539	1604,7	6,3338
60	1,3731	1617,6	6,4531	1,5001	1616,8	6,4088	1,6273	1615,9	6,3678
65	1,3517	1628,8	6,4864	1,4765	1628,0	6,4422	1,6017	1627,2	6,4013
70	1,3309	1640,0	6,5193	1,4538	1639,2	6,4751	1,5769	1638,5	6,4344
75	1,3109	1651,2	6,5517	1,4317	1650,5	6,5076	1,5529	1649,7	6,4670
80	1,2915	1662,4	6,5837	1,4104	1661,7	6,5397	1,5297	1661,0	6,4992
85	1,2726	1673,7	6,6153	1,3898	1673,0	6,5714	1,5072	1672,3	6,5309
90	1,2544	1684,9	6,6465	1,3698	1684,3	6,6027	1,4854	1683,6	6,5623
95	1,2367	1696,2	6,6774	1,3504	1695,6	6,6337	1,4643	1695,0	6,5933
100	1,2195	1707,5	6,7079	1,3316	1706,9	6,6643	1,4438	1706,3	6,6240
105	1,2028	1718,9	6,7381	1,3133	1718,3	6,6945	1,4239	1717,7	6,6543
110	1,1866	1730,2	6,7680	1,2955	1729,7	6,7245	1,4046	1729,1	6,6843
115	1,1708	1741,7	6,7976	1,2782	1741,1	6,7541	1,3858	1740,6	6,7140
120	1,1555	1753,1	6,8269	1,2614	1752,6	6,7835	1,3676	1752,1	6,7434
125	1,1405	1764,6	6,8559	1,2451	1764,1	6,8125	1,3498	1763,6	6,7725
130	1,1260	1776,1	6,8847	1,2292	1775,6	6,8413	1,3325	1775,1	6,8014
135	1,1118	1787,7	6,9132	1,2137	1787,2	6,8699	1,3157	1786,7	6,8300
140	1,0981	1799,3	6,9414	1,1986	1798,8	6,8982	1,2993	1798,4	6,8583
145	1,0846	1810,9	6,9694	1,1839	1810,5	6,9262	1,2833	1810,0	6,8864
150	1,0715	1822,6	6,9972	1,1696	1822,2	6,9540	1,2678	1821,8	6,9142
155	1,0587	1834,3	7,0248	1,1556	1833,9	6,9816	1,2526	1833,5	6,9418
160	1,0462	1846,1	7,0521	1,1419	1845,7	7,0090	1,2377	1845,3	6,9692
165	1,0341	1857,9	7,0793	1,1286	1857,5	7,0361	1,2233	1857,2	6,9964
170	1,0222	1869,8	7,1062	1,1156	1869,4	7,0631	1,2092	1869,0	7,0234
175	1,0105	1881,7	7,1329	1,1029	1881,3	7,0898	1,1954	1881,0	7,0502

Ammonia

t °C	$p = 0{,}28$ MPa ($-10{,}92$ °C)			$p = 0{,}30$ MPa ($-9{,}22$ °C)			$p = 0{,}32$ MPa ($-7{,}62$ °C)		
	ϱ $\frac{\text{kg}}{\text{m}^3}$	h $\frac{\text{kJ}}{\text{kg}}$	s $\frac{\text{kJ}}{\text{kg K}}$	ϱ $\frac{\text{kg}}{\text{m}^3}$	h $\frac{\text{kJ}}{\text{kg}}$	s $\frac{\text{kJ}}{\text{kg K}}$	ϱ $\frac{\text{kg}}{\text{m}^3}$	h $\frac{\text{kJ}}{\text{kg}}$	s $\frac{\text{kJ}}{\text{kg K}}$
−50	702,19	−24,51	0,0939	702,20	−24,50	0,0939	702,20	−24,48	0,0938
−45	696,27	−2,65	0,1908	696,28	−2,63	0,1908	696,29	−2,62	0,1907
−40	690,25	19,35	0,2862	690,26	19,37	0,2861	690,27	19,38	0,2861
−35	684,13	41,48	0,3801	684,14	41,49	0,3801	684,15	41,51	0,3800
−30	677,91	63,73	0,4726	677,92	63,75	0,4725	677,93	63,77	0,4725
−25	671,60	86,11	0,5637	671,61	86,13	0,5637	671,62	86,15	0,5636
−20	665,19	108,62	0,6535	665,20	108,63	0,6534	665,21	108,65	0,6534
−15	658,67	131,25	0,7420	658,68	131,26	0,7420	658,70	131,28	0,7419
−10	2,2974	1451,9	5,7787	652,06	154,02	0,8292	652,08	154,03	0,8292
−5	2,2444	1464,4	5,8257	2,4138	1462,3	5,7861	2,5846	1460,3	5,7486
0	2,1946	1476,6	5,8709	2,3595	1474,7	5,8319	2,5256	1472,9	5,7950
5	2,1477	1488,6	5,9146	2,3083	1486,9	5,8761	2,4700	1485,2	5,8398
10	2,1032	1500,5	5,9569	2,2599	1498,9	5,9189	2,4176	1497,3	5,8831
15	2,0610	1512,3	5,9980	2,2141	1510,8	5,9605	2,3680	1509,3	5,9250
20	2,0208	1523,9	6,0381	2,1705	1522,5	6,0009	2,3209	1521,2	5,9658
25	1,9825	1535,5	6,0772	2,1289	1534,2	6,0403	2,2760	1532,9	6,0055
30	1,9459	1547,0	6,1154	2,0892	1545,8	6,0788	2,2333	1544,5	6,0442
35	1,9108	1558,4	6,1528	2,0513	1557,3	6,1164	2,1924	1556,1	6,0821
40	1,8771	1569,8	6,1895	2,0149	1568,7	6,1533	2,1532	1567,6	6,1192
45	1,8448	1581,1	6,2255	1,9800	1580,1	6,1894	2,1156	1579,1	6,1555
50	1,8138	1592,5	6,2608	1,9464	1591,5	6,2249	2,0795	1590,6	6,1912
55	1,7838	1603,8	6,2955	1,9141	1602,9	6,2598	2,0448	1602,0	6,2262
60	1,7550	1615,1	6,3297	1,8830	1614,2	6,2941	2,0114	1613,4	6,2607
65	1,7272	1626,4	6,3634	1,8530	1625,6	6,3279	1,9792	1624,7	6,2946
70	1,7003	1637,7	6,3965	1,8240	1636,9	6,3612	1,9481	1636,1	6,3280
75	1,6743	1649,0	6,4293	1,7961	1648,2	6,3940	1,9181	1647,5	6,3609
80	1,6492	1660,3	6,4615	1,7690	1659,6	6,4264	1,8890	1658,9	6,3934
85	1,6249	1671,6	6,4934	1,7428	1670,9	6,4583	1,8610	1670,3	6,4254
90	1,6013	1683,0	6,5248	1,7174	1682,3	6,4898	1,8338	1681,7	6,4570
95	1,5785	1694,3	6,5559	1,6928	1693,7	6,5210	1,8074	1693,1	6,4882
100	1,5563	1705,7	6,5866	1,6690	1705,1	6,5518	1,7819	1704,5	6,5191
105	1,5348	1717,1	6,6170	1,6458	1716,6	6,5822	1,7571	1716,0	6,5496
110	1,5139	1728,6	6,6471	1,6234	1728,0	6,6124	1,7330	1727,5	6,5798
115	1,4936	1740,1	6,6768	1,6016	1739,5	6,6422	1,7097	1739,0	6,6096
120	1,4739	1751,6	6,7063	1,5803	1751,0	6,6717	1,6869	1750,5	6,6392
125	1,4547	1763,1	6,7355	1,5597	1762,6	6,7009	1,6649	1762,1	6,6684
130	1,4360	1774,7	6,7643	1,5396	1774,2	6,7298	1,6434	1773,7	6,6974
135	1,4178	1786,3	6,7930	1,5201	1785,8	6,7584	1,6225	1785,3	6,7261
140	1,4001	1797,9	6,8213	1,5011	1797,5	6,7868	1,6021	1797,0	6,7545
145	1,3829	1809,6	6,8494	1,4825	1809,2	6,8150	1,5823	1808,7	6,7827
150	1,3660	1821,3	6,8773	1,4644	1820,9	6,8429	1,5630	1820,5	6,8107
155	1,3496	1833,1	6,9050	1,4468	1832,7	6,8706	1,5441	1832,3	6,8384
160	1,3336	1844,9	6,9324	1,4296	1844,5	6,8980	1,5258	1844,1	6,8659
165	1,3180	1856,8	6,9596	1,4129	1856,4	6,9253	1,5078	1856,0	6,8931
170	1,3028	1868,7	6,9866	1,3965	1868,3	6,9523	1,4903	1867,9	6,9202
175	1,2879	1880,6	7,0134	1,3805	1880,3	6,9791	1,4733	1879,9	6,9470

Ammoniak

t °C	\multicolumn{3}{c}{$p = 0{,}34$ MPa ($-6{,}09$ °C)}	\multicolumn{3}{c}{$p = 0{,}36$ MPa ($-4{,}62$ °C)}	\multicolumn{3}{c}{$p = 0{,}38$ MPa ($-3{,}22$ °C)}
	ϱ $\frac{kg}{m^3}$	h $\frac{kJ}{kg}$	s $\frac{kJ}{kg\,K}$	ϱ $\frac{kg}{m^3}$	h $\frac{kJ}{kg}$	s $\frac{kJ}{kg\,K}$	ϱ $\frac{kg}{m^3}$	h $\frac{kJ}{kg}$	s $\frac{kJ}{kg\,K}$
−50	702,21	−24,46	0,0938	702,22	−24,44	0,0937	702,23	−24,42	0,0937
−45	696,29	−2,60	0,1907	696,30	−2,58	0,1906	696,31	−2,56	0,1906
−40	690,28	19,40	0,2860	690,28	19,42	0,2860	690,29	19,43	0,2859
−35	684,16	41,53	0,3800	684,17	41,54	0,3799	684,18	41,56	0,3798
−30	677,94	63,78	0,4724	677,95	63,80	0,4724	677,97	63,81	0,4723
−25	671,63	86,16	0,5635	671,64	86,18	0,5635	671,65	86,19	0,5634
−20	665,22	108,66	0,6533	665,23	108,68	0,6533	665,24	108,70	0,6532
−15	658,71	131,29	0,7418	658,72	131,31	0,7418	658,73	131,32	0,7417
−10	652,09	154,04	0,8291	652,10	154,06	0,8291	652,11	154,07	0,8290
−5	2,7569	1458,2	5,7129	645,37	176,94	0,9152	645,38	176,95	0,9151
0	2,6929	1471,0	5,7600	2,8615	1469,0	5,7267	3,0313	1467,1	5,6947
5	2,6328	1483,4	5,8053	2,7967	1481,7	5,7725	2,9618	1479,9	5,7412
10	2,5763	1495,7	5,8491	2,7359	1494,1	5,8168	2,8965	1492,5	5,7859
15	2,5228	1507,8	5,8914	2,6785	1506,3	5,8595	2,8350	1504,8	5,8291
20	2,4721	1519,8	5,9326	2,6241	1518,4	5,9010	2,7768	1517,0	5,8709
25	2,4239	1531,6	5,9726	2,5724	1530,3	5,9413	2,7216	1529,0	5,9116
30	2,3779	1543,3	6,0116	2,5232	1542,1	5,9806	2,6691	1540,9	5,9512
35	2,3340	1555,0	6,0497	2,4762	1553,8	6,0190	2,6191	1552,7	5,9898
40	2,2920	1566,6	6,0870	2,4313	1565,5	6,0565	2,5712	1564,4	6,0275
45	2,2517	1578,1	6,1235	2,3883	1577,1	6,0932	2,5254	1576,1	6,0644
50	2,2131	1589,6	6,1594	2,3471	1588,6	6,1293	2,4815	1587,7	6,1006
55	2,1759	1601,1	6,1946	2,3074	1600,1	6,1646	2,4394	1599,2	6,1361
60	2,1402	1612,5	6,2292	2,2693	1611,6	6,1993	2,3988	1610,8	6,1710
65	2,1057	1623,9	6,2632	2,2326	1623,1	6,2335	2,3598	1622,3	6,2053
70	2,0725	1635,3	6,2967	2,1972	1634,5	6,2671	2,3222	1633,8	6,2390
75	2,0404	1646,7	6,3297	2,1630	1646,0	6,3002	2,2859	1645,2	6,2722
80	2,0094	1658,2	6,3623	2,1300	1657,4	6,3329	2,2509	1656,7	6,3050
85	1,9794	1669,6	6,3944	2,0981	1668,9	6,3651	2,2170	1668,2	6,3373
90	1,9504	1681,0	6,4261	2,0672	1680,4	6,3969	2,1842	1679,7	6,3691
95	1,9222	1692,5	6,4574	2,0373	1691,8	6,4282	2,1525	1691,2	6,4006
100	1,8950	1703,9	6,4883	2,0083	1703,3	6,4592	2,1218	1702,7	6,4316
105	1,8685	1715,4	6,5189	1,9802	1714,8	6,4899	2,0920	1714,2	6,4623
110	1,8429	1726,9	6,5491	1,9529	1726,3	6,5201	2,0631	1725,8	6,4927
115	1,8179	1738,4	6,5790	1,9264	1737,9	6,5501	2,0350	1737,4	6,5227
120	1,7937	1750,0	6,6086	1,9007	1749,5	6,5798	2,0078	1749,0	6,5524
125	1,7702	1761,6	6,6379	1,8757	1761,1	6,6091	1,9813	1760,6	6,5818
130	1,7473	1773,2	6,6669	1,8513	1772,7	6,6382	1,9555	1772,3	6,6109
135	1,7250	1784,9	6,6957	1,8277	1784,4	6,6669	1,9305	1783,9	6,6397
140	1,7033	1796,6	6,7242	1,8046	1796,1	6,6955	1,9061	1795,7	6,6683
145	1,6822	1808,3	6,7524	1,7822	1807,9	6,7237	1,8823	1807,4	6,6966
150	1,6616	1820,1	6,7804	1,7603	1819,6	6,7517	1,8592	1819,2	6,7246
155	1,6415	1831,9	6,8081	1,7390	1831,5	6,7795	1,8366	1831,1	6,7524
160	1,6220	1843,7	6,8356	1,7183	1843,3	6,8070	1,8147	1842,9	6,7800
165	1,6029	1855,6	6,8629	1,6980	1855,2	6,8343	1,7932	1854,8	6,8073
170	1,5842	1867,5	6,8900	1,6782	1867,2	6,8615	1,7723	1866,8	6,8344
175	1,5661	1879,5	6,9168	1,6589	1879,2	6,8884	1,7519	1878,8	6,8614

Ammonia

	$p = 0{,}40$ MPa ($-1{,}88$ °C)			$p = 0{,}45$ MPa ($0{,}03$ °C)			$p = 0{,}50$ MPa ($4{,}14$ °C)		
t °C	ϱ $\frac{\text{kg}}{\text{m}^3}$	h $\frac{\text{kJ}}{\text{kg}}$	s $\frac{\text{kJ}}{\text{kg K}}$	ϱ $\frac{\text{kg}}{\text{m}^3}$	h $\frac{\text{kJ}}{\text{kg}}$	s $\frac{\text{kJ}}{\text{kg K}}$	ϱ $\frac{\text{kg}}{\text{m}^3}$	h $\frac{\text{kJ}}{\text{kg}}$	s $\frac{\text{kJ}}{\text{kg K}}$
−50	702,24	−24,41	0,0936	702,26	−24,36	0,0935	702,28	−24,32	0,0934
−45	696,32	−2,55	0,1905	696,34	−2,50	0,1904	696,37	−2,46	0,1903
−40	690,30	19,45	0,2859	690,33	19,49	0,2858	690,35	19,54	0,2856
−35	684,19	41,58	0,3798	684,21	41,62	0,3797	684,24	41,66	0,3795
−30	677,98	63,83	0,4723	678,00	63,87	0,4721	678,03	63,91	0,4720
−25	671,66	86,21	0,5634	671,69	86,25	0,5632	671,72	86,29	0,5631
−20	665,26	108,71	0,6531	665,28	108,75	0,6530	665,31	108,79	0,6529
−15	658,74	131,34	0,7416	658,77	131,37	0,7415	658,80	131,41	0,7413
−10	652,13	154,09	0,8289	652,16	154,12	0,8288	652,19	154,16	0,8286
−5	645,40	176,97	0,9151	645,43	177,00	0,9149	645,46	177,03	0,9147
0	3,2026	1465,2	5,6640	638,59	200,01	0,9999	638,62	200,05	0,9998
5	3,1281	1478,1	5,7111	3,5489	1473,6	5,6408	3,9778	1468,9	5,5762
10	3,0582	1490,8	5,7563	3,4671	1486,6	5,6873	3,8828	1482,3	5,6241
15	2,9925	1503,3	5,8000	3,3903	1499,4	5,7321	3,7942	1495,5	5,6701
20	2,9304	1515,6	5,8422	3,3181	1512,0	5,7753	3,7111	1508,3	5,7143
25	2,8716	1527,7	5,8832	3,2498	1524,3	5,8171	3,6329	1520,9	5,7570
30	2,8157	1539,7	5,9230	3,1851	1536,5	5,8577	3,5589	1533,4	5,7983
35	2,7625	1551,5	5,9619	3,1237	1548,6	5,8972	3,4888	1545,7	5,8385
40	2,7116	1563,3	5,9999	3,0651	1560,6	5,9357	3,4221	1557,8	5,8776
45	2,6630	1575,0	6,0370	3,0092	1572,5	5,9734	3,3585	1569,8	5,9158
50	2,6164	1586,7	6,0733	2,9557	1584,3	6,0102	3,2978	1581,8	5,9530
55	2,5717	1598,3	6,1090	2,9044	1596,0	6,0462	3,2398	1593,7	5,9895
60	2,5287	1609,9	6,1440	2,8552	1607,7	6,0816	3,1841	1605,5	6,0252
65	2,4874	1621,4	6,1784	2,8079	1619,4	6,1164	3,1307	1617,3	6,0603
70	2,4476	1633,0	6,2123	2,7624	1631,0	6,1505	3,0793	1629,0	6,0948
75	2,4091	1644,5	6,2456	2,7185	1642,6	6,1841	3,0298	1640,7	6,1286
80	2,3721	1656,0	6,2784	2,6762	1654,2	6,2172	2,9822	1652,4	6,1619
85	2,3362	1667,5	6,3108	2,6354	1665,8	6,2498	2,9362	1664,1	6,1948
90	2,3016	1679,0	6,3428	2,5959	1677,4	6,2819	2,8918	1675,7	6,2271
95	2,2680	1690,6	6,3743	2,5577	1689,0	6,3136	2,8489	1687,4	6,2590
100	2,2355	1702,1	6,4054	2,5208	1700,6	6,3449	2,8074	1699,1	6,2905
105	2,2040	1713,7	6,4362	2,4850	1712,2	6,3758	2,7672	1710,7	6,3216
110	2,1735	1725,2	6,4666	2,4503	1723,8	6,4064	2,7282	1722,4	6,3523
115	2,1438	1736,8	6,4966	2,4166	1735,5	6,4366	2,6904	1734,1	6,3826
120	2,1150	1748,4	6,5264	2,3839	1747,1	6,4665	2,6538	1745,8	6,4126
125	2,0870	1760,1	6,5558	2,3522	1758,8	6,4960	2,6182	1757,6	6,4423
130	2,0598	1771,8	6,5850	2,3213	1770,6	6,5253	2,5837	1769,3	6,4716
135	2,0334	1783,5	6,6138	2,2913	1782,3	6,5542	2,5501	1781,1	6,5007
140	2,0076	1795,2	6,6424	2,2621	1794,1	6,5829	2,5174	1792,9	6,5295
145	1,9826	1807,0	6,6707	2,2337	1805,9	6,6113	2,4857	1804,8	6,5580
150	1,9582	1818,8	6,6988	2,2061	1817,7	6,6395	2,4547	1816,7	6,5862
155	1,9344	1830,6	6,7267	2,1791	1829,6	6,6674	2,4246	1828,6	6,6142
160	1,9112	1842,5	6,7543	2,1529	1841,5	6,6951	2,3952	1840,5	6,6420
165	1,8886	1854,5	6,7816	2,1273	1853,5	6,7225	2,3666	1852,5	6,6695
170	1,8665	1866,4	6,8088	2,1023	1865,5	6,7497	2,3387	1864,5	6,6968
175	1,8450	1878,4	6,8357	2,0780	1877,5	6,7767	2,3115	1876,6	6,7238

Ammoniak

t °C	$p = 0{,}55$ MPa (6,80 °C)			$p = 0{,}60$ MPa (9,28 °C)			$p = 0{,}65$ MPa (11,61 °C)		
	ϱ $\frac{\text{kg}}{\text{m}^3}$	h $\frac{\text{kJ}}{\text{kg}}$	s $\frac{\text{kJ}}{\text{kg K}}$	ϱ $\frac{\text{kg}}{\text{m}^3}$	h $\frac{\text{kJ}}{\text{kg}}$	s $\frac{\text{kJ}}{\text{kg K}}$	ϱ $\frac{\text{kg}}{\text{m}^3}$	h $\frac{\text{kJ}}{\text{kg}}$	s $\frac{\text{kJ}}{\text{kg K}}$
−50	702,30	−24,27	0,0933	702,32	−24,23	0,0932	702,34	−24,18	0,0930
−45	696,39	−2,41	0,1902	696,41	−2,37	0,1900	696,43	−2,33	0,1899
−40	690,37	19,58	0,2855	690,40	19,62	0,2854	690,42	19,66	0,2853
−35	684,26	41,70	0,3794	684,29	41,74	0,3793	684,31	41,79	0,3791
−30	678,05	63,95	0,4719	678,08	63,99	0,4717	678,10	64,03	0,4716
−25	671,75	86,33	0,5629	671,77	86,37	0,5628	671,80	86,41	0,5627
−20	665,34	108,83	0,6527	665,37	108,86	0,6526	665,40	108,90	0,6524
−15	658,83	131,45	0,7412	658,86	131,48	0,7410	658,89	131,52	0,7409
−10	652,22	154,19	0,8285	652,25	154,23	0,8283	652,28	154,26	0,8282
−5	645,50	177,07	0,9146	645,53	177,10	0,9144	645,56	177,14	0,9143
0	638,66	200,08	0,9996	638,69	200,11	0,9994	638,73	200,14	0,9993
5	631,69	223,23	1,0836	631,73	223,26	1,0834	631,76	223,29	1,0832
10	4,3059	1478,0	5,5655	4,7367	1473,5	5,5105	624,67	246,59	1,1662
15	4,2045	1491,5	5,6127	4,6215	1487,3	5,5591	5,0456	1483,2	5,5086
20	4,1098	1504,6	5,6580	4,5144	1500,8	5,6055	4,9252	1497,0	5,5562
25	4,0209	1517,5	5,7016	4,4142	1514,0	5,6500	4,8129	1510,5	5,6018
30	3,9371	1530,2	5,7437	4,3200	1526,9	5,6930	4,7077	1523,6	5,6456
35	3,8579	1542,7	5,7846	4,2312	1539,6	5,7346	4,6088	1536,6	5,6879
40	3,7827	1555,0	5,8243	4,1471	1552,2	5,7749	4,5153	1549,3	5,7289
45	3,7112	1567,2	5,8630	4,0673	1564,5	5,8142	4,4268	1561,9	5,7687
50	3,6430	1579,3	5,9007	3,9913	1576,8	5,8524	4,3427	1574,3	5,8074
55	3,5779	1591,3	5,9376	3,9188	1589,0	5,8897	4,2626	1586,6	5,8452
60	3,5155	1603,3	5,9737	3,8495	1601,0	5,9262	4,1861	1598,8	5,8821
65	3,4557	1615,2	6,0091	3,7832	1613,0	5,9620	4,1130	1610,9	5,9182
70	3,3983	1627,0	6,0439	3,7195	1625,0	5,9970	4,0429	1622,9	5,9535
75	3,3431	1638,8	6,0780	3,6584	1636,9	6,0314	3,9757	1634,9	5,9882
80	3,2899	1650,6	6,1116	3,5996	1648,7	6,0653	3,9110	1646,9	6,0223
85	3,2387	1662,3	6,1446	3,5429	1660,6	6,0986	3,8489	1658,8	6,0558
90	3,1892	1674,1	6,1772	3,4883	1672,4	6,1313	3,7889	1670,7	6,0888
95	3,1415	1685,8	6,2093	3,4356	1684,2	6,1636	3,7311	1682,6	6,1213
100	3,0953	1697,5	6,2409	3,3846	1696,0	6,1954	3,6753	1694,4	6,1533
105	3,0506	1709,3	6,2722	3,3354	1707,8	6,2268	3,6214	1706,3	6,1849
110	3,0073	1721,0	6,3030	3,2877	1719,6	6,2578	3,5692	1718,2	6,2160
115	2,9654	1732,8	6,3335	3,2415	1731,4	6,2885	3,5187	1730,0	6,2468
120	2,9247	1744,5	6,3636	3,1967	1743,2	6,3187	3,4698	1741,9	6,2772
125	2,8853	1756,3	6,3934	3,1533	1755,0	6,3486	3,4224	1753,8	6,3072
130	2,8470	1768,1	6,4229	3,1112	1766,9	6,3782	3,3763	1765,7	6,3369
135	2,8097	1779,9	6,4521	3,0702	1778,8	6,4075	3,3316	1777,6	6,3663
140	2,7735	1791,8	6,4809	3,0305	1790,7	6,4364	3,2882	1789,5	6,3953
145	2,7383	1803,7	6,5095	2,9918	1802,6	6,4651	3,2460	1801,5	6,4241
150	2,7041	1815,6	6,5379	2,9542	1814,5	6,4935	3,2050	1813,5	6,4526
155	2,6707	1827,6	6,5659	2,9175	1826,5	6,5217	3,1651	1825,5	6,4808
160	2,6382	1839,5	6,5937	2,8819	1838,5	6,5496	3,1262	1837,5	6,5088
165	2,6066	1851,5	6,6213	2,8472	1850,6	6,5772	3,0883	1849,6	6,5365
170	2,5757	1863,6	6,6487	2,8133	1862,7	6,6046	3,0514	1861,7	6,5640
175	2,5456	1875,7	6,6758	2,7803	1874,8	6,6318	3,0155	1873,9	6,5913

Ammonia

	$p = 0{,}70$ MPa (13,80 °C)			$p = 0{,}75$ MPa (15,88 °C)			$p = 0{,}80$ MPa (17,85 °C)		
t °C	ϱ $\frac{\text{kg}}{\text{m}^3}$	h $\frac{\text{kJ}}{\text{kg}}$	s $\frac{\text{kJ}}{\text{kg K}}$	ϱ $\frac{\text{kg}}{\text{m}^3}$	h $\frac{\text{kJ}}{\text{kg}}$	s $\frac{\text{kJ}}{\text{kg K}}$	ϱ $\frac{\text{kg}}{\text{m}^3}$	h $\frac{\text{kJ}}{\text{kg}}$	s $\frac{\text{kJ}}{\text{kg K}}$
−50	702,36	−24,14	0,0929	702,39	−24,09	0,0928	702,41	−24,05	0,0927
−45	696,45	−2,28	0,1898	696,48	−2,24	0,1897	696,50	−2,20	0,1895
−40	690,44	19,71	0,2851	690,47	19,75	0,2850	690,49	19,79	0,2849
−35	684,33	41,83	0,3790	684,36	41,87	0,3789	684,38	41,91	0,3787
−30	678,13	64,07	0,4715	678,16	64,12	0,4713	678,18	64,16	0,4712
−25	671,83	86,45	0,5625	671,85	86,49	0,5624	671,88	86,52	0,5622
−20	665,43	108,94	0,6523	665,45	108,98	0,6521	665,48	109,02	0,6520
−15	658,92	131,56	0,7407	658,95	131,59	0,7406	658,98	131,63	0,7404
−10	652,32	154,30	0,8280	652,35	154,34	0,8278	652,38	154,37	0,8277
−5	645,60	177,17	0,9141	645,63	177,20	0,9139	645,66	177,24	0,9138
0	638,76	200,17	0,9991	638,80	200,21	0,9989	638,83	200,24	0,9987
5	631,80	223,32	1,0831	631,84	223,35	1,0829	631,88	223,38	1,0827
10	624,71	246,61	1,1661	624,75	246,64	1,1659	624,79	246,67	1,1657
15	5,4772	1478,9	5,4607	617,50	270,10	1,2480	617,55	270,12	1,2478
20	5,3424	1493,1	5,5095	5,7664	1489,1	5,4652	6,1976	1485,0	5,4227
25	5,2173	1506,8	5,5562	5,6275	1503,2	5,5129	6,0440	1499,4	5,4716
30	5,1004	1520,3	5,6009	5,4983	1516,9	5,5585	5,9016	1513,4	5,5182
35	4,9908	1533,5	5,6440	5,3774	1530,3	5,6024	5,7689	1527,1	5,5629
40	4,8875	1546,4	5,6856	5,2639	1543,5	5,6448	5,6444	1540,5	5,6060
45	4,7899	1559,1	5,7260	5,1567	1556,4	5,6857	5,5273	1553,6	5,6476
50	4,6974	1571,7	5,7652	5,0553	1569,1	5,7255	5,4167	1566,5	5,6879
55	4,6093	1584,2	5,8034	4,9591	1581,7	5,7642	5,3119	1579,3	5,7270
60	4,5254	1596,5	5,8407	4,8675	1594,2	5,8019	5,2123	1591,9	5,7651
65	4,4453	1608,7	5,8772	4,7801	1606,6	5,8387	5,1174	1604,4	5,8024
70	4,3686	1620,9	5,9129	4,6965	1618,8	5,8747	5,0268	1616,8	5,8387
75	4,2950	1633,0	5,9479	4,6165	1631,0	5,9100	4,9401	1629,1	5,8743
80	4,2245	1645,0	5,9823	4,5398	1643,2	5,9447	4,8571	1641,3	5,9092
85	4,1566	1657,0	6,0160	4,4661	1655,3	5,9786	4,7774	1653,5	5,9434
90	4,0912	1669,0	6,0492	4,3952	1667,3	6,0121	4,7008	1665,6	5,9771
95	4,0282	1681,0	6,0819	4,3269	1679,3	6,0449	4,6271	1677,7	6,0102
100	3,9675	1692,9	6,1141	4,2610	1691,3	6,0773	4,5560	1689,8	6,0427
105	3,9088	1704,8	6,1458	4,1974	1703,3	6,1092	4,4875	1701,8	6,0748
110	3,8520	1716,7	6,1771	4,1360	1715,3	6,1407	4,4213	1713,9	6,1064
115	3,7971	1728,6	6,2080	4,0766	1727,3	6,1717	4,3573	1725,9	6,1376
120	3,7439	1740,6	6,2385	4,0191	1739,2	6,2024	4,2954	1737,9	6,1684
125	3,6924	1752,5	6,2687	3,9634	1751,2	6,2326	4,2355	1749,9	6,1988
130	3,6424	1764,4	6,2985	3,9094	1763,2	6,2626	4,1774	1762,0	6,2288
135	3,5939	1776,4	6,3280	3,8571	1775,2	6,2922	4,1211	1774,0	6,2585
140	3,5468	1788,4	6,3571	3,8062	1787,2	6,3214	4,0665	1786,1	6,2879
145	3,5010	1800,4	6,3860	3,7568	1799,3	6,3504	4,0134	1798,1	6,3169
150	3,4565	1812,4	6,4146	3,7088	1811,3	6,3790	3,9619	1810,2	6,3457
155	3,4133	1824,4	6,4429	3,6622	1823,4	6,4074	3,9118	1822,4	6,3741
160	3,3711	1836,5	6,4709	3,6168	1835,5	6,4355	3,8630	1834,5	6,4023
165	3,3301	1848,6	6,4987	3,5725	1847,6	6,4634	3,8156	1846,7	6,4303
170	3,2902	1860,8	6,5263	3,5295	1859,8	6,4910	3,7694	1858,9	6,4580
175	3,2512	1872,9	6,5536	3,4875	1872,0	6,5184	3,7244	1871,1	6,4854

Ammoniak

t °C	$p = 0{,}85$ MPa (19,73 °C)			$p = 0{,}90$ MPa (21,52 °C)			$p = 0{,}95$ MPa (23,24 °C)		
	ϱ $\frac{\text{kg}}{\text{m}^3}$	h $\frac{\text{kJ}}{\text{kg}}$	s $\frac{\text{kJ}}{\text{kg K}}$	ϱ $\frac{\text{kg}}{\text{m}^3}$	h $\frac{\text{kJ}}{\text{kg}}$	s $\frac{\text{kJ}}{\text{kg K}}$	ϱ $\frac{\text{kg}}{\text{m}^3}$	h $\frac{\text{kJ}}{\text{kg}}$	s $\frac{\text{kJ}}{\text{kg K}}$
−50	702,43	−24,00	0,0926	702,45	−23,96	0,0925	702,47	−23,92	0,0923
−45	696,52	−2,15	0,1894	696,54	−2,11	0,1893	696,56	−2,06	0,1892
−40	690,51	19,84	0,2848	690,54	19,88	0,2846	690,56	19,92	0,2845
−35	684,41	41,95	0,3786	684,43	41,99	0,3785	684,46	42,04	0,3783
−30	678,21	64,20	0,4710	678,23	64,24	0,4709	678,26	64,28	0,4708
−25	671,91	86,56	0,5621	671,93	86,60	0,5620	671,96	86,64	0,5618
−20	665,51	109,06	0,6518	665,54	109,09	0,6517	665,57	109,13	0,6515
−15	659,01	131,67	0,7403	659,04	131,71	0,7401	659,07	131,74	0,7400
−10	652,41	154,41	0,8275	652,44	154,44	0,8274	652,47	154,48	0,8272
−5	645,70	177,27	0,9136	645,73	177,31	0,9134	645,76	177,34	0,9133
0	638,87	200,27	0,9986	638,90	200,30	0,9984	638,94	200,33	0,9982
5	631,91	223,41	1,0825	631,95	223,44	1,0823	631,99	223,47	1,0822
10	624,82	246,70	1,1655	624,86	246,73	1,1653	624,90	246,75	1,1651
15	617,59	270,15	1,2476	617,63	270,18	1,2474	617,67	270,20	1,2472
20	6,6362	1480,8	5,3818	610,24	293,80	1,3287	610,28	293,83	1,3285
25	6,4669	1495,6	5,4319	6,8966	1491,7	5,3938	7,3335	1487,7	5,3569
30	6,3105	1509,9	5,4796	6,7254	1506,4	5,4425	7,1463	1502,7	5,4067
35	6,1652	1523,9	5,5252	6,5667	1520,6	5,4890	6,9735	1517,2	5,4542
40	6,0294	1537,5	5,5690	6,4189	1534,4	5,5335	6,8130	1531,3	5,4995
45	5,9018	1550,8	5,6112	6,2804	1547,9	5,5764	6,6631	1545,1	5,5431
50	5,7816	1563,9	5,6521	6,1501	1561,2	5,6179	6,5223	1558,5	5,5851
55	5,6679	1576,8	5,6917	6,0271	1574,3	5,6580	6,3897	1571,8	5,6258
60	5,5600	1589,6	5,7303	5,9106	1587,2	5,6970	6,2643	1584,8	5,6652
65	5,4573	1602,2	5,7679	5,7999	1599,9	5,7350	6,1453	1597,7	5,7036
70	5,3595	1614,7	5,8046	5,6946	1612,6	5,7721	6,0321	1610,4	5,7410
75	5,2659	1627,1	5,8405	5,5940	1625,1	5,8083	5,9242	1623,1	5,7776
80	5,1764	1639,4	5,8756	5,4978	1637,5	5,8437	5,8212	1635,6	5,8133
85	5,0906	1651,7	5,9101	5,4056	1649,9	5,8785	5,7226	1648,1	5,8483
90	5,0081	1663,9	5,9440	5,3172	1662,2	5,9126	5,6280	1660,4	5,8826
95	4,9288	1676,1	5,9773	5,2322	1674,4	5,9461	5,5372	1672,8	5,9163
100	4,8525	1688,2	6,0100	5,1504	1686,6	5,9790	5,4499	1685,0	5,9495
105	4,7789	1700,3	6,0423	5,0716	1698,8	6,0114	5,3658	1697,3	5,9821
110	4,7078	1712,4	6,0740	4,9957	1711,0	6,0433	5,2848	1709,5	6,0142
115	4,6392	1724,5	6,1054	4,9223	1723,1	6,0748	5,2066	1721,7	6,0458
120	4,5728	1736,6	6,1363	4,8514	1735,2	6,1059	5,1310	1733,9	6,0770
125	4,5086	1748,6	6,1668	4,7828	1747,4	6,1365	5,0580	1746,1	6,1077
130	4,4464	1760,7	6,1970	4,7163	1759,5	6,1668	4,9873	1758,2	6,1381
135	4,3861	1772,8	6,2268	4,6520	1771,6	6,1967	4,9188	1770,4	6,1681
140	4,3276	1784,9	6,2562	4,5896	1783,8	6,2263	4,8524	1782,6	6,1978
145	4,2708	1797,0	6,2854	4,5290	1795,9	6,2555	4,7880	1794,8	6,2271
150	4,2157	1809,2	6,3142	4,4702	1808,1	6,2844	4,7256	1807,0	6,2562
155	4,1621	1821,3	6,3428	4,4131	1820,3	6,3131	4,6649	1819,2	6,2849
160	4,1100	1833,5	6,3710	4,3576	1832,5	6,3414	4,6059	1831,5	6,3133
165	4,0593	1845,7	6,3990	4,3036	1844,7	6,3695	4,5485	1843,7	6,3415
170	4,0099	1857,9	6,4268	4,2510	1857,0	6,3973	4,4927	1856,0	6,3693
175	3,9619	1870,2	6,4543	4,1999	1869,2	6,4249	4,4384	1868,3	6,3970

Ammonia

t °C	$p = 1{,}00$ MPa (24,89 °C)			$p = 1{,}05$ MPa (26,49 °C)			$p = 1{,}10$ MPa (28,02 °C)		
	ϱ $\frac{\text{kg}}{\text{m}^3}$	h $\frac{\text{kJ}}{\text{kg}}$	s $\frac{\text{kJ}}{\text{kg K}}$	ϱ $\frac{\text{kg}}{\text{m}^3}$	h $\frac{\text{kJ}}{\text{kg}}$	s $\frac{\text{kJ}}{\text{kg K}}$	ϱ $\frac{\text{kg}}{\text{m}^3}$	h $\frac{\text{kJ}}{\text{kg}}$	s $\frac{\text{kJ}}{\text{kg K}}$
−50	702,49	−23,87	0,0922	702,51	−23,83	0,0921	702,53	−23,78	0,0920
−45	696,59	−2,02	0,1891	696,61	−1,98	0,1889	696,63	−1,93	0,1888
−40	690,58	19,96	0,2844	690,61	20,01	0,2842	690,63	20,05	0,2841
−35	684,48	42,08	0,3782	684,51	42,12	0,3781	684,53	42,16	0,3780
−30	678,28	64,32	0,4706	678,31	64,36	0,4705	678,33	64,40	0,4704
−25	671,99	86,68	0,5617	672,02	86,72	0,5615	672,04	86,76	0,5614
−20	665,60	109,17	0,6514	665,62	109,21	0,6513	665,65	109,25	0,6511
−15	659,10	131,78	0,7398	659,13	131,82	0,7397	659,16	131,85	0,7395
−10	652,50	154,51	0,8271	652,54	154,55	0,8269	652,57	154,58	0,8267
−5	645,80	177,37	0,9131	645,83	177,41	0,9130	645,86	177,44	0,9128
0	638,97	200,37	0,9981	639,01	200,40	0,9979	639,04	200,43	0,9977
5	632,02	223,50	1,0820	632,06	223,53	1,0818	632,10	223,56	1,0816
10	624,94	246,78	1,1650	624,98	246,81	1,1648	625,02	246,84	1,1646
15	617,71	270,23	1,2470	617,76	270,25	1,2468	617,80	270,28	1,2466
20	610,33	293,85	1,3283	610,37	293,87	1,3281	610,42	293,89	1,3279
25	7,7778	1483,7	5,3211	602,81	317,69	1,4087	602,86	317,71	1,4084
30	7,5736	1499,0	5,3721	8,0077	1495,3	5,3386	8,4488	1491,4	5,3059
35	7,3859	1513,8	5,4205	7,8041	1510,4	5,3880	8,2283	1506,9	5,3564
40	7,2121	1528,2	5,4667	7,6161	1525,0	5,4350	8,0254	1521,8	5,4043
45	7,0501	1542,1	5,5110	7,4415	1539,2	5,4800	7,8375	1536,2	5,4501
50	6,8984	1555,8	5,5536	7,2783	1553,1	5,5233	7,6623	1550,3	5,4940
55	6,7557	1569,2	5,5948	7,1251	1566,7	5,5650	7,4982	1564,1	5,5363
60	6,6210	1582,4	5,6348	6,9808	1580,0	5,6054	7,3439	1577,6	5,5772
65	6,4934	1595,4	5,6735	6,8443	1593,2	5,6446	7,1982	1590,9	5,6168
70	6,3722	1608,3	5,7113	6,7149	1606,2	5,6828	7,0602	1604,0	5,6553
75	6,2568	1621,1	5,7482	6,5918	1619,0	5,7200	6,9291	1617,0	5,6928
80	6,1467	1633,7	5,7842	6,4744	1631,8	5,7563	6,8043	1629,8	5,7295
85	6,0415	1646,2	5,8195	6,3623	1644,4	5,7918	6,6852	1642,5	5,7652
90	5,9406	1658,7	5,8540	6,2550	1656,9	5,8266	6,5713	1655,2	5,8003
95	5,8438	1671,1	5,8879	6,1521	1669,4	5,8608	6,4621	1667,7	5,8347
100	5,7509	1683,4	5,9213	6,0534	1681,9	5,8943	6,3574	1680,2	5,8684
105	5,6614	1695,8	5,9540	5,9584	1694,2	5,9272	6,2568	1692,7	5,9015
110	5,5752	1708,0	5,9863	5,8669	1706,6	5,9597	6,1600	1705,1	5,9341
115	5,4921	1720,3	6,0181	5,7788	1718,9	5,9916	6,0668	1717,5	5,9662
120	5,4118	1732,5	6,0494	5,6937	1731,2	6,0231	5,9768	1729,8	5,9978
125	5,3342	1744,8	6,0803	5,6115	1743,5	6,0541	5,8900	1742,2	6,0290
130	5,2592	1757,0	6,1108	5,5321	1755,7	6,0847	5,8060	1754,5	6,0597
135	5,1865	1769,2	6,1409	5,4552	1768,0	6,1149	5,7248	1766,8	6,0901
140	5,1161	1781,4	6,1707	5,3807	1780,3	6,1448	5,6462	1779,1	6,1200
145	5,0479	1793,7	6,2001	5,3085	1792,5	6,1743	5,5700	1791,4	6,1497
150	4,9817	1805,9	6,2292	5,2385	1804,8	6,2035	5,4962	1803,7	6,1789
155	4,9173	1818,2	6,2580	5,1706	1817,1	6,2324	5,4245	1816,0	6,2079
160	4,8549	1830,4	6,2865	5,1045	1829,4	6,2610	5,3549	1828,4	6,2366
165	4,7941	1842,7	6,3148	5,0404	1841,7	6,2893	5,2873	1840,7	6,2649
170	4,7351	1855,0	6,3427	4,9780	1854,1	6,3173	5,2215	1853,1	6,2930
175	4,6776	1867,4	6,3704	4,9173	1866,5	6,3451	5,1576	1865,5	6,3208

Ammoniak

| t °C | \multicolumn{3}{c|}{$p = 1{,}15$ MPa (29,50 °C)} | \multicolumn{3}{c|}{$p = 1{,}20$ MPa (30,93 °C)} | \multicolumn{3}{c|}{$p = 1{,}25$ MPa (32,32 °C)} |

t °C	ϱ $\frac{kg}{m^3}$	h $\frac{kJ}{kg}$	s $\frac{kJ}{kg\,K}$	ϱ $\frac{kg}{m^3}$	h $\frac{kJ}{kg}$	s $\frac{kJ}{kg\,K}$	ϱ $\frac{kg}{m^3}$	h $\frac{kJ}{kg}$	s $\frac{kJ}{kg\,K}$
−50	702,55	−23,74	0,0919	702,58	−23,69	0,0917	702,60	−23,65	0,0916
−45	696,65	−1,89	0,1887	696,68	−1,85	0,1886	696,70	−1,80	0,1884
−40	690,65	20,09	0,2840	690,68	20,14	0,2839	690,70	20,18	0,2837
−35	684,55	42,20	0,3778	684,58	42,25	0,3777	684,60	42,29	0,3776
−30	678,36	64,44	0,4702	678,39	64,48	0,4701	678,41	64,52	0,4700
−25	672,07	86,80	0,5613	672,10	86,84	0,5611	672,12	86,88	0,5610
−20	665,68	109,28	0,6510	665,71	109,32	0,6508	665,74	109,36	0,6507
−15	659,19	131,89	0,7394	659,22	131,93	0,7392	659,25	131,96	0,7391
−10	652,60	154,62	0,8266	652,63	154,65	0,8264	652,66	154,69	0,8263
−5	645,90	177,48	0,9126	645,93	177,51	0,9125	645,96	177,54	0,9123
0	639,08	200,46	0,9976	639,11	200,50	0,9974	639,15	200,53	0,9972
5	632,14	223,59	1,0815	632,17	223,62	1,0813	632,21	223,65	1,0811
10	625,06	246,87	1,1644	625,10	246,90	1,1642	625,14	246,92	1,1640
15	617,84	270,30	1,2465	617,88	270,33	1,2463	617,92	270,36	1,2461
20	610,46	293,92	1,3277	610,50	293,94	1,3275	610,55	293,96	1,3273
25	602,90	317,73	1,4082	602,95	317,75	1,4080	603,00	317,77	1,4078
30	8,8973	1487,5	5,2739	595,20	341,77	1,4879	595,25	341,78	1,4877
35	8,6588	1503,3	5,3256	9,0958	1499,7	5,2955	9,5397	1496,0	5,2661
40	8,4401	1518,5	5,3744	8,8605	1515,2	5,3453	9,2867	1511,8	5,3170
45	8,2382	1533,2	5,4210	8,6438	1530,1	5,3927	9,0545	1527,0	5,3652
50	8,0505	1547,5	5,4656	8,4429	1544,6	5,4380	8,8399	1541,7	5,4112
55	7,8750	1561,4	5,5084	8,2556	1558,8	5,4815	8,6401	1556,1	5,4553
60	7,7103	1575,1	5,5498	8,0801	1572,6	5,5234	8,4534	1570,1	5,4977
65	7,5550	1588,6	5,5899	7,9149	1586,2	5,5639	8,2779	1583,9	5,5387
70	7,4082	1601,8	5,6288	7,7589	1599,6	5,6032	8,1125	1597,4	5,5784
75	7,2689	1614,9	5,6667	7,6111	1612,8	5,6414	7,9559	1610,7	5,6169
80	7,1364	1627,9	5,7036	7,4707	1625,9	5,6786	7,8074	1623,9	5,6545
85	7,0100	1640,7	5,7397	7,3370	1638,8	5,7150	7,6661	1636,9	5,6911
90	6,8894	1653,4	5,7750	7,2094	1651,6	5,7505	7,5313	1649,9	5,7269
95	6,7739	1666,1	5,8095	7,0873	1664,4	5,7853	7,4025	1662,7	5,7620
100	6,6631	1678,6	5,8435	6,9704	1677,0	5,8195	7,2793	1675,4	5,7963
105	6,5568	1691,2	5,8768	6,8582	1689,6	5,8530	7,1610	1688,0	5,8300
110	6,4545	1703,6	5,9096	6,7503	1702,1	5,8859	7,0475	1700,7	5,8631
115	6,3560	1716,1	5,9418	6,6465	1714,6	5,9183	6,9383	1713,2	5,8957
120	6,2611	1728,5	5,9736	6,5465	1727,1	5,9502	6,8332	1725,7	5,9277
125	6,1695	1740,8	6,0048	6,4501	1739,5	5,9816	6,7318	1738,2	5,9593
130	6,0810	1753,2	6,0357	6,3570	1751,9	6,0126	6,6340	1750,7	5,9904
135	5,9954	1765,6	6,0662	6,2669	1764,3	6,0432	6,5394	1763,1	6,0211
140	5,9126	1777,9	6,0962	6,1799	1776,7	6,0734	6,4480	1775,6	6,0514
145	5,8324	1790,3	6,1260	6,0955	1789,1	6,1032	6,3596	1788,0	6,0813
150	5,7546	1802,6	6,1553	6,0138	1801,5	6,1327	6,2738	1800,4	6,1108
155	5,6792	1815,0	6,1844	5,9346	1813,9	6,1618	6,1908	1812,9	6,1400
160	5,6059	1827,4	6,2131	5,8577	1826,3	6,1906	6,1101	1825,3	6,1689
165	5,5348	1839,8	6,2416	5,7830	1838,8	6,2191	6,0319	1837,8	6,1975
170	5,4657	1852,2	6,2697	5,7105	1851,2	6,2474	5,9559	1850,2	6,2258
175	5,3985	1864,6	6,2976	5,6399	1863,7	6,2753	5,8820	1862,7	6,2539

Ammonia

t °C	\multicolumn{3}{c}{$p = 1{,}30$ MPa (33,67 °C)}			\multicolumn{3}{c}{$p = 1{,}35$ MPa (34,98 °C)}			\multicolumn{3}{c}{$p = 1{,}40$ MPa (36,25 °C)}		
	ϱ $\frac{kg}{m^3}$	h $\frac{kJ}{kg}$	s $\frac{kJ}{kg\,K}$	ϱ $\frac{kg}{m^3}$	h $\frac{kJ}{kg}$	s $\frac{kJ}{kg\,K}$	ϱ $\frac{kg}{m^3}$	h $\frac{kJ}{kg}$	s $\frac{kJ}{kg\,K}$
−50	702,62	−23,60	0,0915	702,64	−23,56	0,0914	702,66	−23,51	0,0913
−45	696,72	−1,76	0,1883	696,74	−1,71	0,1882	696,76	−1,67	0,1881
−40	690,72	20,22	0,2836	690,75	20,26	0,2835	690,77	20,31	0,2834
−35	684,63	42,33	0,3774	684,65	42,37	0,3773	684,68	42,41	0,3772
−30	678,44	64,56	0,4698	678,46	64,60	0,4697	678,49	64,64	0,4696
−25	672,15	86,92	0,5608	672,18	86,96	0,5607	672,20	87,00	0,5606
−20	665,77	109,40	0,6505	665,79	109,44	0,6504	665,82	109,48	0,6502
−15	659,28	132,00	0,7389	659,31	132,04	0,7388	659,34	132,08	0,7386
−10	652,69	154,73	0,8261	652,72	154,76	0,8260	652,75	154,80	0,8258
−5	646,00	177,58	0,9121	646,03	177,61	0,9120	646,06	177,65	0,9118
0	639,18	200,56	0,9971	639,22	200,59	0,9969	639,25	200,62	0,9967
5	632,25	223,68	1,0809	632,28	223,71	1,0808	632,32	223,74	1,0806
10	625,18	246,95	1,1639	625,22	246,98	1,1637	625,26	247,01	1,1635
15	617,96	270,38	1,2459	618,01	270,41	1,2457	618,05	270,43	1,2455
20	610,59	293,99	1,3271	610,64	294,01	1,3269	610,68	294,03	1,3267
25	603,05	317,79	1,4076	603,09	317,81	1,4074	603,14	317,83	1,4072
30	595,30	341,80	1,4875	595,36	341,82	1,4873	595,41	341,84	1,4870
35	9,9909	1492,2	5,2373	10,450	1488,4	5,2090	587,45	366,09	1,5664
40	9,7191	1508,4	5,2892	10,158	1504,9	5,2620	10,603	1501,3	5,2353
45	9,4705	1523,9	5,3383	9,8919	1520,7	5,3120	10,319	1517,4	5,2863
50	9,2414	1538,8	5,3850	9,6476	1535,9	5,3595	10,059	1532,9	5,3346
55	9,0287	1553,4	5,4297	9,4214	1550,7	5,4049	9,8184	1547,9	5,3806
60	8,8302	1567,6	5,4727	9,2107	1565,0	5,4484	9,5950	1562,5	5,4247
65	8,6441	1581,5	5,5142	9,0135	1579,1	5,4904	9,3863	1576,7	5,4671
70	8,4689	1595,2	5,5543	8,8282	1592,9	5,5309	9,1905	1590,7	5,5081
75	8,3033	1608,6	5,5932	8,6533	1606,5	5,5702	9,0060	1604,4	5,5478
80	8,1464	1621,9	5,6311	8,4878	1619,9	5,6084	8,8316	1617,9	5,5863
85	7,9973	1635,1	5,6680	8,3306	1633,1	5,6456	8,6662	1631,2	5,6238
90	7,8552	1648,1	5,7041	8,1811	1646,2	5,6819	8,5089	1644,4	5,6604
95	7,7195	1661,0	5,7394	8,0384	1659,2	5,7174	8,3591	1657,5	5,6962
100	7,5898	1673,8	5,7739	7,9020	1672,1	5,7522	8,2159	1670,5	5,7312
105	7,4655	1686,5	5,8078	7,7714	1684,9	5,7863	8,0790	1683,3	5,7654
110	7,3461	1699,2	5,8411	7,6462	1697,7	5,8198	7,9477	1696,1	5,7991
115	7,2314	1711,8	5,8738	7,5259	1710,3	5,8526	7,8216	1708,9	5,8321
120	7,1210	1724,3	5,9060	7,4101	1723,0	5,8850	7,7004	1721,6	5,8646
125	7,0147	1736,9	5,9377	7,2987	1735,6	5,9168	7,5838	1734,2	5,8966
130	6,9120	1749,4	5,9689	7,1912	1748,1	5,9482	7,4714	1746,8	5,9281
135	6,8129	1761,9	5,9997	7,0874	1760,7	5,9791	7,3629	1759,4	5,9591
140	6,7171	1774,4	6,0301	6,9872	1773,2	6,0096	7,2581	1772,0	5,9897
145	6,6244	1786,9	6,0601	6,8902	1785,7	6,0397	7,1568	1784,6	6,0199
150	6,5347	1799,3	6,0898	6,7963	1798,2	6,0694	7,0588	1797,1	6,0498
155	6,4477	1811,8	6,1191	6,7054	1810,7	6,0988	6,9638	1809,7	6,0792
160	6,3633	1824,3	6,1481	6,6172	1823,2	6,1279	6,8718	1822,2	6,1084
165	6,2814	1836,8	6,1767	6,5316	1835,8	6,1566	6,7825	1834,8	6,1372
170	6,2019	1849,3	6,2051	6,4486	1848,3	6,1851	6,6959	1847,3	6,1657
175	6,1246	1861,8	6,2332	6,3679	1860,8	6,2132	6,6117	1859,9	6,1939

Ammoniak

t °C	$p = 1{,}45$ MPa (37,49 °C)			$p = 1{,}50$ MPa (38,70 °C)			$p = 1{,}55$ MPa (39,87 °C)		
	ϱ $\frac{\text{kg}}{\text{m}^3}$	h $\frac{\text{kJ}}{\text{kg}}$	s $\frac{\text{kJ}}{\text{kg K}}$	ϱ $\frac{\text{kg}}{\text{m}^3}$	h $\frac{\text{kJ}}{\text{kg}}$	s $\frac{\text{kJ}}{\text{kg K}}$	ϱ $\frac{\text{kg}}{\text{m}^3}$	h $\frac{\text{kJ}}{\text{kg}}$	s $\frac{\text{kJ}}{\text{kg K}}$
−50	702,68	−23,47	0,0912	702,70	−23,42	0,0910	702,72	−23,38	0,0909
−45	696,79	−1,63	0,1879	696,81	−1,58	0,1878	696,83	−1,54	0,1877
−40	690,79	20,35	0,2832	690,81	20,39	0,2831	690,84	20,44	0,2830
−35	684,70	42,45	0,3770	684,72	42,50	0,3769	684,75	42,54	0,3768
−30	678,51	64,69	0,4694	678,54	64,73	0,4693	678,56	64,77	0,4691
−25	672,23	87,04	0,5604	672,26	87,08	0,5603	672,28	87,12	0,5601
−20	665,85	109,51	0,6501	665,88	109,55	0,6499	665,91	109,59	0,6498
−15	659,37	132,11	0,7385	659,40	132,15	0,7383	659,43	132,19	0,7382
−10	652,79	154,83	0,8257	652,82	154,87	0,8255	652,85	154,90	0,8253
−5	646,09	177,68	0,9117	646,13	177,71	0,9115	646,16	177,75	0,9113
0	639,29	200,66	0,9966	639,32	200,69	0,9964	639,36	200,72	0,9962
5	632,36	223,77	1,0804	632,39	223,80	1,0802	632,43	223,83	1,0801
10	625,30	247,04	1,1633	625,33	247,06	1,1631	625,37	247,09	1,1629
15	618,09	270,46	1,2453	618,13	270,49	1,2451	618,17	270,51	1,2449
20	610,73	294,06	1,3265	610,77	294,08	1,3263	610,81	294,10	1,3261
25	603,19	317,85	1,4070	603,24	317,87	1,4068	603,28	317,89	1,4066
30	595,46	341,85	1,4868	595,51	341,87	1,4866	595,56	341,89	1,4864
35	587,51	366,10	1,5661	587,56	366,11	1,5659	587,62	366,12	1,5657
40	11,056	1497,7	5,2091	11,515	1494,1	5,1832	11,982	1490,3	5,1577
45	10,752	1514,1	5,2610	11,191	1510,8	5,2362	11,637	1507,4	5,2117
50	10,475	1529,9	5,3101	10,896	1526,8	5,2862	11,323	1523,7	5,2626
55	10,220	1545,1	5,3569	10,626	1542,2	5,3336	11,036	1539,4	5,3108
60	9,9832	1559,9	5,4015	10,375	1557,2	5,3789	10,772	1554,6	5,3567
65	9,7626	1574,3	5,4445	10,142	1571,8	5,4224	10,526	1569,3	5,4007
70	9,5559	1588,4	5,4859	9,9245	1586,1	5,4642	10,296	1583,8	5,4430
75	9,3615	1602,2	5,5260	9,7198	1600,1	5,5047	10,081	1597,9	5,4839
80	9,1779	1615,9	5,5649	9,5268	1613,8	5,5439	9,8782	1611,8	5,5235
85	9,0040	1629,3	5,6027	9,3442	1627,4	5,5821	9,6866	1625,4	5,5619
90	8,8389	1642,6	5,6395	9,1709	1640,8	5,6192	9,5050	1638,9	5,5994
95	8,6816	1655,8	5,6755	9,0061	1654,0	5,6554	9,3325	1652,3	5,6358
100	8,5315	1668,8	5,7107	8,8489	1667,2	5,6908	9,1681	1665,5	5,6715
105	8,3881	1681,8	5,7452	8,6988	1680,2	5,7255	9,0111	1678,6	5,7064
110	8,2506	1694,6	5,7790	8,5550	1693,1	5,7595	8,8609	1691,6	5,7406
115	8,1187	1707,4	5,8122	8,4172	1706,0	5,7929	8,7170	1704,5	5,7741
120	7,9920	1720,2	5,8449	8,2848	1718,8	5,8257	8,5790	1717,4	5,8070
125	7,8701	1732,9	5,8770	8,1576	1731,6	5,8579	8,4462	1730,2	5,8394
130	7,7526	1745,6	5,9086	8,0350	1744,3	5,8897	8,3185	1743,0	5,8713
135	7,6394	1758,2	5,9397	7,9169	1757,0	5,9209	8,1954	1755,7	5,9027
140	7,5300	1770,8	5,9705	7,8028	1769,6	5,9518	8,0766	1768,4	5,9336
145	7,4243	1783,4	6,0008	7,6927	1782,3	5,9822	7,9619	1781,1	5,9641
150	7,3220	1796,0	6,0307	7,5861	1794,9	6,0122	7,8511	1793,8	5,9943
155	7,2230	1808,6	6,0603	7,4830	1807,5	6,0419	7,7438	1806,4	6,0240
160	7,1271	1821,2	6,0895	7,3832	1820,1	6,0712	7,6399	1819,1	6,0534
165	7,0341	1833,8	6,1184	7,2863	1832,8	6,1001	7,5393	1831,7	6,0824
170	6,9438	1846,4	6,1470	7,1924	1845,4	6,1288	7,4416	1844,4	6,1112
175	6,8562	1859,0	6,1753	7,1012	1858,0	6,1572	7,3469	1857,1	6,1396

Ammonia

t °C	\multicolumn{3}{c}{$p = 1{,}60$ MPa (41,02 °C)}			\multicolumn{3}{c}{$p = 1{,}65$ MPa (42,14 °C)}			\multicolumn{3}{c}{$p = 1{,}70$ MPa (43,24 °C)}		
	ϱ $\frac{kg}{m^3}$	h $\frac{kJ}{kg}$	s $\frac{kJ}{kg\,K}$	ϱ $\frac{kg}{m^3}$	h $\frac{kJ}{kg}$	s $\frac{kJ}{kg\,K}$	ϱ $\frac{kg}{m^3}$	h $\frac{kJ}{kg}$	s $\frac{kJ}{kg\,K}$
−50	702,74	−23,33	0,0908	702,77	−23,29	0,0907	702,79	−23,24	0,0906
−45	696,85	−1,49	0,1876	696,87	−1,45	0,1875	696,90	−1,41	0,1873
−40	690,86	20,48	0,2828	690,88	20,52	0,2827	690,91	20,56	0,2826
−35	684,77	42,58	0,3766	684,80	42,62	0,3765	684,82	42,66	0,3764
−30	678,59	64,81	0,4690	678,62	64,85	0,4689	678,64	64,89	0,4687
−25	672,31	87,16	0,5600	672,34	87,20	0,5599	672,36	87,24	0,5597
−20	665,93	109,63	0,6497	665,96	109,67	0,6495	665,99	109,71	0,6494
−15	659,46	132,22	0,7380	659,49	132,26	0,7379	659,52	132,30	0,7377
−10	652,88	154,94	0,8252	652,91	154,98	0,8250	652,94	155,01	0,8249
−5	646,19	177,78	0,9112	646,23	177,82	0,9110	646,26	177,85	0,9108
0	639,39	200,75	0,9961	639,43	200,79	0,9959	639,46	200,82	0,9957
5	632,47	223,86	1,0799	632,51	223,89	1,0797	632,54	223,93	1,0795
10	625,41	247,12	1,1628	625,45	247,15	1,1626	625,49	247,18	1,1624
15	618,21	270,54	1,2447	618,26	270,56	1,2446	618,30	270,59	1,2444
20	610,86	294,13	1,3259	610,90	294,15	1,3257	610,95	294,17	1,3255
25	603,33	317,91	1,4063	603,38	317,93	1,4061	603,42	317,95	1,4059
30	595,61	341,90	1,4862	595,66	341,92	1,4859	595,71	341,94	1,4857
35	587,67	366,14	1,5654	587,73	366,15	1,5652	587,78	366,16	1,5650
40	579,49	390,64	1,6443	579,55	390,65	1,6441	579,61	390,66	1,6438
45	12,089	1503,9	5,1877	12,548	1500,4	5,1639	13,015	1496,9	5,1404
50	11,756	1520,5	5,2394	12,194	1517,3	5,2166	12,639	1514,1	5,1941
55	11,452	1536,5	5,2884	11,872	1533,5	5,2664	12,298	1530,6	5,2447
60	11,172	1551,9	5,3350	11,577	1549,2	5,3136	11,986	1546,4	5,2926
65	10,913	1566,8	5,3795	11,304	1564,3	5,3587	11,699	1561,7	5,3383
70	10,671	1581,4	5,4223	11,050	1579,0	5,4020	11,431	1576,7	5,3821
75	10,445	1595,7	5,4636	10,812	1593,5	5,4437	11,182	1591,2	5,4242
80	10,232	1609,7	5,5036	10,589	1607,6	5,4840	10,948	1605,5	5,4649
85	10,031	1623,5	5,5423	10,379	1621,5	5,5231	10,728	1619,5	5,5044
90	9,8413	1637,1	5,5800	10,180	1635,2	5,5611	10,521	1633,3	5,5426
95	9,6608	1650,5	5,6168	9,9912	1648,7	5,5981	10,324	1646,9	5,5799
100	9,4890	1663,8	5,6526	9,8117	1662,1	5,6342	10,136	1660,4	5,6162
105	9,3251	1677,0	5,6877	9,6407	1675,4	5,6695	9,9580	1673,8	5,6518
110	9,1684	1690,1	5,7221	9,4773	1688,5	5,7041	9,7878	1687,0	5,6865
115	9,0183	1703,1	5,7558	9,3209	1701,6	5,7380	9,6250	1700,1	5,7206
120	8,8744	1716,0	5,7889	9,1711	1714,6	5,7712	9,4691	1713,2	5,7540
125	8,7361	1728,9	5,8214	9,0271	1727,5	5,8039	9,3194	1726,2	5,7868
130	8,6031	1741,7	5,8534	8,8887	1740,4	5,8360	9,1756	1739,1	5,8191
135	8,4749	1754,5	5,8849	8,7555	1753,2	5,8677	9,0372	1752,0	5,8508
140	8,3514	1767,2	5,9160	8,6271	1766,0	5,8988	8,9038	1764,8	5,8821
145	8,2321	1779,9	5,9466	8,5032	1778,8	5,9295	8,7752	1777,6	5,9129
150	8,1169	1792,7	5,9768	8,3835	1791,5	5,9599	8,6510	1790,4	5,9433
155	8,0054	1805,4	6,0067	8,2677	1804,3	5,9898	8,5309	1803,2	5,9733
160	7,8975	1818,0	6,0361	8,1557	1817,0	6,0193	8,4147	1816,0	6,0030
165	7,7929	1830,7	6,0653	8,0472	1829,7	6,0485	8,3022	1828,7	6,0323
170	7,6915	1843,4	6,0941	7,9421	1842,4	6,0774	8,1933	1841,5	6,0612
175	7,5931	1856,1	6,1225	7,8400	1855,2	6,1060	8,0875	1854,2	6,0898

Ammoniak

t °C	$p = 1{,}75$ MPa (44,31 °C)			$p = 1{,}80$ MPa (45,36 °C)			$p = 1{,}85$ MPa (46,39 °C)		
	ϱ $\frac{kg}{m^3}$	h $\frac{kJ}{kg}$	s $\frac{kJ}{kg\,K}$	ϱ $\frac{kg}{m^3}$	h $\frac{kJ}{kg}$	s $\frac{kJ}{kg\,K}$	ϱ $\frac{kg}{m^3}$	h $\frac{kJ}{kg}$	s $\frac{kJ}{kg\,K}$
−50	702,81	−23,20	0,0904	702,83	−23,15	0,0903	702,85	−23,11	0,0902
−45	696,92	−1,36	0,1872	696,94	−1,32	0,1871	696,96	−1,28	0,1870
−40	690,93	20,61	0,2825	690,95	20,65	0,2823	690,98	20,69	0,2822
−35	684,85	42,71	0,3762	684,87	42,75	0,3761	684,89	42,79	0,3760
−30	678,67	64,93	0,4686	678,69	64,97	0,4685	678,72	65,01	0,4683
−25	672,39	87,28	0,5596	672,42	87,32	0,5594	672,44	87,36	0,5593
−20	666,02	109,75	0,6492	666,05	109,78	0,6491	666,08	109,82	0,6489
−15	659,55	132,33	0,7376	659,58	132,37	0,7374	659,61	132,41	0,7373
−10	652,97	155,05	0,8247	653,00	155,08	0,8246	653,04	155,12	0,8244
−5	646,29	177,88	0,9107	646,32	177,92	0,9105	646,36	177,95	0,9104
0	639,50	200,85	0,9955	639,53	200,88	0,9954	639,57	200,92	0,9952
5	632,58	223,96	1,0794	632,62	223,99	1,0792	632,65	224,02	1,0790
10	625,53	247,21	1,1622	625,57	247,24	1,1620	625,61	247,26	1,1619
15	618,34	270,62	1,2442	618,38	270,64	1,2440	618,42	270,67	1,2438
20	610,99	294,20	1,3253	611,04	294,22	1,3251	611,08	294,24	1,3249
25	603,47	317,97	1,4057	603,52	317,99	1,4055	603,57	318,01	1,4053
30	595,76	341,95	1,4855	595,81	341,97	1,4853	595,86	341,99	1,4851
35	587,84	366,18	1,5647	587,89	366,19	1,5645	587,94	366,20	1,5643
40	579,67	390,67	1,6436	579,73	390,68	1,6433	579,79	390,69	1,6431
45	13,489	1493,2	5,1171	571,29	415,48	1,7219	571,35	415,48	1,7216
50	13,090	1510,8	5,1719	13,547	1507,5	5,1499	14,011	1504,1	5,1282
55	12,729	1527,6	5,2233	13,166	1524,5	5,2022	13,608	1521,4	5,1814
60	12,400	1543,6	5,2720	12,819	1540,8	5,2516	13,242	1538,0	5,2316
65	12,097	1559,2	5,3183	12,500	1556,6	5,2985	12,908	1553,9	5,2791
70	11,817	1574,3	5,3626	12,206	1571,8	5,3434	12,599	1569,4	5,3245
75	11,555	1589,0	5,4051	11,932	1586,7	5,3864	12,312	1584,4	5,3680
80	11,311	1603,4	5,4462	11,676	1601,3	5,4279	12,044	1599,1	5,4098
85	11,081	1617,5	5,4860	11,435	1615,5	5,4680	11,793	1613,5	5,4503
90	10,864	1631,4	5,5246	11,209	1629,5	5,5068	11,556	1627,6	5,4895
95	10,658	1645,2	5,5621	10,994	1643,4	5,5446	11,333	1641,5	5,5276
100	10,463	1658,7	5,5987	10,791	1657,0	5,5815	11,121	1655,3	5,5646
105	10,277	1672,1	5,6344	10,598	1670,5	5,6174	10,920	1668,9	5,6008
110	10,100	1685,4	5,6693	10,414	1683,9	5,6525	10,729	1682,3	5,6361
115	9,9306	1698,6	5,7036	10,238	1697,1	5,6870	10,546	1695,7	5,6707
120	9,7684	1711,7	5,7371	10,069	1710,3	5,7207	10,371	1708,9	5,7046
125	9,6129	1724,8	5,7701	9,9077	1723,4	5,7538	10,204	1722,1	5,7379
130	9,4635	1737,8	5,8025	9,7527	1736,5	5,7863	10,043	1735,1	5,7705
135	9,3199	1750,7	5,8344	9,6037	1749,4	5,8183	9,8885	1748,2	5,8027
140	9,1815	1763,6	5,8658	9,4602	1762,4	5,8499	9,7399	1761,2	5,8343
145	9,0481	1776,5	5,8967	9,3219	1775,3	5,8809	9,5967	1774,1	5,8654
150	8,9193	1789,3	5,9272	9,1885	1788,2	5,9115	9,4586	1787,0	5,8962
155	8,7948	1802,1	5,9573	9,0596	1801,0	5,9417	9,3252	1799,9	5,9264
160	8,6745	1814,9	5,9870	8,9350	1813,8	5,9715	9,1963	1812,8	5,9563
165	8,5580	1827,7	6,0164	8,8144	1826,7	6,0009	9,0716	1825,7	5,9859
170	8,4451	1840,5	6,0454	8,6976	1839,5	6,0300	8,9508	1838,5	6,0150
175	8,3357	1853,3	6,0741	8,5844	1852,3	6,0588	8,8338	1851,4	6,0439

Ammonia

t °C	p = 1,90 MPa (47,39 °C)			p = 1,95 MPa (48,38 °C)			p = 2,00 MPa (49,35 °C)		
	ϱ $\frac{kg}{m^3}$	h $\frac{kJ}{kg}$	s $\frac{kJ}{kg\,K}$	ϱ $\frac{kg}{m^3}$	h $\frac{kJ}{kg}$	s $\frac{kJ}{kg\,K}$	ϱ $\frac{kg}{m^3}$	h $\frac{kJ}{kg}$	s $\frac{kJ}{kg\,K}$
−50	702,87	−23,07	0,0901	702,89	−23,02	0,0900	702,91	−22,98	0,0898
−45	696,98	−1,23	0,1868	697,01	−1,19	0,1867	697,03	−1,14	0,1866
−40	691,00	20,74	0,2821	691,02	20,78	0,2820	691,05	20,82	0,2818
−35	684,92	42,83	0,3759	684,94	42,87	0,3757	684,97	42,91	0,3756
−30	678,74	65,05	0,4682	678,77	65,09	0,4681	678,79	65,13	0,4679
−25	672,47	87,40	0,5592	672,50	87,44	0,5590	672,53	87,48	0,5589
−20	666,10	109,86	0,6488	666,13	109,90	0,6486	666,16	109,94	0,6485
−15	659,64	132,45	0,7371	659,67	132,48	0,7370	659,70	132,52	0,7368
−10	653,07	155,15	0,8243	653,10	155,19	0,8241	653,13	155,23	0,8239
−5	646,39	177,99	0,9102	646,42	178,02	0,9100	646,46	178,05	0,9099
0	639,60	200,95	0,9950	639,64	200,98	0,9949	639,67	201,01	0,9947
5	632,69	224,05	1,0788	632,73	224,08	1,0787	632,76	224,11	1,0785
10	625,65	247,29	1,1617	625,69	247,32	1,1615	625,72	247,35	1,1613
15	618,46	270,69	1,2436	618,50	270,72	1,2434	618,55	270,75	1,2432
20	611,12	294,27	1,3247	611,17	294,29	1,3245	611,21	294,32	1,3243
25	603,61	318,03	1,4051	603,66	318,05	1,4049	603,71	318,07	1,4047
30	595,91	342,01	1,4848	595,96	342,02	1,4846	596,01	342,04	1,4844
35	588,00	366,22	1,5640	588,05	366,23	1,5638	588,11	366,25	1,5636
40	579,85	390,70	1,6428	579,90	390,71	1,6426	579,96	390,72	1,6424
45	571,42	415,48	1,7214	571,48	415,49	1,7211	571,55	415,49	1,7208
50	14,483	1500,6	5,1067	14,962	1497,1	5,0853	15,449	1493,5	5,0641
55	14,057	1518,3	5,1608	14,511	1515,1	5,1405	14,973	1511,8	5,1203
60	13,671	1535,1	5,2118	14,105	1532,2	5,1922	14,545	1529,2	5,1729
65	13,319	1551,3	5,2600	13,735	1548,6	5,2411	14,156	1545,9	5,2224
70	12,995	1566,9	5,3059	13,396	1564,4	5,2876	13,800	1561,9	5,2695
75	12,695	1582,1	5,3499	13,081	1579,8	5,3320	13,471	1577,4	5,3145
80	12,415	1596,9	5,3921	12,789	1594,8	5,3747	13,166	1592,6	5,3576
85	12,153	1611,5	5,4329	12,516	1609,4	5,4159	12,881	1607,3	5,3991
90	11,906	1625,7	5,4725	12,259	1623,8	5,4557	12,614	1621,8	5,4393
95	11,674	1639,7	5,5108	12,017	1637,9	5,4944	12,362	1636,0	5,4782
100	11,454	1653,6	5,5481	11,788	1651,8	5,5319	12,124	1650,1	5,5160
105	11,245	1667,2	5,5845	11,571	1665,6	5,5685	11,899	1663,9	5,5529
110	11,046	1680,7	5,6200	11,364	1679,2	5,6043	11,685	1677,6	5,5888
115	10,856	1694,2	5,6548	11,167	1692,7	5,6392	11,480	1691,1	5,6240
120	10,675	1707,5	5,6889	10,979	1706,0	5,6735	11,286	1704,6	5,6584
125	10,501	1720,7	5,7223	10,800	1719,3	5,7070	11,099	1717,9	5,6921
130	10,334	1733,8	5,7551	10,627	1732,5	5,7400	10,921	1731,2	5,7252
135	10,174	1746,9	5,7874	10,462	1745,6	5,7724	10,750	1744,4	5,7577
140	10,021	1759,9	5,8191	10,302	1758,7	5,8042	10,585	1757,5	5,7897
145	9,8724	1772,9	5,8504	10,149	1771,8	5,8356	10,427	1770,6	5,8211
150	9,7295	1785,9	5,8812	10,001	1784,8	5,8665	10,274	1783,6	5,8521
155	9,5916	1798,8	5,9115	9,8588	1797,7	5,8970	10,127	1796,6	5,8827
160	9,4584	1811,7	5,9415	9,7212	1810,7	5,9270	9,9848	1809,6	5,9129
165	9,3295	1824,6	5,9711	9,5881	1823,6	5,9567	9,8474	1822,6	5,9426
170	9,2047	1837,5	6,0004	9,4593	1836,5	5,9860	9,7145	1835,5	5,9720
175	9,0838	1850,4	6,0293	9,3345	1849,4	6,0150	9,5858	1848,5	6,0011

Ammoniak

t °C	p = 2,05 MPa (50,30 °C) ϱ kg/m³	h kJ/kg	s kJ/kgK	p = 2,10 MPa (51,23 °C) ϱ kg/m³	h kJ/kg	s kJ/kgK	p = 2,15 MPa (52,15 °C) ϱ kg/m³	h kJ/kg	s kJ/kgK
−50	702,93	−22,93	0,0897	702,95	−22,89	0,0896	702,97	−22,84	0,0895
−45	697,05	−1,10	0,1865	697,07	−1,06	0,1864	697,09	−1,01	0,1862
−40	691,07	20,86	0,2817	691,09	20,91	0,2816	691,12	20,95	0,2815
−35	684,99	42,96	0,3755	685,02	43,00	0,3753	685,04	43,04	0,3752
−30	678,82	65,17	0,4678	678,85	65,22	0,4677	678,87	65,26	0,4675
−25	672,55	87,52	0,5587	672,58	87,55	0,5586	672,61	87,59	0,5585
−20	666,19	109,98	0,6484	666,22	110,01	0,6482	666,24	110,05	0,6481
−15	659,73	132,56	0,7367	659,76	132,59	0,7365	659,78	132,63	0,7364
−10	653,16	155,26	0,8238	653,19	155,30	0,8236	653,22	155,33	0,8235
−5	646,49	178,09	0,9097	646,52	178,12	0,9096	646,55	178,16	0,9094
0	639,70	201,05	0,9945	639,74	201,08	0,9944	639,77	201,11	0,9942
5	632,80	224,14	1,0783	632,84	224,17	1,0782	632,87	224,20	1,0780
10	625,76	247,38	1,1611	625,80	247,41	1,1609	625,84	247,43	1,1608
15	618,59	270,77	1,2430	618,63	270,80	1,2428	618,67	270,83	1,2427
20	611,26	294,34	1,3241	611,30	294,36	1,3239	611,34	294,39	1,3237
25	603,75	318,09	1,4045	603,80	318,11	1,4043	603,85	318,14	1,4040
30	596,06	342,06	1,4842	596,11	342,08	1,4840	596,16	342,09	1,4837
35	588,16	366,26	1,5633	588,22	366,27	1,5631	588,27	366,29	1,5629
40	580,02	390,73	1,6421	580,08	390,73	1,6419	580,14	390,74	1,6416
45	571,61	415,50	1,7206	571,67	415,50	1,7203	571,74	415,50	1,7201
50	562,89	440,62	1,7989	562,95	440,62	1,7987	563,02	440,61	1,7984
55	15,440	1508,6	5,1003	15,915	1505,2	5,0804	16,398	1501,9	5,0607
60	14,990	1526,2	5,1537	15,441	1523,2	5,1348	15,898	1520,1	5,1160
65	14,582	1543,1	5,2040	15,012	1540,3	5,1858	15,448	1537,5	5,1678
70	14,209	1559,4	5,2517	14,622	1556,8	5,2341	15,039	1554,2	5,2167
75	13,865	1575,1	5,2972	14,263	1572,7	5,2801	14,664	1570,3	5,2632
80	13,547	1590,3	5,3407	13,930	1588,1	5,3241	14,317	1585,9	5,3077
85	13,250	1605,3	5,3826	13,621	1603,2	5,3664	13,995	1601,1	5,3504
90	12,971	1619,9	5,4231	13,331	1617,9	5,4072	13,694	1615,9	5,3916
95	12,710	1634,2	5,4624	13,059	1632,3	5,4468	13,412	1630,5	5,4314
100	12,463	1648,3	5,5004	12,803	1646,5	5,4851	13,145	1644,8	5,4700
105	12,229	1662,2	5,5375	12,560	1660,6	5,5224	12,894	1658,9	5,5076
110	12,006	1676,0	5,5737	12,330	1674,4	5,5588	12,656	1672,8	5,5441
115	11,795	1689,6	5,6090	12,111	1688,1	5,5943	12,429	1686,6	5,5799
120	11,593	1703,1	5,6436	11,903	1701,7	5,6290	12,213	1700,2	5,6148
125	11,401	1716,5	5,6774	11,703	1715,1	5,6631	12,007	1713,7	5,6490
130	11,216	1729,8	5,7107	11,512	1728,5	5,6964	11,810	1727,2	5,6825
135	11,039	1743,1	5,7433	11,329	1741,8	5,7292	11,621	1740,5	5,7154
140	10,869	1756,3	5,7754	11,154	1755,0	5,7614	11,440	1753,8	5,7477
145	10,705	1769,4	5,8070	10,985	1768,2	5,7931	11,265	1767,0	5,7795
150	10,548	1782,5	5,8381	10,822	1781,3	5,8243	11,098	1780,2	5,8108
155	10,396	1795,5	5,8688	10,666	1794,4	5,8551	10,936	1793,3	5,8417
160	10,249	1808,6	5,8990	10,514	1807,5	5,8854	10,780	1806,4	5,8721
165	10,107	1821,6	5,9288	10,368	1820,5	5,9154	10,630	1819,5	5,9021
170	9,9704	1834,5	5,9583	10,227	1833,5	5,9449	10,484	1832,6	5,9318
175	9,8378	1847,5	5,9874	10,090	1846,6	5,9741	10,344	1845,6	5,9610

Ammonia

t °C	$p = 2{,}20$ MPa (53,05 °C)			$p = 2{,}25$ MPa (53,93 °C)			$p = 2{,}30$ MPa (54,81 °C)		
	ϱ $\frac{kg}{m^3}$	h $\frac{kJ}{kg}$	s $\frac{kJ}{kg\,K}$	ϱ $\frac{kg}{m^3}$	h $\frac{kJ}{kg}$	s $\frac{kJ}{kg\,K}$	ϱ $\frac{kg}{m^3}$	h $\frac{kJ}{kg}$	s $\frac{kJ}{kg\,K}$
−50	703,00	−22,80	0,0894	703,02	−22,75	0,0893	703,04	−22,71	0,0891
−45	697,12	−0,97	0,1861	697,14	−0,92	0,1860	697,16	−0,88	0,1859
−40	691,14	20,99	0,2813	691,16	21,04	0,2812	691,18	21,08	0,2811
−35	685,06	43,08	0,3751	685,09	43,12	0,3749	685,11	43,17	0,3748
−30	678,90	65,30	0,4674	678,92	65,34	0,4673	678,95	65,38	0,4671
−25	672,63	87,63	0,5583	672,66	87,67	0,5582	672,69	87,71	0,5580
−20	666,27	110,09	0,6479	666,30	110,13	0,6478	666,33	110,17	0,6476
−15	659,81	132,67	0,7362	659,84	132,71	0,7361	659,87	132,74	0,7359
−10	653,25	155,37	0,8233	653,29	155,40	0,8232	653,32	155,44	0,8230
−5	646,59	178,19	0,9092	646,62	178,23	0,9091	646,65	178,26	0,9089
0	639,81	201,14	0,9940	639,84	201,18	0,9939	639,88	201,21	0,9937
5	632,91	224,23	1,0778	632,95	224,26	1,0776	632,98	224,29	1,0775
10	625,88	247,46	1,1606	625,92	247,49	1,1604	625,96	247,52	1,1602
15	618,71	270,85	1,2425	618,75	270,88	1,2423	618,79	270,90	1,2421
20	611,39	294,41	1,3235	611,43	294,43	1,3233	611,48	294,46	1,3231
25	603,90	318,16	1,4038	603,94	318,18	1,4036	603,99	318,20	1,4034
30	596,22	342,11	1,4835	596,27	342,13	1,4833	596,32	342,15	1,4831
35	588,32	366,30	1,5627	588,38	366,31	1,5624	588,43	366,33	1,5622
40	580,20	390,75	1,6414	580,25	390,76	1,6411	580,31	390,77	1,6409
45	571,80	415,51	1,7198	571,86	415,51	1,7195	571,93	415,52	1,7193
50	563,09	440,61	1,7981	563,16	440,61	1,7978	563,23	440,61	1,7975
55	16,888	1498,4	5,0411	17,386	1494,9	5,0215	17,892	1491,4	5,0020
60	16,361	1517,0	5,0973	16,831	1513,9	5,0788	17,307	1510,7	5,0604
65	15,889	1534,7	5,1499	16,335	1531,8	5,1322	16,787	1528,9	5,1147
70	15,461	1551,6	5,1995	15,887	1548,9	5,1825	16,318	1546,2	5,1656
75	15,069	1567,8	5,2466	15,478	1565,4	5,2301	15,891	1562,9	5,2139
80	14,707	1583,6	5,2915	15,101	1581,3	5,2756	15,499	1579,0	5,2598
85	14,372	1598,9	5,3346	14,752	1596,8	5,3191	15,136	1594,6	5,3037
90	14,059	1613,9	5,3762	14,427	1611,9	5,3610	14,798	1609,9	5,3460
95	13,766	1628,6	5,4163	14,123	1626,7	5,4014	14,482	1624,8	5,3867
100	13,490	1643,0	5,4552	13,837	1641,2	5,4406	14,186	1639,4	5,4262
105	13,230	1657,2	5,4930	13,567	1655,5	5,4786	13,907	1653,8	5,4645
110	12,983	1671,2	5,5298	13,312	1669,6	5,5156	13,642	1668,0	5,5017
115	12,748	1685,0	5,5657	13,069	1683,5	5,5517	13,392	1681,9	5,5380
120	12,525	1698,7	5,6008	12,839	1697,3	5,5870	13,154	1695,8	5,5734
125	12,312	1712,3	5,6351	12,619	1710,9	5,6215	12,927	1709,5	5,6081
130	12,109	1725,8	5,6688	12,409	1724,5	5,6553	12,710	1723,1	5,6421
135	11,914	1739,2	5,7018	12,208	1737,9	5,6885	12,503	1736,6	5,6754
140	11,727	1752,6	5,7343	12,015	1751,3	5,7211	12,304	1750,1	5,7081
145	11,547	1765,8	5,7662	11,830	1764,6	5,7531	12,113	1763,4	5,7402
150	11,374	1779,0	5,7976	11,651	1777,9	5,7846	11,930	1776,7	5,7719
155	11,208	1792,2	5,8286	11,480	1791,1	5,8157	11,753	1790,0	5,8030
160	11,047	1805,4	5,8591	11,315	1804,3	5,8463	11,583	1803,2	5,8337
165	10,892	1818,5	5,8892	11,155	1817,4	5,8764	11,419	1816,4	5,8640
170	10,742	1831,6	5,9189	11,001	1830,5	5,9062	11,261	1829,5	5,8938
175	10,598	1844,6	5,9482	10,852	1843,7	5,9356	11,107	1842,7	5,9233

Ammoniak

	$p = 2{,}35$ MPa (55,66 °C)			$p = 2{,}40$ MPa (56,51 °C)			$p = 2{,}45$ MPa (57,34 °C)		
t °C	ϱ $\frac{\text{kg}}{\text{m}^3}$	h $\frac{\text{kJ}}{\text{kg}}$	s $\frac{\text{kJ}}{\text{kg K}}$	ϱ $\frac{\text{kg}}{\text{m}^3}$	h $\frac{\text{kJ}}{\text{kg}}$	s $\frac{\text{kJ}}{\text{kg K}}$	ϱ $\frac{\text{kg}}{\text{m}^3}$	h $\frac{\text{kJ}}{\text{kg}}$	s $\frac{\text{kJ}}{\text{kg K}}$
−50	703,06	−22,66	0,0890	703,08	−22,62	0,0889	703,10	−22,57	0,0888
−45	697,18	−0,84	0,1857	697,20	−0,79	0,1856	697,23	−0,75	0,1855
−40	691,21	21,12	0,2810	691,23	21,16	0,2808	691,25	21,21	0,2807
−35	685,14	43,21	0,3747	685,16	43,25	0,3746	685,19	43,29	0,3744
−30	678,97	65,42	0,4670	679,00	65,46	0,4668	679,02	65,50	0,4667
−25	672,71	87,75	0,5579	672,74	87,79	0,5578	672,77	87,83	0,5576
−20	666,36	110,21	0,6475	666,38	110,25	0,6473	666,41	110,28	0,6472
−15	659,90	132,78	0,7358	659,93	132,82	0,7356	659,96	132,86	0,7355
−10	653,35	155,48	0,8229	653,38	155,51	0,8227	653,41	155,55	0,8225
−5	646,69	178,29	0,9088	646,72	178,33	0,9086	646,75	178,36	0,9084
0	639,91	201,24	0,9935	639,95	201,27	0,9934	639,98	201,31	0,9932
5	633,02	224,32	1,0773	633,06	224,35	1,0771	633,09	224,38	1,0769
10	626,00	247,55	1,1600	626,04	247,58	1,1599	626,07	247,61	1,1597
15	618,83	270,93	1,2419	618,88	270,96	1,2417	618,92	270,98	1,2415
20	611,52	294,48	1,3229	611,56	294,51	1,3227	611,61	294,53	1,3225
25	604,04	318,22	1,4032	604,08	318,24	1,4030	604,13	318,26	1,4028
30	596,37	342,16	1,4829	596,42	342,18	1,4826	596,47	342,20	1,4824
35	588,49	366,34	1,5620	588,54	366,35	1,5617	588,59	366,37	1,5615
40	580,37	390,78	1,6406	580,43	390,79	1,6404	580,49	390,80	1,6401
45	571,99	415,52	1,7190	572,05	415,53	1,7188	572,12	415,53	1,7185
50	563,30	440,61	1,7973	563,37	440,61	1,7970	563,44	440,61	1,7967
55	554,26	466,10	1,8755	554,33	466,09	1,8752	554,41	466,08	1,8749
60	17,791	1507,4	5,0421	18,282	1504,1	5,0239	18,781	1500,8	5,0057
65	17,245	1525,9	5,0973	17,709	1522,9	5,0800	18,179	1519,9	5,0627
70	16,754	1543,5	5,1489	17,196	1540,8	5,1324	17,642	1538,0	5,1159
75	16,308	1560,4	5,1978	16,730	1557,9	5,1818	17,156	1555,3	5,1660
80	15,900	1576,7	5,2442	16,305	1574,3	5,2287	16,713	1572,0	5,2135
85	15,522	1592,5	5,2886	15,912	1590,3	5,2736	16,305	1588,1	5,2587
90	15,172	1607,8	5,3312	15,548	1605,8	5,3166	15,928	1603,7	5,3021
95	14,844	1622,9	5,3722	15,209	1620,9	5,3580	15,576	1619,0	5,3439
100	14,537	1637,6	5,4120	14,891	1635,8	5,3980	15,247	1633,9	5,3842
105	14,248	1652,1	5,4505	14,592	1650,3	5,4368	14,938	1648,6	5,4232
110	13,975	1666,3	5,4880	14,310	1664,7	5,4745	14,646	1663,0	5,4612
115	13,716	1680,4	5,5245	14,042	1678,8	5,5112	14,370	1677,3	5,4981
120	13,470	1694,3	5,5601	13,788	1692,8	5,5470	14,108	1691,3	5,5341
125	13,236	1708,1	5,5950	13,547	1706,7	5,5820	13,859	1705,2	5,5693
130	13,013	1721,8	5,6291	13,316	1720,4	5,6163	13,622	1719,0	5,6037
135	12,799	1735,3	5,6625	13,096	1734,0	5,6499	13,395	1732,7	5,6374
140	12,594	1748,8	5,6953	12,885	1747,6	5,6828	13,178	1746,3	5,6705
145	12,398	1762,2	5,7276	12,683	1761,0	5,7152	12,970	1759,8	5,7030
150	12,209	1775,6	5,7593	12,489	1774,4	5,7470	12,770	1773,3	5,7349
155	12,027	1788,9	5,7906	12,302	1787,8	5,7784	12,578	1786,6	5,7664
160	11,852	1802,1	5,8214	12,122	1801,0	5,8092	12,393	1800,0	5,7973
165	11,684	1815,3	5,8517	11,949	1814,3	5,8397	12,215	1813,3	5,8278
170	11,521	1828,5	5,8817	11,782	1827,5	5,8697	12,043	1826,5	5,8579
175	11,363	1841,7	5,9112	11,620	1840,7	5,8993	11,877	1839,8	5,8877

Ammonia

t °C	$p = 2{,}50$ MPa (58,15 °C)			$p = 2{,}60$ MPa (59,75 °C)			$p = 2{,}70$ MPa (61,31 °C)		
	ϱ $\frac{kg}{m^3}$	h $\frac{kJ}{kg}$	s $\frac{kJ}{kg\,K}$	ϱ $\frac{kg}{m^3}$	h $\frac{kJ}{kg}$	s $\frac{kJ}{kg\,K}$	ϱ $\frac{kg}{m^3}$	h $\frac{kJ}{kg}$	s $\frac{kJ}{kg\,K}$
−50	703,12	−22,53	0,0887	703,16	−22,44	0,0884	703,21	−22,35	0,0882
−45	697,25	−0,70	0,1854	697,29	−0,62	0,1851	697,34	−0,53	0,1849
−40	691,28	21,25	0,2806	691,32	21,34	0,2803	691,37	21,42	0,2801
−35	685,21	43,33	0,3743	685,26	43,42	0,3740	685,31	43,50	0,3738
−30	679,05	65,54	0,4666	679,10	65,62	0,4663	679,15	65,71	0,4660
−25	672,79	87,87	0,5575	672,85	87,95	0,5572	672,90	88,03	0,5569
−20	666,44	110,32	0,6471	666,50	110,40	0,6468	666,55	110,48	0,6465
−15	659,99	132,89	0,7353	660,05	132,97	0,7350	660,11	133,04	0,7347
−10	653,44	155,58	0,8224	653,50	155,65	0,8221	653,56	155,73	0,8218
−5	646,78	178,40	0,9083	646,85	178,47	0,9080	646,92	178,53	0,9076
0	640,02	201,34	0,9930	640,09	201,40	0,9927	640,15	201,47	0,9924
5	633,13	224,42	1,0768	633,20	224,48	1,0764	633,27	224,54	1,0761
10	626,11	247,64	1,1595	626,19	247,69	1,1591	626,27	247,75	1,1588
15	618,96	271,01	1,2413	619,04	271,06	1,2410	619,12	271,12	1,2406
20	611,65	294,55	1,3223	611,74	294,60	1,3219	611,83	294,65	1,3215
25	604,18	318,28	1,4026	604,27	318,32	1,4022	604,36	318,37	1,4018
30	596,52	342,22	1,4822	596,62	342,25	1,4818	596,72	342,29	1,4813
35	588,65	366,38	1,5613	588,76	366,41	1,5608	588,86	366,44	1,5604
40	580,55	390,81	1,6399	580,66	390,83	1,6394	580,78	390,85	1,6389
45	572,18	415,54	1,7182	572,30	415,55	1,7177	572,43	415,56	1,7172
50	563,51	440,60	1,7964	563,65	440,60	1,7959	563,78	440,60	1,7953
55	554,49	466,07	1,8746	554,64	466,06	1,8740	554,79	466,04	1,8734
60	19,288	1497,4	4,9876	20,328	1490,4	4,9515	545,38	491,94	1,9518
65	18,656	1516,8	5,0456	19,630	1510,6	5,0116	20,634	1504,1	4,9778
70	18,094	1535,2	5,0996	19,015	1529,5	5,0673	19,959	1523,7	5,0353
75	17,587	1552,8	5,1503	18,463	1547,5	5,1194	19,359	1542,2	5,0888
80	17,126	1569,6	5,1983	17,963	1564,8	5,1685	18,818	1559,8	5,1392
85	16,702	1585,9	5,2441	17,506	1581,4	5,2152	18,324	1576,8	5,1868
90	16,310	1601,6	5,2879	17,084	1597,4	5,2598	17,871	1593,2	5,2323
95	15,946	1617,0	5,3299	16,694	1613,1	5,3026	17,453	1609,1	5,2758
100	15,605	1632,1	5,3706	16,329	1628,4	5,3438	17,063	1624,6	5,3177
105	15,286	1646,9	5,4099	15,988	1643,3	5,3837	16,699	1639,8	5,3581
110	14,984	1661,4	5,4480	15,667	1658,0	5,4223	16,357	1654,7	5,3972
115	14,699	1675,7	5,4852	15,364	1672,5	5,4599	16,035	1669,3	5,4352
120	14,429	1689,8	5,5214	15,077	1686,8	5,4964	15,731	1683,8	5,4722
125	14,173	1703,8	5,5567	14,805	1700,9	5,5321	15,442	1698,0	5,5082
130	13,928	1717,7	5,5913	14,545	1714,9	5,5670	15,168	1712,1	5,5434
135	13,695	1731,4	5,6251	14,298	1728,8	5,6012	14,907	1726,1	5,5779
140	13,472	1745,0	5,6583	14,062	1742,5	5,6346	14,657	1740,0	5,6116
145	13,258	1758,6	5,6910	13,836	1756,2	5,6675	14,419	1753,7	5,6447
150	13,052	1772,1	5,7230	13,619	1769,7	5,6998	14,190	1767,4	5,6772
155	12,855	1785,5	5,7546	13,411	1783,3	5,7315	13,971	1781,0	5,7091
160	12,665	1798,9	5,7856	13,211	1796,7	5,7627	13,760	1794,5	5,7406
165	12,482	1812,2	5,8162	13,018	1810,1	5,7935	13,557	1808,0	5,7715
170	12,305	1825,5	5,8464	12,832	1823,5	5,8239	13,362	1821,4	5,8020
175	12,135	1838,8	5,8762	12,653	1836,8	5,8538	13,174	1834,9	5,8321

Ammoniak

t	\multicolumn{3}{c	}{$p = 2{,}80$ MPa (62,82 °C)}	\multicolumn{3}{c	}{$p = 2{,}90$ MPa (64,29 °C)}	\multicolumn{3}{c	}{$p = 3{,}00$ MPa (65,72 °C)}
	ϱ	h	s	ϱ	h	s	ϱ	h	s
°C	$\frac{kg}{m^3}$	$\frac{kJ}{kg}$	$\frac{kJ}{kg\,K}$	$\frac{kg}{m^3}$	$\frac{kJ}{kg}$	$\frac{kJ}{kg\,K}$	$\frac{kg}{m^3}$	$\frac{kJ}{kg}$	$\frac{kJ}{kg\,K}$
−50	703,25	−22,26	0,0880	703,29	−22,17	0,0877	703,33	−22,08	0,0875
−45	697,38	−0,44	0,1847	697,42	−0,35	0,1844	697,47	−0,27	0,1842
−40	691,42	21,51	0,2798	691,46	21,59	0,2796	691,51	21,68	0,2793
−35	685,36	43,59	0,3735	685,40	43,67	0,3733	685,45	43,75	0,3730
−30	679,20	65,79	0,4658	679,25	65,87	0,4655	679,30	65,95	0,4652
−25	672,95	88,11	0,5566	673,01	88,19	0,5564	673,06	88,27	0,5561
−20	666,61	110,55	0,6462	666,66	110,63	0,6459	666,72	110,71	0,6456
−15	660,17	133,12	0,7344	660,23	133,19	0,7341	660,29	133,27	0,7338
−10	653,63	155,80	0,8215	653,69	155,87	0,8212	653,75	155,94	0,8209
−5	646,98	178,60	0,9073	647,05	178,67	0,9070	647,11	178,74	0,9067
0	640,22	201,53	0,9920	640,29	201,60	0,9917	640,36	201,67	0,9914
5	633,35	224,60	1,0757	633,42	224,66	1,0754	633,49	224,72	1,0750
10	626,35	247,81	1,1584	626,42	247,87	1,1581	626,50	247,92	1,1577
15	619,20	271,17	1,2402	619,29	271,22	1,2398	619,37	271,27	1,2394
20	611,91	294,70	1,3211	612,00	294,74	1,3208	612,09	294,79	1,3204
25	604,46	318,41	1,4014	604,55	318,45	1,4009	604,64	318,49	1,4005
30	596,82	342,32	1,4809	596,92	342,36	1,4805	597,01	342,40	1,4800
35	588,97	366,47	1,5599	589,08	366,50	1,5594	589,18	366,52	1,5590
40	580,89	390,87	1,6384	581,01	390,89	1,6380	581,12	390,91	1,6375
45	572,56	415,57	1,7167	572,68	415,58	1,7162	572,81	415,59	1,7156
50	563,92	440,60	1,7948	564,06	440,60	1,7942	564,19	440,60	1,7936
55	554,94	466,02	1,8728	555,09	466,01	1,8722	555,24	465,99	1,8716
60	545,55	491,91	1,9511	545,72	491,88	1,9505	545,88	491,85	1,9498
65	21,670	1497,4	4,9441	22,740	1490,6	4,9104	536,06	518,24	2,0284
70	20,930	1517,7	5,0035	21,928	1511,5	4,9720	22,957	1505,2	4,9405
75	20,276	1536,7	5,0586	21,216	1531,1	5,0287	22,181	1525,4	4,9990
80	19,690	1554,8	5,1102	20,581	1549,7	5,0817	21,493	1544,5	5,0534
85	19,158	1572,1	5,1590	20,008	1567,4	5,1315	20,876	1562,6	5,1044
90	18,672	1588,8	5,2053	19,486	1584,5	5,1788	20,315	1580,0	5,1526
95	18,223	1605,0	5,2496	19,006	1600,9	5,2238	19,802	1596,8	5,1985
100	17,807	1620,8	5,2921	18,562	1616,9	5,2670	19,329	1613,0	5,2424
105	17,419	1636,2	5,3331	18,149	1632,6	5,3086	18,889	1628,9	5,2846
110	17,056	1651,3	5,3727	17,763	1647,9	5,3488	18,479	1644,4	5,3253
115	16,714	1666,1	5,4112	17,401	1662,9	5,3877	18,095	1659,6	5,3647
120	16,392	1680,7	5,4485	17,059	1677,6	5,4255	17,734	1674,5	5,4029
125	16,086	1695,1	5,4849	16,736	1692,2	5,4622	17,393	1689,2	5,4401
130	15,796	1709,3	5,5205	16,430	1706,5	5,4981	17,070	1703,7	5,4763
135	15,520	1723,4	5,5552	16,139	1720,7	5,5331	16,764	1718,0	5,5116
140	15,257	1737,4	5,5892	15,862	1734,8	5,5674	16,472	1732,2	5,5462
145	15,006	1751,3	5,6226	15,598	1748,8	5,6010	16,194	1746,3	5,5800
150	14,765	1765,0	5,6553	15,345	1762,6	5,6340	15,928	1760,3	5,6132
155	14,535	1778,7	5,6874	15,102	1776,4	5,6663	15,673	1774,1	5,6458
160	14,313	1792,3	5,7191	14,869	1790,1	5,6982	15,429	1787,9	5,6778
165	14,100	1805,9	5,7502	14,646	1803,8	5,7295	15,195	1801,6	5,7093
170	13,895	1819,4	5,7809	14,431	1817,4	5,7603	14,970	1815,3	5,7403
175	13,697	1832,9	5,8111	14,223	1830,9	5,7907	14,753	1828,9	5,7709

R 22

$CHClF_2$

	Seite
Sättigungsgrößen als Funktionen der Celsius-Temperatur	76
Sättigungsgrößen als Funktionen des Drucks	80
Zustandsgrößen im Gas- und Flüssigkeitsgebiet	83

	Page
Saturation properties as functions of Celsius-temperature	76
Saturation properties as functions of pressure	80
Properties of liquid and gas	83

Sättigungsgrößen als Funktionen der Celsius-Temperatur
Saturation properties as functions of Celsius-temperature

t °C	p_s MPa	ϱ'	ϱ''	h'	Δh_v	h''	s'	Δs_v	s''
		kg/m^3		kJ/kg			kJ/(kg K)		
−95	0,00313	1558,3	0,1834	95,35	265,86	361,21	0,5324	1,4923	2,0247
−94	0,00341	1555,6	0,1989	96,41	265,28	361,70	0,5383	1,4808	2,0191
−93	0,00372	1553,0	0,2156	97,47	264,71	362,18	0,5442	1,4694	2,0136
−92	0,00405	1550,3	0,2334	98,53	264,13	362,67	0,5501	1,4581	2,0082
−91	0,00440	1547,6	0,2524	99,59	263,56	363,15	0,5559	1,4469	2,0029
−90	0,00478	1545,0	0,2727	100,65	262,98	363,64	0,5617	1,4359	1,9976
−89	0,00518	1542,3	0,2943	101,72	262,41	364,12	0,5675	1,4250	1,9925
−88	0,00562	1539,7	0,3173	102,78	261,84	364,61	0,5733	1,4142	1,9874
−87	0,00608	1537,0	0,3417	103,84	261,26	365,10	0,5790	1,4035	1,9825
−86	0,00658	1534,3	0,3677	104,90	260,69	365,59	0,5847	1,3929	1,9776
−85	0,00711	1531,7	0,3953	105,96	260,11	366,08	0,5903	1,3825	1,9728
−84	0,00767	1529,0	0,4246	107,03	259,54	366,57	0,5960	1,3721	1,9681
−83	0,00827	1526,3	0,4556	108,09	258,96	367,06	0,6016	1,3619	1,9635
−82	0,00891	1523,6	0,4885	109,16	258,39	367,55	0,6072	1,3518	1,9589
−81	0,00959	1520,9	0,5233	110,22	257,82	368,04	0,6127	1,3417	1,9545
−80	0,01032	1518,2	0,5601	111,29	257,24	368,53	0,6182	1,3318	1,9501
−79	0,01109	1515,5	0,5989	112,35	256,67	369,02	0,6237	1,3220	1,9457
−78	0,01190	1512,8	0,6400	113,42	256,09	369,51	0,6292	1,3123	1,9415
−77	0,01277	1510,1	0,6832	114,49	255,51	370,00	0,6347	1,3026	1,9373
−76	0,01369	1507,4	0,7289	115,55	254,94	370,49	0,6401	1,2931	1,9332
−75	0,01466	1504,7	0,7770	116,62	254,36	370,98	0,6455	1,2837	1,9292
−74	0,01568	1502,0	0,8276	117,69	253,78	371,47	0,6509	1,2743	1,9252
−73	0,01677	1499,3	0,8808	118,76	253,21	371,97	0,6562	1,2651	1,9213
−72	0,01791	1496,6	0,9368	119,83	252,63	372,46	0,6616	1,2559	1,9175
−71	0,01912	1493,8	0,9956	120,90	252,05	372,95	0,6669	1,2468	1,9137
−70	0,02040	1491,1	1,0574	121,97	251,47	373,44	0,6721	1,2378	1,9100
−69	0,02174	1488,4	1,1221	123,04	250,89	373,93	0,6774	1,2289	1,9063
−68	0,02316	1485,6	1,1901	124,12	250,31	374,42	0,6826	1,2201	1,9027
−67	0,02465	1482,9	1,2613	125,19	249,72	374,91	0,6879	1,2114	1,8992
−66	0,02622	1480,1	1,3358	126,26	249,14	375,40	0,6930	1,2027	1,8957
−65	0,02787	1477,4	1,4139	127,34	248,55	375,89	0,6982	1,1941	1,8923
−64	0,02960	1474,6	1,4956	128,42	247,97	376,38	0,7034	1,1856	1,8890
−63	0,03142	1471,8	1,5809	129,49	247,38	376,87	0,7085	1,1772	1,8857
−62	0,03333	1469,1	1,6701	130,57	246,79	377,36	0,7136	1,1688	1,8824
−61	0,03533	1466,3	1,7633	131,65	246,20	377,85	0,7187	1,1605	1,8792
−60	0,03742	1463,5	1,8606	132,73	245,61	378,34	0,7238	1,1523	1,8761
−59	0,03962	1460,7	1,9620	133,81	245,02	378,83	0,7288	1,1441	1,8730
−58	0,04192	1457,9	2,0679	134,89	244,42	379,31	0,7339	1,1361	1,8699
−57	0,04433	1455,1	2,1781	135,97	243,83	379,80	0,7389	1,1280	1,8669
−56	0,04684	1452,3	2,2930	137,06	243,23	380,28	0,7439	1,1201	1,8639
−55	0,04947	1449,5	2,4127	138,14	242,63	380,77	0,7488	1,1122	1,8610
−54	0,05222	1446,7	2,5372	139,22	242,03	381,25	0,7538	1,1044	1,8582
−53	0,05509	1443,9	2,6667	140,31	241,42	381,74	0,7587	1,0966	1,8554
−52	0,05808	1441,0	2,8013	141,40	240,82	382,22	0,7636	1,0889	1,8526
−51	0,06120	1438,2	2,9413	142,49	240,21	382,70	0,7685	1,0813	1,8498

R 22

t °C	p_s MPa	ϱ' kg/m³	ϱ'' kg/m³	h' kJ/kg	Δh_v kJ/kg	h'' kJ/kg	s' kJ/(kg K)	Δs_v kJ/(kg K)	s'' kJ/(kg K)
−50	0,06446	1435,4	3,0867	143,58	239,60	383,18	0,7734	1,0737	1,8472
−49	0,06785	1432,5	3,2377	144,67	238,99	383,66	0,7783	1,0662	1,8445
−48	0,07138	1429,7	3,3945	145,76	238,38	384,14	0,7831	1,0588	1,8419
−47	0,07505	1426,8	3,5571	146,85	237,76	384,61	0,7880	1,0514	1,8393
−46	0,07888	1423,9	3,7258	147,95	237,14	385,09	0,7928	1,0440	1,8368
−45	0,08286	1421,0	3,9007	149,04	236,52	385,57	0,7976	1,0367	1,8343
−44	0,08699	1418,2	4,0820	150,14	235,90	386,04	0,8024	1,0295	1,8318
−43	0,09129	1415,3	4,2697	151,24	235,28	386,51	0,8071	1,0223	1,8294
−42	0,09575	1412,4	4,4642	152,33	234,65	386,98	0,8119	1,0151	1,8270
−41	0,10038	1409,5	4,6655	153,43	234,02	387,45	0,8166	1,0080	1,8247
−40	0,10519	1406,5	4,8739	154,54	233,38	387,92	0,8213	1,0010	1,8223
−39	0,11017	1403,6	5,0894	155,64	232,75	388,39	0,8260	0,9940	1,8201
−38	0,11534	1400,7	5,3123	156,74	232,11	388,85	0,8307	0,9871	1,8178
−37	0,12070	1397,7	5,5428	157,85	231,47	389,32	0,8354	0,9802	1,8156
−36	0,12625	1394,8	5,7809	158,96	230,82	389,78	0,8401	0,9733	1,8134
−35	0,13200	1391,8	6,0270	160,07	230,17	390,24	0,8447	0,9665	1,8112
−34	0,13796	1388,9	6,2811	161,18	229,52	390,70	0,8494	0,9597	1,8091
−33	0,14412	1385,9	6,5435	162,29	228,87	391,16	0,8540	0,9530	1,8070
−32	0,15049	1382,9	6,8144	163,40	228,21	391,61	0,8586	0,9463	1,8049
−31	0,15708	1379,9	7,0939	164,52	227,55	392,06	0,8632	0,9397	1,8029
−30	0,16389	1376,9	7,3822	165,63	226,88	392,52	0,8678	0,9331	1,8009
−29	0,17093	1373,9	7,6796	166,75	226,22	392,97	0,8723	0,9265	1,7989
−28	0,17820	1370,9	7,9862	167,87	225,54	393,41	0,8769	0,9200	1,7969
−27	0,18571	1367,9	8,3023	168,99	224,87	393,86	0,8814	0,9135	1,7950
−26	0,19347	1364,8	8,6280	170,11	224,19	394,30	0,8860	0,9071	1,7931
−25	0,20147	1361,8	8,9635	171,24	223,51	394,75	0,8905	0,9007	1,7912
−24	0,20972	1358,7	9,3091	172,36	222,82	395,19	0,8950	0,8943	1,7893
−23	0,21824	1355,6	9,6650	173,49	222,13	395,62	0,8995	0,8880	1,7875
−22	0,22701	1352,6	10,031	174,62	221,44	396,06	0,9040	0,8817	1,7856
−21	0,23606	1349,5	10,409	175,75	220,74	396,49	0,9084	0,8754	1,7838
−20	0,24538	1346,4	10,797	176,89	220,03	396,92	0,9129	0,8692	1,7821
−19	0,25498	1343,2	11,196	178,02	219,33	397,35	0,9173	0,8630	1,7803
−18	0,26487	1340,1	11,607	179,16	218,62	397,78	0,9218	0,8568	1,7786
−17	0,27505	1337,0	12,029	180,30	217,90	398,20	0,9262	0,8507	1,7769
−16	0,28552	1333,8	12,463	181,44	217,18	398,62	0,9306	0,8446	1,7752
−15	0,29630	1330,7	12,909	182,59	216,46	399,04	0,9350	0,8385	1,7735
−14	0,30738	1327,5	13,368	183,73	215,73	399,46	0,9394	0,8324	1,7719
−13	0,31878	1324,3	13,839	184,88	214,99	399,87	0,9438	0,8264	1,7702
−12	0,33050	1321,1	14,324	186,03	214,25	400,28	0,9482	0,8204	1,7686
−11	0,34254	1317,9	14,821	187,18	213,51	400,69	0,9525	0,8145	1,7670
−10	0,35492	1314,7	15,332	188,33	212,76	401,09	0,9569	0,8085	1,7654
−9	0,36763	1311,4	15,856	189,49	212,01	401,50	0,9613	0,8026	1,7639
−8	0,38069	1308,2	16,395	190,65	211,25	401,90	0,9656	0,7967	1,7623
−7	0,39409	1304,9	16,948	191,81	210,48	402,29	0,9699	0,7908	1,7608
−6	0,40785	1301,6	17,515	192,97	209,71	402,69	0,9742	0,7850	1,7592
−5	0,42196	1298,3	18,097	194,14	208,94	403,08	0,9786	0,7792	1,7577
−4	0,43645	1295,0	18,694	195,30	208,16	403,46	0,9829	0,7734	1,7563
−3	0,45131	1291,7	19,307	196,47	207,37	403,85	0,9872	0,7676	1,7548
−2	0,46654	1288,3	19,936	197,65	206,58	404,23	0,9914	0,7619	1,7533
−1	0,48216	1285,0	20,580	198,82	205,78	404,61	0,9957	0,7561	1,7519

R 22

t °C	p_s MPa	ϱ' kg/m³	ϱ''	h' kJ/kg	Δh_v	h''	s' kJ/(kg K)	Δs_v	s''
0	0,49817	1281,6	21,241	200,00	204,98	404,98	1,0000	0,7504	1,7504
1	0,51458	1278,2	21,919	201,18	204,17	405,35	1,0043	0,7447	1,7490
2	0,53139	1274,8	22,614	202,36	203,35	405,72	1,0085	0,7391	1,7476
3	0,54861	1271,4	23,326	203,55	202,53	406,08	1,0128	0,7334	1,7462
4	0,56625	1268,0	24,056	204,74	201,70	406,44	1,0170	0,7278	1,7448
5	0,58431	1264,5	24,804	205,93	200,87	406,80	1,0213	0,7222	1,7434
6	0,60279	1261,0	25,571	207,12	200,03	407,15	1,0255	0,7166	1,7421
7	0,62171	1257,5	26,357	208,32	199,18	407,50	1,0297	0,7110	1,7407
8	0,64108	1254,0	27,162	209,52	198,33	407,84	1,0339	0,7054	1,7393
9	0,66089	1250,5	27,987	210,72	197,47	408,19	1,0381	0,6999	1,7380
10	0,68115	1247,0	28,831	211,93	196,60	408,52	1,0424	0,6943	1,7367
11	0,70187	1243,4	29,697	213,13	195,72	408,86	1,0466	0,6888	1,7354
12	0,72306	1239,8	30,583	214,35	194,84	409,18	1,0508	0,6833	1,7340
13	0,74473	1236,2	31,491	215,56	193,95	409,51	1,0549	0,6778	1,7327
14	0,76687	1232,6	32,421	216,78	193,05	409,83	1,0591	0,6723	1,7314
15	0,78950	1228,9	33,373	218,00	192,15	410,14	1,0633	0,6668	1,7301
16	0,81262	1225,2	34,348	219,22	191,23	410,46	1,0675	0,6614	1,7288
17	0,83624	1221,5	35,346	220,45	190,31	410,76	1,0717	0,6559	1,7276
18	0,86037	1217,8	36,369	221,68	189,38	411,06	1,0758	0,6505	1,7263
19	0,88502	1214,1	37,415	222,92	188,44	411,36	1,0800	0,6450	1,7250
20	0,91018	1210,3	38,487	224,16	187,50	411,65	1,0842	0,6396	1,7238
21	0,93587	1206,5	39,584	225,40	186,54	411,94	1,0883	0,6342	1,7225
22	0,96209	1202,7	40,707	226,65	185,58	412,22	1,0925	0,6288	1,7212
23	0,98885	1198,9	41,857	227,90	184,61	412,50	1,0966	0,6234	1,7200
24	1,01616	1195,0	43,034	229,15	183,62	412,77	1,1008	0,6180	1,7187
25	1,04403	1191,1	44,239	230,41	182,63	413,04	1,1049	0,6126	1,7175
26	1,07245	1187,2	45,473	231,67	181,63	413,30	1,1091	0,6072	1,7162
27	1,10145	1183,2	46,736	232,93	180,62	413,56	1,1132	0,6018	1,7150
28	1,13102	1179,3	48,029	234,20	179,60	413,81	1,1173	0,5964	1,7137
29	1,16117	1175,3	49,353	235,48	178,57	414,05	1,1215	0,5910	1,7125
30	1,19191	1171,2	50,708	236,76	177,53	414,29	1,1256	0,5856	1,7112
31	1,22325	1167,2	52,096	238,04	176,48	414,52	1,1298	0,5802	1,7100
32	1,25520	1163,1	53,517	239,33	175,42	414,74	1,1339	0,5749	1,7088
33	1,28775	1158,9	54,971	240,62	174,35	414,96	1,1380	0,5695	1,7075
34	1,32093	1154,8	56,461	241,91	173,26	415,17	1,1422	0,5641	1,7063
35	1,35473	1150,6	57,986	243,22	172,16	415,38	1,1463	0,5587	1,7050
36	1,38916	1146,3	59,548	244,52	171,06	415,58	1,1504	0,5533	1,7037
37	1,42424	1142,1	61,148	245,83	169,94	415,77	1,1546	0,5479	1,7025
38	1,45996	1137,8	62,787	247,15	168,80	415,95	1,1587	0,5425	1,7012
39	1,49634	1133,4	64,465	248,47	167,66	416,13	1,1629	0,5371	1,7000
40	1,53339	1129,0	66,185	249,80	166,50	416,30	1,1670	0,5317	1,6987
41	1,57111	1124,6	67,947	251,13	165,33	416,46	1,1711	0,5263	1,6974
42	1,60951	1120,1	69,752	252,47	164,14	416,61	1,1753	0,5208	1,6961
43	1,64859	1115,6	71,602	253,82	162,94	416,76	1,1794	0,5154	1,6948
44	1,68838	1111,1	73,498	255,17	161,72	416,89	1,1836	0,5099	1,6935
45	1,72886	1106,5	75,441	256,53	160,49	417,02	1,1877	0,5045	1,6922
46	1,77006	1101,8	77,433	257,89	159,25	417,14	1,1919	0,4990	1,6909
47	1,81198	1097,1	79,476	259,26	157,99	417,25	1,1961	0,4935	1,6895
48	1,85463	1092,4	81,572	260,64	156,71	417,35	1,2002	0,4880	1,6882
49	1,89801	1087,6	83,721	262,02	155,41	417,43	1,2044	0,4824	1,6868

R 22

t °C	p_s MPa	ϱ'	ϱ'' kg/m³	h'	Δh_v	h'' kJ/kg	s'	Δs_v	s'' kJ/(kg K)
50	1,94215	1082,7	85,926	263,41	154,10	417,51	1,2086	0,4769	1,6855
51	1,98703	1077,8	88,189	264,81	152,77	417,58	1,2128	0,4713	1,6841
52	2,03268	1072,8	90,512	266,22	151,42	417,64	1,2170	0,4657	1,6827
53	2,07910	1067,8	92,896	267,63	150,05	417,68	1,2212	0,4601	1,6813
54	2,12631	1062,7	95,345	269,06	148,66	417,72	1,2254	0,4544	1,6799
55	2,17430	1057,5	97,861	270,49	147,25	417,74	1,2297	0,4487	1,6784
56	2,22309	1052,3	100,45	271,93	145,82	417,75	1,2339	0,4430	1,6769
57	2,27269	1047,0	103,10	273,38	144,37	417,74	1,2382	0,4373	1,6754
58	2,32311	1041,6	105,84	274,83	142,89	417,73	1,2424	0,4315	1,6739
59	2,37436	1036,2	108,65	276,30	141,39	417,69	1,2467	0,4257	1,6724
60	2,42645	1030,6	111,54	277,78	139,87	417,65	1,2510	0,4198	1,6708
61	2,47939	1025,0	114,52	279,27	138,31	417,58	1,2553	0,4139	1,6692
62	2,53318	1019,3	117,58	280,77	136,74	417,51	1,2596	0,4080	1,6676
63	2,58784	1013,5	120,74	282,28	135,13	417,41	1,2640	0,4020	1,6660
64	2,64338	1007,6	124,00	283,81	133,49	417,30	1,2683	0,3959	1,6643
65	2,69982	1001,6	127,36	285,34	131,83	417,17	1,2727	0,3898	1,6626
66	2,75715	995,44	130,83	286,89	130,13	417,02	1,2771	0,3837	1,6608
67	2,81540	989,20	134,41	288,46	128,39	416,85	1,2816	0,3775	1,6590
68	2,87458	982,84	138,11	290,03	126,62	416,65	1,2860	0,3712	1,6572
69	2,93469	976,35	141,94	291,63	124,81	416,44	1,2905	0,3648	1,6553
70	2,99575	969,72	145,90	293,24	122,96	416,20	1,2950	0,3583	1,6534
71	3,05777	962,94	150,00	294,87	121,07	415,94	1,2996	0,3518	1,6514
72	3,12077	956,00	154,26	296,51	119,14	415,65	1,3042	0,3452	1,6493
73	3,18475	948,90	158,67	298,18	117,15	415,33	1,3088	0,3384	1,6472
74	3,24974	941,61	163,26	299,86	115,12	414,98	1,3134	0,3316	1,6451
75	3,31575	934,13	168,04	301,57	113,03	414,60	1,3182	0,3247	1,6428
76	3,38279	926,45	173,01	303,31	110,88	414,18	1,3229	0,3176	1,6405
77	3,45088	918,53	178,20	305,06	108,67	413,73	1,3277	0,3103	1,6381
78	3,52003	910,38	183,63	306,85	106,39	413,24	1,3326	0,3030	1,6356
79	3,59026	901,95	189,31	308,67	104,03	412,70	1,3376	0,2954	1,6330
80	3,66159	893,24	195,26	310,52	101,60	412,11	1,3426	0,2877	1,6303
81	3,73405	884,21	201,52	312,40	99,07	411,47	1,3477	0,2797	1,6274
82	3,80764	874,82	208,13	314,33	96,45	410,78	1,3529	0,2716	1,6245
83	3,88239	865,04	215,11	316,29	93,72	410,02	1,3582	0,2632	1,6213
84	3,95833	854,81	222,51	318,31	90,87	409,18	1,3636	0,2544	1,6180
85	4,03547	844,09	230,40	320,39	87,88	408,27	1,3691	0,2454	1,6145
86	4,11386	832,80	238,85	322,53	84,74	407,26	1,3748	0,2359	1,6108
87	4,19351	820,85	247,94	324,74	81,41	406,14	1,3807	0,2260	1,6067
88	4,27446	808,11	257,79	327,04	77,86	404,90	1,3868	0,2156	1,6024
89	4,35675	794,44	268,57	329,44	74,06	403,50	1,3932	0,2045	1,5977
90	4,44043	779,62	280,49	331,97	69,95	401,92	1,3999	0,1926	1,5925
91	4,52554	763,30	293,89	334,67	65,42	400,09	1,4070	0,1797	1,5866
92	4,61216	744,99	309,27	337,60	60,35	397,94	1,4147	0,1653	1,5800
93	4,70036	723,79	327,52	340,84	54,49	395,34	1,4232	0,1488	1,5721
94	4,79026	697,88	350,41	344,62	47,37	391,99	1,4332	0,1290	1,5622
95	4,88205	662,38	382,74	349,50	37,69	387,19	1,4461	0,1024	1,5485
96	4,97609	583,61	457,44	359,46	16,66	376,12	1,4727	0,0451	1,5178
96,13	4,98856	520,00	520,00	367,49	0,00	367,49	1,4944	0,0000	1,4944

R 22

Sättigungsgrößen als Funktionen des Drucks
Saturation properties as functions of pressure

p MPa	t_s °C	ϱ' ϱ'' kg/m³	h' Δh_v h'' kJ/kg	s' Δs_v s'' kJ/(kg K)
0,001	−107,01	1589,9 0,0627	82,63 272,83 355,46	0,4585 1,6422 2,1007
0,002	−99,95	1571,3 0,1205	90,11 268,72 358,83	0,5025 1,5515 2,0540
0,003	−95,48	1559,5 0,1763	94,84 266,14 360,98	0,5295 1,4979 2,0275
0,004	−92,14	1550,7 0,2308	98,39 264,21 362,60	0,5493 1,4597 2,0089
0,005	−89,44	1543,5 0,2845	101,24 262,66 363,91	0,5650 1,4298 1,9948
0,006	−87,17	1537,5 0,3374	103,66 261,36 365,02	0,5780 1,4053 1,9833
0,007	−85,20	1532,2 0,3898	105,76 260,23 365,98	0,5892 1,3845 1,9737
0,008	−83,45	1527,5 0,4416	107,62 259,22 366,84	0,5991 1,3664 1,9655
0,009	−81,87	1523,3 0,4929	109,30 258,31 367,61	0,6079 1,3504 1,9583
0,010	−80,43	1519,4 0,5439	110,83 257,49 368,31	0,6159 1,3361 1,9520
0,012	−77,89	1512,5 0,6448	113,54 256,02 369,57	0,6298 1,3112 1,9410
0,014	−75,67	1506,5 0,7445	115,91 254,75 370,65	0,6419 1,2900 1,9319
0,016	−73,70	1501,2 0,8432	118,01 253,61 371,62	0,6525 1,2716 1,9240
0,018	−71,93	1496,4 0,9411	119,91 252,58 372,49	0,6619 1,2552 1,9172
0,020	−70,31	1491,9 1,0381	121,64 251,65 373,29	0,6705 1,2406 1,9111
0,022	−68,81	1487,9 1,1345	123,24 250,78 374,02	0,6784 1,2273 1,9057
0,024	−67,43	1484,1 1,2303	124,73 249,97 374,70	0,6856 1,2151 1,9007
0,026	−66,14	1480,5 1,3255	126,12 249,22 375,34	0,6923 1,2039 1,8962
0,028	−64,92	1477,2 1,4202	127,42 248,51 375,93	0,6986 1,1934 1,8921
0,030	−63,78	1474,0 1,5144	128,66 247,84 376,49	0,7045 1,1837 1,8882
0,032	−62,69	1471,0 1,6082	129,83 247,20 377,02	0,7101 1,1746 1,8846
0,034	−61,66	1468,1 1,7016	130,94 246,59 377,53	0,7154 1,1660 1,8813
0,036	−60,67	1465,4 1,7945	132,00 246,01 378,01	0,7204 1,1578 1,8782
0,038	−59,73	1462,8 1,8872	133,02 245,45 378,47	0,7251 1,1501 1,8752
0,040	−58,83	1460,3 1,9795	133,99 244,92 378,91	0,7297 1,1428 1,8724
0,042	−57,97	1457,8 2,0715	134,93 244,40 379,33	0,7340 1,1358 1,8698
0,044	−57,13	1455,5 2,1631	135,83 243,91 379,73	0,7382 1,1291 1,8673
0,046	−56,33	1453,3 2,2545	136,70 243,43 380,12	0,7422 1,1227 1,8649
0,048	−55,56	1451,1 2,3457	137,54 242,96 380,50	0,7461 1,1166 1,8626
0,050	−54,81	1449,0 2,4365	138,35 242,51 380,86	0,7498 1,1107 1,8605
0,055	−53,03	1444,0 2,6626	140,28 241,44 381,72	0,7586 1,0969 1,8554
0,060	−51,38	1439,3 2,8874	142,07 240,44 382,52	0,7667 1,0842 1,8509
0,065	−49,84	1434,9 3,1109	143,75 239,50 383,26	0,7742 1,0725 1,8467
0,070	−48,39	1430,8 3,3333	145,34 238,62 383,95	0,7813 1,0616 1,8429
0,075	−47,01	1426,8 3,5547	146,84 237,77 384,61	0,7879 1,0515 1,8394
0,080	−45,71	1423,1 3,7752	148,26 236,97 385,23	0,7942 1,0419 1,8361
0,085	−44,48	1419,5 3,9948	149,61 236,20 385,81	0,8001 1,0329 1,8330
0,090	−43,30	1416,1 4,2136	150,91 235,46 386,37	0,8057 1,0244 1,8301
0,095	−42,16	1412,8 4,4317	152,15 234,75 386,90	0,8111 1,0163 1,8274
0,100	−41,08	1409,7 4,6491	153,35 234,07 387,41	0,8162 1,0086 1,8249
0,110	−39,03	1403,7 5,0820	155,60 232,77 388,37	0,8259 0,9942 1,8201
0,120	−37,13	1398,1 5,5126	157,71 231,55 389,26	0,8348 0,9811 1,8159
0,130	−35,34	1392,9 5,9413	159,68 230,40 390,08	0,8431 0,9688 1,8120
0,140	−33,66	1387,9 6,3683	161,55 229,30 390,85	0,8509 0,9575 1,8084
0,150	−32,08	1383,1 6,7936	163,32 228,26 391,58	0,8582 0,9468 1,8051

R 22

p MPa	t_s °C	ϱ'	ϱ''	h'	Δh_v	h''	s'	Δs_v	s''
		kg/m³		kJ/kg			kJ/(kg K)		
0,160	−30,57	1378,6	7,2176	165,00	227,26	392,26	0,8652	0,9368	1,8020
0,170	−29,13	1374,3	7,6403	166,60	226,30	392,91	0,8717	0,9274	1,7991
0,180	−27,76	1370,2	8,0619	168,14	225,38	393,52	0,8780	0,9185	1,7964
0,190	−26,44	1366,2	8,4824	169,62	224,49	394,11	0,8839	0,9100	1,7939
0,200	−25,18	1362,3	8,9020	171,03	223,63	394,67	0,8897	0,9019	1,7915
0,210	−23,97	1358,6	9,3207	172,40	222,80	395,20	0,8951	0,8941	1,7892
0,220	−22,80	1355,0	9,7387	173,72	221,99	395,71	0,9004	0,8867	1,7871
0,230	−21,67	1351,5	10,156	175,00	221,20	396,20	0,9054	0,8796	1,7850
0,240	−20,57	1348,1	10,573	176,24	220,44	396,68	0,9103	0,8728	1,7831
0,250	−19,52	1344,8	10,989	177,44	219,69	397,13	0,9150	0,8662	1,7812
0,260	−18,49	1341,6	11,404	178,61	218,96	397,57	0,9196	0,8598	1,7794
0,270	−17,49	1338,5	11,820	179,74	218,25	397,99	0,9240	0,8537	1,7777
0,280	−16,52	1335,5	12,234	180,84	217,56	398,40	0,9283	0,8478	1,7761
0,290	−15,58	1332,5	12,649	181,92	216,88	398,80	0,9325	0,8420	1,7745
0,300	−14,66	1329,6	13,063	182,97	216,21	399,18	0,9365	0,8364	1,7729
0,320	−12,89	1324,0	13,890	185,00	214,91	399,91	0,9443	0,8258	1,7700
0,340	−11,21	1318,6	14,716	186,94	213,67	400,60	0,9516	0,8157	1,7673
0,360	−9,60	1313,4	15,542	188,80	212,46	401,26	0,9587	0,8061	1,7648
0,380	−8,05	1308,3	16,367	190,59	211,29	401,88	0,9654	0,7970	1,7624
0,400	−6,57	1303,5	17,191	192,31	210,15	402,46	0,9718	0,7883	1,7601
0,420	−5,14	1298,8	18,016	193,98	209,05	403,02	0,9780	0,7800	1,7579
0,440	−3,76	1294,2	18,841	195,59	207,97	403,56	0,9839	0,7720	1,7559
0,460	−2,43	1289,8	19,666	197,15	206,92	404,07	0,9896	0,7643	1,7539
0,480	−1,14	1285,4	20,491	198,66	205,89	404,55	0,9951	0,7569	1,7521
0,500	0,11	1281,2	21,317	200,13	204,89	405,02	1,0005	0,7498	1,7503
0,520	1,32	1277,1	22,143	201,56	203,91	405,47	1,0057	0,7429	1,7485
0,540	2,50	1273,1	22,970	202,96	202,94	405,90	1,0107	0,7362	1,7469
0,560	3,65	1269,2	23,797	204,32	202,00	406,31	1,0155	0,7298	1,7453
0,580	4,76	1265,3	24,626	205,65	201,07	406,71	1,0203	0,7235	1,7437
0,600	5,85	1261,6	25,455	206,94	200,16	407,10	1,0249	0,7174	1,7423
0,650	8,45	1252,4	27,533	210,06	197,94	408,00	1,0358	0,7029	1,7387
0,700	10,91	1243,7	29,619	213,03	195,80	408,83	1,0462	0,6893	1,7355
0,750	13,24	1235,3	31,712	215,85	193,73	409,59	1,0560	0,6765	1,7324
0,800	15,46	1227,2	33,816	218,56	191,73	410,29	1,0652	0,6643	1,7295
0,850	17,57	1219,4	35,929	221,16	189,78	410,94	1,0741	0,6528	1,7268
0,900	19,60	1211,8	38,053	223,66	187,88	411,54	1,0825	0,6418	1,7243
0,950	21,54	1204,5	40,189	226,07	186,02	412,10	1,0906	0,6312	1,7218
1,000	23,41	1197,3	42,337	228,41	184,20	412,61	1,0983	0,6211	1,7195
1,050	25,21	1190,3	44,498	230,67	182,42	413,10	1,1058	0,6114	1,7172
1,100	26,95	1183,4	46,673	232,87	180,67	413,54	1,1130	0,6020	1,7150
1,150	28,63	1176,7	48,862	235,01	178,95	413,96	1,1200	0,5930	1,7129
1,200	30,26	1170,2	51,066	237,09	177,26	414,35	1,1267	0,5842	1,7109
1,250	31,84	1163,7	53,285	239,12	175,59	414,71	1,1332	0,5757	1,7090
1,300	33,37	1157,4	55,520	241,10	173,94	415,04	1,1396	0,5675	1,7070
1,350	34,86	1151,2	57,773	243,04	172,32	415,35	1,1457	0,5595	1,7052
1,400	36,31	1145,0	60,042	244,93	170,71	415,64	1,1517	0,5516	1,7034
1,450	37,72	1139,0	62,329	246,79	169,12	415,90	1,1576	0,5440	1,7016
1,500	39,10	1133,0	64,635	248,61	167,54	416,15	1,1633	0,5366	1,6998
1,550	40,44	1127,1	66,959	250,39	165,98	416,37	1,1688	0,5293	1,6981
1,600	41,75	1121,2	69,304	252,14	164,43	416,58	1,1743	0,5222	1,6964

R 22

p MPa	t_s °C	ϱ' kg/m³	ϱ''	h' kJ/kg	Δh_v	h''	s' kJ/(kg K)	Δs_v	s''
1,650	43,04	1115,5	71,668	253,87	162,90	416,76	1,1796	0,5152	1,6948
1,700	44,29	1109,8	74,054	255,56	161,37	416,93	1,1848	0,5083	1,6931
1,750	45,52	1104,1	76,461	257,23	159,85	417,08	1,1899	0,5016	1,6915
1,800	46,72	1098,5	78,891	258,87	158,35	417,22	1,1949	0,4950	1,6899
1,850	47,89	1092,9	81,343	260,49	156,85	417,34	1,1998	0,4886	1,6884
1,900	49,05	1087,4	83,820	262,09	155,35	417,44	1,2046	0,4822	1,6868
1,950	50,18	1081,9	86,320	263,66	153,87	417,53	1,2094	0,4759	1,6852
2,000	51,29	1076,4	88,846	265,21	152,38	417,60	1,2140	0,4697	1,6837
2,100	53,44	1065,5	93,977	268,26	149,43	417,70	1,2231	0,4576	1,6806
2,200	55,53	1054,8	99,219	271,25	146,50	417,74	1,2319	0,4457	1,6776
2,300	57,54	1044,1	104,58	274,17	143,57	417,74	1,2405	0,4341	1,6746
2,400	59,49	1033,5	110,06	277,03	140,64	417,67	1,2488	0,4228	1,6716
2,500	61,39	1022,8	115,68	279,85	137,71	417,56	1,2570	0,4116	1,6686
2,600	63,22	1012,2	121,45	282,62	134,77	417,39	1,2649	0,4007	1,6656
2,700	65,00	1001,6	127,37	285,35	131,82	417,17	1,2727	0,3898	1,6626
2,800	66,74	990,86	133,45	288,04	128,85	416,89	1,2804	0,3791	1,6595
2,900	68,42	980,10	139,72	290,71	125,86	416,57	1,2879	0,3685	1,6564
3,000	70,07	969,25	146,18	293,35	122,83	416,18	1,2953	0,3579	1,6532
3,100	71,67	958,29	152,84	295,97	119,78	415,75	1,3026	0,3474	1,6500
3,200	73,24	947,19	159,74	298,57	116,68	415,25	1,3099	0,3368	1,6467
3,300	74,76	935,93	166,89	301,17	113,53	414,69	1,3170	0,3263	1,6433
3,400	76,25	924,46	174,31	303,75	110,32	414,07	1,3241	0,3157	1,6399
3,500	77,71	912,75	182,04	306,33	107,05	413,38	1,3312	0,3051	1,6363
3,600	79,14	900,77	190,11	308,92	103,70	412,62	1,3382	0,2944	1,6326
3,700	80,53	888,48	198,55	311,51	100,27	411,78	1,3453	0,2835	1,6288
3,800	81,90	875,80	207,43	314,13	96,73	410,85	1,3523	0,2724	1,6248
3,900	83,23	862,69	216,79	316,76	93,07	409,83	1,3594	0,2611	1,6206
4,000	84,54	849,07	226,72	319,43	89,27	408,70	1,3666	0,2496	1,6161
4,100	85,82	834,83	237,32	322,15	85,30	407,45	1,3738	0,2376	1,6114
4,200	87,08	819,85	248,70	324,92	81,13	406,05	1,3812	0,2252	1,6064
4,300	88,31	803,96	261,05	327,77	76,71	404,48	1,3888	0,2122	1,6010
4,400	89,52	786,91	274,60	330,74	71,97	402,71	1,3966	0,1984	1,5950
4,500	90,70	768,35	289,72	333,85	66,82	400,67	1,4048	0,1836	1,5884
4,600	91,86	747,69	306,98	337,17	61,10	398,27	1,4136	0,1674	1,5809
4,700	93,00	723,88	327,44	340,83	54,52	395,35	1,4232	0,1489	1,5721
4,800	94,11	694,68	353,28	345,08	46,49	391,57	1,4344	0,1266	1,5610
4,900	95,19	653,28	391,17	350,70	35,23	385,92	1,4493	0,0956	1,5449
4,989	96,13	520,00	520,00	367,49	0,00	367,49	1,4944	0,0000	1,4944

R 22

Zustandsgrößen im Gas- und Flüssigkeitsgebiet
Properties of liquid and gas

t	$p = 0{,}01$ MPa ($-80{,}43$ °C)			$p = 0{,}02$ MPa ($-70{,}31$ °C)			$p = 0{,}03$ MPa ($-63{,}78$ °C)		
	ϱ	h	s	ϱ	h	s	ϱ	h	s
°C	$\frac{\text{kg}}{\text{m}^3}$	$\frac{\text{kJ}}{\text{kg}}$	$\frac{\text{kJ}}{\text{kg K}}$	$\frac{\text{kg}}{\text{m}^3}$	$\frac{\text{kJ}}{\text{kg}}$	$\frac{\text{kJ}}{\text{kg K}}$	$\frac{\text{kg}}{\text{m}^3}$	$\frac{\text{kJ}}{\text{kg}}$	$\frac{\text{kJ}}{\text{kg K}}$
−75	0,5284	371,28	1,9671	1504,7	116,62	0,6455	1504,7	116,63	0,6455
−70	0,5150	374,02	1,9808	1,0365	373,46	1,9120	1491,1	121,98	0,6721
−65	0,5023	376,76	1,9941	1,0103	376,28	1,9257	1477,4	127,34	0,6982
−60	0,4903	379,52	2,0072	0,9855	379,10	1,9390	1,4858	378,66	1,8985
−55	0,4789	382,31	2,0201	0,9620	381,93	1,9522	1,4497	381,54	1,9118
−50	0,4679	385,12	2,0329	0,9397	384,77	1,9650	1,4155	384,42	1,9249
−45	0,4575	387,95	2,0454	0,9185	387,63	1,9777	1,3830	387,31	1,9377
−40	0,4476	390,81	2,0578	0,8983	390,52	1,9902	1,3521	390,22	1,9503
−35	0,4381	393,69	2,0701	0,8789	393,42	2,0026	1,3227	393,15	1,9628
−30	0,4290	396,61	2,0822	0,8605	396,36	2,0148	1,2946	396,10	1,9750
−25	0,4202	399,55	2,0941	0,8428	399,32	2,0268	1,2677	399,08	1,9871
−20	0,4119	402,52	2,1060	0,8258	402,30	2,0387	1,2419	402,08	1,9991
−15	0,4038	405,52	2,1177	0,8095	405,32	2,0505	1,2172	405,11	2,0109
−10	0,3961	408,55	2,1294	0,7939	408,36	2,0622	1,1935	408,16	2,0227
−5	0,3886	411,61	2,1409	0,7789	411,43	2,0737	1,1708	411,24	2,0343
0	0,3815	414,70	2,1523	0,7644	414,53	2,0852	1,1489	414,35	2,0457
5	0,3746	417,82	2,1636	0,7505	417,65	2,0965	1,1278	417,49	2,0571
10	0,3679	420,97	2,1748	0,7371	420,81	2,1078	1,1076	420,65	2,0684
15	0,3615	424,15	2,1860	0,7242	424,00	2,1189	1,0880	423,84	2,0796
20	0,3553	427,36	2,1970	0,7117	427,21	2,1300	1,0692	427,06	2,0906
25	0,3493	430,59	2,2079	0,6996	430,45	2,1410	1,0510	430,31	2,1016
30	0,3435	433,86	2,2188	0,6880	433,72	2,1518	1,0334	433,59	2,1125
35	0,3379	437,15	2,2296	0,6767	437,02	2,1626	1,0164	436,89	2,1234
40	0,3325	440,48	2,2403	0,6658	440,35	2,1734	0,9999	440,23	2,1341
45	0,3273	443,83	2,2509	0,6553	443,71	2,1840	0,9840	443,59	2,1447
50	0,3222	447,21	2,2614	0,6451	447,09	2,1945	0,9686	446,98	2,1553
55	0,3172	450,62	2,2719	0,6352	450,51	2,2050	0,9537	450,40	2,1658
60	0,3125	454,05	2,2823	0,6256	453,95	2,2154	0,9393	453,84	2,1762
65	0,3078	457,52	2,2926	0,6163	457,42	2,2258	0,9252	457,31	2,1866
70	0,3033	461,01	2,3029	0,6072	460,91	2,2360	0,9116	460,81	2,1968
75	0,2990	464,53	2,3131	0,5984	464,44	2,2462	0,8984	464,34	2,2070
80	0,2947	468,08	2,3232	0,5899	467,99	2,2564	0,8856	467,89	2,2172
85	0,2906	471,66	2,3332	0,5816	471,57	2,2664	0,8731	471,48	2,2272
90	0,2866	475,26	2,3432	0,5736	475,17	2,2764	0,8610	475,08	2,2373
95	0,2827	478,89	2,3532	0,5658	478,80	2,2863	0,8492	478,72	2,2472
100	0,2789	482,54	2,3630	0,5582	482,46	2,2962	0,8378	482,38	2,2571
105	0,2752	486,22	2,3728	0,5507	486,14	2,3060	0,8266	486,06	2,2669
110	0,2716	489,93	2,3826	0,5435	489,85	2,3158	0,8158	489,78	2,2766
115	0,2681	493,66	2,3922	0,5365	493,59	2,3254	0,8052	493,51	2,2863
120	0,2647	497,42	2,4019	0,5296	497,35	2,3351	0,7949	497,28	2,2960
125	0,2613	501,21	2,4114	0,5230	501,14	2,3446	0,7849	501,07	2,3055

R 22

t °C	$p = 0{,}04$ MPa ($-58{,}83$ °C) ϱ $\frac{\text{kg}}{\text{m}^3}$	h $\frac{\text{kJ}}{\text{kg}}$	s $\frac{\text{kJ}}{\text{kg K}}$	$p = 0{,}05$ MPa ($-54{,}81$ °C) ϱ $\frac{\text{kg}}{\text{m}^3}$	h $\frac{\text{kJ}}{\text{kg}}$	s $\frac{\text{kJ}}{\text{kg K}}$	$p = 0{,}06$ MPa ($-51{,}38$ °C) ϱ $\frac{\text{kg}}{\text{m}^3}$	h $\frac{\text{kJ}}{\text{kg}}$	s $\frac{\text{kJ}}{\text{kg K}}$
−50	1,8953	384,07	1,8960	2,3793	383,71	1,8734	2,8676	383,34	1,8546
−45	1,8512	386,99	1,9090	2,3230	386,66	1,8865	2,7986	386,34	1,8679
−40	1,8092	389,93	1,9217	2,2696	389,63	1,8993	2,7334	389,33	1,8808
−35	1,7693	392,88	1,9343	2,2189	392,60	1,9119	2,6716	392,33	1,8936
−30	1,7313	395,85	1,9466	2,1707	395,59	1,9244	2,6128	395,34	1,9061
−25	1,6949	398,84	1,9588	2,1246	398,60	1,9366	2,5568	398,36	1,9184
−20	1,6602	401,86	1,9708	2,0806	401,63	1,9487	2,5033	401,41	1,9305
−15	1,6269	404,90	1,9827	2,0385	404,69	1,9607	2,4522	404,47	1,9425
−10	1,5950	407,96	1,9945	1,9982	407,76	1,9725	2,4033	407,56	1,9544
−5	1,5643	411,05	2,0061	1,9595	410,86	1,9841	2,3565	410,68	1,9661
0	1,5349	414,17	2,0176	1,9224	413,99	1,9957	2,3115	413,81	1,9777
5	1,5066	417,32	2,0290	1,8867	417,15	2,0071	2,2683	416,98	1,9892
10	1,4793	420,49	2,0403	1,8524	420,33	2,0185	2,2267	420,16	2,0005
15	1,4531	423,69	2,0515	1,8193	423,53	2,0297	2,1868	423,38	2,0118
20	1,4277	426,91	2,0626	1,7874	426,77	2,0408	2,1482	426,62	2,0229
25	1,4033	430,17	2,0736	1,7567	430,03	2,0518	2,1111	429,89	2,0340
30	1,3797	433,45	2,0846	1,7270	433,32	2,0628	2,0753	433,18	2,0449
35	1,3569	436,76	2,0954	1,6984	436,63	2,0736	2,0407	436,50	2,0558
40	1,3349	440,10	2,1061	1,6707	439,98	2,0844	2,0073	439,85	2,0666
45	1,3136	443,47	2,1168	1,6439	443,35	2,0951	1,9750	443,23	2,0773
50	1,2929	446,86	2,1274	1,6180	446,75	2,1057	1,9437	446,63	2,0879
55	1,2730	450,28	2,1379	1,5929	450,17	2,1162	1,9135	450,06	2,0984
60	1,2536	453,73	2,1483	1,5686	453,63	2,1266	1,8841	453,52	2,1089
65	1,2348	457,21	2,1587	1,5450	457,11	2,1370	1,8557	457,00	2,1193
70	1,2166	460,71	2,1690	1,5221	460,61	2,1473	1,8282	460,51	2,1296
75	1,1989	464,24	2,1792	1,4999	464,15	2,1575	1,8015	464,05	2,1398
80	1,1818	467,80	2,1893	1,4784	467,71	2,1677	1,7755	467,62	2,1500
85	1,1651	471,39	2,1994	1,4575	471,30	2,1778	1,7503	471,21	2,1601
90	1,1489	475,00	2,2094	1,4372	474,91	2,1878	1,7259	474,82	2,1701
95	1,1331	478,63	2,2194	1,4174	478,55	2,1977	1,7021	478,46	2,1801
100	1,1178	482,30	2,2293	1,3982	482,21	2,2076	1,6790	482,13	2,1900
105	1,1029	485,99	2,2391	1,3795	485,91	2,2175	1,6565	485,83	2,1998
110	1,0884	489,70	2,2488	1,3613	489,62	2,2272	1,6346	489,55	2,2096
115	1,0742	493,44	2,2585	1,3436	493,37	2,2369	1,6133	493,29	2,2193
120	1,0605	497,20	2,2682	1,3263	497,13	2,2466	1,5925	497,06	2,2289
125	1,0471	500,99	2,2777	1,3095	500,92	2,2562	1,5723	500,85	2,2385
130	1,0340	504,81	2,2873	1,2931	504,74	2,2657	1,5526	504,67	2,2480
135	1,0212	508,65	2,2967	1,2772	508,58	2,2752	1,5334	508,52	2,2575
140	1,0088	512,51	2,3061	1,2616	512,45	2,2846	1,5146	512,38	2,2669
145	0,9966	516,40	2,3155	1,2464	516,34	2,2939	1,4963	516,27	2,2763
150	0,9848	520,31	2,3248	1,2315	520,25	2,3032	1,4785	520,19	2,2856
155	0,9732	524,24	2,3340	1,2170	524,18	2,3125	1,4611	524,12	2,2948
160	0,9619	528,20	2,3432	1,2029	528,14	2,3217	1,4441	528,09	2,3040
165	0,9509	532,18	2,3524	1,1891	532,13	2,3308	1,4274	532,07	2,3132
170	0,9401	536,19	2,3614	1,1756	536,13	2,3399	1,4112	536,07	2,3223
175	0,9296	540,21	2,3705	1,1624	540,16	2,3489	1,3953	540,10	2,3313

R 22

| t °C | \multicolumn{3}{c|}{$p = 0{,}07$ MPa ($-48{,}39$ °C)} | \multicolumn{3}{c|}{$p = 0{,}08$ MPa ($-45{,}72$ °C)} | \multicolumn{3}{c|}{$p = 0{,}09$ MPa ($-43{,}30$ °C)} |

t °C	ϱ $\frac{\text{kg}}{\text{m}^3}$	h $\frac{\text{kJ}}{\text{kg}}$	s $\frac{\text{kJ}}{\text{kg K}}$	ϱ $\frac{\text{kg}}{\text{m}^3}$	h $\frac{\text{kJ}}{\text{kg}}$	s $\frac{\text{kJ}}{\text{kg K}}$	ϱ $\frac{\text{kg}}{\text{m}^3}$	h $\frac{\text{kJ}}{\text{kg}}$	s $\frac{\text{kJ}}{\text{kg K}}$
−50	1435,4	143,58	0,7734	1435,4	143,58	0,7734	1435,4	143,59	0,7734
−45	3,2782	386,00	1,8519	3,7618	385,66	1,8380	1421,1	149,04	0,7976
−40	3,2007	389,02	1,8650	3,6715	388,71	1,8512	4,1460	388,40	1,8389
−35	3,1273	392,04	1,8779	3,5863	391,76	1,8641	4,0484	391,48	1,8519
−30	3,0577	395,08	1,8905	3,5054	394,81	1,8768	3,9561	394,55	1,8647
−25	2,9914	398,12	1,9029	3,4287	397,88	1,8893	3,8685	397,63	1,8772
−20	2,9283	401,18	1,9151	3,3556	400,95	1,9016	3,7852	400,72	1,8896
−15	2,8680	404,26	1,9271	3,2858	404,05	1,9137	3,7058	403,83	1,9017
−10	2,8103	407,36	1,9390	3,2192	407,16	1,9256	3,6300	406,96	1,9137
−5	2,7551	410,49	1,9508	3,1555	410,29	1,9374	3,5576	410,10	1,9256
0	2,7021	413,63	1,9624	3,0944	413,45	1,9491	3,4882	413,27	1,9373
5	2,6513	416,80	1,9739	3,0358	416,63	1,9606	3,4217	416,46	1,9489
10	2,6024	420,00	1,9853	2,9795	419,84	1,9720	3,3579	419,67	1,9603
15	2,5554	423,22	1,9966	2,9254	423,07	1,9833	3,2965	422,91	1,9716
20	2,5102	426,47	2,0077	2,8733	426,32	1,9945	3,2375	426,17	1,9829
25	2,4666	429,74	2,0188	2,8231	429,60	2,0056	3,1807	429,46	1,9940
30	2,4245	433,05	2,0298	2,7747	432,91	2,0166	3,1259	432,77	2,0050
35	2,3839	436,37	2,0407	2,7281	436,24	2,0275	3,0731	436,11	2,0159
40	2,3447	439,73	2,0515	2,6830	439,60	2,0384	3,0221	439,48	2,0267
45	2,3068	443,11	2,0622	2,6395	442,99	2,0491	2,9729	442,87	2,0375
50	2,2702	446,52	2,0728	2,5974	446,40	2,0597	2,9253	446,28	2,0481
55	2,2347	449,95	2,0834	2,5566	449,84	2,0703	2,8793	449,73	2,0587
60	2,2004	453,41	2,0938	2,5172	453,30	2,0808	2,8347	453,20	2,0692
65	2,1671	456,90	2,1042	2,4790	456,80	2,0912	2,7916	456,69	2,0796
70	2,1348	460,41	2,1145	2,4420	460,31	2,1015	2,7497	460,21	2,0900
75	2,1035	463,95	2,1248	2,4061	463,86	2,1118	2,7092	463,76	2,1002
80	2,0732	467,52	2,1350	2,3713	467,43	2,1219	2,6698	467,33	2,1104
85	2,0437	471,12	2,1451	2,3374	471,02	2,1320	2,6317	470,93	2,1205
90	2,0150	474,73	2,1551	2,3046	474,65	2,1421	2,5946	474,56	2,1306
95	1,9872	478,38	2,1651	2,2727	478,29	2,1521	2,5586	478,21	2,1406
100	1,9601	482,05	2,1750	2,2417	481,97	2,1620	2,5236	481,89	2,1505
105	1,9338	485,75	2,1848	2,2115	485,67	2,1718	2,4895	485,59	2,1604
110	1,9082	489,47	2,1946	2,1821	489,39	2,1816	2,4564	489,31	2,1701
115	1,8833	493,22	2,2043	2,1536	493,14	2,1913	2,4242	493,07	2,1799
120	1,8590	496,99	2,2140	2,1257	496,91	2,2010	2,3928	496,84	2,1895
125	1,8353	500,78	2,2236	2,0986	500,71	2,2106	2,3623	500,64	2,1991
130	1,8123	504,60	2,2331	2,0722	504,53	2,2201	2,3325	504,47	2,2087
135	1,7898	508,45	2,2426	2,0465	508,38	2,2296	2,3035	508,31	2,2182
140	1,7679	512,32	2,2520	2,0214	512,25	2,2390	2,2752	512,19	2,2276
145	1,7465	516,21	2,2614	1,9969	516,15	2,2484	2,2476	516,08	2,2370
150	1,7257	520,13	2,2707	1,9730	520,06	2,2577	2,2206	520,00	2,2463
155	1,7053	524,06	2,2799	1,9497	524,00	2,2670	2,1944	523,94	2,2556
160	1,6854	528,03	2,2891	1,9270	527,97	2,2762	2,1687	527,91	2,2648
165	1,6660	532,01	2,2983	1,9047	531,95	2,2853	2,1437	531,90	2,2739
170	1,6470	536,02	2,3074	1,8830	535,96	2,2944	2,1192	535,91	2,2830
175	1,6285	540,05	2,3164	1,8618	539,99	2,3035	2,0953	539,94	2,2921

R 22

t °C	$p = 0{,}10$ MPa ($-41{,}08$ °C)			$p = 0{,}12$ MPa ($-37{,}13$ °C)			$p = 0{,}14$ MPa ($-33{,}66$ °C)		
	ϱ $\frac{\text{kg}}{\text{m}^3}$	h $\frac{\text{kJ}}{\text{kg}}$	s $\frac{\text{kJ}}{\text{kg K}}$	ϱ $\frac{\text{kg}}{\text{m}^3}$	h $\frac{\text{kJ}}{\text{kg}}$	s $\frac{\text{kJ}}{\text{kg K}}$	ϱ $\frac{\text{kg}}{\text{m}^3}$	h $\frac{\text{kJ}}{\text{kg}}$	s $\frac{\text{kJ}}{\text{kg K}}$
−50	1435,4	143,59	0,7734	1435,5	143,60	0,7733	1435,5	143,61	0,7733
−45	1421,1	149,05	0,7976	1421,1	149,05	0,7975	1421,2	149,06	0,7975
−40	4,6243	388,09	1,8277	1406,6	154,54	0,8213	1406,6	154,55	0,8213
−35	4,5139	391,19	1,8409	5,4552	390,60	1,8215	1391,9	160,07	0,8447
−30	4,4097	394,28	1,8538	5,3260	393,74	1,8346	6,2550	393,19	1,8181
−25	4,3109	397,38	1,8664	5,2040	396,88	1,8474	6,1084	396,37	1,8310
−20	4,2172	400,49	1,8788	5,0885	400,03	1,8599	5,9699	399,55	1,8437
−15	4,1279	403,62	1,8910	4,9788	403,18	1,8722	5,8387	402,74	1,8562
−10	4,0428	406,75	1,9030	4,8744	406,34	1,8844	5,7141	405,93	1,8684
−5	3,9615	409,91	1,9149	4,7748	409,52	1,8964	5,5955	409,13	1,8805
0	3,8837	413,09	1,9267	4,6796	412,72	1,9082	5,4823	412,35	1,8924
5	3,8092	416,29	1,9383	4,5886	415,94	1,9198	5,3742	415,59	1,9041
10	3,7376	419,51	1,9498	4,5013	419,18	1,9314	5,2707	418,84	1,9157
15	3,6690	422,75	1,9611	4,4176	422,44	1,9428	5,1715	422,12	1,9272
20	3,6029	426,02	1,9724	4,3372	425,72	1,9541	5,0763	425,42	1,9385
25	3,5394	429,32	1,9835	4,2599	429,03	1,9653	4,9849	428,74	1,9498
30	3,4781	432,63	1,9945	4,1855	432,36	1,9764	4,8970	432,08	1,9609
35	3,4191	435,98	2,0055	4,1138	435,72	1,9873	4,8123	435,45	1,9719
40	3,3621	439,35	2,0163	4,0447	439,10	1,9982	4,7307	438,84	1,9828
45	3,3071	442,75	2,0271	3,9780	442,50	2,0090	4,6521	442,26	1,9937
50	3,2540	446,17	2,0378	3,9136	445,93	2,0197	4,5761	445,70	2,0044
55	3,2026	449,61	2,0483	3,8513	449,39	2,0303	4,5028	449,16	2,0150
60	3,1528	453,09	2,0589	3,7911	452,87	2,0409	4,4319	452,65	2,0256
65	3,1047	456,59	2,0693	3,7328	456,38	2,0513	4,3633	456,17	2,0360
70	3,0580	460,11	2,0796	3,6763	459,91	2,0617	4,2969	459,71	2,0464
75	3,0128	463,66	2,0899	3,6216	463,47	2,0720	4,2326	463,27	2,0568
80	2,9689	467,24	2,1001	3,5686	467,05	2,0822	4,1703	466,86	2,0670
85	2,9264	470,84	2,1102	3,5172	470,66	2,0923	4,1098	470,48	2,0772
90	2,8850	474,47	2,1203	3,4672	474,30	2,1024	4,0512	474,12	2,0873
95	2,8449	478,12	2,1303	3,4187	477,95	2,1124	3,9942	477,78	2,0973
100	2,8059	481,80	2,1402	3,3716	481,64	2,1224	3,9390	481,47	2,1072
105	2,7679	485,51	2,1501	3,3259	485,35	2,1322	3,8852	485,19	2,1171
110	2,7310	489,24	2,1599	3,2813	489,08	2,1420	3,8330	488,93	2,1269
115	2,6951	492,99	2,1696	3,2380	492,84	2,1518	3,7822	492,69	2,1367
120	2,6602	496,77	2,1793	3,1959	496,62	2,1615	3,7327	496,48	2,1464
125	2,6262	500,57	2,1889	3,1548	500,43	2,1711	3,6846	500,29	2,1560
130	2,5930	504,40	2,1984	3,1148	504,26	2,1807	3,6378	504,12	2,1656
135	2,5607	508,25	2,2079	3,0759	508,11	2,1902	3,5921	507,98	2,1751
140	2,5292	512,12	2,2174	3,0379	511,99	2,1996	3,5476	511,86	2,1846
145	2,4984	516,02	2,2267	3,0009	515,89	2,2090	3,5042	515,77	2,1940
150	2,4685	519,94	2,2361	2,9648	519,82	2,2183	3,4619	519,69	2,2033
155	2,4392	523,88	2,2453	2,9295	523,76	2,2276	3,4207	523,64	2,2126
160	2,4106	527,85	2,2545	2,8951	527,73	2,2368	3,3804	527,62	2,2218
165	2,3828	531,84	2,2637	2,8615	531,73	2,2460	3,3411	531,61	2,2310
170	2,3555	535,85	2,2728	2,8287	535,74	2,2551	3,3027	535,63	2,2401
175	2,3289	539,89	2,2818	2,7967	539,78	2,2641	3,2651	539,67	2,2491

R 22

t °C	$p = 0{,}16$ MPa (−30,57 °C)			$p = 0{,}18$ MPa (−27,76 °C)			$p = 0{,}20$ MPa (−25,18 °C)		
	ϱ $\frac{kg}{m^3}$	h $\frac{kJ}{kg}$	s $\frac{kJ}{kg\,K}$	ϱ $\frac{kg}{m^3}$	h $\frac{kJ}{kg}$	s $\frac{kJ}{kg\,K}$	ϱ $\frac{kg}{m^3}$	h $\frac{kJ}{kg}$	s $\frac{kJ}{kg\,K}$
−50	1435,6	143,61	0,7733	1435,6	143,62	0,7733	1435,6	143,63	0,7732
−45	1421,2	149,07	0,7975	1421,3	149,08	0,7974	1421,3	149,08	0,7974
−40	1406,7	154,56	0,8213	1406,7	154,56	0,8212	1406,8	154,57	0,8212
−35	1391,9	160,08	0,8447	1392,0	160,08	0,8446	1392,0	160,09	0,8446
−30	7,1973	392,63	1,8035	1377,0	165,64	0,8677	1377,0	165,64	0,8677
−25	7,0244	395,86	1,8167	7,9528	395,33	1,8037	8,8939	394,79	1,7920
−20	6,8617	399,07	1,8295	7,7644	398,58	1,8167	8,6784	398,09	1,8052
−15	6,7080	402,29	1,8421	7,5869	401,83	1,8295	8,4759	401,37	1,8180
−10	6,5623	405,51	1,8544	7,4191	405,08	1,8419	8,2849	404,65	1,8306
−5	6,4238	408,74	1,8666	7,2599	408,34	1,8542	8,1041	407,93	1,8429
0	6,2919	411,98	1,8785	7,1086	411,60	1,8662	7,9326	411,22	1,8551
5	6,1661	415,23	1,8904	6,9644	414,88	1,8781	7,7694	414,52	1,8670
10	6,0458	418,51	1,9020	6,8268	418,17	1,8898	7,6138	417,83	1,8788
15	5,9307	421,80	1,9136	6,6952	421,48	1,9014	7,4653	421,15	1,8905
20	5,8203	425,11	1,9250	6,5692	424,81	1,9129	7,3231	424,50	1,9020
25	5,7143	428,45	1,9362	6,4484	428,16	1,9242	7,1870	427,86	1,9134
30	5,6126	431,80	1,9474	6,3323	431,52	1,9354	7,0564	431,24	1,9246
35	5,5146	435,18	1,9585	6,2208	434,92	1,9465	6,9309	434,65	1,9358
40	5,4203	438,59	1,9694	6,1135	438,33	1,9575	6,8103	438,07	1,9468
45	5,3294	442,01	1,9803	6,0101	441,77	1,9684	6,6942	441,52	1,9577
50	5,2418	445,46	1,9910	5,9105	445,23	1,9792	6,5823	444,99	1,9685
55	5,1571	448,94	2,0017	5,8144	448,71	1,9899	6,4745	448,48	1,9792
60	5,0754	452,43	2,0123	5,7215	452,22	2,0005	6,3703	452,00	1,9899
65	4,9963	455,96	2,0228	5,6318	455,75	2,0110	6,2698	455,53	2,0004
70	4,9198	459,51	2,0332	5,5450	459,30	2,0214	6,1725	459,10	2,0109
75	4,8457	463,08	2,0435	5,4610	462,88	2,0318	6,0785	462,68	2,0213
80	4,7739	466,67	2,0538	5,3797	466,48	2,0421	5,9874	466,29	2,0316
85	4,7044	470,30	2,0640	5,3008	470,11	2,0523	5,8992	469,93	2,0418
90	4,6369	473,94	2,0741	5,2244	473,76	2,0624	5,8137	473,59	2,0519
95	4,5714	477,61	2,0841	5,1503	477,44	2,0725	5,7308	477,27	2,0620
100	4,5078	481,31	2,0941	5,0783	481,14	2,0824	5,6503	480,97	2,0720
105	4,4461	485,03	2,1040	5,0084	484,87	2,0923	5,5722	484,70	2,0819
110	4,3860	488,77	2,1138	4,9405	488,61	2,1022	5,4963	488,46	2,0918
115	4,3277	492,54	2,1236	4,8744	492,39	2,1120	5,4226	492,23	2,1016
120	4,2709	496,33	2,1333	4,8102	496,18	2,1217	5,3508	496,04	2,1113
125	4,2156	500,14	2,1429	4,7477	500,00	2,1313	5,2811	499,86	2,1210
130	4,1618	503,98	2,1525	4,6869	503,84	2,1409	5,2132	503,71	2,1306
135	4,1094	507,85	2,1620	4,6277	507,71	2,1505	5,1470	507,58	2,1401
140	4,0583	511,73	2,1715	4,5700	511,60	2,1599	5,0826	511,47	2,1496
145	4,0085	515,64	2,1809	4,5137	515,51	2,1694	5,0199	515,38	2,1590
150	3,9600	519,57	2,1902	4,4589	519,45	2,1787	4,9587	519,32	2,1684
155	3,9126	523,52	2,1995	4,4054	523,40	2,1880	4,8991	523,28	2,1777
160	3,8664	527,50	2,2088	4,3533	527,38	2,1972	4,8409	527,26	2,1869
165	3,8213	531,50	2,2179	4,3023	531,38	2,2064	4,7841	531,27	2,1961
170	3,7773	535,52	2,2271	4,2526	535,41	2,2156	4,7287	535,30	2,2052
175	3,7343	539,56	2,2361	4,2041	539,45	2,2246	4,6746	539,34	2,2143

R 22

t °C	$p = 0{,}22$ MPa ($-22{,}80$ °C)			$p = 0{,}24$ MPa ($-20{,}57$ °C)			$p = 0{,}26$ MPa ($-18{,}49$ °C)		
	ϱ $\frac{\text{kg}}{\text{m}^3}$	h $\frac{\text{kJ}}{\text{kg}}$	s $\frac{\text{kJ}}{\text{kg K}}$	ϱ $\frac{\text{kg}}{\text{m}^3}$	h $\frac{\text{kJ}}{\text{kg}}$	s $\frac{\text{kJ}}{\text{kg K}}$	ϱ $\frac{\text{kg}}{\text{m}^3}$	h $\frac{\text{kJ}}{\text{kg}}$	s $\frac{\text{kJ}}{\text{kg K}}$
−50	1435,7	143,64	0,7732	1435,7	143,64	0,7732	1435,8	143,65	0,7731
−45	1421,3	149,09	0,7974	1421,4	149,10	0,7974	1421,4	149,11	0,7973
−40	1406,8	154,58	0,8212	1406,9	154,59	0,8211	1406,9	154,59	0,8211
−35	1392,1	160,10	0,8446	1392,1	160,10	0,8446	1392,2	160,11	0,8445
−30	1377,1	165,65	0,8677	1377,1	165,66	0,8676	1377,2	165,66	0,8676
−25	1361,8	171,24	0,8904	1361,9	171,25	0,8904	1361,9	171,26	0,8904
−20	9,6041	397,58	1,7945	10,542	397,06	1,7846	1346,4	176,89	0,9129
−15	9,3752	400,90	1,8075	10,285	400,43	1,7978	11,207	399,94	1,7887
−10	9,1600	404,21	1,8202	10,045	403,77	1,8106	10,939	403,32	1,8017
−5	8,9567	407,52	1,8327	9,8177	407,11	1,8232	10,688	406,69	1,8143
0	8,7641	410,83	1,8449	9,6032	410,45	1,8355	10,450	410,05	1,8268
5	8,5812	414,15	1,8569	9,3999	413,79	1,8476	10,226	413,42	1,8390
10	8,4070	417,48	1,8688	9,2065	417,14	1,8596	10,012	416,79	1,8510
15	8,2409	420,83	1,8805	9,0223	420,50	1,8713	9,8096	420,17	1,8628
20	8,0822	424,19	1,8921	8,8465	423,87	1,8829	9,6162	423,56	1,8745
25	7,9303	427,56	1,9035	8,6785	427,27	1,8944	9,4315	426,97	1,8860
30	7,7847	430,96	1,9148	8,5175	430,68	1,9058	9,2548	430,39	1,8974
35	7,6450	434,38	1,9260	8,3632	434,10	1,9170	9,0855	433,83	1,9086
40	7,5108	437,81	1,9370	8,2150	437,55	1,9281	8,9231	437,29	1,9198
45	7,3817	441,27	1,9480	8,0726	441,02	1,9391	8,7670	440,77	1,9308
50	7,2573	444,75	1,9588	7,9356	444,51	1,9499	8,6170	444,27	1,9417
55	7,1375	448,25	1,9696	7,8035	448,02	1,9607	8,4726	447,79	1,9525
60	7,0219	451,78	1,9802	7,6762	451,55	1,9714	8,3334	451,33	1,9632
65	6,9103	455,32	1,9908	7,5534	455,11	1,9820	8,1991	454,90	1,9739
70	6,8025	458,89	2,0013	7,4348	458,69	1,9925	8,0695	458,48	1,9844
75	6,6982	462,49	2,0117	7,3201	462,29	2,0029	7,9443	462,09	1,9948
80	6,5972	466,10	2,0220	7,2092	465,91	2,0133	7,8232	465,72	2,0052
85	6,4995	469,74	2,0322	7,1018	469,56	2,0235	7,7060	469,37	2,0154
90	6,4048	473,41	2,0424	6,9978	473,23	2,0337	7,5926	473,05	2,0256
95	6,3130	477,10	2,0525	6,8970	476,92	2,0438	7,4827	476,75	2,0358
100	6,2240	480,81	2,0625	6,7992	480,64	2,0538	7,3761	480,47	2,0458
105	6,1375	484,54	2,0724	6,7043	484,38	2,0638	7,2727	484,22	2,0558
110	6,0536	488,30	2,0823	6,6122	488,14	2,0737	7,1723	487,99	2,0657
115	5,9720	492,08	2,0921	6,5228	491,93	2,0835	7,0749	491,78	2,0755
120	5,8927	495,89	2,1019	6,4358	495,74	2,0932	6,9802	495,59	2,0853
125	5,8156	499,72	2,1115	6,3512	499,57	2,1029	6,8881	499,43	2,0950
130	5,7405	503,57	2,1212	6,2690	503,43	2,1125	6,7986	503,29	2,1046
135	5,6675	507,44	2,1307	6,1889	507,31	2,1221	6,7114	507,17	2,1142
140	5,5963	511,34	2,1402	6,1110	511,21	2,1316	6,6266	511,07	2,1237
145	5,5270	515,26	2,1496	6,0350	515,13	2,1410	6,5440	515,00	2,1331
150	5,4594	519,20	2,1590	5,9610	519,07	2,1504	6,4635	518,95	2,1425
155	5,3936	523,16	2,1683	5,8889	523,04	2,1597	6,3851	522,92	2,1518
160	5,3293	527,15	2,1776	5,8186	527,03	2,1690	6,3086	526,91	2,1611
165	5,2667	531,15	2,1868	5,7499	531,04	2,1782	6,2340	530,92	2,1703
170	5,2055	535,18	2,1959	5,6830	535,07	2,1874	6,1612	534,96	2,1795
175	5,1457	539,23	2,2050	5,6176	539,13	2,1964	6,0901	539,02	2,1886

R 22

	$p = 0{,}28$ MPa ($-16{,}52$ °C)			$p = 0{,}30$ MPa ($-14{,}66$ °C)			$p = 0{,}32$ MPa ($-12{,}90$ °C)		
t °C	ϱ $\frac{\text{kg}}{\text{m}^3}$	h $\frac{\text{kJ}}{\text{kg}}$	s $\frac{\text{kJ}}{\text{kg K}}$	ϱ $\frac{\text{kg}}{\text{m}^3}$	h $\frac{\text{kJ}}{\text{kg}}$	s $\frac{\text{kJ}}{\text{kg K}}$	ϱ $\frac{\text{kg}}{\text{m}^3}$	h $\frac{\text{kJ}}{\text{kg}}$	s $\frac{\text{kJ}}{\text{kg K}}$
−50	1435,8	143,66	0,7731	1435,8	143,67	0,7731	1435,9	143,68	0,7731
−45	1421,5	149,12	0,7973	1421,5	149,12	0,7973	1421,6	149,13	0,7972
−40	1406,9	154,60	0,8211	1407,0	154,61	0,8211	1407,0	154,61	0,8210
−35	1392,2	160,12	0,8445	1392,3	160,13	0,8445	1392,3	160,13	0,8444
−30	1377,2	165,67	0,8676	1377,3	165,68	0,8675	1377,3	165,68	0,8675
−25	1362,0	171,26	0,8903	1362,0	171,27	0,8903	1362,1	171,28	0,8903
−20	1346,5	176,90	0,9128	1346,5	176,91	0,9128	1346,6	176,91	0,9128
−15	12,140	399,45	1,7801	1330,7	182,59	0,9350	1330,7	182,59	0,9350
−10	11,844	402,87	1,7932	12,759	402,41	1,7853	13,686	401,94	1,7778
−5	11,567	406,27	1,8060	12,455	405,84	1,7982	13,353	405,40	1,7908
0	11,305	409,66	1,8186	12,169	409,26	1,8109	13,041	408,85	1,8036
5	11,059	413,04	1,8309	11,899	412,67	1,8232	12,748	412,29	1,8160
10	10,825	416,44	1,8429	11,644	416,08	1,8354	12,470	415,72	1,8283
15	10,603	419,83	1,8548	11,402	419,50	1,8474	12,208	419,16	1,8403
20	10,391	423,24	1,8666	11,172	422,92	1,8591	11,958	422,60	1,8521
25	10,190	426,66	1,8781	10,953	426,36	1,8708	11,721	426,06	1,8638
30	9,9966	430,10	1,8896	10,743	429,81	1,8823	11,494	429,52	1,8754
35	9,8120	433,56	1,9009	10,543	433,28	1,8936	11,278	433,00	1,8867
40	9,6350	437,03	1,9120	10,351	436,76	1,9048	11,071	436,50	1,8980
45	9,4650	440,52	1,9231	10,167	440,26	1,9159	10,872	440,01	1,9091
50	9,3017	444,03	1,9341	9,9898	443,78	1,9269	10,681	443,54	1,9201
55	9,1446	447,56	1,9449	9,8198	447,32	1,9378	10,498	447,09	1,9310
60	8,9933	451,11	1,9556	9,6561	450,88	1,9485	10,322	450,66	1,9418
65	8,8474	454,68	1,9663	9,4984	454,46	1,9592	10,152	454,25	1,9525
70	8,7067	458,27	1,9768	9,3463	458,07	1,9698	9,9884	457,86	1,9631
75	8,5707	461,89	1,9873	9,1995	461,69	1,9802	9,8306	461,49	1,9736
80	8,4393	465,53	1,9977	9,0576	465,34	1,9906	9,6781	465,14	1,9840
85	8,3122	469,19	2,0080	8,9205	469,00	2,0009	9,5307	468,82	1,9944
90	8,1892	472,87	2,0182	8,7877	472,69	2,0112	9,3881	472,51	2,0046
95	8,0701	476,58	2,0283	8,6592	476,40	2,0213	9,2502	476,23	2,0148
100	7,9546	480,31	2,0384	8,5347	480,14	2,0314	9,1165	479,97	2,0249
105	7,8426	484,06	2,0483	8,4140	483,89	2,0414	8,9870	483,73	2,0349
110	7,7339	487,83	2,0583	8,2969	487,67	2,0513	8,8613	487,51	2,0448
115	7,6284	491,63	2,0681	8,1832	491,47	2,0612	8,7394	491,32	2,0547
120	7,5258	495,44	2,0779	8,0728	495,30	2,0710	8,6210	495,15	2,0645
125	7,4262	499,28	2,0876	7,9655	499,14	2,0807	8,5060	499,00	2,0742
130	7,3293	503,15	2,0972	7,8612	503,01	2,0903	8,3942	502,87	2,0839
135	7,2350	507,03	2,1068	7,7597	506,90	2,0999	8,2855	506,76	2,0935
140	7,1433	510,94	2,1163	7,6610	510,81	2,1095	8,1797	510,68	2,1030
145	7,0540	514,87	2,1258	7,5649	514,74	2,1189	8,0767	514,62	2,1125
150	6,9669	518,82	2,1352	7,4712	518,70	2,1283	7,9764	518,57	2,1219
155	6,8821	522,80	2,1445	7,3800	522,68	2,1377	7,8788	522,55	2,1313
160	6,7994	526,79	2,1538	7,2911	526,67	2,1470	7,7836	526,56	2,1406
165	6,7188	530,81	2,1630	7,2044	530,69	2,1562	7,6907	530,58	2,1498
170	6,6401	534,85	2,1722	7,1198	534,74	2,1654	7,6002	534,62	2,1590
175	6,5634	538,91	2,1813	7,0373	538,80	2,1745	7,5119	538,69	2,1681

R 22

	$p = 0{,}34$ MPa ($-11{,}21$ °C)			$p = 0{,}36$ MPa ($-9{,}60$ °C)			$p = 0{,}38$ MPa ($-8{,}05$ °C)		
t °C	ϱ $\frac{\text{kg}}{\text{m}^3}$	h $\frac{\text{kJ}}{\text{kg}}$	s $\frac{\text{kJ}}{\text{kg K}}$	ϱ $\frac{\text{kg}}{\text{m}^3}$	h $\frac{\text{kJ}}{\text{kg}}$	s $\frac{\text{kJ}}{\text{kg K}}$	ϱ $\frac{\text{kg}}{\text{m}^3}$	h $\frac{\text{kJ}}{\text{kg}}$	s $\frac{\text{kJ}}{\text{kg K}}$
−50	1435,9	143,68	0,7730	1436,0	143,69	0,7730	1436,0	143,70	0,7730
−45	1421,6	149,14	0,7972	1421,6	149,15	0,7972	1421,7	149,15	0,7972
−40	1407,1	154,62	0,8210	1407,1	154,63	0,8210	1407,2	154,64	0,8209
−35	1392,3	160,14	0,8444	1392,4	160,15	0,8444	1392,4	160,15	0,8443
−30	1377,4	165,69	0,8675	1377,4	165,70	0,8674	1377,5	165,71	0,8674
−25	1362,2	171,28	0,8902	1362,2	171,29	0,8902	1362,3	171,30	0,8902
−20	1346,6	176,92	0,9127	1346,7	176,92	0,9127	1346,8	176,93	0,9127
−15	1330,8	182,60	0,9349	1330,9	182,60	0,9349	1330,9	182,61	0,9349
−10	14,624	401,46	1,7706	1314,7	188,34	0,9569	1314,7	188,34	0,9569
−5	14,261	404,96	1,7838	15,180	404,51	1,7770	16,110	404,06	1,7706
0	13,922	408,44	1,7966	14,813	408,02	1,7900	15,712	407,60	1,7837
5	13,604	411,90	1,8092	14,468	411,51	1,8027	15,341	411,12	1,7964
10	13,304	415,36	1,8215	14,144	414,99	1,8151	14,992	414,62	1,8089
15	13,020	418,82	1,8336	13,838	418,47	1,8272	14,664	418,12	1,8212
20	12,750	422,28	1,8455	13,548	421,95	1,8392	14,353	421,62	1,8332
25	12,494	425,75	1,8573	13,273	425,44	1,8510	14,057	425,13	1,8451
30	12,250	429,23	1,8688	13,011	428,93	1,8626	13,777	428,64	1,8567
35	12,017	432,72	1,8803	12,761	432,44	1,8741	13,510	432,16	1,8683
40	11,794	436,23	1,8916	12,522	435,96	1,8854	13,254	435,69	1,8796
45	11,581	439,75	1,9027	12,294	439,50	1,8966	13,010	439,24	1,8909
50	11,376	443,30	1,9138	12,074	443,05	1,9077	12,776	442,80	1,9020
55	11,179	446,86	1,9247	11,864	446,62	1,9187	12,552	446,38	1,9130
60	10,990	450,43	1,9355	11,662	450,21	1,9295	12,337	449,98	1,9238
65	10,808	454,03	1,9462	11,468	453,81	1,9403	12,129	453,60	1,9346
70	10,633	457,65	1,9569	11,280	457,44	1,9509	11,930	457,23	1,9453
75	10,464	461,29	1,9674	11,100	461,09	1,9615	11,738	460,88	1,9559
80	10,301	464,95	1,9778	10,926	464,75	1,9719	11,553	464,56	1,9663
85	10,143	468,63	1,9882	10,757	468,44	1,9823	11,374	468,25	1,9767
90	9,9905	472,33	1,9984	10,595	472,15	1,9926	11,201	471,97	1,9870
95	9,8429	476,05	2,0086	10,437	475,88	2,0028	11,034	475,70	1,9972
100	9,7000	479,80	2,0187	10,285	479,63	2,0129	10,872	479,46	2,0074
105	9,5615	483,57	2,0288	10,138	483,40	2,0229	10,715	483,24	2,0174
110	9,4272	487,35	2,0387	9,9946	487,20	2,0329	10,563	487,04	2,0274
115	9,2970	491,16	2,0486	9,8559	491,01	2,0428	10,416	490,86	2,0373
120	9,1705	495,00	2,0584	9,7213	494,85	2,0526	10,273	494,70	2,0472
125	9,0477	498,85	2,0681	9,5906	498,71	2,0624	10,135	498,56	2,0569
130	8,9283	502,73	2,0778	9,4636	502,59	2,0721	10,000	502,45	2,0666
135	8,8123	506,63	2,0874	9,3402	506,49	2,0817	9,8692	506,35	2,0762
140	8,6994	510,55	2,0970	9,2201	510,41	2,0912	9,7419	510,28	2,0858
145	8,5895	514,49	2,1064	9,1033	514,36	2,1007	9,6181	514,23	2,0953
150	8,4826	518,45	2,1159	8,9896	518,32	2,1102	9,4976	518,20	2,1047
155	8,3784	522,43	2,1252	8,8789	522,31	2,1195	9,3802	522,19	2,1141
160	8,2769	526,44	2,1345	8,7710	526,32	2,1288	9,2659	526,20	2,1234
165	8,1779	530,46	2,1438	8,6658	530,35	2,1381	9,1545	530,23	2,1327
170	8,0814	534,51	2,1530	8,5632	534,40	2,1473	9,0458	534,28	2,1419
175	7,9872	538,58	2,1621	8,4632	538,47	2,1564	8,9399	538,36	2,1510

R 22

	$p = 0{,}40$ MPa ($-6{,}57$ °C)			$p = 0{,}45$ MPa ($-3{,}09$ °C)			$p = 0{,}50$ MPa ($0{,}11$ °C)		
t °C	ϱ $\frac{\text{kg}}{\text{m}^3}$	h $\frac{\text{kJ}}{\text{kg}}$	s $\frac{\text{kJ}}{\text{kg K}}$	ϱ $\frac{\text{kg}}{\text{m}^3}$	h $\frac{\text{kJ}}{\text{kg}}$	s $\frac{\text{kJ}}{\text{kg K}}$	ϱ $\frac{\text{kg}}{\text{m}^3}$	h $\frac{\text{kJ}}{\text{kg}}$	s $\frac{\text{kJ}}{\text{kg K}}$
−50	1436,1	143,71	0,7730	1436,2	143,73	0,7729	1436,3	143,74	0,7728
−45	1421,7	149,16	0,7971	1421,8	149,18	0,7971	1421,9	149,20	0,7970
−40	1407,2	154,64	0,8209	1407,3	154,66	0,8208	1407,5	154,68	0,8208
−35	1392,5	160,16	0,8443	1392,6	160,18	0,8442	1392,7	160,20	0,8442
−30	1377,5	165,71	0,8674	1377,7	165,73	0,8673	1377,8	165,75	0,8672
−25	1362,3	171,30	0,8901	1362,5	171,32	0,8901	1362,6	171,34	0,8900
−20	1346,8	176,94	0,9126	1347,0	176,95	0,9125	1347,1	176,97	0,9124
−15	1331,0	182,62	0,9348	1331,1	182,63	0,9347	1331,3	182,64	0,9347
−10	1314,8	188,35	0,9568	1315,0	188,36	0,9567	1315,2	188,37	0,9566
−5	17,050	403,59	1,7643	1298,4	194,14	0,9785	1298,6	194,16	0,9784
0	16,622	407,17	1,7776	18,941	406,08	1,7632	1281,6	200,00	1,0000
5	16,223	410,72	1,7904	18,466	409,70	1,7764	20,769	408,65	1,7634
10	15,848	414,25	1,8030	18,022	413,30	1,7892	20,250	412,33	1,7765
15	15,496	417,77	1,8153	17,607	416,88	1,8017	19,765	415,97	1,7893
20	15,163	421,29	1,8274	17,216	420,45	1,8140	19,312	419,59	1,8017
25	14,847	424,81	1,8394	16,847	424,02	1,8261	18,885	423,21	1,8140
30	14,548	428,34	1,8511	16,498	427,58	1,8380	18,482	426,82	1,8260
35	14,263	431,87	1,8627	16,166	431,16	1,8496	18,100	430,43	1,8378
40	13,990	435,42	1,8741	15,850	434,74	1,8612	17,738	434,04	1,8494
45	13,730	438,98	1,8853	15,549	438,33	1,8725	17,393	437,66	1,8609
50	13,482	442,55	1,8965	15,261	441,93	1,8838	17,064	441,30	1,8722
55	13,243	446,14	1,9075	14,986	445,55	1,8949	16,749	444,94	1,8834
60	13,014	449,75	1,9184	14,722	449,18	1,9059	16,449	448,60	1,8945
65	12,794	453,38	1,9292	14,468	452,82	1,9167	16,161	452,27	1,9054
70	12,582	457,02	1,9399	14,225	456,49	1,9275	15,884	455,95	1,9162
75	12,378	460,68	1,9505	13,991	460,17	1,9381	15,618	459,65	1,9269
80	12,182	464,36	1,9610	13,765	463,87	1,9487	15,363	463,37	1,9376
85	11,992	468,06	1,9714	13,548	467,59	1,9591	15,117	467,11	1,9481
90	11,809	471,78	1,9817	13,338	471,33	1,9695	14,879	470,86	1,9585
95	11,632	475,53	1,9920	13,135	475,08	1,9798	14,650	474,64	1,9688
100	11,460	479,29	2,0021	12,939	478,86	1,9900	14,429	478,43	1,9790
105	11,295	483,07	2,0122	12,750	482,66	2,0001	14,215	482,24	1,9892
110	11,134	486,88	2,0222	12,566	486,48	2,0101	14,008	486,07	1,9992
115	10,978	490,70	2,0321	12,389	490,31	2,0201	13,808	489,92	2,0092
120	10,827	494,55	2,0420	12,216	494,17	2,0299	13,614	493,79	2,0191
125	10,680	498,42	2,0517	12,049	498,05	2,0398	13,426	497,69	2,0290
130	10,538	502,31	2,0614	11,887	501,95	2,0495	13,244	501,60	2,0387
135	10,399	506,22	2,0711	11,729	505,87	2,0591	13,067	505,53	2,0484
140	10,265	510,15	2,0806	11,576	509,81	2,0687	12,895	509,48	2,0580
145	10,134	514,10	2,0902	11,427	513,77	2,0783	12,727	513,45	2,0676
150	10,006	518,07	2,0996	11,283	517,76	2,0877	12,565	517,44	2,0771
155	9,8824	522,07	2,1090	11,142	521,76	2,0971	12,407	521,45	2,0865
160	9,7616	526,08	2,1183	11,005	525,78	2,1065	12,253	525,48	2,0959
165	9,6439	530,12	2,1276	10,871	529,83	2,1158	12,103	529,53	2,1052
170	9,5292	534,17	2,1368	10,741	533,89	2,1250	11,957	533,61	2,1144
175	9,4173	538,25	2,1459	10,614	537,97	2,1342	11,815	537,70	2,1236

R 22

t °C	$p = 0{,}55$ MPa (3,08 °C)			$p = 0{,}60$ MPa (5,85 °C)			$p = 0{,}65$ MPa (8,45 °C)		
	ϱ $\frac{kg}{m^3}$	h $\frac{kJ}{kg}$	s $\frac{kJ}{kg\,K}$	ϱ $\frac{kg}{m^3}$	h $\frac{kJ}{kg}$	s $\frac{kJ}{kg\,K}$	ϱ $\frac{kg}{m^3}$	h $\frac{kJ}{kg}$	s $\frac{kJ}{kg\,K}$
−50	1436,4	143,76	0,7727	1436,5	143,78	0,7727	1436,6	143,80	0,7726
−45	1422,1	149,22	0,7969	1422,2	149,24	0,7968	1422,3	149,25	0,7968
−40	1407,6	154,70	0,8207	1407,7	154,72	0,8206	1407,8	154,74	0,8205
−35	1392,9	160,21	0,8441	1393,0	160,23	0,8440	1393,1	160,25	0,8439
−30	1377,9	165,76	0,8671	1378,1	165,78	0,8671	1378,2	165,80	0,8670
−25	1362,7	171,35	0,8899	1362,9	171,37	0,8898	1363,0	171,38	0,8897
−20	1347,3	176,98	0,9124	1347,4	177,00	0,9123	1347,5	177,01	0,9122
−15	1331,5	182,66	0,9346	1331,6	182,67	0,9345	1331,8	182,69	0,9344
−10	1315,3	188,38	0,9565	1315,5	188,40	0,9564	1315,7	188,41	0,9563
−5	1298,8	194,17	0,9783	1299,0	194,18	0,9782	1299,2	194,19	0,9781
0	1281,8	200,01	0,9999	1282,0	200,02	0,9998	1282,2	200,03	0,9997
5	23,138	407,57	1,7513	1264,6	205,93	1,0212	1264,8	205,94	1,0211
10	22,534	411,32	1,7647	24,879	410,28	1,7536	27,292	409,21	1,7430
15	21,974	415,03	1,7777	24,235	414,07	1,7669	26,555	413,08	1,7566
20	21,451	418,72	1,7904	23,638	417,82	1,7797	25,875	416,90	1,7697
25	20,962	422,38	1,8028	23,081	421,54	1,7923	25,244	420,68	1,7825
30	20,501	426,04	1,8149	22,558	425,24	1,8046	24,654	424,43	1,7950
35	20,066	429,69	1,8269	22,066	428,93	1,8167	24,101	428,17	1,8072
40	19,654	433,34	1,8386	21,601	432,62	1,8286	23,579	431,90	1,8192
45	19,263	436,99	1,8502	21,161	436,31	1,8403	23,087	435,63	1,8310
50	18,891	440,66	1,8616	20,742	440,01	1,8518	22,620	439,35	1,8426
55	18,535	444,33	1,8729	20,344	443,71	1,8632	22,177	443,08	1,8541
60	18,196	448,01	1,8840	19,965	447,42	1,8744	21,755	446,82	1,8654
65	17,872	451,70	1,8951	19,602	451,14	1,8855	21,352	450,56	1,8766
70	17,561	455,41	1,9059	19,255	454,87	1,8964	20,968	454,32	1,8876
75	17,262	459,13	1,9167	18,922	458,61	1,9073	20,599	458,08	1,8985
80	16,975	462,87	1,9274	18,603	462,37	1,9180	20,246	461,86	1,9092
85	16,699	466,63	1,9379	18,296	466,14	1,9286	19,907	465,65	1,9199
90	16,433	470,40	1,9484	18,001	469,93	1,9391	19,581	469,46	1,9305
95	16,177	474,19	1,9588	17,716	473,74	1,9495	19,268	473,28	1,9409
100	15,930	478,00	1,9690	17,442	477,56	1,9598	18,966	477,12	1,9513
105	15,691	481,82	1,9792	17,178	481,40	1,9700	18,675	480,98	1,9615
110	15,460	485,67	1,9893	16,922	485,26	1,9802	18,394	484,85	1,9717
115	15,237	489,53	1,9993	16,675	489,14	1,9902	18,122	488,74	1,9818
120	15,021	493,42	2,0093	16,436	493,03	2,0002	17,859	492,65	1,9918
125	14,811	497,32	2,0191	16,204	496,95	2,0101	17,605	496,58	2,0017
130	14,608	501,24	2,0289	15,980	500,88	2,0199	17,359	500,52	2,0116
135	14,411	505,18	2,0386	15,762	504,83	2,0297	17,121	504,48	2,0214
140	14,219	509,14	2,0483	15,551	508,80	2,0393	16,889	508,47	2,0310
145	14,033	513,12	2,0579	15,346	512,80	2,0489	16,665	512,47	2,0407
150	13,853	517,12	2,0674	15,147	516,81	2,0585	16,447	516,49	2,0502
155	13,677	521,14	2,0768	14,953	520,83	2,0679	16,235	520,52	2,0597
160	13,506	525,18	2,0862	14,765	524,88	2,0773	16,029	524,58	2,0691
165	13,340	529,24	2,0955	14,582	528,95	2,0867	15,829	528,66	2,0785
170	13,178	533,32	2,1048	14,404	533,04	2,0959	15,634	532,75	2,0878
175	13,020	537,42	2,1140	14,230	537,14	2,1052	15,445	536,86	2,0970

R 22

	$p = 0{,}70$ MPa (10,91 °C)			$p = 0{,}75$ MPa (13,24 °C)			$p = 0{,}80$ MPa (15,46 °C)		
t °C	ϱ $\frac{\text{kg}}{\text{m}^3}$	h $\frac{\text{kJ}}{\text{kg}}$	s $\frac{\text{kJ}}{\text{kg K}}$	ϱ $\frac{\text{kg}}{\text{m}^3}$	h $\frac{\text{kJ}}{\text{kg}}$	s $\frac{\text{kJ}}{\text{kg K}}$	ϱ $\frac{\text{kg}}{\text{m}^3}$	h $\frac{\text{kJ}}{\text{kg}}$	s $\frac{\text{kJ}}{\text{kg K}}$
−50	1436,7	143,82	0,7725	1436,8	143,84	0,7725	1436,9	143,86	0,7724
−45	1422,4	149,27	0,7967	1422,5	149,29	0,7966	1422,6	149,31	0,7966
−40	1407,9	154,75	0,8205	1408,0	154,77	0,8204	1408,1	154,79	0,8203
−35	1393,2	160,27	0,8439	1393,3	160,28	0,8438	1393,5	160,30	0,8437
−30	1378,3	165,81	0,8669	1378,4	165,83	0,8668	1378,6	165,85	0,8667
−25	1363,1	171,40	0,8896	1363,3	171,42	0,8896	1363,4	171,43	0,8895
−20	1347,7	177,03	0,9121	1347,8	177,04	0,9120	1348,0	177,06	0,9119
−15	1331,9	182,70	0,9343	1332,1	182,72	0,9342	1332,3	182,73	0,9341
−10	1315,8	188,42	0,9563	1316,0	188,44	0,9562	1316,2	188,45	0,9561
−5	1299,3	194,20	0,9780	1299,5	194,22	0,9779	1299,7	194,23	0,9778
0	1282,4	200,04	0,9996	1282,6	200,05	0,9995	1282,8	200,06	0,9994
5	1265,0	205,95	1,0210	1265,2	205,96	1,0209	1265,4	205,97	1,0208
10	1247,0	211,93	1,0423	1247,3	211,93	1,0422	1247,5	211,94	1,0421
15	28,937	412,06	1,7468	31,386	411,00	1,7374	1229,0	218,00	1,0633
20	28,166	415,95	1,7602	30,515	414,98	1,7510	32,926	413,98	1,7422
25	27,454	419,79	1,7732	29,714	418,89	1,7643	32,029	417,97	1,7557
30	26,792	423,60	1,7858	28,974	422,76	1,7771	31,202	421,90	1,7688
35	26,173	427,39	1,7982	28,284	426,60	1,7897	30,436	425,79	1,7815
40	25,591	431,16	1,8104	27,638	430,41	1,8020	29,721	429,65	1,7940
45	25,043	434,93	1,8223	27,031	434,22	1,8140	29,051	433,50	1,8061
50	24,525	438,69	1,8340	26,458	438,01	1,8259	28,421	437,33	1,8181
55	24,034	442,45	1,8456	25,917	441,81	1,8375	27,826	441,16	1,8299
60	23,567	446,21	1,8570	25,403	445,60	1,8490	27,263	444,98	1,8414
65	23,123	449,98	1,8682	24,915	449,40	1,8603	26,728	448,81	1,8528
70	22,699	453,76	1,8793	24,450	453,20	1,8715	26,220	452,63	1,8641
75	22,293	457,55	1,8902	24,005	457,01	1,8825	25,736	456,47	1,8752
80	21,905	461,35	1,9011	23,581	460,83	1,8934	25,273	460,31	1,8861
85	21,533	465,16	1,9118	23,174	464,67	1,9042	24,830	464,17	1,8969
90	21,176	468,99	1,9224	22,784	468,51	1,9148	24,406	468,03	1,9077
95	20,832	472,83	1,9329	22,409	472,37	1,9254	23,999	471,90	1,9183
100	20,501	476,68	1,9433	22,049	476,24	1,9358	23,609	475,79	1,9287
105	20,183	480,55	1,9536	21,702	480,13	1,9462	23,233	479,69	1,9391
110	19,875	484,44	1,9638	21,368	484,03	1,9564	22,871	483,61	1,9494
115	19,579	488,34	1,9739	21,045	487,94	1,9666	22,521	487,54	1,9596
120	19,292	492,27	1,9840	20,734	491,88	1,9766	22,185	491,49	1,9697
125	19,015	496,20	1,9939	20,433	495,83	1,9866	21,859	495,45	1,9797
130	18,746	500,16	2,0038	20,142	499,80	1,9965	21,545	499,43	1,9897
135	18,486	504,13	2,0136	19,860	503,78	2,0064	21,241	503,43	1,9995
140	18,234	508,13	2,0233	19,587	507,78	2,0161	20,946	507,44	2,0093
145	17,990	512,14	2,0330	19,322	511,81	2,0258	20,661	511,47	2,0190
150	17,753	516,17	2,0426	19,065	515,84	2,0354	20,384	515,52	2,0286
155	17,523	520,21	2,0521	18,816	519,90	2,0449	20,115	519,59	2,0382
160	17,299	524,28	2,0615	18,574	523,97	2,0544	19,854	523,67	2,0477
165	17,081	528,36	2,0709	18,339	528,07	2,0638	19,601	527,77	2,0571
170	16,870	532,46	2,0802	18,110	532,18	2,0731	19,355	531,89	2,0664
175	16,664	536,58	2,0894	17,887	536,30	2,0824	19,115	536,02	2,0757

R 22

t °C	$p = 0{,}85$ MPa (17,57 °C)			$p = 0{,}90$ MPa (19,60 °C)			$p = 0{,}95$ MPa (21,54 °C)		
	ϱ $\frac{kg}{m^3}$	h $\frac{kJ}{kg}$	s $\frac{kJ}{kg\,K}$	ϱ $\frac{kg}{m^3}$	h $\frac{kJ}{kg}$	s $\frac{kJ}{kg\,K}$	ϱ $\frac{kg}{m^3}$	h $\frac{kJ}{kg}$	s $\frac{kJ}{kg\,K}$
−50	1437,0	143,88	0,7723	1437,1	143,90	0,7723	1437,2	143,92	0,7722
−45	1422,7	149,33	0,7965	1422,8	149,35	0,7964	1422,9	149,37	0,7963
−40	1408,3	154,81	0,8202	1408,4	154,83	0,8202	1408,5	154,85	0,8201
−35	1393,6	160,32	0,8436	1393,7	160,34	0,8435	1393,8	160,36	0,8435
−30	1378,7	165,87	0,8667	1378,8	165,88	0,8666	1379,0	165,90	0,8665
−25	1363,6	171,45	0,8894	1363,7	171,46	0,8893	1363,8	171,48	0,8892
−20	1348,1	177,07	0,9118	1348,3	177,09	0,9118	1348,4	177,10	0,9117
−15	1332,4	182,74	0,9340	1332,6	182,76	0,9339	1332,7	182,77	0,9338
−10	1316,3	188,46	0,9560	1316,5	188,48	0,9559	1316,7	188,49	0,9558
−5	1299,9	194,24	0,9777	1300,1	194,25	0,9776	1300,2	194,26	0,9775
0	1283,0	200,07	0,9993	1283,2	200,08	0,9992	1283,4	200,09	0,9991
5	1265,6	205,97	1,0207	1265,9	205,98	1,0206	1266,1	205,99	1,0205
10	1247,7	211,95	1,0420	1248,0	211,96	1,0418	1248,2	211,96	1,0417
15	1229,2	218,01	1,0632	1229,5	218,01	1,0630	1229,7	218,01	1,0629
20	35,405	412,95	1,7337	37,957	411,88	1,7254	1210,5	224,16	1,0841
25	34,400	417,01	1,7475	36,834	416,04	1,7395	39,334	415,03	1,7317
30	33,480	421,01	1,7608	35,811	420,11	1,7530	38,199	419,18	1,7455
35	32,631	424,96	1,7737	34,872	424,12	1,7662	37,163	423,26	1,7589
40	31,842	428,87	1,7863	34,003	428,08	1,7789	36,208	427,28	1,7718
45	31,105	432,76	1,7986	33,195	432,02	1,7914	35,322	431,26	1,7844
50	30,413	436,64	1,8107	32,438	435,93	1,8036	34,496	435,22	1,7968
55	29,762	440,50	1,8226	31,727	439,83	1,8156	33,722	439,15	1,8088
60	29,147	444,35	1,8342	31,057	443,72	1,8273	32,994	443,08	1,8207
65	28,565	448,21	1,8457	30,424	447,60	1,8389	32,307	446,99	1,8324
70	28,011	452,06	1,8570	29,824	451,49	1,8503	31,658	450,90	1,8438
75	27,485	455,92	1,8682	29,253	455,37	1,8615	31,041	454,81	1,8552
80	26,982	459,79	1,8792	28,710	459,26	1,8726	30,455	458,72	1,8663
85	26,503	463,66	1,8901	28,191	463,15	1,8836	29,896	462,64	1,8773
90	26,043	467,54	1,9009	27,695	467,06	1,8944	29,363	466,56	1,8882
95	25,603	471,44	1,9115	27,221	470,97	1,9051	28,852	470,49	1,8990
100	25,181	475,34	1,9220	26,766	474,89	1,9157	28,364	474,43	1,9096
105	24,775	479,26	1,9325	26,329	478,82	1,9261	27,895	478,39	1,9201
110	24,384	483,19	1,9428	25,909	482,77	1,9365	27,444	482,35	1,9305
115	24,008	487,14	1,9530	25,504	486,73	1,9468	27,011	486,32	1,9408
120	23,645	491,10	1,9632	25,115	490,71	1,9570	26,594	490,31	1,9510
125	23,295	495,07	1,9732	24,739	494,69	1,9670	26,192	494,31	1,9611
130	22,956	499,07	1,9832	24,376	498,70	1,9770	25,804	498,33	1,9712
135	22,629	503,07	1,9931	24,025	502,72	1,9869	25,429	502,36	1,9811
140	22,312	507,10	2,0029	23,686	506,75	1,9968	25,067	506,41	1,9910
145	22,006	511,14	2,0126	23,358	510,80	2,0065	24,717	510,47	2,0007
150	21,708	515,20	2,0222	23,040	514,87	2,0162	24,377	514,54	2,0104
155	21,420	519,27	2,0318	22,731	518,96	2,0258	24,048	518,64	2,0200
160	21,141	523,36	2,0413	22,432	523,06	2,0353	23,730	522,75	2,0296
165	20,869	527,47	2,0507	22,142	527,17	2,0448	23,420	526,88	2,0391
170	20,605	531,60	2,0601	21,860	531,31	2,0541	23,120	531,02	2,0485
175	20,348	535,74	2,0694	21,586	535,46	2,0635	22,828	535,18	2,0578

R 22

	$p = 1{,}00$ MPa (23,41 °C)			$p = 1{,}05$ MPa (25,21 °C)			$p = 1{,}10$ MPa (26,95 °C)		
t °C	ϱ $\frac{\text{kg}}{\text{m}^3}$	h $\frac{\text{kJ}}{\text{kg}}$	s $\frac{\text{kJ}}{\text{kg K}}$	ϱ $\frac{\text{kg}}{\text{m}^3}$	h $\frac{\text{kJ}}{\text{kg}}$	s $\frac{\text{kJ}}{\text{kg K}}$	ϱ $\frac{\text{kg}}{\text{m}^3}$	h $\frac{\text{kJ}}{\text{kg}}$	s $\frac{\text{kJ}}{\text{kg K}}$
−50	1437,3	143,94	0,7721	1437,4	143,96	0,7721	1437,5	143,98	0,7720
−45	1423,0	149,39	0,7963	1423,1	149,41	0,7962	1423,2	149,43	0,7961
−40	1408,6	154,86	0,8200	1408,7	154,88	0,8199	1408,8	154,90	0,8199
−35	1394,0	160,37	0,8434	1394,1	160,39	0,8433	1394,2	160,41	0,8432
−30	1379,1	165,92	0,8664	1379,2	165,93	0,8664	1379,3	165,95	0,8663
−25	1364,0	171,50	0,8892	1364,1	171,51	0,8891	1364,2	171,53	0,8890
−20	1348,6	177,12	0,9116	1348,7	177,14	0,9115	1348,9	177,15	0,9114
−15	1332,9	182,79	0,9338	1333,0	182,80	0,9337	1333,2	182,82	0,9336
−10	1316,8	188,50	0,9557	1317,0	188,52	0,9556	1317,2	188,53	0,9555
−5	1300,4	194,28	0,9774	1300,6	194,29	0,9773	1300,8	194,30	0,9772
0	1283,6	200,11	0,9990	1283,8	200,12	0,9989	1284,0	200,13	0,9987
5	1266,3	206,00	1,0203	1266,5	206,01	1,0202	1266,7	206,02	1,0201
10	1248,4	211,97	1,0416	1248,7	211,98	1,0415	1248,9	211,98	1,0414
15	1230,0	218,02	1,0628	1230,2	218,02	1,0627	1230,5	218,03	1,0625
20	1210,8	224,16	1,0839	1211,1	224,16	1,0838	1211,4	224,17	1,0837
25	41,908	413,99	1,7241	1191,2	230,41	1,1049	1191,5	230,41	1,1048
30	40,648	418,23	1,7382	43,163	417,25	1,7310	45,749	416,23	1,7240
35	39,505	422,37	1,7518	41,903	421,47	1,7448	44,360	420,54	1,7381
40	38,457	426,46	1,7649	40,753	425,62	1,7582	43,101	424,76	1,7516
45	37,488	430,49	1,7777	39,696	429,71	1,7711	41,948	428,91	1,7648
50	36,588	434,49	1,7902	38,717	433,75	1,7838	40,884	433,00	1,7776
55	35,747	438,47	1,8024	37,805	437,77	1,7961	39,896	437,06	1,7900
60	34,959	442,43	1,8143	36,952	441,77	1,8082	38,975	441,10	1,8022
65	34,216	446,37	1,8261	36,150	445,75	1,8200	38,111	445,11	1,8142
70	33,514	450,31	1,8377	35,394	449,72	1,8317	37,298	449,11	1,8259
75	32,850	454,25	1,8490	34,679	453,68	1,8432	36,530	453,10	1,8375
80	32,219	458,18	1,8603	34,002	457,64	1,8545	35,804	457,09	1,8488
85	31,618	462,12	1,8713	33,357	461,60	1,8656	35,115	461,08	1,8601
90	31,045	466,07	1,8823	32,744	465,57	1,8766	34,459	465,06	1,8711
95	30,498	470,02	1,8931	32,159	469,54	1,8874	33,834	469,05	1,8820
100	29,975	473,98	1,9038	31,599	473,51	1,8982	33,238	473,05	1,8928
105	29,473	477,94	1,9143	31,063	477,50	1,9088	32,667	477,05	1,9035
110	28,991	481,92	1,9248	30,550	481,49	1,9193	32,120	481,06	1,9140
115	28,528	485,91	1,9351	30,056	485,50	1,9297	31,595	485,08	1,9244
120	28,083	489,91	1,9454	29,582	489,51	1,9399	31,091	489,11	1,9347
125	27,654	493,93	1,9555	29,125	493,54	1,9501	30,606	493,16	1,9449
130	27,240	497,96	1,9656	28,685	497,58	1,9602	30,139	497,21	1,9551
135	26,841	502,00	1,9755	28,261	501,64	1,9702	29,689	501,28	1,9651
140	26,455	506,06	1,9854	27,851	505,71	1,9801	29,255	505,36	1,9750
145	26,082	510,13	1,9952	27,455	509,79	1,9899	28,835	509,45	1,9849
150	25,721	514,22	2,0049	27,072	513,89	1,9997	28,429	513,56	1,9946
155	25,372	518,32	2,0146	26,701	518,00	2,0093	28,037	517,68	2,0043
160	25,033	522,44	2,0241	26,342	522,13	2,0189	27,656	521,82	2,0139
165	24,704	526,58	2,0336	25,993	526,27	2,0284	27,288	525,97	2,0235
170	24,385	530,73	2,0431	25,655	530,43	2,0379	26,931	530,14	2,0329
175	24,075	534,89	2,0524	25,327	534,61	2,0473	26,584	534,32	2,0423

R 22

t °C	\multicolumn{3}{c}{$p = 1{,}15$ MPa (28,63 °C)}			\multicolumn{3}{c}{$p = 1{,}20$ MPa (30,26 °C)}			\multicolumn{3}{c}{$p = 1{,}25$ MPa (31,84 °C)}		
	ϱ $\frac{kg}{m^3}$	h $\frac{kJ}{kg}$	s $\frac{kJ}{kg\,K}$	ϱ $\frac{kg}{m^3}$	h $\frac{kJ}{kg}$	s $\frac{kJ}{kg\,K}$	ϱ $\frac{kg}{m^3}$	h $\frac{kJ}{kg}$	s $\frac{kJ}{kg\,K}$
−50	1437,6	144,00	0,7719	1437,7	144,02	0,7719	1437,8	144,04	0,7718
−45	1423,4	149,44	0,7961	1423,5	149,46	0,7960	1423,6	149,48	0,7959
−40	1408,9	154,92	0,8198	1409,0	154,94	0,8197	1409,2	154,96	0,8197
−35	1394,3	160,43	0,8432	1394,4	160,44	0,8431	1394,6	160,46	0,8430
−30	1379,5	165,97	0,8662	1379,6	165,98	0,8661	1379,7	166,00	0,8660
−25	1364,4	171,55	0,8889	1364,5	171,56	0,8888	1364,7	171,58	0,8887
−20	1349,0	177,17	0,9113	1349,2	177,18	0,9112	1349,3	177,20	0,9112
−15	1333,3	182,83	0,9335	1333,5	182,85	0,9334	1333,7	182,86	0,9333
−10	1317,3	188,54	0,9554	1317,5	188,56	0,9553	1317,7	188,57	0,9552
−5	1301,0	194,31	0,9771	1301,1	194,32	0,9770	1301,3	194,34	0,9769
0	1284,2	200,14	0,9986	1284,4	200,15	0,9985	1284,6	200,16	0,9984
5	1266,9	206,03	1,0200	1267,1	206,04	1,0199	1267,3	206,05	1,0198
10	1249,1	211,99	1,0413	1249,4	212,00	1,0411	1249,6	212,01	1,0410
15	1230,7	218,03	1,0624	1231,0	218,04	1,0623	1231,2	218,04	1,0622
20	1211,6	224,17	1,0835	1211,9	224,17	1,0834	1212,2	224,17	1,0833
25	1191,8	230,40	1,1046	1192,1	230,40	1,1045	1192,4	230,40	1,1043
30	48,411	415,19	1,7170	1171,3	236,75	1,1256	1171,6	236,75	1,1254
35	46,881	419,59	1,7314	49,470	418,61	1,7249	52,135	417,60	1,7184
40	45,502	423,88	1,7452	47,960	422,98	1,7389	50,480	422,06	1,7328
45	44,245	428,09	1,7586	46,592	427,26	1,7525	48,990	426,41	1,7465
50	43,091	432,24	1,7715	45,340	431,46	1,7656	47,634	430,67	1,7598
55	42,023	436,35	1,7841	44,186	435,62	1,7784	46,388	434,88	1,7727
60	41,029	440,42	1,7964	43,115	439,73	1,7908	45,235	439,04	1,7853
65	40,099	444,47	1,8085	42,116	443,82	1,8030	44,163	443,16	1,7976
70	39,226	448,50	1,8203	41,181	447,89	1,8149	43,161	447,26	1,8096
75	38,404	452,52	1,8320	40,301	451,94	1,8266	42,221	451,34	1,8214
80	37,627	456,54	1,8434	39,471	455,98	1,8382	41,336	455,41	1,8331
85	36,891	460,55	1,8547	38,685	460,01	1,8495	40,499	459,47	1,8445
90	36,191	464,56	1,8658	37,940	464,04	1,8607	39,707	463,53	1,8557
95	35,525	468,57	1,8768	37,232	468,08	1,8717	38,955	467,58	1,8668
100	34,890	472,58	1,8876	36,557	472,11	1,8826	38,238	471,64	1,8777
105	34,283	476,60	1,8983	35,913	476,15	1,8933	37,556	475,69	1,8885
110	33,702	480,63	1,9089	35,296	480,19	1,9040	36,903	479,75	1,8992
115	33,145	484,67	1,9194	34,706	484,25	1,9145	36,279	483,82	1,9098
120	32,610	488,71	1,9297	34,140	488,31	1,9249	35,680	487,90	1,9202
125	32,096	492,77	1,9400	33,596	492,38	1,9352	35,106	491,98	1,9305
130	31,602	496,83	1,9501	33,073	496,46	1,9453	34,554	496,08	1,9407
135	31,125	500,91	1,9602	32,570	500,55	1,9554	34,023	500,18	1,9508
140	30,666	505,00	1,9701	32,084	504,65	1,9654	33,511	504,30	1,9609
145	30,222	509,11	1,9800	31,616	508,77	1,9753	33,018	508,42	1,9708
150	29,793	513,23	1,9898	31,164	512,90	1,9851	32,541	512,56	1,9806
155	29,378	517,36	1,9995	30,727	517,04	1,9949	32,081	516,72	1,9904
160	28,977	521,51	2,0091	30,304	521,20	2,0045	31,636	520,88	2,0001
165	28,588	525,67	2,0187	29,894	525,37	2,0141	31,205	525,06	2,0097
170	28,211	529,85	2,0282	29,497	529,55	2,0236	30,788	529,26	2,0192
175	27,846	534,04	2,0376	29,112	533,75	2,0330	30,384	533,46	2,0286

R 22

t °C	$p = 1{,}30$ MPa (33,37 °C)			$p = 1{,}35$ MPa (34,86 °C)			$p = 1{,}40$ MPa (36,31 °C)		
	ϱ $\frac{kg}{m^3}$	h $\frac{kJ}{kg}$	s $\frac{kJ}{kg\,K}$	ϱ $\frac{kg}{m^3}$	h $\frac{kJ}{kg}$	s $\frac{kJ}{kg\,K}$	ϱ $\frac{kg}{m^3}$	h $\frac{kJ}{kg}$	s $\frac{kJ}{kg\,K}$
−50	1437,9	144,06	0,7717	1438,0	144,08	0,7717	1438,1	144,10	0,7716
−45	1423,7	149,50	0,7959	1423,8	149,52	0,7958	1423,9	149,54	0,7957
−40	1409,3	154,98	0,8196	1409,4	154,99	0,8195	1409,5	155,01	0,8194
−35	1394,7	160,48	0,8429	1394,8	160,50	0,8429	1394,9	160,52	0,8428
−30	1379,9	166,02	0,8660	1380,0	166,04	0,8659	1380,1	166,05	0,8658
−25	1364,8	171,60	0,8887	1364,9	171,61	0,8886	1365,1	171,63	0,8885
−20	1349,5	177,21	0,9111	1349,6	177,23	0,9110	1349,7	177,24	0,9109
−15	1333,8	182,87	0,9332	1334,0	182,89	0,9331	1334,1	182,90	0,9330
−10	1317,8	188,58	0,9551	1318,0	188,60	0,9550	1318,2	188,61	0,9549
−5	1301,5	194,35	0,9768	1301,7	194,36	0,9767	1301,9	194,37	0,9766
0	1284,8	200,17	0,9983	1284,9	200,18	0,9982	1285,1	200,19	0,9981
5	1267,5	206,06	1,0197	1267,8	206,07	1,0196	1268,0	206,07	1,0195
10	1249,8	212,01	1,0409	1250,0	212,02	1,0408	1250,3	212,03	1,0407
15	1231,5	218,05	1,0620	1231,7	218,06	1,0619	1232,0	218,06	1,0618
20	1212,5	224,18	1,0831	1212,8	224,18	1,0830	1213,0	224,18	1,0829
25	1192,7	230,40	1,1042	1193,0	230,40	1,1040	1193,3	230,40	1,1039
30	1172,0	236,75	1,1253	1172,3	236,74	1,1251	1172,7	236,74	1,1250
35	54,880	416,56	1,7120	57,714	415,48	1,7056	1150,9	243,21	1,1461
40	53,066	421,12	1,7266	55,724	420,14	1,7206	58,458	419,14	1,7146
45	51,444	425,54	1,7407	53,956	424,65	1,7349	56,532	423,73	1,7292
50	49,974	429,87	1,7542	52,364	429,04	1,7486	54,807	428,20	1,7431
55	48,630	434,12	1,7672	50,915	433,36	1,7618	53,244	432,58	1,7565
60	47,391	438,33	1,7799	49,583	437,61	1,7747	51,814	436,88	1,7695
65	46,241	442,49	1,7924	48,352	441,82	1,7872	50,496	441,13	1,7822
70	45,170	446,63	1,8045	47,207	445,99	1,7995	49,273	445,34	1,7946
75	44,166	450,74	1,8164	46,137	450,14	1,8115	48,134	449,52	1,8067
80	43,223	454,84	1,8281	45,133	454,26	1,8232	47,066	453,68	1,8185
85	42,333	458,93	1,8396	44,188	458,38	1,8348	46,063	457,82	1,8302
90	41,492	463,01	1,8509	43,295	462,48	1,8462	45,118	461,95	1,8416
95	40,694	467,08	1,8620	42,450	466,58	1,8574	44,223	466,07	1,8529
100	39,935	471,16	1,8730	41,647	470,68	1,8685	43,375	470,19	1,8640
105	39,212	475,23	1,8839	40,883	474,77	1,8794	42,568	474,31	1,8750
110	38,522	479,31	1,8946	40,155	478,87	1,8901	41,800	478,42	1,8858
115	37,863	483,40	1,9052	39,459	482,97	1,9008	41,067	482,54	1,8964
120	37,231	487,49	1,9157	38,793	487,08	1,9113	40,366	486,66	1,9070
125	36,626	491,59	1,9260	38,155	491,19	1,9217	39,695	490,79	1,9174
130	36,044	495,69	1,9363	37,543	495,31	1,9319	39,052	494,92	1,9278
135	35,484	499,81	1,9464	36,955	499,44	1,9421	38,434	499,07	1,9380
140	34,946	503,94	1,9565	36,389	503,58	1,9522	37,839	503,22	1,9481
145	34,427	508,08	1,9664	35,843	507,73	1,9622	37,267	507,38	1,9581
150	33,926	512,23	1,9763	35,317	511,89	1,9721	36,716	511,55	1,9680
155	33,442	516,39	1,9861	34,810	516,07	1,9819	36,184	515,74	1,9778
160	32,975	520,57	1,9958	34,319	520,25	1,9916	35,670	519,93	1,9876
165	32,522	524,76	2,0054	33,845	524,45	2,0012	35,174	524,14	1,9972
170	32,084	528,96	2,0149	33,386	528,66	2,0108	34,693	528,36	2,0068
175	31,660	533,18	2,0244	32,942	532,89	2,0203	34,228	532,60	2,0163

R 22

t °C	p = 1,45 MPa (37,72 °C)			p = 1,50 MPa (39,10 °C)			p = 1,55 MPa (40,44 °C)		
	ϱ $\frac{kg}{m^3}$	h $\frac{kJ}{kg}$	s $\frac{kJ}{kg\,K}$	ϱ $\frac{kg}{m^3}$	h $\frac{kJ}{kg}$	s $\frac{kJ}{kg\,K}$	ϱ $\frac{kg}{m^3}$	h $\frac{kJ}{kg}$	s $\frac{kJ}{kg\,K}$
−50	1438,2	144,12	0,7715	1438,3	144,13	0,7714	1438,4	144,15	0,7714
−45	1424,0	149,56	0,7956	1424,1	149,58	0,7956	1424,2	149,60	0,7955
−40	1409,6	155,03	0,8194	1409,7	155,05	0,8193	1409,8	155,07	0,8192
−35	1395,0	160,53	0,8427	1395,2	160,55	0,8426	1395,3	160,57	0,8426
−30	1380,2	166,07	0,8657	1380,4	166,09	0,8656	1380,5	166,11	0,8656
−25	1365,2	171,64	0,8884	1365,3	171,66	0,8883	1365,5	171,68	0,8883
−20	1349,9	177,26	0,9108	1350,0	177,28	0,9107	1350,2	177,29	0,9106
−15	1334,3	182,92	0,9330	1334,4	182,93	0,9329	1334,6	182,95	0,9328
−10	1318,3	188,63	0,9549	1318,5	188,64	0,9548	1318,7	188,65	0,9547
−5	1302,0	194,39	0,9765	1302,2	194,40	0,9764	1302,4	194,41	0,9763
0	1285,3	200,20	0,9980	1285,5	200,21	0,9979	1285,7	200,22	0,9978
5	1268,2	206,08	1,0194	1268,4	206,09	1,0193	1268,6	206,10	1,0191
10	1250,5	212,04	1,0406	1250,7	212,04	1,0405	1250,9	212,05	1,0403
15	1232,2	218,07	1,0617	1232,5	218,07	1,0616	1232,7	218,08	1,0614
20	1213,3	224,18	1,0827	1213,6	224,19	1,0826	1213,8	224,19	1,0825
25	1193,6	230,40	1,1038	1193,9	230,40	1,1036	1194,2	230,40	1,1035
30	1173,0	236,73	1,1248	1173,3	236,73	1,1247	1173,7	236,73	1,1245
35	1151,3	243,20	1,1460	1151,7	243,19	1,1458	1152,1	243,18	1,1456
40	61,276	418,10	1,7086	64,186	417,04	1,7027	1129,2	249,80	1,1669
45	59,175	422,80	1,7235	61,891	421,83	1,7179	64,685	420,84	1,7123
50	57,306	427,34	1,7377	59,864	426,46	1,7323	62,486	425,56	1,7270
55	55,621	431,78	1,7513	58,047	430,97	1,7461	60,527	430,14	1,7410
60	54,086	436,14	1,7645	56,400	435,38	1,7595	58,758	434,61	1,7546
65	52,675	440,43	1,7773	54,891	439,73	1,7724	57,145	439,01	1,7677
70	51,371	444,69	1,7898	53,500	444,02	1,7850	55,663	443,35	1,7804
75	50,158	448,90	1,8020	52,210	448,28	1,7974	54,291	447,64	1,7928
80	49,024	453,09	1,8139	51,007	452,50	1,8094	53,016	451,90	1,8050
85	47,961	457,26	1,8256	49,880	456,70	1,8212	51,823	456,13	1,8169
90	46,959	461,42	1,8372	48,821	460,88	1,8328	50,704	460,34	1,8285
95	46,014	465,56	1,8485	47,823	465,05	1,8442	49,650	464,53	1,8400
100	45,118	469,70	1,8597	46,878	469,21	1,8554	48,655	468,71	1,8513
105	44,268	473,84	1,8707	45,983	473,37	1,8665	47,713	472,89	1,8624
110	43,459	477,97	1,8815	45,131	477,52	1,8774	46,818	477,06	1,8734
115	42,688	482,11	1,8923	44,320	481,67	1,8882	45,966	481,23	1,8842
120	41,951	486,25	1,9028	43,547	485,83	1,8988	45,154	485,41	1,8949
125	41,246	490,39	1,9133	42,807	489,99	1,9093	44,378	489,58	1,9054
130	40,570	494,54	1,9237	42,098	494,15	1,9197	43,636	493,76	1,9158
135	39,922	498,69	1,9339	41,419	498,32	1,9300	42,925	497,94	1,9262
140	39,299	502,86	1,9441	40,766	502,50	1,9402	42,242	502,13	1,9364
145	38,699	507,03	1,9541	40,139	506,68	1,9502	41,586	506,33	1,9465
150	38,122	511,22	1,9641	39,535	510,88	1,9602	40,955	510,54	1,9565
155	37,565	515,41	1,9739	38,953	515,08	1,9701	40,347	514,75	1,9664
160	37,027	519,62	1,9837	38,391	519,30	1,9799	39,761	518,98	1,9762
165	36,508	523,83	1,9934	37,848	523,52	1,9896	39,195	523,21	1,9859
170	36,006	528,06	2,0030	37,324	527,76	1,9992	38,648	527,46	1,9955
175	35,520	532,31	2,0125	36,817	532,02	2,0087	38,119	531,72	2,0051

R 22

t	$p = 1{,}60$ MPa (41,75 °C)			$p = 1{,}65$ MPa (43,03 °C)			$p = 1{,}70$ MPa (44,28 °C)		
	ϱ	h	s	ϱ	h	s	ϱ	h	s
°C	$\frac{\text{kg}}{\text{m}^3}$	$\frac{\text{kJ}}{\text{kg}}$	$\frac{\text{kJ}}{\text{kg K}}$	$\frac{\text{kg}}{\text{m}^3}$	$\frac{\text{kJ}}{\text{kg}}$	$\frac{\text{kJ}}{\text{kg K}}$	$\frac{\text{kg}}{\text{m}^3}$	$\frac{\text{kJ}}{\text{kg}}$	$\frac{\text{kJ}}{\text{kg K}}$
−50	1438,5	144,17	0,7713	1438,6	144,19	0,7712	1438,7	144,21	0,7712
−45	1424,3	149,62	0,7954	1424,4	149,64	0,7954	1424,5	149,65	0,7953
−40	1410,0	155,09	0,8191	1410,1	155,10	0,8191	1410,2	155,12	0,8190
−35	1395,4	160,59	0,8425	1395,5	160,61	0,8424	1395,6	160,62	0,8423
−30	1380,6	166,12	0,8655	1380,7	166,14	0,8654	1380,9	166,16	0,8653
−25	1365,6	171,69	0,8882	1365,7	171,71	0,8881	1365,9	171,73	0,8880
−20	1350,3	177,31	0,9106	1350,5	177,32	0,9105	1350,6	177,34	0,9104
−15	1334,7	182,96	0,9327	1334,9	182,98	0,9326	1335,1	182,99	0,9325
−10	1318,8	188,67	0,9546	1319,0	188,68	0,9545	1319,2	188,69	0,9544
−5	1302,6	194,42	0,9762	1302,8	194,43	0,9761	1302,9	194,45	0,9760
0	1285,9	200,24	0,9977	1286,1	200,25	0,9976	1286,3	200,26	0,9975
5	1268,8	206,11	1,0190	1269,0	206,12	1,0189	1269,2	206,13	1,0188
10	1251,2	212,06	1,0402	1251,4	212,07	1,0401	1251,6	212,07	1,0400
15	1233,0	218,08	1,0613	1233,2	218,09	1,0612	1233,5	218,09	1,0611
20	1214,1	224,19	1,0823	1214,4	224,20	1,0822	1214,7	224,20	1,0821
25	1194,5	230,40	1,1033	1194,8	230,40	1,1032	1195,1	230,40	1,1031
30	1174,0	236,72	1,1244	1174,3	236,72	1,1242	1174,7	236,72	1,1241
35	1152,4	243,18	1,1455	1152,8	243,17	1,1453	1153,2	243,16	1,1451
40	1129,6	249,78	1,1667	1130,0	249,77	1,1666	1130,5	249,76	1,1664
45	67,565	419,82	1,7067	70,539	418,76	1,7011	73,615	417,67	1,6955
50	65,177	424,64	1,7217	67,941	423,69	1,7164	70,784	422,71	1,7112
55	63,063	429,29	1,7360	65,658	428,43	1,7310	68,317	427,54	1,7260
60	61,164	433,83	1,7497	63,620	433,03	1,7449	66,128	432,22	1,7402
65	59,440	438,28	1,7630	61,777	437,54	1,7583	64,158	436,78	1,7538
70	57,861	442,66	1,7758	60,094	441,97	1,7714	62,366	441,27	1,7669
75	56,403	447,00	1,7884	58,547	446,34	1,7840	60,723	445,68	1,7797
80	55,051	451,29	1,8006	57,114	450,67	1,7964	59,206	450,05	1,7922
85	53,789	455,55	1,8126	55,780	454,97	1,8084	57,797	454,38	1,8043
90	52,608	459,79	1,8244	54,534	459,23	1,8203	56,482	458,67	1,8162
95	51,497	464,01	1,8359	53,363	463,48	1,8319	55,250	462,95	1,8279
100	50,449	468,21	1,8472	52,261	467,71	1,8433	54,091	467,20	1,8394
105	49,458	472,41	1,8584	51,220	471,93	1,8545	52,998	471,44	1,8507
110	48,518	476,60	1,8694	50,233	476,14	1,8656	51,963	475,68	1,8618
115	47,625	480,79	1,8803	49,296	480,35	1,8765	50,982	479,90	1,8728
120	46,773	484,98	1,8910	48,405	484,56	1,8873	50,049	484,13	1,8836
125	45,961	489,17	1,9016	47,555	488,76	1,8979	49,160	488,35	1,8943
130	45,184	493,36	1,9121	46,742	492,97	1,9084	48,311	492,57	1,9048
135	44,440	497,56	1,9224	45,965	497,18	1,9188	47,500	496,80	1,9152
140	43,727	501,76	1,9327	45,220	501,40	1,9290	46,722	501,03	1,9255
145	43,042	505,98	1,9428	44,505	505,62	1,9392	45,977	505,26	1,9357
150	42,383	510,19	1,9528	43,818	509,85	1,9493	45,261	509,50	1,9458
155	41,748	514,42	1,9627	43,157	514,09	1,9592	44,572	513,75	1,9558
160	41,137	518,66	1,9726	42,520	518,33	1,9691	43,909	518,01	1,9657
165	40,547	522,90	1,9823	41,905	522,59	1,9789	43,270	522,28	1,9755
170	39,977	527,16	1,9920	41,312	526,86	1,9885	42,653	526,55	1,9852
175	39,426	531,43	2,0016	40,739	531,14	1,9981	42,057	530,84	1,9948

R 22

t °C	$p = 1{,}75$ MPa (45,51 °C)			$p = 1{,}80$ MPa (46,71 °C)			$p = 1{,}85$ MPa (47,89 °C)		
	ϱ $\frac{\text{kg}}{\text{m}^3}$	h $\frac{\text{kJ}}{\text{kg}}$	s $\frac{\text{kJ}}{\text{kg K}}$	ϱ $\frac{\text{kg}}{\text{m}^3}$	h $\frac{\text{kJ}}{\text{kg}}$	s $\frac{\text{kJ}}{\text{kg K}}$	ϱ $\frac{\text{kg}}{\text{m}^3}$	h $\frac{\text{kJ}}{\text{kg}}$	s $\frac{\text{kJ}}{\text{kg K}}$
−50	1438,8	144,23	0,7711	1438,9	144,25	0,7710	1439,0	144,27	0,7710
−45	1424,6	149,67	0,7952	1424,7	149,69	0,7951	1424,8	149,71	0,7951
−40	1410,3	155,14	0,8189	1410,4	155,16	0,8189	1410,5	155,18	0,8188
−35	1395,8	160,64	0,8423	1395,9	160,66	0,8422	1396,0	160,68	0,8421
−30	1381,0	166,17	0,8653	1381,1	166,19	0,8652	1381,3	166,21	0,8651
−25	1366,0	171,74	0,8879	1366,1	171,76	0,8878	1366,3	171,78	0,8878
−20	1350,8	177,35	0,9103	1350,9	177,37	0,9102	1351,0	177,38	0,9101
−15	1335,2	183,01	0,9324	1335,4	183,02	0,9323	1335,5	183,04	0,9322
−10	1319,3	188,71	0,9543	1319,5	188,72	0,9542	1319,7	188,73	0,9541
−5	1303,1	194,46	0,9760	1303,3	194,47	0,9759	1303,5	194,48	0,9758
0	1286,5	200,27	0,9974	1286,7	200,28	0,9973	1286,9	200,29	0,9972
5	1269,4	206,14	1,0187	1269,6	206,15	1,0186	1269,8	206,16	1,0185
10	1251,8	212,08	1,0399	1252,1	212,09	1,0398	1252,3	212,10	1,0397
15	1233,7	218,10	1,0609	1234,0	218,10	1,0608	1234,2	218,11	1,0607
20	1214,9	224,20	1,0819	1215,2	224,20	1,0818	1215,5	224,21	1,0817
25	1195,4	230,40	1,1029	1195,7	230,40	1,1028	1196,0	230,40	1,1026
30	1175,0	236,71	1,1239	1175,3	236,71	1,1238	1175,7	236,71	1,1236
35	1153,6	243,15	1,1450	1153,9	243,14	1,1448	1154,3	243,14	1,1446
40	1130,9	249,74	1,1662	1131,3	249,73	1,1660	1131,7	249,72	1,1658
45	1106,7	256,52	1,1877	1107,2	256,50	1,1875	1107,7	256,48	1,1873
50	73,713	421,71	1,7059	76,736	420,67	1,7007	79,861	419,60	1,6954
55	71,045	426,63	1,7211	73,845	425,70	1,7161	76,725	424,74	1,7112
60	68,692	431,39	1,7354	71,315	430,54	1,7308	74,001	429,67	1,7261
65	66,585	436,02	1,7492	69,062	435,23	1,7447	71,590	434,44	1,7403
70	64,677	440,55	1,7625	67,030	439,82	1,7582	69,426	439,08	1,7539
75	62,933	445,01	1,7755	65,179	444,33	1,7713	67,461	443,64	1,7671
80	61,327	449,42	1,7880	63,479	448,78	1,7839	65,663	448,13	1,7799
85	59,839	453,78	1,8003	61,908	453,18	1,7963	64,005	452,57	1,7924
90	58,453	458,11	1,8123	60,448	457,54	1,8084	62,468	456,96	1,8046
95	57,157	462,41	1,8240	59,085	461,87	1,8202	61,035	461,32	1,8165
100	55,939	466,69	1,8356	57,806	466,17	1,8319	59,693	465,65	1,8282
105	54,792	470,95	1,8470	56,604	470,46	1,8433	58,433	469,96	1,8397
110	53,708	475,21	1,8581	55,468	474,74	1,8545	57,244	474,26	1,8510
115	52,681	479,45	1,8691	54,394	479,00	1,8656	56,121	478,55	1,8621
120	51,705	483,70	1,8800	53,374	483,26	1,8765	55,056	482,83	1,8730
125	50,776	487,93	1,8907	52,404	487,52	1,8872	54,044	487,10	1,8838
130	49,890	492,17	1,9013	51,480	491,77	1,8978	53,081	491,37	1,8945
135	49,044	496,41	1,9117	50,598	496,03	1,9083	52,162	495,64	1,9050
140	48,233	500,66	1,9221	49,754	500,28	1,9187	51,283	499,91	1,9154
145	47,457	504,90	1,9323	48,945	504,55	1,9290	50,442	504,18	1,9257
150	46,711	509,16	1,9424	48,169	508,81	1,9391	49,635	508,46	1,9359
155	45,994	513,42	1,9524	47,424	513,08	1,9491	48,861	512,75	1,9459
160	45,305	517,69	1,9623	46,707	517,36	1,9591	48,116	517,04	1,9559
165	44,640	521,96	1,9721	46,017	521,65	1,9689	47,400	521,33	1,9657
170	43,999	526,25	1,9819	45,351	525,94	1,9787	46,709	525,64	1,9755
175	43,380	530,55	1,9915	44,709	530,25	1,9883	46,043	529,95	1,9852

R. 22

t °C	$p = 1{,}90$ MPa (49,05 °C)			$p = 2{,}00$ MPa (51,28 °C)			$p = 2{,}10$ MPa (53,45 °C)		
	ϱ $\frac{kg}{m^3}$	h $\frac{kJ}{kg}$	s $\frac{kJ}{kg\,K}$	ϱ $\frac{kg}{m^3}$	h $\frac{kJ}{kg}$	s $\frac{kJ}{kg\,K}$	ϱ $\frac{kg}{m^3}$	h $\frac{kJ}{kg}$	s $\frac{kJ}{kg\,K}$
−50	1439,1	144,29	0,7709	1439,3	144,33	0,7708	1439,5	144,37	0,7706
−45	1425,0	149,73	0,7950	1425,2	149,77	0,7949	1425,4	149,81	0,7947
−40	1410,6	155,20	0,8187	1410,9	155,23	0,8186	1411,1	155,27	0,8184
−35	1396,1	160,69	0,8420	1396,4	160,73	0,8419	1396,6	160,77	0,8417
−30	1381,4	166,23	0,8650	1381,6	166,26	0,8649	1381,9	166,30	0,8647
−25	1366,4	171,79	0,8877	1366,7	171,83	0,8875	1367,0	171,86	0,8874
−20	1351,2	177,40	0,9101	1351,5	177,43	0,9099	1351,8	177,46	0,9097
−15	1335,7	183,05	0,9322	1336,0	183,08	0,9320	1336,3	183,11	0,9318
−10	1319,8	188,75	0,9540	1320,2	188,78	0,9538	1320,5	188,80	0,9537
−5	1303,6	194,50	0,9757	1304,0	194,52	0,9755	1304,3	194,55	0,9753
0	1287,1	200,30	0,9971	1287,4	200,32	0,9969	1287,8	200,35	0,9967
5	1270,0	206,17	1,0184	1270,4	206,19	1,0182	1270,9	206,21	1,0180
10	1252,5	212,10	1,0395	1253,0	212,12	1,0393	1253,4	212,14	1,0391
15	1234,4	218,12	1,0606	1234,9	218,13	1,0603	1235,4	218,14	1,0601
20	1215,7	224,21	1,0816	1216,3	224,22	1,0813	1216,8	224,22	1,0810
25	1196,3	230,40	1,1025	1196,9	230,40	1,1022	1197,5	230,40	1,1019
30	1176,0	236,70	1,1235	1176,7	236,70	1,1232	1177,3	236,69	1,1229
35	1154,7	243,13	1,1445	1155,4	243,12	1,1442	1156,2	243,10	1,1438
40	1132,2	249,70	1,1656	1133,0	249,68	1,1653	1133,8	249,66	1,1649
45	1108,2	256,46	1,1870	1109,1	256,42	1,1866	1110,1	256,38	1,1862
50	83,100	418,48	1,6900	1083,4	263,38	1,2083	1084,5	263,33	1,2079
55	79,689	423,76	1,7062	85,905	421,70	1,6963	92,566	419,49	1,6861
60	76,754	428,78	1,7214	82,482	426,94	1,7121	88,545	424,99	1,7028
65	74,173	433,62	1,7358	79,517	431,95	1,7270	85,123	430,19	1,7183
70	71,867	438,33	1,7497	76,897	436,79	1,7413	82,139	435,19	1,7329
75	69,783	442,94	1,7630	74,548	441,51	1,7549	79,491	440,03	1,7469
80	67,880	447,48	1,7759	72,420	446,14	1,7681	77,109	444,77	1,7604
85	66,131	451,95	1,7885	70,474	450,70	1,7809	74,945	449,41	1,7735
90	64,513	456,38	1,8008	68,682	455,19	1,7934	72,962	453,98	1,7862
95	63,007	460,77	1,8128	67,021	459,65	1,8056	71,133	458,50	1,7985
100	61,600	465,13	1,8246	65,475	464,06	1,8175	69,436	462,98	1,8106
105	60,279	469,46	1,8361	64,029	468,45	1,8292	67,854	467,42	1,8224
110	59,037	473,78	1,8475	62,671	472,82	1,8406	66,373	471,84	1,8340
115	57,863	478,09	1,8586	61,391	477,17	1,8519	64,982	476,23	1,8454
120	56,751	482,39	1,8696	60,183	481,50	1,8630	63,670	480,60	1,8566
125	55,696	486,68	1,8805	59,037	485,83	1,8740	62,429	484,97	1,8677
130	54,693	490,96	1,8912	57,950	490,15	1,8847	61,253	489,32	1,8785
135	53,736	495,25	1,9017	56,914	494,46	1,8954	60,136	493,67	1,8892
140	52,822	499,53	1,9122	55,927	498,78	1,9059	59,072	498,01	1,8998
145	51,947	503,82	1,9225	54,984	503,09	1,9163	58,056	502,36	1,9103
150	51,109	508,11	1,9327	54,081	507,41	1,9265	57,086	506,70	1,9206
155	50,305	512,41	1,9428	53,216	511,73	1,9367	56,157	511,04	1,9308
160	49,533	516,71	1,9528	52,385	516,05	1,9467	55,266	515,39	1,9409
165	48,789	521,02	1,9626	51,587	520,38	1,9566	54,411	519,74	1,9509
170	48,073	525,33	1,9724	50,819	524,71	1,9665	53,589	524,09	1,9608
175	47,383	529,65	1,9821	50,079	529,06	1,9762	52,797	528,45	1,9705

R 22

t °C	p = 2,20 MPa (55,53 °C) ϱ kg/m³	h kJ/kg	s kJ/kgK	p = 2,30 MPa (57,54 °C) ϱ kg/m³	h kJ/kg	s kJ/kgK	p = 2,40 MPa (59,49 °C) ϱ kg/m³	h kJ/kg	s kJ/kgK
−50	1439,7	144,41	0,7705	1439,9	144,45	0,7704	1440,1	144,49	0,7702
−45	1425,6	149,85	0,7946	1425,8	149,88	0,7944	1426,0	149,92	0,7943
−40	1411,3	155,31	0,8183	1411,5	155,35	0,8181	1411,8	155,38	0,8180
−35	1396,8	160,80	0,8416	1397,1	160,84	0,8414	1397,3	160,87	0,8413
−30	1382,1	166,33	0,8646	1382,4	166,36	0,8644	1382,6	166,40	0,8642
−25	1367,2	171,89	0,8872	1367,5	171,93	0,8870	1367,8	171,96	0,8869
−20	1352,0	177,49	0,9096	1352,3	177,53	0,9094	1352,6	177,56	0,9092
−15	1336,6	183,14	0,9316	1336,9	183,17	0,9315	1337,2	183,20	0,9313
−10	1320,8	188,83	0,9535	1321,1	188,86	0,9533	1321,5	188,89	0,9531
−5	1304,7	194,57	0,9751	1305,0	194,60	0,9749	1305,4	194,62	0,9747
0	1288,2	200,37	0,9965	1288,6	200,39	0,9963	1288,9	200,41	0,9961
5	1271,3	206,23	1,0178	1271,7	206,25	1,0175	1272,1	206,27	1,0173
10	1253,9	212,15	1,0389	1254,3	212,17	1,0386	1254,7	212,18	1,0384
15	1235,9	218,15	1,0599	1236,4	218,16	1,0596	1236,9	218,18	1,0594
20	1217,3	224,23	1,0808	1217,9	224,24	1,0805	1218,4	224,25	1,0803
25	1198,1	230,41	1,1017	1198,6	230,41	1,1014	1199,2	230,41	1,1011
30	1178,0	236,69	1,1226	1178,6	236,68	1,1223	1179,2	236,68	1,1220
35	1156,9	243,09	1,1435	1157,6	243,08	1,1432	1158,3	243,06	1,1429
40	1134,7	249,63	1,1646	1135,5	249,61	1,1642	1136,3	249,59	1,1639
45	1111,0	256,35	1,1858	1112,0	256,31	1,1855	1112,9	256,28	1,1851
50	1085,6	263,27	1,2074	1086,7	263,22	1,2070	1087,8	263,17	1,2066
55	1057,9	270,47	1,2295	1059,2	270,39	1,2290	1060,5	270,32	1,2285
60	95,001	422,92	1,6933	101,93	420,71	1,6836	109,44	418,32	1,6736
65	91,030	428,35	1,7095	97,285	426,41	1,7006	103,95	424,35	1,6915
70	87,621	433,52	1,7246	93,372	431,78	1,7163	99,430	429,95	1,7080
75	84,629	438,50	1,7390	89,983	436,92	1,7312	95,579	435,27	1,7234
80	81,961	443,35	1,7529	86,992	441,89	1,7454	92,218	440,38	1,7379
85	79,554	448,09	1,7662	84,314	446,73	1,7590	89,236	445,33	1,7519
90	77,362	452,74	1,7791	81,889	451,48	1,7721	86,554	450,17	1,7653
95	75,349	457,34	1,7917	79,675	456,14	1,7849	84,119	454,92	1,7783
100	73,489	461,87	1,8039	77,638	460,75	1,7973	81,889	459,60	1,7909
105	71,761	466,37	1,8159	75,752	465,31	1,8095	79,833	464,22	1,8032
110	70,148	470,84	1,8276	73,998	469,83	1,8213	77,927	468,80	1,8152
115	68,636	475,28	1,8391	72,358	474,31	1,8330	76,151	473,34	1,8270
120	67,215	479,70	1,8504	70,820	478,78	1,8444	74,488	477,84	1,8385
125	65,873	484,10	1,8616	69,372	483,22	1,8556	72,927	482,33	1,8499
130	64,604	488,49	1,8725	68,005	487,64	1,8667	71,456	486,79	1,8610
135	63,400	492,87	1,8833	66,710	492,06	1,8776	70,066	491,24	1,8720
140	62,256	497,24	1,8940	65,481	496,46	1,8883	68,748	495,68	1,8828
145	61,165	501,61	1,9045	64,312	500,86	1,8989	67,497	500,11	1,8934
150	60,124	505,98	1,9149	63,197	505,26	1,9093	66,305	504,53	1,9040
155	59,129	510,35	1,9251	62,133	509,65	1,9196	65,169	508,95	1,9143
160	58,176	514,72	1,9353	61,115	514,05	1,9298	64,083	513,37	1,9246
165	57,262	519,09	1,9453	60,139	518,44	1,9399	63,044	517,79	1,9347
170	56,383	523,47	1,9552	59,203	522,84	1,9499	62,048	522,21	1,9448
175	55,539	527,85	1,9651	58,303	527,24	1,9598	61,092	526,63	1,9547

R 22

t °C	p = 2,50 MPa (61,38 °C) ϱ kg/m³	h kJ/kg	s kJ/kgK	p = 2,60 MPa (63,22 °C) ϱ kg/m³	h kJ/kg	s kJ/kgK	p = 2,70 MPa (65,00 °C) ϱ kg/m³	h kJ/kg	s kJ/kgK
−50	1440,3	144,53	0,7701	1440,5	144,57	0,7700	1440,7	144,61	0,7698
−45	1426,2	149,96	0,7942	1426,4	150,00	0,7940	1426,6	150,04	0,7939
−40	1412,0	155,42	0,8178	1412,2	155,46	0,8177	1412,4	155,50	0,8176
−35	1397,5	160,91	0,8411	1397,8	160,95	0,8410	1398,0	160,98	0,8408
−30	1382,9	166,43	0,8641	1383,1	166,47	0,8639	1383,4	166,50	0,8638
−25	1368,0	171,99	0,8867	1368,3	172,03	0,8866	1368,6	172,06	0,8864
−20	1352,9	177,59	0,9091	1353,2	177,62	0,9089	1353,5	177,65	0,9087
−15	1337,5	183,23	0,9311	1337,8	183,26	0,9309	1338,1	183,29	0,9308
−10	1321,8	188,91	0,9529	1322,1	188,94	0,9527	1322,4	188,97	0,9526
−5	1305,7	194,65	0,9745	1306,1	194,67	0,9743	1306,4	194,70	0,9741
0	1289,3	200,44	0,9959	1289,7	200,46	0,9957	1290,1	200,48	0,9955
5	1272,5	206,29	1,0171	1272,9	206,31	1,0169	1273,3	206,33	1,0167
10	1255,2	212,20	1,0382	1255,6	212,22	1,0380	1256,1	212,23	1,0377
15	1237,3	218,19	1,0592	1237,8	218,20	1,0589	1238,3	218,21	1,0587
20	1218,9	224,26	1,0800	1219,4	224,26	1,0798	1220,0	224,27	1,0795
25	1199,8	230,41	1,1009	1200,4	230,42	1,1006	1200,9	230,42	1,1003
30	1179,9	236,67	1,1217	1180,5	236,67	1,1214	1181,2	236,67	1,1211
35	1159,0	243,05	1,1425	1159,8	243,04	1,1422	1160,5	243,03	1,1419
40	1137,1	249,57	1,1635	1137,9	249,54	1,1632	1138,7	249,52	1,1628
45	1113,8	256,24	1,1847	1114,8	256,21	1,1843	1115,7	256,18	1,1839
50	1088,9	263,12	1,2061	1090,0	263,07	1,2057	1091,0	263,02	1,2052
55	1061,8	270,25	1,2280	1063,1	270,18	1,2275	1064,3	270,11	1,2270
60	1031,8	277,70	1,2506	1033,4	277,60	1,2500	1034,9	277,51	1,2494
65	111,10	422,14	1,6823	118,86	419,76	1,6726	1001,6	285,34	1,2727
70	105,84	428,03	1,6995	112,67	425,99	1,6909	120,00	423,81	1,6821
75	101,45	433,55	1,7155	107,63	431,74	1,7076	114,16	429,84	1,6995
80	97,662	438,81	1,7305	103,35	437,19	1,7231	109,30	435,49	1,7156
85	94,335	443,89	1,7448	99,630	442,41	1,7378	105,14	440,87	1,7308
90	91,368	448,84	1,7585	96,342	447,47	1,7518	101,49	446,05	1,7451
95	88,689	453,68	1,7718	93,394	452,40	1,7653	98,245	451,09	1,7589
100	86,249	458,43	1,7846	90,724	457,24	1,7783	95,322	456,01	1,7722
105	84,008	463,12	1,7971	88,283	461,99	1,7910	92,664	460,85	1,7851
110	81,939	467,75	1,8092	86,037	466,69	1,8033	90,228	465,61	1,7976
115	80,016	472,34	1,8211	83,958	471,34	1,8154	87,981	470,31	1,8098
120	78,222	476,90	1,8328	82,023	475,94	1,8272	85,896	474,97	1,8217
125	76,541	481,43	1,8442	80,215	480,51	1,8387	83,953	479,59	1,8334
130	74,960	485,93	1,8555	78,519	485,06	1,8501	82,134	484,17	1,8448
135	73,469	490,41	1,8665	76,922	489,58	1,8612	80,425	488,74	1,8560
140	72,059	494,89	1,8774	75,414	494,08	1,8722	78,815	493,28	1,8671
145	70,721	499,35	1,8882	73,986	498,58	1,8830	77,292	497,80	1,8780
150	69,449	503,80	1,8987	72,630	503,06	1,8937	75,849	502,31	1,8887
155	68,238	508,24	1,9092	71,341	507,53	1,9042	74,479	506,81	1,8993
160	67,082	512,69	1,9195	70,112	512,00	1,9145	73,174	511,31	1,9097
165	65,977	517,13	1,9297	68,939	516,47	1,9248	71,930	515,80	1,9200
170	64,919	521,57	1,9398	67,816	520,93	1,9349	70,740	520,28	1,9302
175	63,904	526,01	1,9497	66,741	525,39	1,9449	69,602	524,77	1,9403

R 22

t °C	\varrho kg/m³	h kJ/kg	s kJ/kgK	\varrho kg/m³	h kJ/kg	s kJ/kgK	\varrho kg/m³	h kJ/kg	s kJ/kgK
	$p = 2{,}80$ MPa (66,74 °C)			$p = 2{,}90$ MPa (68,43 °C)			$p = 3{,}00$ MPa (70,07 °C)		
−50	1440,9	144,64	0,7697	1441,1	144,68	0,7696	1441,3	144,72	0,7694
−45	1426,9	150,08	0,7938	1427,1	150,11	0,7936	1427,3	150,15	0,7935
−40	1412,6	155,53	0,8174	1412,9	155,57	0,8173	1413,1	155,61	0,8171
−35	1398,2	161,02	0,8407	1398,5	161,06	0,8405	1398,7	161,09	0,8404
−30	1383,6	166,54	0,8636	1383,9	166,57	0,8635	1384,1	166,61	0,8633
−25	1368,8	172,09	0,8862	1369,1	172,13	0,8861	1369,3	172,16	0,8859
−20	1353,7	177,68	0,9086	1354,0	177,72	0,9084	1354,3	177,75	0,9082
−15	1338,4	183,32	0,9306	1338,7	183,35	0,9304	1339,0	183,38	0,9302
−10	1322,8	189,00	0,9524	1323,1	189,03	0,9522	1323,4	189,05	0,9520
−5	1306,8	194,73	0,9739	1307,1	194,75	0,9738	1307,5	194,78	0,9736
0	1290,4	200,51	0,9953	1290,8	200,53	0,9951	1291,2	200,55	0,9949
5	1273,7	206,35	1,0165	1274,1	206,37	1,0163	1274,5	206,39	1,0161
10	1256,5	212,25	1,0375	1256,9	212,27	1,0373	1257,4	212,29	1,0371
15	1238,8	218,23	1,0584	1239,2	218,24	1,0582	1239,7	218,25	1,0580
20	1220,5	224,28	1,0793	1221,0	224,29	1,0790	1221,5	224,30	1,0788
25	1201,5	230,42	1,1000	1202,1	230,43	1,0998	1202,6	230,43	1,0995
30	1181,8	236,66	1,1208	1182,4	236,66	1,1205	1183,0	236,66	1,1202
35	1161,2	243,02	1,1416	1161,9	243,01	1,1413	1162,6	243,00	1,1410
40	1139,5	249,50	1,1625	1140,3	249,49	1,1621	1141,1	249,47	1,1618
45	1116,6	256,15	1,1835	1117,5	256,12	1,1831	1118,4	256,09	1,1828
50	1092,1	262,98	1,2048	1093,1	262,93	1,2044	1094,1	262,89	1,2040
55	1065,6	270,04	1,2265	1066,8	269,97	1,2260	1068,0	269,91	1,2255
60	1036,4	277,41	1,2488	1037,9	277,32	1,2482	1039,4	277,23	1,2477
65	1003,5	285,20	1,2720	1005,4	285,07	1,2713	1007,3	284,93	1,2706
70	127,94	421,46	1,6729	136,64	418,91	1,6632	969,82	293,23	1,2950
75	121,11	427,84	1,6913	128,56	425,70	1,6829	136,60	423,41	1,6741
80	115,57	433,72	1,7081	122,18	431,86	1,7005	129,20	429,90	1,6926
85	110,88	439,28	1,7237	116,90	437,62	1,7166	123,21	435,89	1,7095
90	106,83	444,60	1,7385	112,38	443,09	1,7318	118,16	441,54	1,7251
95	103,25	449,75	1,7526	108,43	448,36	1,7462	113,79	446,94	1,7399
100	100,05	454,76	1,7661	104,92	453,48	1,7600	109,94	452,17	1,7540
105	97,156	459,68	1,7792	101,77	458,48	1,7734	106,51	457,26	1,7676
110	94,515	464,51	1,7919	98,904	463,39	1,7862	103,40	462,24	1,7807
115	92,087	469,27	1,8042	96,282	468,22	1,7988	100,57	467,14	1,7934
120	89,842	473,98	1,8163	93,866	472,98	1,8110	97,971	471,97	1,8057
125	87,756	478,65	1,8281	91,627	477,70	1,8229	95,569	476,74	1,8178
130	85,807	483,28	1,8396	89,541	482,38	1,8346	93,338	481,46	1,8296
135	83,981	487,88	1,8510	87,591	487,02	1,8460	91,257	486,15	1,8411
140	82,263	492,46	1,8621	85,759	491,63	1,8572	89,306	490,80	1,8525
145	80,641	497,02	1,8731	84,035	496,23	1,8683	87,473	495,43	1,8636
150	79,107	501,56	1,8839	82,405	500,80	1,8792	85,743	500,04	1,8745
155	77,652	506,09	1,8945	80,861	505,36	1,8899	84,108	504,63	1,8853
160	76,268	510,61	1,9050	79,396	509,91	1,9004	82,557	509,20	1,8960
165	74,950	515,13	1,9154	78,001	514,45	1,9109	81,083	513,77	1,9064
170	73,692	519,64	1,9256	76,671	518,98	1,9212	79,679	518,33	1,9168
175	72,489	524,14	1,9357	75,401	523,51	1,9313	78,339	522,88	1,9270

R 134a

CF_3CH_2F

	Seite
Sättigungsgrößen als Funktionen der Celsius-Temperatur	106
Sättigungsgrößen als Funktionen des Drucks	110
Zustandsgrößen im Gas- und Flüssigkeitsgebiet	113

	Page
Saturation properties as functions of Celsius-temperature	106
Saturation properties as functions of pressure	110
Properties of liquid and gas	113

R 134a

Sättigungsgrößen als Funktionen der Celsius-Temperatur
Saturation properties as functions of Celsius-temperature

t °C	p_s MPa	ϱ'	ϱ'' kg/m³	h'	Δh_v	h'' kJ/kg	s'	Δs_v	s'' kJ/(kg K)
−90	0,00152	1555,8	0,1024	87,22	255,51	342,73	0,5020	1,3951	1,8971
−89	0,00167	1553,1	0,1117	88,41	254,92	343,33	0,5084	1,3843	1,8928
−88	0,00183	1550,5	0,1219	89,60	254,34	343,93	0,5149	1,3737	1,8886
−87	0,00201	1547,8	0,1327	90,79	253,75	344,54	0,5213	1,3631	1,8844
−86	0,00220	1545,1	0,1444	91,98	253,16	345,14	0,5277	1,3527	1,8804
−85	0,00240	1542,4	0,1570	93,18	252,57	345,75	0,5341	1,3424	1,8765
−84	0,00262	1539,8	0,1704	94,37	251,99	346,36	0,5404	1,3322	1,8726
−83	0,00285	1537,1	0,1848	95,57	251,40	346,97	0,5467	1,3221	1,8688
−82	0,00311	1534,4	0,2002	96,76	250,82	347,58	0,5530	1,3121	1,8651
−81	0,00338	1531,7	0,2167	97,96	250,23	348,19	0,5592	1,3023	1,8615
−80	0,00367	1529,0	0,2343	99,16	249,65	348,80	0,5654	1,2925	1,8579
−79	0,00399	1526,3	0,2531	100,36	249,06	349,42	0,5716	1,2828	1,8545
−78	0,00432	1523,6	0,2731	101,56	248,48	350,04	0,5778	1,2733	1,8511
−77	0,00468	1520,9	0,2944	102,76	247,90	350,65	0,5839	1,2638	1,8477
−76	0,00507	1518,2	0,3171	103,96	247,31	351,27	0,5900	1,2544	1,8445
−75	0,00548	1515,5	0,3412	105,16	246,73	351,89	0,5961	1,2452	1,8413
−74	0,00592	1512,8	0,3668	106,37	246,14	352,51	0,6022	1,2360	1,8381
−73	0,00638	1510,0	0,3940	107,57	245,56	353,13	0,6082	1,2269	1,8351
−72	0,00688	1507,3	0,4228	108,78	244,98	353,76	0,6142	1,2179	1,8321
−71	0,00742	1504,6	0,4533	109,99	244,39	354,38	0,6202	1,2090	1,8292
−70	0,00798	1501,9	0,4857	111,20	243,81	355,00	0,6262	1,2001	1,8263
−69	0,00858	1499,1	0,5199	112,41	243,22	355,63	0,6321	1,1914	1,8235
−68	0,00922	1496,4	0,5561	113,62	242,64	356,26	0,6380	1,1827	1,8208
−67	0,00990	1493,6	0,5944	114,83	242,05	356,88	0,6439	1,1741	1,8181
−66	0,01062	1490,9	0,6347	116,05	241,46	357,51	0,6498	1,1656	1,8155
−65	0,01138	1488,1	0,6773	117,26	240,88	358,14	0,6557	1,1572	1,8129
−64	0,01219	1485,4	0,7222	118,48	240,29	358,77	0,6615	1,1489	1,8104
−63	0,01304	1482,6	0,7695	119,70	239,70	359,40	0,6673	1,1406	1,8079
−62	0,01394	1479,9	0,8193	120,92	239,11	360,03	0,6731	1,1324	1,8055
−61	0,01490	1477,1	0,8717	122,14	238,52	360,66	0,6789	1,1243	1,8032
−60	0,01591	1474,3	0,9268	123,37	237,93	361,30	0,6846	1,1163	1,8009
−59	0,01697	1471,5	0,9847	124,59	237,34	361,93	0,6903	1,1083	1,7986
−58	0,01809	1468,8	1,0455	125,82	236,75	362,56	0,6961	1,1004	1,7964
−57	0,01927	1466,0	1,1093	127,04	236,15	363,20	0,7017	1,0925	1,7943
−56	0,02052	1463,2	1,1762	128,27	235,56	363,83	0,7074	1,0848	1,7922
−55	0,02183	1460,4	1,2464	129,50	234,96	364,46	0,7131	1,0771	1,7901
−54	0,02321	1457,6	1,3199	130,73	234,37	365,10	0,7187	1,0694	1,7881
−53	0,02465	1454,8	1,3969	131,97	233,77	365,73	0,7243	1,0619	1,7862
−52	0,02618	1452,0	1,4774	133,20	233,17	366,37	0,7299	1,0543	1,7842
−51	0,02777	1449,1	1,5617	134,44	232,57	367,00	0,7355	1,0469	1,7824
−50	0,02945	1446,3	1,6497	135,68	231,96	367,64	0,7410	1,0395	1,7805
−49	0,03121	1443,5	1,7418	136,92	231,36	368,27	0,7466	1,0322	1,7787
−48	0,03305	1440,6	1,8379	138,16	230,75	368,91	0,7521	1,0249	1,7770
−47	0,03498	1437,8	1,9382	139,40	230,15	369,55	0,7576	1,0177	1,7753
−46	0,03700	1434,9	2,0428	140,64	229,54	370,18	0,7631	1,0105	1,7736

R 134a

t °C	p_s MPa	ϱ' kg/m³	ϱ'' kg/m³	h' kJ/kg	Δh_v kJ/kg	h'' kJ/kg	s' kJ/(kg K)	Δs_v kJ/(kg K)	s'' kJ/(kg K)
−45	0,03912	1432,1	2,1520	141,89	228,93	370,82	0,7685	1,0034	1,7719
−44	0,04133	1429,2	2,2657	143,14	228,31	371,45	0,7740	0,9964	1,7703
−43	0,04364	1426,4	2,3842	144,39	227,70	372,09	0,7794	0,9894	1,7688
−42	0,04605	1423,5	2,5076	145,64	227,08	372,72	0,7848	0,9824	1,7672
−41	0,04858	1420,6	2,6361	146,89	226,47	373,36	0,7902	0,9755	1,7657
−40	0,05121	1417,7	2,7697	148,15	225,84	373,99	0,7956	0,9687	1,7643
−39	0,05395	1414,8	2,9087	149,40	225,22	374,63	0,8010	0,9619	1,7629
−38	0,05682	1411,9	3,0532	150,66	224,60	375,26	0,8063	0,9551	1,7615
−37	0,05980	1409,0	3,2033	151,92	223,97	375,89	0,8117	0,9484	1,7601
−36	0,06291	1406,1	3,3592	153,18	223,34	376,53	0,8170	0,9418	1,7588
−35	0,06614	1403,1	3,5212	154,45	222,71	377,16	0,8223	0,9352	1,7575
−34	0,06951	1400,2	3,6892	155,71	222,08	377,79	0,8276	0,9286	1,7562
−33	0,07301	1397,3	3,8636	156,98	221,44	378,42	0,8329	0,9221	1,7550
−32	0,07666	1394,3	4,0444	158,25	220,80	379,05	0,8382	0,9156	1,7538
−31	0,08044	1391,4	4,2319	159,52	220,16	379,68	0,8434	0,9092	1,7526
−30	0,08438	1388,4	4,4261	160,79	219,51	380,31	0,8486	0,9028	1,7514
−29	0,08846	1385,4	4,6274	162,07	218,87	380,94	0,8539	0,8964	1,7503
−28	0,09270	1382,4	4,8359	163,35	218,22	381,56	0,8591	0,8901	1,7492
−27	0,09710	1379,5	5,0517	164,63	217,56	382,19	0,8643	0,8839	1,7481
−26	0,10167	1376,5	5,2751	165,91	216,91	382,82	0,8694	0,8776	1,7471
−25	0,10640	1373,5	5,5062	167,19	216,25	383,44	0,8746	0,8714	1,7461
−24	0,11130	1370,4	5,7453	168,48	215,59	384,06	0,8798	0,8653	1,7451
−23	0,11639	1367,4	5,9925	169,76	214,92	384,69	0,8849	0,8592	1,7441
−22	0,12165	1364,4	6,2480	171,05	214,25	385,31	0,8900	0,8531	1,7431
−21	0,12710	1361,3	6,5120	172,34	213,58	385,93	0,8952	0,8470	1,7422
−20	0,13273	1358,3	6,7848	173,64	212,91	386,55	0,9003	0,8410	1,7413
−19	0,13857	1355,2	7,0666	174,93	212,23	387,16	0,9053	0,8351	1,7404
−18	0,14460	1352,1	7,3575	176,23	211,55	387,78	0,9104	0,8291	1,7395
−17	0,15084	1349,0	7,6578	177,53	210,86	388,40	0,9155	0,8232	1,7387
−16	0,15728	1345,9	7,9676	178,83	210,17	389,01	0,9206	0,8173	1,7379
−15	0,16394	1342,8	8,2873	180,14	209,48	389,62	0,9256	0,8115	1,7371
−14	0,17082	1339,7	8,6171	181,45	208,79	390,23	0,9306	0,8057	1,7363
−13	0,17792	1336,6	8,9572	182,76	208,09	390,84	0,9357	0,7999	1,7355
−12	0,18524	1333,4	9,3078	184,07	207,38	391,45	0,9407	0,7941	1,7348
−11	0,19280	1330,3	9,6691	185,38	206,67	392,05	0,9457	0,7884	1,7340
−10	0,20060	1327,1	10,041	186,70	205,96	392,66	0,9507	0,7827	1,7333
−9	0,20864	1324,0	10,425	188,02	205,24	393,26	0,9556	0,7770	1,7326
−8	0,21693	1320,8	10,820	189,34	204,52	393,86	0,9606	0,7714	1,7320
−7	0,22548	1317,6	11,227	190,66	203,80	394,46	0,9656	0,7657	1,7313
−6	0,23428	1314,3	11,646	191,99	203,07	395,06	0,9705	0,7601	1,7306
−5	0,24334	1311,1	12,077	193,32	202,34	395,65	0,9754	0,7546	1,7300
−4	0,25268	1307,9	12,521	194,65	201,60	396,25	0,9804	0,7490	1,7294
−3	0,26228	1304,6	12,978	195,98	200,86	396,84	0,9853	0,7435	1,7288
−2	0,27217	1301,4	13,448	197,32	200,11	397,43	0,9902	0,7380	1,7282
−1	0,28234	1298,1	13,931	198,66	199,36	398,01	0,9951	0,7325	1,7276
0	0,29280	1294,8	14,428	200,00	198,60	398,60	1,0000	0,7271	1,7271
1	0,30356	1291,5	14,940	201,34	197,84	399,18	1,0049	0,7216	1,7265
2	0,31462	1288,1	15,465	202,69	197,07	399,76	1,0098	0,7162	1,7260
3	0,32598	1284,8	16,005	204,04	196,30	400,34	1,0146	0,7108	1,7255
4	0,33766	1281,4	16,560	205,40	195,52	400,92	1,0195	0,7055	1,7249

R 134a

t °C	p_s MPa	ϱ' kg/m³	ϱ'' kg/m³	h' kJ/kg	Δh_v kJ/kg	h'' kJ/kg	s' kJ/(kg K)	Δs_v kJ/(kg K)	s'' kJ/(kg K)
5	0,34966	1278,1	17,131	206,75	194,74	401,49	1,0243	0,7001	1,7244
6	0,36198	1274,7	17,717	208,11	193,95	402,06	1,0292	0,6948	1,7240
7	0,37463	1271,3	18,319	209,47	193,16	402,63	1,0340	0,6895	1,7235
8	0,38761	1267,9	18,938	210,84	192,36	403,19	1,0388	0,6842	1,7230
9	0,40093	1264,4	19,573	212,20	191,55	403,76	1,0437	0,6789	1,7226
10	0,41461	1261,0	20,226	213,58	190,74	404,32	1,0485	0,6736	1,7221
11	0,42863	1257,5	20,896	214,95	189,92	404,87	1,0533	0,6684	1,7217
12	0,44301	1254,0	21,583	216,33	189,10	405,43	1,0581	0,6632	1,7212
13	0,45776	1250,5	22,289	217,71	188,27	405,98	1,0629	0,6579	1,7208
14	0,47288	1246,9	23,014	219,09	187,43	406,53	1,0676	0,6527	1,7204
15	0,48837	1243,4	23,758	220,48	186,59	407,07	1,0724	0,6476	1,7200
16	0,50425	1239,8	24,522	221,87	185,74	407,61	1,0772	0,6424	1,7196
17	0,52051	1236,2	25,305	223,26	184,89	408,15	1,0820	0,6372	1,7192
18	0,53717	1232,6	26,109	224,66	184,03	408,69	1,0867	0,6321	1,7188
19	0,55423	1229,0	26,934	226,06	183,16	409,22	1,0915	0,6269	1,7184
20	0,57170	1225,3	27,780	227,46	182,28	409,75	1,0962	0,6218	1,7180
21	0,58958	1221,7	28,648	228,87	181,40	410,27	1,1010	0,6167	1,7177
22	0,60789	1218,0	29,538	230,28	180,51	410,79	1,1057	0,6116	1,7173
23	0,62661	1214,2	30,451	231,70	179,61	411,31	1,1105	0,6065	1,7169
24	0,64578	1210,5	31,388	233,12	178,70	411,82	1,1152	0,6014	1,7166
25	0,66538	1206,7	32,349	234,54	177,79	412,33	1,1199	0,5963	1,7162
26	0,68542	1202,9	33,334	235,97	176,87	412,84	1,1246	0,5912	1,7159
27	0,70592	1199,1	34,345	237,40	175,94	413,34	1,1294	0,5862	1,7155
28	0,72687	1195,2	35,381	238,84	175,00	413,84	1,1341	0,5811	1,7152
29	0,74830	1191,4	36,444	240,27	174,06	414,33	1,1388	0,5761	1,7148
30	0,77019	1187,5	37,534	241,72	173,10	414,82	1,1435	0,5710	1,7145
31	0,79256	1183,5	38,652	243,17	172,14	415,30	1,1482	0,5660	1,7142
32	0,81542	1179,6	39,798	244,62	171,16	415,78	1,1529	0,5609	1,7138
33	0,83877	1175,6	40,973	246,08	170,18	416,26	1,1576	0,5559	1,7135
34	0,86262	1171,6	42,178	247,54	169,19	416,72	1,1623	0,5508	1,7131
35	0,88697	1167,5	43,414	249,00	168,19	417,19	1,1670	0,5458	1,7128
36	0,91184	1163,4	44,681	250,47	167,18	417,65	1,1717	0,5408	1,7124
37	0,93723	1159,3	45,981	251,95	166,15	418,10	1,1764	0,5357	1,7121
38	0,96314	1155,1	47,314	253,43	165,12	418,55	1,1811	0,5307	1,7118
39	0,98959	1151,0	48,681	254,91	164,08	418,99	1,1858	0,5256	1,7114
40	1,01658	1146,7	50,083	256,40	163,03	419,43	1,1905	0,5206	1,7111
41	1,04412	1142,5	51,521	257,90	161,96	419,86	1,1952	0,5156	1,7107
42	1,07222	1138,2	52,996	259,40	160,88	420,29	1,1998	0,5105	1,7103
43	1,10088	1133,8	54,509	260,91	159,80	420,70	1,2045	0,5054	1,7100
44	1,13011	1129,5	56,062	262,42	158,70	421,12	1,2092	0,5004	1,7096
45	1,15991	1125,0	57,654	263,94	157,58	421,52	1,2139	0,4953	1,7092
46	1,19031	1120,6	59,289	265,46	156,46	421,92	1,2186	0,4902	1,7089
47	1,22129	1116,1	60,966	266,99	155,32	422,31	1,2233	0,4851	1,7085
48	1,25288	1111,5	62,687	268,53	154,17	422,69	1,2280	0,4800	1,7081
49	1,28508	1106,9	64,454	270,07	153,00	423,07	1,2327	0,4749	1,7077
50	1,31789	1102,3	66,268	271,62	151,82	423,44	1,2374	0,4698	1,7073
51	1,35133	1097,6	68,131	273,17	150,63	423,80	1,2421	0,4647	1,7068
52	1,38541	1092,9	70,043	274,73	149,42	424,15	1,2469	0,4595	1,7064
53	1,42012	1088,1	72,008	276,30	148,19	424,50	1,2516	0,4544	1,7059
54	1,45548	1083,2	74,026	277,88	146,95	424,83	1,2563	0,4492	1,7055

R 134a

t °C	p_s MPa	ϱ' kg/m³	ϱ''	h' kJ/kg	Δh_v	h''	s' kJ/(kg K)	Δs_v	s''
55	1,49150	1078,3	76,100	279,46	145,69	425,16	1,2610	0,4440	1,7050
56	1,52819	1073,3	78,231	281,05	144,42	425,47	1,2658	0,4388	1,7045
57	1,56555	1068,3	80,421	282,65	143,12	425,78	1,2705	0,4335	1,7040
58	1,60360	1063,2	82,674	284,26	141,81	426,07	1,2753	0,4282	1,7035
59	1,64233	1058,1	84,991	285,88	140,48	426,36	1,2800	0,4230	1,7030
60	1,68177	1052,9	87,374	287,50	139,13	426,63	1,2848	0,4176	1,7024
61	1,72192	1047,6	89,827	289,13	137,76	426,90	1,2896	0,4123	1,7019
62	1,76279	1042,2	92,352	290,77	136,37	427,15	1,2944	0,4069	1,7013
63	1,80439	1036,8	94,952	292,42	134,96	427,38	1,2992	0,4015	1,7007
64	1,84672	1031,2	97,631	294,09	133,52	427,61	1,3040	0,3960	1,7000
65	1,88981	1025,6	100,39	295,76	132,07	427,82	1,3088	0,3906	1,6994
66	1,93365	1019,9	103,24	297,44	130,58	428,02	1,3136	0,3850	1,6987
67	1,97826	1014,2	106,17	299,13	129,07	428,20	1,3185	0,3795	1,6980
68	2,02365	1008,3	109,20	300,83	127,54	428,37	1,3234	0,3738	1,6972
69	2,06983	1002,3	112,33	302,55	125,97	428,52	1,3283	0,3682	1,6964
70	2,11681	996,23	115,56	304,28	124,38	428,65	1,3332	0,3625	1,6956
71	2,16460	990,05	118,90	306,02	122,75	428,77	1,3381	0,3567	1,6948
72	2,21322	983,74	122,36	307,77	121,10	428,87	1,3430	0,3508	1,6939
73	2,26266	977,32	125,94	309,54	119,40	428,95	1,3480	0,3450	1,6930
74	2,31295	970,76	129,64	311,32	117,68	429,00	1,3530	0,3390	1,6920
75	2,36411	964,07	133,48	313,12	115,91	429,04	1,3580	0,3329	1,6910
76	2,41613	957,23	137,47	314,94	114,11	429,05	1,3631	0,3268	1,6899
77	2,46903	950,24	141,61	316,77	112,26	429,03	1,3682	0,3206	1,6888
78	2,52283	943,09	145,91	318,62	110,37	428,99	1,3733	0,3143	1,6876
79	2,57755	935,75	150,39	320,49	108,43	428,92	1,3784	0,3079	1,6863
80	2,63319	928,23	155,06	322,39	106,43	428,82	1,3836	0,3014	1,6850
81	2,68977	920,50	159,94	324,30	104,39	428,69	1,3889	0,2948	1,6836
82	2,74730	912,55	165,03	326,24	102,28	428,52	1,3942	0,2880	1,6821
83	2,80581	904,35	170,36	328,20	100,11	428,31	1,3995	0,2811	1,6806
84	2,86531	895,90	175,95	330,20	97,87	428,06	1,4049	0,2740	1,6789
85	2,92581	887,15	181,83	332,22	95,55	427,77	1,4104	0,2668	1,6772
86	2,98735	878,09	188,02	334,28	93,15	427,43	1,4159	0,2594	1,6753
87	3,04992	868,67	194,57	336,37	90,65	427,03	1,4215	0,2517	1,6732
88	3,11357	858,86	201,50	338,51	88,06	426,56	1,4273	0,2438	1,6711
89	3,17831	848,60	208,87	340,69	85,34	426,03	1,4331	0,2357	1,6687
90	3,24416	837,84	216,73	342,92	82,50	425,43	1,4390	0,2272	1,6662
91	3,31116	826,49	225,17	345,22	79,51	424,73	1,4451	0,2183	1,6635
92	3,37933	814,46	234,28	347,58	76,35	423,93	1,4514	0,2091	1,6604
93	3,44870	801,62	244,19	350,03	72,98	423,01	1,4578	0,1993	1,6571
94	3,51932	787,80	255,05	352,57	69,36	421,94	1,4645	0,1889	1,6534
95	3,59122	772,77	267,10	355,24	65,44	420,68	1,4715	0,1778	1,6493
96	3,66446	756,17	280,70	358,07	61,13	419,20	1,4789	0,1656	1,6445
97	3,73910	737,45	296,37	361,11	56,29	417,40	1,4869	0,1521	1,6390
98	3,81521	715,65	315,08	364,46	50,70	415,16	1,4956	0,1366	1,6322
99	3,89292	688,80	338,77	368,33	43,85	412,18	1,5058	0,1178	1,6236
100	3,97241	651,51	372,85	373,27	34,45	407,72	1,5187	0,0923	1,6110
101	4,05413	560,23	462,46	384,04	11,77	395,81	1,5472	0,0315	1,5786
101,03	4,05659	517,44	517,44	388,95	0,00	388,95	1,5603	0,0000	1,5603

R 134a

Sättigungsgrößen als Funktionen des Drucks
Saturation properties as functions of pressure

p MPa	t_s °C	ϱ' ϱ'' dm³/kg	h' Δh_v h'' kJ/kg	s' Δs_v s'' kJ/(kg K)
0,001	−94,37	1567,4 0,0688	82,03 258,10 340,13	0,4733 1,4436 1,9169
0,002	−87,04	1547,9 0,1323	90,74 253,77 344,51	0,5210 1,3636 1,8846
0,003	−82,41	1535,5 0,1938	96,27 251,06 347,33	0,5504 1,3162 1,8666
0,004	−78,96	1526,2 0,2539	100,41 249,04 349,45	0,5719 1,2824 1,8543
0,005	−76,17	1518,6 0,3132	103,76 247,41 351,17	0,5890 1,2560 1,8450
0,006	−73,82	1512,3 0,3716	106,59 246,04 352,62	0,6033 1,2343 1,8376
0,007	−71,78	1506,7 0,4295	109,05 244,85 353,89	0,6156 1,2159 1,8314
0,008	−69,97	1501,8 0,4868	111,24 243,79 355,02	0,6264 1,1998 1,8262
0,009	−68,34	1497,3 0,5436	113,21 242,83 356,04	0,6360 1,1857 1,8217
0,010	−66,86	1493,3 0,6000	115,01 241,97 356,97	0,6448 1,1729 1,8177
0,012	−64,23	1486,0 0,7118	118,21 240,42 358,63	0,6602 1,1508 1,8110
0,014	−61,94	1479,7 0,8224	120,99 239,08 360,07	0,6735 1,1319 1,8054
0,016	−59,91	1474,1 0,9319	123,48 237,88 361,35	0,6851 1,1155 1,8007
0,018	−58,08	1469,0 1,0406	125,72 236,79 362,51	0,6956 1,1010 1,7966
0,020	−56,41	1464,3 1,1484	127,77 235,80 363,57	0,7051 1,0879 1,7930
0,022	−54,87	1460,0 1,2556	129,66 234,89 364,54	0,7138 1,0761 1,7899
0,024	−53,45	1456,0 1,3621	131,42 234,03 365,45	0,7218 1,0652 1,7870
0,026	−52,11	1452,3 1,4681	133,06 233,24 366,30	0,7293 1,0552 1,7844
0,028	−50,86	1448,7 1,5735	134,61 232,48 367,09	0,7362 1,0459 1,7821
0,030	−49,68	1445,4 1,6785	136,07 231,77 367,84	0,7428 1,0372 1,7799
0,032	−48,56	1442,2 1,7831	137,46 231,10 368,55	0,7490 1,0290 1,7780
0,034	−47,50	1439,2 1,8872	138,77 230,45 369,23	0,7548 1,0213 1,7761
0,036	−46,49	1436,3 1,9909	140,03 229,84 369,87	0,7604 1,0140 1,7744
0,038	−45,52	1433,6 2,0943	141,24 229,25 370,48	0,7657 1,0071 1,7728
0,040	−44,60	1430,9 2,1974	142,39 228,68 371,07	0,7707 1,0005 1,7713
0,042	−43,71	1428,4 2,3001	143,51 228,13 371,64	0,7756 0,9943 1,7699
0,044	−42,85	1425,9 2,4026	144,58 227,61 372,18	0,7802 0,9883 1,7685
0,046	−42,02	1423,5 2,5048	145,61 227,10 372,71	0,7847 0,9826 1,7673
0,048	−41,23	1421,2 2,6067	146,61 226,60 373,21	0,7890 0,9771 1,7661
0,050	−40,45	1419,0 2,7083	147,58 226,13 373,70	0,7932 0,9718 1,7649
0,055	−38,63	1413,7 2,9614	149,87 224,99 374,86	0,8030 0,9594 1,7623
0,060	−36,94	1408,8 3,2132	152,00 223,93 375,93	0,8120 0,9480 1,7600
0,065	−35,35	1404,2 3,4639	154,01 222,93 376,94	0,8205 0,9375 1,7579
0,070	−33,86	1399,8 3,7134	155,89 221,99 377,88	0,8284 0,9277 1,7560
0,075	−32,45	1395,7 3,9621	157,68 221,09 378,77	0,8358 0,9185 1,7543
0,080	−31,12	1391,7 4,2098	159,37 220,23 379,61	0,8428 0,9099 1,7527
0,085	−29,85	1387,9 4,4567	160,99 219,41 380,41	0,8494 0,9018 1,7513
0,090	−28,63	1384,3 4,7030	162,54 218,63 381,17	0,8558 0,8941 1,7499
0,095	−27,47	1380,9 4,9485	164,02 217,87 381,89	0,8618 0,8868 1,7486
0,100	−26,36	1377,5 5,1935	165,44 217,15 382,59	0,8676 0,8799 1,7475
0,105	−25,29	1374,3 5,4376	166,81 216,45 383,27	0,8731 0,8733 1,7464
0,110	−24,26	1371,2 5,6814	168,14 215,77 383,91	0,8784 0,8670 1,7454
0,115	−23,27	1368,2 5,9248	169,41 215,11 384,53	0,8835 0,8609 1,7444
0,120	−22,31	1365,3 6,1677	170,65 214,47 385,12	0,8884 0,8550 1,7435
0,125	−21,38	1362,5 6,4102	171,85 213,85 385,70	0,8932 0,8494 1,7426

R 134a

p MPa	t_s °C	ϱ'	ϱ''	h'	Δh_v	h''	s'	Δs_v	s''
		dm³/kg		kJ/kg			kJ/(kg K)		
0,130	−20,48	1359,7	6,6522	173,01	213,24	386,26	0,8978	0,8440	1,7418
0,135	−19,61	1357,1	6,8940	174,14	212,65	386,80	0,9022	0,8387	1,7410
0,140	−18,76	1354,5	7,1353	175,24	212,08	387,32	0,9066	0,8337	1,7402
0,145	−17,93	1351,9	7,3764	176,31	211,51	387,83	0,9107	0,8288	1,7395
0,150	−17,13	1349,4	7,6172	177,36	210,96	388,32	0,9148	0,8240	1,7388
0,155	−16,35	1347,0	7,8576	178,38	210,43	388,80	0,9188	0,8194	1,7382
0,160	−15,59	1344,7	8,0979	179,37	209,90	389,27	0,9226	0,8149	1,7376
0,165	−14,84	1342,3	8,3379	180,34	209,38	389,72	0,9264	0,8106	1,7370
0,170	−14,12	1340,1	8,5776	181,29	208,88	390,17	0,9300	0,8064	1,7364
0,175	−13,41	1337,9	8,8172	182,22	208,38	390,60	0,9336	0,8023	1,7359
0,180	−12,71	1335,7	9,0566	183,13	207,89	391,02	0,9371	0,7982	1,7353
0,185	−12,03	1333,5	9,2958	184,02	207,41	391,44	0,9405	0,7943	1,7348
0,190	−11,37	1331,5	9,5348	184,90	206,94	391,84	0,9438	0,7905	1,7343
0,195	−10,72	1329,4	9,7736	185,75	206,48	392,23	0,9471	0,7868	1,7339
0,200	−10,08	1327,4	10,012	186,60	206,02	392,61	0,9503	0,7831	1,7334
0,210	−8,83	1323,4	10,490	188,23	205,13	393,36	0,9565	0,7761	1,7325
0,220	−7,64	1319,6	10,966	189,82	204,26	394,08	0,9624	0,7693	1,7317
0,230	−6,48	1315,9	11,442	191,35	203,42	394,77	0,9681	0,7628	1,7310
0,240	−5,37	1312,3	11,918	192,83	202,61	395,44	0,9736	0,7566	1,7302
0,250	−4,28	1308,8	12,394	194,27	201,81	396,08	0,9790	0,7506	1,7296
0,260	−3,24	1305,4	12,869	195,67	201,03	396,70	0,9841	0,7448	1,7289
0,270	−2,22	1302,1	13,345	197,03	200,27	397,30	0,9891	0,7392	1,7283
0,280	−1,23	1298,8	13,820	198,35	199,53	397,88	0,9940	0,7338	1,7278
0,290	−0,27	1295,7	14,295	199,64	198,80	398,44	0,9987	0,7285	1,7272
0,300	0,67	1292,6	14,770	200,90	198,09	398,99	1,0033	0,7234	1,7267
0,320	2,48	1286,6	15,720	203,33	196,70	400,04	1,0121	0,7137	1,7257
0,340	4,20	1280,8	16,671	205,66	195,37	401,03	1,0204	0,7044	1,7249
0,360	5,84	1275,2	17,623	207,89	194,07	401,97	1,0284	0,6956	1,7240
0,380	7,42	1269,9	18,575	210,04	192,82	402,86	1,0360	0,6873	1,7233
0,400	8,93	1264,7	19,528	212,11	191,61	403,72	1,0433	0,6793	1,7226
0,420	10,39	1259,6	20,483	214,11	190,42	404,53	1,0503	0,6716	1,7219
0,440	11,79	1254,7	21,439	216,04	189,27	405,31	1,0571	0,6642	1,7213
0,460	13,15	1250,0	22,396	217,91	188,15	406,06	1,0636	0,6572	1,7207
0,480	14,46	1245,3	23,356	219,73	187,05	406,78	1,0699	0,6503	1,7202
0,500	15,73	1240,8	24,317	221,50	185,97	407,47	1,0759	0,6438	1,7197
0,520	16,97	1236,3	25,280	223,22	184,92	408,13	1,0818	0,6374	1,7192
0,540	18,17	1232,0	26,245	224,89	183,88	408,78	1,0875	0,6312	1,7187
0,560	19,33	1227,8	27,212	226,53	182,87	409,39	1,0931	0,6252	1,7183
0,580	20,47	1223,6	28,182	228,12	181,87	409,99	1,0984	0,6194	1,7179
0,600	21,57	1219,5	29,154	229,68	180,89	410,57	1,1037	0,6138	1,7175
0,620	22,65	1215,5	30,128	231,20	179,93	411,13	1,1088	0,6083	1,7171
0,640	23,70	1211,6	31,103	232,69	178,98	411,67	1,1138	0,6029	1,7167
0,660	24,72	1207,8	32,082	234,15	178,04	412,19	1,1186	0,5977	1,7163
0,680	25,73	1203,9	33,065	235,58	177,12	412,70	1,1234	0,5926	1,7160
0,700	26,71	1200,2	34,050	236,99	176,21	413,20	1,1280	0,5876	1,7156
0,750	29,08	1191,1	36,528	240,39	173,98	414,37	1,1391	0,5757	1,7148
0,800	31,33	1182,2	39,023	243,64	171,82	415,46	1,1497	0,5643	1,7140
0,850	33,47	1173,7	41,539	246,77	169,71	416,48	1,1598	0,5535	1,7133
0,900	35,53	1165,4	44,076	249,77	167,66	417,43	1,1695	0,5431	1,7126
0,950	37,49	1157,2	46,636	252,68	165,64	418,32	1,1787	0,5332	1,7119

R 134a

p MPa	t_s °C	ϱ'	ϱ''	h'	Δh_v	h''	s'	Δs_v	s''
		dm³/kg		kJ/kg			kJ/(kg K)		
1,000	39,39	1149,3	49,219	255,49	163,67	419,16	1,1876	0,5237	1,7113
1,050	41,21	1141,6	51,828	258,21	161,74	419,95	1,1961	0,5145	1,7106
1,100	42,97	1134,0	54,462	260,86	159,83	420,69	1,2044	0,5056	1,7100
1,150	44,67	1126,5	57,122	263,43	157,95	421,39	1,2124	0,4970	1,7094
1,200	46,31	1119,2	59,811	265,94	156,10	422,04	1,2201	0,4886	1,7087
1,250	47,91	1112,0	62,529	268,39	154,27	422,66	1,2276	0,4805	1,7081
1,300	49,46	1104,8	65,276	270,77	152,46	423,24	1,2349	0,4726	1,7075
1,350	50,96	1097,8	68,055	273,11	150,68	423,79	1,2420	0,4649	1,7068
1,400	52,42	1090,8	70,866	275,40	148,90	424,30	1,2489	0,4574	1,7062
1,450	53,85	1084,0	73,711	277,64	147,14	424,78	1,2556	0,4500	1,7056
1,500	55,23	1077,2	76,590	279,83	145,40	425,23	1,2621	0,4428	1,7049
1,550	56,59	1070,4	79,506	281,99	143,66	425,65	1,2686	0,4357	1,7042
1,600	57,90	1063,7	82,451	284,10	141,94	426,05	1,2748	0,4288	1,7036
1,650	59,19	1057,1	85,442	286,19	140,23	426,41	1,2809	0,4219	1,7029
1,700	60,45	1050,5	88,475	288,24	138,52	426,75	1,2870	0,4152	1,7022
1,750	61,69	1043,9	91,549	290,26	136,81	427,07	1,2929	0,4086	1,7015
1,800	62,89	1037,3	94,666	292,24	135,11	427,36	1,2986	0,4021	1,7007
1,850	64,07	1030,8	97,829	294,21	133,42	427,63	1,3043	0,3956	1,7000
1,900	65,23	1024,3	101,04	296,14	131,73	427,87	1,3099	0,3893	1,6992
1,950	66,36	1017,8	104,30	298,05	130,03	428,09	1,3154	0,3830	1,6984
2,000	67,48	1011,4	107,61	299,94	128,34	428,28	1,3208	0,3768	1,6976
2,100	69,64	998,41	114,40	303,66	124,95	428,61	1,3314	0,3645	1,6959
2,200	71,73	985,46	121,41	307,30	121,55	428,84	1,3417	0,3524	1,6941
2,300	73,74	972,46	128,68	310,86	118,12	428,99	1,3517	0,3405	1,6922
2,400	75,69	959,36	136,22	314,38	114,67	429,05	1,3615	0,3287	1,6902
2,500	77,58	946,14	144,07	317,84	111,17	429,01	1,3711	0,3170	1,6881
2,600	79,40	932,73	152,26	321,26	107,63	428,88	1,3805	0,3053	1,6858
2,700	81,18	919,10	160,83	324,64	104,02	428,66	1,3898	0,2936	1,6834
2,800	82,90	905,18	169,82	328,01	100,33	428,33	1,3990	0,2818	1,6807
2,900	84,57	890,91	179,30	331,36	96,54	427,90	1,4080	0,2699	1,6779
3,000	86,20	876,21	189,32	334,70	92,65	427,35	1,4170	0,2578	1,6749
3,100	87,79	860,98	199,99	338,05	88,62	426,67	1,4260	0,2455	1,6715
3,200	89,33	845,15	211,38	341,41	84,43	425,85	1,4350	0,2329	1,6679
3,300	90,83	828,46	223,70	344,82	80,03	424,86	1,4441	0,2199	1,6639
3,400	92,30	810,76	237,12	348,30	75,37	423,67	1,4532	0,2063	1,6595
3,500	93,72	791,73	251,94	351,86	70,39	422,25	1,4626	0,1919	1,6545
3,600	95,12	770,92	268,60	355,56	64,96	420,52	1,4724	0,1764	1,6488
3,700	96,47	747,60	287,83	359,48	58,91	418,39	1,4826	0,1594	1,6420
3,800	97,80	720,38	310,98	363,75	51,91	415,66	1,4938	0,1399	1,6337
3,900	99,09	686,13	341,17	368,70	43,18	411,87	1,5067	0,1160	1,6227
4,000	100,34	633,56	389,74	375,50	29,96	405,46	1,5246	0,0802	1,6048
4,057	101,03	517,44	517,44	388,95	0,00	388,95	1,5603	0,0000	1,5603

Zustandsgrößen im Gas- und Flüssigkeitsgebiet
Properties of liquid and gas

t °C	$p = 0{,}01$ MPa ($-66{,}86$ °C)			$p = 0{,}02$ MPa ($-56{,}41$ °C)			$p = 0{,}03$ MPa ($-49{,}68$ °C)		
	ϱ $\frac{kg}{m^3}$	h $\frac{kJ}{kg}$	s $\frac{kJ}{kg\,K}$	ϱ $\frac{kg}{m^3}$	h $\frac{kJ}{kg}$	s $\frac{kJ}{kg\,K}$	ϱ $\frac{kg}{m^3}$	h $\frac{kJ}{kg}$	s $\frac{kJ}{kg\,K}$
−75	1515,5	105,17	0,5961	1515,5	105,17	0,5961	1515,5	105,18	0,5961
−70	1501,9	111,20	0,6262	1501,9	111,20	0,6262	1501,9	111,21	0,6262
−65	0,5945	358,23	1,8238	1488,2	117,27	0,6557	1488,2	117,27	0,6557
−60	0,5800	361,64	1,8400	1474,3	123,37	0,6846	1474,4	123,37	0,6846
−55	0,5663	365,09	1,8560	1,1406	364,56	1,7976	1460,4	129,50	0,7130
−50	0,5533	368,58	1,8718	1,1136	368,10	1,8136	1446,3	135,68	0,7410
−45	0,5409	372,11	1,8874	1,0879	371,68	1,8295	1,6415	371,23	1,7950
−40	0,5290	375,68	1,9029	1,0636	375,28	1,8451	1,6038	374,88	1,8108
−35	0,5177	379,30	1,9182	1,0404	378,93	1,8606	1,5681	378,56	1,8264
−30	0,5069	382,96	1,9334	1,0182	382,62	1,8759	1,5341	382,28	1,8418
−25	0,4965	386,66	1,9485	0,9970	386,35	1,8911	1,5016	386,03	1,8571
−20	0,4865	390,41	1,9635	0,9767	390,12	1,9061	1,4706	389,82	1,8722
−15	0,4770	394,21	1,9783	0,9573	393,93	1,9211	1,4410	393,65	1,8872
−10	0,4678	398,04	1,9931	0,9386	397,79	1,9359	1,4125	397,53	1,9021
−5	0,4590	401,93	2,0077	0,9207	401,69	1,9505	1,3853	401,44	1,9168
0	0,4505	405,86	2,0222	0,9035	405,63	1,9651	1,3591	405,40	1,9314
5	0,4423	409,83	2,0366	0,8870	409,62	1,9796	1,3339	409,40	1,9459
10	0,4344	413,85	2,0509	0,8710	413,65	1,9939	1,3097	413,44	1,9603
15	0,4268	417,92	2,0652	0,8556	417,72	2,0082	1,2864	417,52	1,9746
20	0,4195	422,02	2,0793	0,8408	421,84	2,0224	1,2639	421,65	1,9888
25	0,4124	426,18	2,0933	0,8265	426,00	2,0364	1,2422	425,82	2,0030
30	0,4056	430,37	2,1073	0,8127	430,20	2,0504	1,2213	430,03	2,0170
35	0,3989	434,61	2,1212	0,7993	434,45	2,0643	1,2011	434,29	2,0309
40	0,3925	438,89	2,1350	0,7864	438,74	2,0781	1,1816	438,58	2,0447
45	0,3863	443,22	2,1487	0,7739	443,07	2,0918	1,1627	442,92	2,0585
50	0,3803	447,59	2,1623	0,7618	447,45	2,1055	1,1444	447,31	2,0721
55	0,3745	452,00	2,1758	0,7500	451,87	2,1191	1,1267	451,73	2,0857
60	0,3688	456,46	2,1893	0,7387	456,33	2,1326	1,1095	456,20	2,0992
65	0,3634	460,96	2,2027	0,7276	460,83	2,1460	1,0929	460,71	2,1127
70	0,3580	465,50	2,2161	0,7169	465,38	2,1593	1,0767	465,26	2,1260
75	0,3529	470,08	2,2293	0,7066	469,96	2,1726	1,0611	469,85	2,1393
80	0,3479	474,71	2,2425	0,6965	474,59	2,1858	1,0459	474,48	2,1525
85	0,3430	479,37	2,2556	0,6867	479,26	2,1989	1,0311	479,16	2,1657
90	0,3383	484,08	2,2687	0,6772	483,98	2,2120	1,0167	483,87	2,1787
95	0,3336	488,83	2,2817	0,6679	488,73	2,2250	1,0028	488,63	2,1918
100	0,3292	493,62	2,2946	0,6589	493,53	2,2379	0,9892	493,43	2,2047
105	0,3248	498,46	2,3075	0,6501	498,36	2,2508	0,9760	498,27	2,2176
110	0,3205	503,33	2,3203	0,6416	503,24	2,2636	0,9632	503,15	2,2304
115	0,3164	508,24	2,3330	0,6333	508,16	2,2764	0,9507	508,07	2,2432
120	0,3124	513,20	2,3457	0,6252	513,11	2,2891	0,9385	513,03	2,2559
125	0,3084	518,19	2,3583	0,6173	518,11	2,3017	0,9266	518,03	2,2685

R 134a

t °C	$p = 0{,}04$ MPa ($-44{,}60$ °C)			$p = 0{,}05$ MPa ($-40{,}45$ °C)			$p = 0{,}06$ MPa ($-36{,}94$ °C)		
	ϱ $\frac{\text{kg}}{\text{m}^3}$	h $\frac{\text{kJ}}{\text{kg}}$	s $\frac{\text{kJ}}{\text{kg K}}$	ϱ $\frac{\text{kg}}{\text{m}^3}$	h $\frac{\text{kJ}}{\text{kg}}$	s $\frac{\text{kJ}}{\text{kg K}}$	ϱ $\frac{\text{kg}}{\text{m}^3}$	h $\frac{\text{kJ}}{\text{kg}}$	s $\frac{\text{kJ}}{\text{kg K}}$
−50	1446,3	135,68	0,7410	1446,3	135,68	0,7410	1446,4	135,69	0,7410
−45	1432,1	141,89	0,7685	1432,1	141,89	0,7685	1432,1	141,90	0,7685
−40	2,1500	374,47	1,7860	2,7025	374,04	1,7664	1417,7	148,15	0,7956
−35	2,1011	378,18	1,8018	2,6396	377,80	1,7823	3,1838	377,40	1,7662
−30	2,0547	381,93	1,8173	2,5801	381,58	1,7980	3,1106	381,22	1,7821
−25	2,0105	385,71	1,8327	2,5237	385,38	1,8135	3,0413	385,05	1,7977
−20	1,9683	389,52	1,8479	2,4699	389,22	1,8288	2,9755	388,91	1,8131
−15	1,9281	393,37	1,8630	2,4187	393,09	1,8440	2,9129	392,80	1,8283
−10	1,8896	397,26	1,8779	2,3697	397,00	1,8590	2,8532	396,73	1,8434
−5	1,8526	401,19	1,8927	2,3229	400,94	1,8738	2,7961	400,69	1,8583
0	1,8173	405,16	1,9074	2,2780	404,93	1,8886	2,7415	404,69	1,8731
5	1,7833	409,18	1,9219	2,2350	408,95	1,9032	2,6892	408,73	1,8877
10	1,7506	413,23	1,9364	2,1937	413,02	1,9176	2,6390	412,81	1,9022
15	1,7191	417,32	1,9507	2,1539	417,12	1,9320	2,5907	416,92	1,9166
20	1,6889	421,46	1,9649	2,1157	421,27	1,9463	2,5444	421,08	1,9309
25	1,6597	425,64	1,9791	2,0788	425,46	1,9604	2,4997	425,28	1,9451
30	1,6315	429,86	1,9931	2,0433	429,69	1,9745	2,4567	429,52	1,9592
35	1,6043	434,12	2,0071	2,0090	433,96	1,9885	2,4152	433,79	1,9732
40	1,5781	438,43	2,0209	1,9759	438,27	2,0024	2,3752	438,11	1,9871
45	1,5527	442,77	2,0347	1,9440	442,62	2,0162	2,3365	442,47	2,0010
50	1,5281	447,16	2,0484	1,9130	447,02	2,0299	2,2991	446,88	2,0147
55	1,5043	451,59	2,0620	1,8831	451,46	2,0435	2,2630	451,32	2,0283
60	1,4813	456,06	2,0755	1,8541	455,93	2,0570	2,2280	455,80	2,0419
65	1,4590	460,58	2,0889	1,8261	460,45	2,0705	2,1941	460,32	2,0554
70	1,4374	465,13	2,1023	1,7989	465,01	2,0839	2,1613	464,89	2,0688
75	1,4164	469,73	2,1156	1,7725	469,61	2,0972	2,1294	469,50	2,0821
80	1,3960	474,37	2,1288	1,7469	474,26	2,1104	2,0986	474,14	2,0953
85	1,3762	479,05	2,1420	1,7220	478,94	2,1236	2,0686	478,83	2,1085
90	1,3570	483,77	2,1551	1,6979	483,66	2,1367	2,0395	483,56	2,1216
95	1,3383	488,53	2,1681	1,6744	488,43	2,1497	2,0112	488,33	2,1347
100	1,3201	493,33	2,1811	1,6516	493,23	2,1627	1,9837	493,13	2,1476
105	1,3025	498,17	2,1940	1,6294	498,08	2,1756	1,9570	497,98	2,1605
110	1,2853	503,06	2,2068	1,6079	502,96	2,1884	1,9310	502,87	2,1734
115	1,2685	507,98	2,2195	1,5869	507,89	2,2012	1,9057	507,80	2,1862
120	1,2522	512,94	2,2323	1,5664	512,86	2,2139	1,8811	512,77	2,1989
125	1,2363	517,95	2,2449	1,5465	517,86	2,2266	1,8571	517,78	2,2116
130	1,2208	522,99	2,2575	1,5271	522,91	2,2392	1,8337	522,83	2,2242
135	1,2057	528,07	2,2700	1,5081	527,99	2,2517	1,8109	527,92	2,2367
140	1,1910	533,20	2,2825	1,4897	533,12	2,2642	1,7887	533,04	2,2492
145	1,1766	538,36	2,2949	1,4717	538,28	2,2766	1,7670	538,21	2,2616
150	1,1626	543,56	2,3073	1,4541	543,49	2,2890	1,7459	543,42	2,2740
155	1,1489	548,80	2,3196	1,4369	548,73	2,3013	1,7252	548,66	2,2863
160	1,1356	554,08	2,3319	1,4202	554,01	2,3136	1,7051	553,95	2,2986
165	1,1225	559,40	2,3441	1,4038	559,34	2,3258	1,6854	559,27	2,3108
170	1,1097	564,76	2,3562	1,3878	564,70	2,3379	1,6662	564,63	2,3230
175	1,0973	570,16	2,3683	1,3722	570,10	2,3501	1,6474	570,03	2,3351

R 134a

t °C	$p = 0{,}07$ MPa $(-33{,}86$ °C)			$p = 0{,}08$ MPa $(-31{,}12$ °C)			$p = 0{,}09$ MPa $(-28{,}63$ °C)		
	ϱ $\frac{\text{kg}}{\text{m}^3}$	h $\frac{\text{kJ}}{\text{kg}}$	s $\frac{\text{kJ}}{\text{kg K}}$	ϱ $\frac{\text{kg}}{\text{m}^3}$	h $\frac{\text{kJ}}{\text{kg}}$	s $\frac{\text{kJ}}{\text{kg K}}$	ϱ $\frac{\text{kg}}{\text{m}^3}$	h $\frac{\text{kJ}}{\text{kg}}$	s $\frac{\text{kJ}}{\text{kg K}}$
−50	1446,4	135,69	0,7410	1446,4	135,70	0,7410	1446,4	135,70	0,7409
−45	1432,2	141,90	0,7685	1432,2	141,91	0,7685	1432,2	141,91	0,7685
−40	1417,7	148,15	0,7956	1417,8	148,16	0,7956	1417,8	148,16	0,7956
−35	1403,2	154,45	0,8223	1403,2	154,45	0,8223	1403,2	154,46	0,8223
−30	3,6463	380,85	1,7684	4,1875	380,48	1,7563	1388,4	160,80	0,8486
−25	3,5636	384,71	1,7841	4,0907	384,37	1,7722	4,6226	384,03	1,7615
−20	3,4853	388,60	1,7996	3,9992	388,29	1,7878	4,5175	387,97	1,7772
−15	3,4108	392,52	1,8149	3,9125	392,22	1,8032	4,4181	391,93	1,7927
−10	3,3400	396,46	1,8300	3,8301	396,19	1,8184	4,3237	395,92	1,8080
−5	3,2724	400,44	1,8450	3,7516	400,19	1,8334	4,2340	399,93	1,8231
0	3,2077	404,46	1,8599	3,6767	404,22	1,8483	4,1485	403,98	1,8381
5	3,1459	408,51	1,8746	3,6051	408,28	1,8631	4,0668	408,05	1,8529
10	3,0866	412,60	1,8891	3,5365	412,38	1,8777	3,9887	412,17	1,8675
15	3,0296	416,72	1,9036	3,4707	416,52	1,8922	3,9138	416,32	1,8821
20	2,9750	420,89	1,9179	3,4075	420,70	1,9066	3,8420	420,51	1,8965
25	2,9223	425,10	1,9321	3,3468	424,91	1,9208	3,7730	424,73	1,9108
30	2,8717	429,34	1,9463	3,2883	429,17	1,9350	3,7066	429,00	1,9249
35	2,8229	433,63	1,9603	3,2320	433,46	1,9490	3,6427	433,30	1,9390
40	2,7758	437,96	1,9742	3,1778	437,80	1,9630	3,5812	437,64	1,9530
45	2,7303	442,32	1,9881	3,1254	442,17	1,9768	3,5218	442,02	1,9669
50	2,6864	446,73	2,0018	3,0749	446,59	1,9906	3,4645	446,44	1,9807
55	2,6439	451,18	2,0155	3,0260	451,04	2,0043	3,4092	450,90	1,9944
60	2,6028	455,67	2,0290	2,9787	455,53	2,0179	3,3557	455,40	2,0080
65	2,5631	460,20	2,0425	2,9330	460,07	2,0314	3,3039	459,94	2,0215
70	2,5246	464,77	2,0559	2,8887	464,64	2,0448	3,2538	464,52	2,0349
75	2,4872	469,38	2,0693	2,8458	469,26	2,0582	3,2053	469,14	2,0483
80	2,4510	474,03	2,0825	2,8042	473,91	2,0714	3,1582	473,80	2,0616
85	2,4159	478,72	2,0957	2,7639	478,61	2,0846	3,1126	478,50	2,0748
90	2,3817	483,45	2,1089	2,7247	483,35	2,0978	3,0683	483,24	2,0880
95	2,3486	488,22	2,1219	2,6867	488,12	2,1108	3,0253	488,02	2,1010
100	2,3164	493,04	2,1349	2,6497	492,94	2,1238	2,9836	492,84	2,1140
105	2,2851	497,89	2,1478	2,6138	497,79	2,1367	2,9430	497,70	2,1270
110	2,2547	502,78	2,1607	2,5788	502,69	2,1496	2,9036	502,60	2,1398
115	2,2250	507,71	2,1734	2,5449	507,62	2,1624	2,8652	507,53	2,1526
120	2,1962	512,68	2,1862	2,5118	512,60	2,1751	2,8278	512,51	2,1654
125	2,1681	517,70	2,1988	2,4796	517,61	2,1878	2,7915	517,53	2,1781
130	2,1407	522,75	2,2114	2,4482	522,67	2,2004	2,7561	522,59	2,1907
135	2,1141	527,84	2,2240	2,4176	527,76	2,2130	2,7216	527,68	2,2032
140	2,0881	532,97	2,2365	2,3878	532,89	2,2255	2,6880	532,82	2,2157
145	2,0627	538,14	2,2489	2,3588	538,06	2,2379	2,6552	537,99	2,2282
150	2,0380	543,35	2,2613	2,3304	543,27	2,2503	2,6232	543,20	2,2406
155	2,0138	548,59	2,2736	2,3028	548,52	2,2626	2,5920	548,45	2,2529
160	1,9903	553,88	2,2859	2,2758	553,81	2,2749	2,5616	553,74	2,2652
165	1,9673	559,20	2,2981	2,2494	559,14	2,2871	2,5318	559,07	2,2774
170	1,9448	564,57	2,3103	2,2237	564,50	2,2993	2,5028	564,44	2,2896
175	1,9228	569,97	2,3224	2,1985	569,91	2,3114	2,4744	569,85	2,3017

R 134a

t °C	\multicolumn{3}{c}{$p = 0{,}10$ MPa ($-26{,}36$ °C)}			\multicolumn{3}{c}{$p = 0{,}12$ MPa ($-22{,}31$ °C)}			\multicolumn{3}{c}{$p = 0{,}14$ MPa ($-18{,}76$ °C)}		
	ϱ $\frac{kg}{m^3}$	h $\frac{kJ}{kg}$	s $\frac{kJ}{kg\,K}$	ϱ $\frac{kg}{m^3}$	h $\frac{kJ}{kg}$	s $\frac{kJ}{kg\,K}$	ϱ $\frac{kg}{m^3}$	h $\frac{kJ}{kg}$	s $\frac{kJ}{kg\,K}$
−50	1446,5	135,70	0,7409	1446,5	135,71	0,7409	1446,5	135,72	0,7409
−45	1432,2	141,91	0,7684	1432,3	141,92	0,7684	1432,3	141,93	0,7684
−40	1417,8	148,17	0,7956	1417,9	148,17	0,7955	1417,9	148,18	0,7955
−35	1403,2	154,46	0,8223	1403,3	154,47	0,8222	1403,3	154,47	0,8222
−30	1388,4	160,80	0,8486	1388,5	160,81	0,8486	1388,5	160,81	0,8486
−25	5,1597	383,67	1,7518	1373,5	167,20	0,8746	1373,5	167,20	0,8746
−20	5,0403	387,65	1,7677	6,0999	386,98	1,7508	1358,3	173,64	0,9002
−15	4,9276	391,63	1,7833	5,9590	391,02	1,7666	7,0077	390,40	1,7522
−10	4,8209	395,64	1,7986	5,8263	395,08	1,7822	6,8468	394,50	1,7680
−5	4,7196	399,67	1,8138	5,7006	399,15	1,7975	6,6952	398,61	1,7835
0	4,6232	403,73	1,8288	5,5814	403,24	1,8126	6,5518	402,74	1,7987
5	4,5312	407,83	1,8437	5,4679	407,36	1,8276	6,4156	406,90	1,8138
10	4,4433	411,95	1,8584	5,3597	411,52	1,8424	6,2861	411,08	1,8287
15	4,3591	416,11	1,8730	5,2563	415,70	1,8571	6,1626	415,29	1,8434
20	4,2784	420,31	1,8874	5,1574	419,92	1,8716	6,0445	419,53	1,8580
25	4,2010	424,55	1,9017	5,0625	424,18	1,8860	5,9316	423,81	1,8725
30	4,1266	428,82	1,9159	4,9715	428,47	1,9002	5,8234	428,11	1,8868
35	4,0550	433,13	1,9300	4,8841	432,80	1,9144	5,7195	432,46	1,9010
40	3,9860	437,48	1,9440	4,7999	437,16	1,9284	5,6197	436,84	1,9151
45	3,9195	441,87	1,9579	4,7189	441,56	1,9424	5,5237	441,26	1,9291
50	3,8554	446,30	1,9718	4,6408	446,00	1,9562	5,4312	445,71	1,9430
55	3,7935	450,76	1,9855	4,5655	450,48	1,9700	5,3421	450,20	1,9568
60	3,7336	455,27	1,9991	4,4928	455,00	1,9837	5,2561	454,73	1,9705
65	3,6758	459,81	2,0126	4,4225	459,56	1,9972	5,1731	459,30	1,9841
70	3,6198	464,40	2,0261	4,3545	464,15	2,0107	5,0928	463,90	1,9976
75	3,5656	469,02	2,0395	4,2887	468,79	2,0241	5,0152	468,55	2,0111
80	3,5130	473,69	2,0528	4,2250	473,46	2,0374	4,9401	473,23	2,0244
85	3,4621	478,39	2,0660	4,1632	478,17	2,0507	4,8674	477,95	2,0377
90	3,4126	483,13	2,0792	4,1033	482,92	2,0639	4,7968	482,71	2,0509
95	3,3647	487,92	2,0922	4,0453	487,71	2,0770	4,7285	487,51	2,0640
100	3,3181	492,74	2,1052	3,9889	492,54	2,0900	4,6621	492,34	2,0771
105	3,2728	497,60	2,1182	3,9341	497,41	2,1030	4,5977	497,22	2,0900
110	3,2288	502,50	2,1311	3,8809	502,32	2,1159	4,5352	502,13	2,1029
115	3,1860	507,45	2,1439	3,8292	507,27	2,1287	4,4743	507,09	2,1158
120	3,1444	512,43	2,1566	3,7789	512,25	2,1415	4,4152	512,08	2,1286
125	3,1038	517,45	2,1693	3,7299	517,28	2,1542	4,3577	517,11	2,1413
130	3,0644	522,50	2,1819	3,6822	522,34	2,1668	4,3018	522,18	2,1539
135	3,0259	527,60	2,1945	3,6358	527,45	2,1794	4,2473	527,29	2,1665
140	2,9885	532,74	2,2070	3,5906	532,59	2,1919	4,1942	532,43	2,1791
145	2,9519	537,92	2,2195	3,5465	537,77	2,2044	4,1425	537,62	2,1915
150	2,9163	543,13	2,2319	3,5035	542,99	2,2168	4,0920	542,84	2,2040
155	2,8816	548,38	2,2442	3,4616	548,24	2,2291	4,0429	548,10	2,2163
160	2,8476	553,68	2,2565	3,4207	553,54	2,2414	3,9949	553,40	2,2286
165	2,8145	559,01	2,2687	3,3808	558,87	2,2537	3,9481	558,74	2,2409
170	2,7822	564,38	2,2809	3,3418	564,25	2,2659	3,9024	564,12	2,2531
175	2,7506	569,78	2,2931	3,3037	569,66	2,2780	3,8578	569,53	2,2652

R 134a

t °C	\multicolumn{3}{c}{$p = 0{,}16$ MPa ($-15{,}59$ °C)}			\multicolumn{3}{c}{$p = 0{,}18$ MPa ($-12{,}71$ °C)}			\multicolumn{3}{c}{$p = 0{,}20$ MPa ($-10{,}08$ °C)}		
	ϱ $\frac{kg}{m^3}$	h $\frac{kJ}{kg}$	s $\frac{kJ}{kg\,K}$	ϱ $\frac{kg}{m^3}$	h $\frac{kJ}{kg}$	s $\frac{kJ}{kg\,K}$	ϱ $\frac{kg}{m^3}$	h $\frac{kJ}{kg}$	s $\frac{kJ}{kg\,K}$
−50	1446,6	135,73	0,7408	1446,6	135,73	0,7408	1446,7	135,74	0,7408
−45	1432,3	141,94	0,7684	1432,4	141,94	0,7683	1432,4	141,95	0,7683
−40	1418,0	148,19	0,7955	1418,0	148,19	0,7954	1418,0	148,20	0,7954
−35	1403,4	154,48	0,8222	1403,4	154,49	0,8221	1403,5	154,50	0,8221
−30	1388,6	160,82	0,8485	1388,7	160,83	0,8485	1388,7	160,83	0,8485
−25	1373,6	167,21	0,8745	1373,7	167,22	0,8745	1373,7	167,22	0,8745
−20	1358,3	173,65	0,9002	1358,4	173,65	0,9002	1358,5	173,66	0,9001
−15	8,0749	389,75	1,7394	1342,9	180,14	0,9256	1343,0	180,15	0,9255
−10	7,8835	393,91	1,7554	8,9372	393,30	1,7440	10,009	392,68	1,7336
−5	7,7040	398,07	1,7710	8,7277	397,51	1,7599	9,7671	396,94	1,7497
0	7,5348	402,24	1,7865	8,5311	401,72	1,7754	9,5411	401,20	1,7654
5	7,3747	406,42	1,8016	8,3455	405,94	1,7907	9,3287	405,45	1,7808
10	7,2227	410,63	1,8166	8,1699	410,18	1,8059	9,1281	409,72	1,7961
15	7,0781	414,87	1,8315	8,0032	414,44	1,8208	8,9382	414,01	1,8111
20	6,9402	419,13	1,8461	7,8445	418,73	1,8355	8,7577	418,33	1,8259
25	6,8084	423,43	1,8607	7,6931	423,05	1,8501	8,5859	422,67	1,8406
30	6,6823	427,76	1,8751	7,5484	427,40	1,8646	8,4220	427,03	1,8551
35	6,5614	432,12	1,8893	7,4100	431,78	1,8789	8,2652	431,43	1,8695
40	6,4454	436,52	1,9035	7,2772	436,19	1,8931	8,1152	435,86	1,8838
45	6,3340	440,95	1,9175	7,1498	440,64	1,9072	7,9713	440,32	1,8979
50	6,2267	445,41	1,9315	7,0273	445,12	1,9212	7,8332	444,82	1,9119
55	6,1234	449,92	1,9453	6,9095	449,63	1,9351	7,7003	449,35	1,9258
60	6,0238	454,46	1,9590	6,7959	454,19	1,9488	7,5725	453,91	1,9396
65	5,9278	459,04	1,9727	6,6865	458,78	1,9625	7,4494	458,52	1,9534
70	5,8350	463,65	1,9862	6,5809	463,40	1,9761	7,3306	463,15	1,9670
75	5,7453	468,31	1,9997	6,4788	468,07	1,9896	7,2159	467,83	1,9805
80	5,6585	473,00	2,0131	6,3802	472,77	2,0030	7,1051	472,53	1,9939
85	5,5745	477,73	2,0264	6,2847	477,51	2,0163	6,9980	477,28	2,0073
90	5,4932	482,50	2,0396	6,1923	482,28	2,0295	6,8944	482,07	2,0205
95	5,4143	487,30	2,0527	6,1028	487,09	2,0427	6,7940	486,89	2,0337
100	5,3378	492,15	2,0658	6,0160	491,95	2,0558	6,6968	491,75	2,0468
105	5,2636	497,03	2,0788	5,9319	496,84	2,0688	6,6025	496,64	2,0599
110	5,1916	501,95	2,0917	5,8502	501,76	2,0818	6,5110	501,58	2,0728
115	5,1216	506,91	2,1046	5,7708	506,73	2,0946	6,4222	506,55	2,0857
120	5,0535	511,91	2,1174	5,6937	511,73	2,1074	6,3359	511,56	2,0985
125	4,9873	516,94	2,1301	5,6188	516,77	2,1202	6,2520	516,60	2,1113
130	4,9230	522,02	2,1428	5,5459	521,85	2,1329	6,1705	521,69	2,1240
135	4,8603	527,13	2,1554	5,4750	526,97	2,1455	6,0912	526,81	2,1366
140	4,7993	532,28	2,1679	5,4059	532,13	2,1580	6,0140	531,97	2,1492
145	4,7398	537,47	2,1804	5,3386	537,32	2,1705	5,9389	537,17	2,1617
150	4,6819	542,70	2,1928	5,2731	542,55	2,1830	5,8657	542,41	2,1741
155	4,6254	547,96	2,2052	5,2093	547,82	2,1954	5,7943	547,68	2,1865
160	4,5704	553,27	2,2175	5,1470	553,13	2,2077	5,7248	552,99	2,1989
165	4,5166	558,61	2,2298	5,0862	558,48	2,2200	5,6570	558,34	2,2111
170	4,4642	563,99	2,2420	5,0270	563,86	2,2322	5,5908	563,73	2,2234
175	4,4130	569,41	2,2541	4,9691	569,28	2,2443	5,5262	569,16	2,2355

R 134a

t °C	$p = 0{,}22$ MPa ($-7{,}64$ °C)			$p = 0{,}24$ MPa ($-5{,}37$ °C)			$p = 0{,}26$ MPa ($-3{,}24$ °C)		
	ϱ $\frac{\text{kg}}{\text{m}^3}$	h $\frac{\text{kJ}}{\text{kg}}$	s $\frac{\text{kJ}}{\text{kg K}}$	ϱ $\frac{\text{kg}}{\text{m}^3}$	h $\frac{\text{kJ}}{\text{kg}}$	s $\frac{\text{kJ}}{\text{kg K}}$	ϱ $\frac{\text{kg}}{\text{m}^3}$	h $\frac{\text{kJ}}{\text{kg}}$	s $\frac{\text{kJ}}{\text{kg K}}$
−50	1446,7	135,75	0,7408	1446,7	135,76	0,7407	1446,8	135,77	0,7407
−45	1432,5	141,96	0,7683	1432,5	141,97	0,7683	1432,6	141,97	0,7682
−40	1418,1	148,21	0,7954	1418,1	148,22	0,7953	1418,2	148,22	0,7953
−35	1403,5	154,50	0,8221	1403,6	154,51	0,8221	1403,6	154,52	0,8220
−30	1388,8	160,84	0,8484	1388,8	160,85	0,8484	1388,9	160,86	0,8484
−25	1373,8	167,23	0,8744	1373,8	167,23	0,8744	1373,9	167,24	0,8744
−20	1358,5	173,67	0,9001	1358,6	173,67	0,9001	1358,6	173,68	0,9000
−15	1343,0	180,16	0,9255	1343,1	180,16	0,9255	1343,1	180,17	0,9254
−10	1327,2	186,70	0,9506	1327,3	186,71	0,9506	1327,3	186,71	0,9505
−5	10,823	396,36	1,7402	11,896	395,76	1,7314	1311,2	193,32	0,9754
0	10,566	400,66	1,7561	11,605	400,11	1,7475	12,661	399,55	1,7394
5	10,325	404,96	1,7717	11,334	404,45	1,7633	12,357	403,94	1,7553
10	10,098	409,26	1,7871	11,079	408,79	1,7787	12,073	408,31	1,7709
15	9,8833	413,58	1,8022	10,839	413,14	1,7940	11,806	412,69	1,7863
20	9,6801	417,92	1,8171	10,612	417,50	1,8090	11,554	417,09	1,8014
25	9,4870	422,28	1,8319	10,397	421,89	1,8238	11,315	421,50	1,8163
30	9,3030	426,67	1,8465	10,192	426,30	1,8385	11,089	425,93	1,8310
35	9,1274	431,08	1,8609	9,9967	430,73	1,8530	10,873	430,38	1,8456
40	8,9595	435,53	1,8752	9,8102	435,20	1,8674	10,668	434,86	1,8600
45	8,7986	440,01	1,8894	9,6318	439,69	1,8816	10,471	439,37	1,8743
50	8,6443	444,52	1,9035	9,4609	444,22	1,8957	10,283	443,91	1,8885
55	8,4961	449,06	1,9174	9,2969	448,77	1,9097	10,103	448,48	1,9025
60	8,3536	453,64	1,9313	9,1393	453,36	1,9236	9,9297	453,09	1,9164
65	8,2164	458,25	1,9450	8,9877	457,99	1,9374	9,7634	457,72	1,9303
70	8,0842	462,90	1,9587	8,8417	462,65	1,9510	9,6033	462,39	1,9440
75	7,9566	467,58	1,9722	8,7010	467,34	1,9646	9,4491	467,09	1,9576
80	7,8335	472,30	1,9857	8,5652	472,07	1,9781	9,3003	471,83	1,9711
85	7,7145	477,06	1,9990	8,4340	476,83	1,9915	9,1568	476,61	1,9845
90	7,5993	481,85	2,0123	8,3072	481,63	2,0048	9,0181	481,42	1,9978
95	7,4879	486,68	2,0255	8,1846	486,47	2,0180	8,8840	486,26	2,0111
100	7,3800	491,55	2,0387	8,0658	491,34	2,0312	8,7542	491,14	2,0243
105	7,2754	496,45	2,0517	7,9508	496,25	2,0443	8,6286	496,06	2,0374
110	7,1740	501,39	2,0647	7,8393	501,20	2,0572	8,5068	501,01	2,0504
115	7,0756	506,37	2,0776	7,7311	506,19	2,0702	8,3887	506,00	2,0633
120	6,9800	511,38	2,0904	7,6261	511,21	2,0830	8,2741	511,03	2,0762
125	6,8871	516,44	2,1032	7,5241	516,27	2,0958	8,1629	516,10	2,0890
130	6,7969	521,53	2,1159	7,4250	521,36	2,1085	8,0548	521,20	2,1017
135	6,7091	526,65	2,1286	7,3286	526,49	2,1212	7,9498	526,33	2,1144
140	6,6237	531,82	2,1411	7,2349	531,66	2,1338	7,8476	531,51	2,1270
145	6,5406	537,02	2,1537	7,1437	536,87	2,1463	7,7482	536,72	2,1395
150	6,4596	542,26	2,1661	7,0549	542,12	2,1588	7,6515	541,97	2,1520
155	6,3807	547,54	2,1785	6,9684	547,40	2,1712	7,5573	547,26	2,1644
160	6,3038	552,86	2,1909	6,8841	552,72	2,1835	7,4655	552,58	2,1768
165	6,2289	558,21	2,2032	6,8019	558,08	2,1958	7,3761	557,94	2,1891
170	6,1557	563,60	2,2154	6,7218	563,47	2,2081	7,2889	563,34	2,2013
175	6,0844	569,03	2,2276	6,6436	568,90	2,2203	7,2038	568,78	2,2135

R 134a

	$p = 0{,}28$ MPa (−1,23 °C)			$p = 0{,}30$ MPa (0,67 °C)			$p = 0{,}32$ MPa (2,48 °C)		
t °C	ϱ $\frac{kg}{m^3}$	h $\frac{kJ}{kg}$	s $\frac{kJ}{kg\,K}$	ϱ $\frac{kg}{m^3}$	h $\frac{kJ}{kg}$	s $\frac{kJ}{kg\,K}$	ϱ $\frac{kg}{m^3}$	h $\frac{kJ}{kg}$	s $\frac{kJ}{kg\,K}$
−50	1446,8	135,77	0,7407	1446,9	135,78	0,7407	1446,9	135,79	0,7406
−45	1432,6	141,98	0,7682	1432,7	141,99	0,7682	1432,7	142,00	0,7681
−40	1418,2	148,23	0,7953	1418,3	148,24	0,7953	1418,3	148,25	0,7952
−35	1403,7	154,52	0,8220	1403,7	154,53	0,8220	1403,8	154,54	0,8219
−30	1388,9	160,86	0,8483	1389,0	160,87	0,8483	1389,0	160,88	0,8483
−25	1373,9	167,25	0,8743	1374,0	167,25	0,8743	1374,0	167,26	0,8743
−20	1358,7	173,68	0,9000	1358,8	173,69	0,9000	1358,8	173,70	0,8999
−15	1343,2	180,17	0,9254	1343,3	180,18	0,9254	1343,3	180,19	0,9253
−10	1327,4	186,72	0,9505	1327,5	186,73	0,9505	1327,5	186,73	0,9504
−5	1311,3	193,33	0,9754	1311,3	193,33	0,9753	1311,4	193,34	0,9753
0	13,733	398,97	1,7318	1294,8	200,00	1,0000	1294,9	200,01	0,9999
5	13,394	403,41	1,7479	14,447	402,87	1,7408	15,515	402,33	1,7340
10	13,079	407,83	1,7636	14,098	407,33	1,7567	15,131	406,83	1,7500
15	12,783	412,24	1,7791	13,773	411,78	1,7722	14,774	411,32	1,7658
20	12,505	416,66	1,7943	13,467	416,23	1,7876	14,440	415,80	1,7812
25	12,243	421,10	1,8093	13,179	420,70	1,8026	14,126	420,29	1,7964
30	11,994	425,55	1,8241	12,907	425,17	1,8175	13,829	424,79	1,8113
35	11,757	430,03	1,8387	12,648	429,67	1,8322	13,547	429,30	1,8261
40	11,532	434,53	1,8532	12,402	434,18	1,8468	13,280	433,84	1,8407
45	11,316	439,05	1,8675	12,168	438,73	1,8612	13,026	438,40	1,8552
50	11,111	443,61	1,8818	11,944	443,30	1,8754	12,783	442,99	1,8695
55	10,914	448,19	1,8958	11,730	447,90	1,8896	12,552	447,60	1,8836
60	10,725	452,81	1,9098	11,525	452,53	1,9036	12,330	452,24	1,8977
65	10,543	457,45	1,9236	11,328	457,19	1,9174	12,117	456,92	1,9116
70	10,369	462,14	1,9374	11,139	461,88	1,9312	11,912	461,62	1,9254
75	10,201	466,85	1,9510	10,956	466,60	1,9449	11,716	466,36	1,9391
80	10,039	471,60	1,9646	10,781	471,36	1,9584	11,527	471,12	1,9527
85	9,8828	476,38	1,9780	10,612	476,15	1,9719	11,345	475,92	1,9662
90	9,7320	481,20	1,9914	10,449	480,98	1,9853	11,169	480,76	1,9796
95	9,5862	486,05	2,0046	10,291	485,84	1,9986	10,999	485,63	1,9929
100	9,4452	490,94	2,0178	10,139	490,74	2,0118	10,835	490,53	2,0061
105	9,3088	495,86	2,0309	9,9914	495,67	2,0249	10,677	495,47	2,0193
110	9,1766	500,82	2,0440	9,8487	500,64	2,0380	10,523	500,45	2,0324
115	9,0485	505,82	2,0569	9,7104	505,64	2,0510	10,374	505,46	2,0454
120	8,9242	510,86	2,0698	9,5762	510,68	2,0639	10,230	510,50	2,0583
125	8,8035	515,93	2,0826	9,4461	515,75	2,0767	10,091	515,58	2,0711
130	8,6864	521,03	2,0954	9,3198	520,87	2,0894	9,9549	520,70	2,0839
135	8,5726	526,18	2,1081	9,1970	526,01	2,1021	9,8232	525,85	2,0966
140	8,4619	531,36	2,1207	9,0778	531,20	2,1148	9,6952	531,04	2,1092
145	8,3543	536,57	2,1332	8,9618	536,42	2,1273	9,5708	536,27	2,1218
150	8,2495	541,83	2,1457	8,8489	541,68	2,1398	9,4497	541,53	2,1343
155	8,1475	547,12	2,1581	8,7391	546,98	2,1523	9,3319	546,83	2,1468
160	8,0482	552,45	2,1705	8,6321	552,31	2,1647	9,2173	552,17	2,1592
165	7,9514	557,81	2,1828	8,5279	557,68	2,1770	9,1056	557,54	2,1715
170	7,8570	563,21	2,1951	8,4263	563,08	2,1892	8,9967	562,95	2,1838
175	7,7650	568,65	2,2073	8,3273	568,52	2,2015	8,8906	568,40	2,1960

R 134a

	$p = 0{,}34$ MPa (4,20 °C)			$p = 0{,}36$ MPa (5,84 °C)			$p = 0{,}38$ MPa (7,42 °C)		
t °C	ϱ $\frac{\text{kg}}{\text{m}^3}$	h $\frac{\text{kJ}}{\text{kg}}$	s $\frac{\text{kJ}}{\text{kg K}}$	ϱ $\frac{\text{kg}}{\text{m}^3}$	h $\frac{\text{kJ}}{\text{kg}}$	s $\frac{\text{kJ}}{\text{kg K}}$	ϱ $\frac{\text{kg}}{\text{m}^3}$	h $\frac{\text{kJ}}{\text{kg}}$	s $\frac{\text{kJ}}{\text{kg K}}$
−50	1446,9	135,80	0,7406	1447,0	135,80	0,7406	1447,0	135,81	0,7405
−45	1432,7	142,00	0,7681	1432,8	142,01	0,7681	1432,8	142,02	0,7681
−40	1418,4	148,25	0,7952	1418,4	148,26	0,7952	1418,5	148,27	0,7951
−35	1403,8	154,55	0,8219	1403,9	154,55	0,8219	1403,9	154,56	0,8218
−30	1389,1	160,88	0,8482	1389,1	160,89	0,8482	1389,2	160,90	0,8482
−25	1374,1	167,27	0,8742	1374,2	167,27	0,8742	1374,2	167,28	0,8742
−20	1358,9	173,70	0,8999	1358,9	173,71	0,8999	1359,0	173,72	0,8998
−15	1343,4	180,19	0,9253	1343,5	180,20	0,9253	1343,5	180,20	0,9252
−10	1327,6	186,74	0,9504	1327,7	186,74	0,9504	1327,7	186,75	0,9503
−5	1311,5	193,34	0,9753	1311,5	193,35	0,9752	1311,6	193,35	0,9752
0	1295,0	200,01	0,9999	1295,0	200,02	0,9999	1295,1	200,02	0,9998
5	16,601	401,76	1,7275	1278,1	206,75	1,0243	1278,2	206,76	1,0243
10	16,179	406,32	1,7437	17,242	405,80	1,7377	18,320	405,26	1,7318
15	15,788	410,85	1,7596	16,816	410,37	1,7536	17,856	409,88	1,7480
20	15,424	415,36	1,7751	16,419	414,92	1,7693	17,426	414,46	1,7637
25	15,082	419,88	1,7904	16,048	419,46	1,7847	17,025	419,04	1,7792
30	14,759	424,40	1,8054	15,699	424,01	1,7998	16,648	423,62	1,7944
35	14,455	428,94	1,8203	15,370	428,57	1,8147	16,293	428,20	1,8094
40	14,165	433,50	1,8350	15,058	433,15	1,8295	15,958	432,80	1,8242
45	13,891	438,07	1,8495	14,762	437,74	1,8440	15,640	437,41	1,8388
50	13,629	442,68	1,8638	14,480	442,36	1,8584	15,337	442,05	1,8533
55	13,379	447,30	1,8780	14,211	447,01	1,8727	15,049	446,71	1,8676
60	13,139	451,96	1,8921	13,954	451,68	1,8868	14,774	451,39	1,8818
65	12,910	456,65	1,9061	13,708	456,37	1,9008	14,511	456,10	1,8958
70	12,690	461,36	1,9199	13,473	461,10	1,9147	14,259	460,84	1,9097
75	12,479	466,11	1,9336	13,247	465,86	1,9284	14,018	465,61	1,9235
80	12,276	470,88	1,9473	13,029	470,65	1,9421	13,786	470,40	1,9372
85	12,080	475,70	1,9608	12,820	475,47	1,9557	13,562	475,23	1,9508
90	11,892	480,54	1,9742	12,618	480,32	1,9691	13,347	480,10	1,9643
95	11,710	485,42	1,9876	12,424	485,20	1,9825	13,140	484,99	1,9776
100	11,534	490,33	2,0008	12,236	490,12	1,9957	12,940	489,92	1,9909
105	11,364	495,28	2,0140	12,054	495,08	2,0089	12,747	494,88	2,0041
110	11,200	500,26	2,0271	11,879	500,07	2,0220	12,560	499,87	2,0173
115	11,041	505,27	2,0401	11,709	505,09	2,0351	12,380	504,90	2,0303
120	10,886	510,32	2,0530	11,545	510,15	2,0480	12,205	509,97	2,0433
125	10,737	515,41	2,0659	11,385	515,24	2,0609	12,035	515,07	2,0562
130	10,592	520,53	2,0786	11,231	520,37	2,0737	11,871	520,20	2,0690
135	10,451	525,69	2,0914	11,081	525,53	2,0864	11,712	525,37	2,0817
140	10,314	530,89	2,1040	10,935	530,73	2,0991	11,557	530,58	2,0944
145	10,181	536,12	2,1166	10,793	535,97	2,1117	11,407	535,82	2,1070
150	10,052	541,39	2,1291	10,656	541,24	2,1242	11,261	541,09	2,1195
155	9,9261	546,69	2,1416	10,522	546,55	2,1367	11,118	546,41	2,1320
160	9,8037	552,03	2,1540	10,391	551,89	2,1491	10,980	551,75	2,1444
165	9,6844	557,41	2,1663	10,264	557,27	2,1614	10,846	557,14	2,1568
170	9,5682	562,82	2,1786	10,141	562,69	2,1737	10,715	562,56	2,1691
175	9,4550	568,27	2,1908	10,020	568,14	2,1860	10,587	568,02	2,1814

R 134a

t °C	$p = 0{,}40$ MPa (8,93 °C)			$p = 0{,}45$ MPa (12,48 °C)			$p = 0{,}50$ MPa (15,73 °C)		
	ϱ $\frac{kg}{m^3}$	h $\frac{kJ}{kg}$	s $\frac{kJ}{kg\,K}$	ϱ $\frac{kg}{m^3}$	h $\frac{kJ}{kg}$	s $\frac{kJ}{kg\,K}$	ϱ $\frac{kg}{m^3}$	h $\frac{kJ}{kg}$	s $\frac{kJ}{kg\,K}$
−50	1447,1	135,82	0,7405	1447,2	135,84	0,7405	1447,3	135,86	0,7404
−45	1432,9	142,03	0,7680	1433,0	142,05	0,7680	1433,1	142,07	0,7679
−40	1418,5	148,28	0,7951	1418,6	148,29	0,7950	1418,7	148,31	0,7950
−35	1404,0	154,57	0,8218	1404,1	154,59	0,8217	1404,2	154,60	0,8217
−30	1389,2	160,90	0,8482	1389,4	160,92	0,8481	1389,5	160,94	0,8480
−25	1374,3	167,29	0,8741	1374,4	167,30	0,8741	1374,5	167,32	0,8740
−20	1359,1	173,72	0,8998	1359,2	173,74	0,8997	1359,4	173,75	0,8996
−15	1343,6	180,21	0,9252	1343,7	180,22	0,9251	1343,9	180,24	0,9250
−10	1327,8	186,75	0,9503	1328,0	186,77	0,9502	1328,1	186,78	0,9501
−5	1311,7	193,36	0,9751	1311,9	193,37	0,9751	1312,1	193,38	0,9750
0	1295,2	200,02	0,9998	1295,4	200,04	0,9997	1295,6	200,05	0,9996
5	1278,3	206,76	1,0242	1278,5	206,77	1,0241	1278,7	206,78	1,0240
10	19,415	404,72	1,7261	1261,1	213,58	1,0484	1261,4	213,59	1,0483
15	18,911	409,38	1,7424	21,614	408,10	1,7294	1243,5	220,48	1,0724
20	18,446	414,01	1,7584	21,051	412,83	1,7457	23,744	411,60	1,7339
25	18,012	418,61	1,7739	20,531	417,52	1,7616	23,125	416,40	1,7501
30	17,607	423,22	1,7893	20,047	422,20	1,7771	22,554	421,15	1,7659
35	17,225	427,82	1,8043	19,595	426,87	1,7924	22,022	425,89	1,7814
40	16,865	432,44	1,8192	19,169	431,55	1,8075	21,526	430,63	1,7967
45	16,525	437,08	1,8339	18,768	436,23	1,8223	21,059	435,36	1,8117
50	16,201	441,73	1,8484	18,389	440,92	1,8369	20,619	440,11	1,8265
55	15,893	446,40	1,8627	18,029	445,64	1,8514	20,203	444,86	1,8411
60	15,600	451,10	1,8770	17,686	450,37	1,8657	19,808	449,63	1,8555
65	15,319	455,82	1,8910	17,360	455,13	1,8799	19,432	454,43	1,8698
70	15,051	460,58	1,9050	17,048	459,91	1,8939	19,074	459,24	1,8839
75	14,793	465,35	1,9188	16,750	464,72	1,9079	18,733	464,08	1,8979
80	14,546	470,16	1,9325	16,464	469,56	1,9216	18,406	468,94	1,9118
85	14,309	475,00	1,9461	16,189	474,42	1,9353	18,093	473,83	1,9255
90	14,080	479,87	1,9596	15,926	479,31	1,9489	17,792	478,75	1,9392
95	13,860	484,78	1,9730	15,672	484,24	1,9624	17,503	483,70	1,9527
100	13,647	489,71	1,9864	15,428	489,19	1,9757	17,226	488,67	1,9661
105	13,442	494,68	1,9996	15,192	494,18	1,9890	16,958	493,68	1,9794
110	13,244	499,68	2,0127	14,965	499,20	2,0022	16,700	498,72	1,9927
115	13,053	504,72	2,0258	14,745	504,25	2,0153	16,451	503,79	2,0058
120	12,867	509,79	2,0388	14,532	509,34	2,0283	16,211	508,89	2,0189
125	12,688	514,89	2,0517	14,327	514,46	2,0413	15,978	514,03	2,0319
130	12,514	520,03	2,0645	14,128	519,62	2,0541	15,753	519,19	2,0448
135	12,345	525,21	2,0772	13,935	524,80	2,0669	15,535	524,40	2,0576
140	12,181	530,42	2,0899	13,747	530,03	2,0796	15,324	529,63	2,0703
145	12,022	535,67	2,1026	13,566	535,28	2,0923	15,119	534,90	2,0830
150	11,867	540,95	2,1151	13,389	540,58	2,1049	14,921	540,21	2,0956
155	11,717	546,26	2,1276	13,218	545,91	2,1174	14,728	545,55	2,1082
160	11,570	551,62	2,1400	13,051	551,27	2,1298	14,540	550,92	2,1207
165	11,428	557,00	2,1524	12,889	556,67	2,1422	14,358	556,33	2,1331
170	11,289	562,43	2,1647	12,731	562,10	2,1546	14,180	561,77	2,1454
175	11,154	567,89	2,1770	12,578	567,57	2,1668	14,008	567,25	2,1577

R 134a

t °C	\varrho kg/m³	h kJ/kg	s kJ/kgK	\varrho kg/m³	h kJ/kg	s kJ/kgK	\varrho kg/m³	h kJ/kg	s kJ/kgK
	$p = 0{,}55$ MPa (18,75 °C)			$p = 0{,}60$ MPa (21,57 °C)			$p = 0{,}65$ MPa (24,22 °C)		
−50	1447,4	135,88	0,7403	1447,5	135,90	0,7403	1447,6	135,92	0,7402
−45	1433,2	142,08	0,7678	1433,3	142,10	0,7678	1433,4	142,12	0,7677
−40	1418,9	148,33	0,7949	1419,0	148,35	0,7948	1419,1	148,37	0,7948
−35	1404,3	154,62	0,8216	1404,5	154,64	0,8215	1404,6	154,66	0,8214
−30	1389,6	160,96	0,8479	1389,7	160,97	0,8478	1389,9	160,99	0,8478
−25	1374,7	167,34	0,8739	1374,8	167,35	0,8738	1375,0	167,37	0,8737
−20	1359,5	173,77	0,8996	1359,6	173,79	0,8995	1359,8	173,80	0,8994
−15	1344,1	180,25	0,9249	1344,2	180,27	0,9248	1344,4	180,28	0,9248
−10	1328,3	186,79	0,9500	1328,5	186,81	0,9499	1328,7	186,82	0,9498
−5	1312,2	193,39	0,9749	1312,4	193,41	0,9748	1312,6	193,42	0,9747
0	1295,8	200,06	0,9995	1296,0	200,07	0,9994	1296,2	200,08	0,9993
5	1278,9	206,79	1,0239	1279,1	206,80	1,0238	1279,3	206,81	1,0237
10	1261,6	213,60	1,0482	1261,8	213,61	1,0481	1262,0	213,61	1,0479
15	1243,7	220,49	1,0723	1244,0	220,49	1,0722	1244,2	220,50	1,0720
20	26,535	410,32	1,7227	1225,5	227,47	1,0962	1225,8	227,47	1,0960
25	25,803	415,23	1,7393	28,572	414,01	1,7291	31,444	412,74	1,7192
30	25,133	420,07	1,7554	27,790	418,96	1,7455	30,533	417,80	1,7360
35	24,513	424,89	1,7712	27,072	423,86	1,7615	29,705	422,79	1,7524
40	23,938	429,69	1,7866	26,409	428,72	1,7772	28,945	427,73	1,7683
45	23,399	434,48	1,8018	25,792	433,58	1,7926	28,241	432,65	1,7839
50	22,893	439,27	1,8168	25,215	438,42	1,8077	27,586	437,55	1,7991
55	22,416	444,07	1,8315	24,672	443,27	1,8226	26,973	442,45	1,8142
60	21,965	448,88	1,8461	24,161	448,12	1,8373	26,397	447,35	1,8290
65	21,538	453,71	1,8604	23,677	452,99	1,8518	25,853	452,26	1,8436
70	21,131	458,56	1,8747	23,218	457,87	1,8661	25,339	457,17	1,8581
75	20,743	463,43	1,8888	22,782	462,77	1,8803	24,851	462,11	1,8723
80	20,373	468,32	1,9027	22,366	467,69	1,8943	24,387	467,06	1,8864
85	20,019	473,24	1,9165	21,969	472,64	1,9082	23,945	472,03	1,9004
90	19,680	478,18	1,9302	21,590	477,60	1,9220	23,522	477,02	1,9143
95	19,355	483,15	1,9438	21,226	482,60	1,9356	23,118	482,04	1,9280
100	19,042	488,15	1,9573	20,877	487,61	1,9492	22,731	487,08	1,9416
105	18,741	493,17	1,9707	20,542	492,66	1,9626	22,360	492,15	1,9551
110	18,452	498,23	1,9840	20,219	497,74	1,9759	22,003	497,24	1,9685
115	18,172	503,32	1,9972	19,908	502,84	1,9892	21,660	502,37	1,9818
120	17,903	508,44	2,0103	19,609	507,98	2,0023	21,329	507,52	1,9949
125	17,643	513,59	2,0233	19,320	513,15	2,0154	21,010	512,70	2,0080
130	17,391	518,77	2,0362	19,041	518,34	2,0284	20,703	517,92	2,0211
135	17,147	523,99	2,0491	18,771	523,57	2,0413	20,405	523,16	2,0340
140	16,911	529,24	2,0619	18,509	528,84	2,0541	20,118	528,44	2,0468
145	16,683	534,52	2,0746	18,256	534,13	2,0668	19,840	533,74	2,0596
150	16,461	539,83	2,0872	18,011	539,46	2,0795	19,570	539,09	2,0723
155	16,246	545,18	2,0998	17,773	544,82	2,0921	19,309	544,46	2,0849
160	16,037	550,57	2,1123	17,542	550,22	2,1046	19,055	549,86	2,0975
165	15,834	555,99	2,1247	17,318	555,65	2,1171	18,810	555,30	2,1100
170	15,637	561,44	2,1371	17,100	561,11	2,1295	18,571	560,78	2,1224
175	15,444	566,93	2,1494	16,888	566,61	2,1418	18,339	566,28	2,1347

R 134a

t	\multicolumn{3}{c}{$p = 0{,}70$ MPa (26,71 °C)}	\multicolumn{3}{c}{$p = 0{,}75$ MPa (29,08 °C)}	\multicolumn{3}{c}{$p = 0{,}80$ MPa (31,33 °C)}
	ϱ	h	s	ϱ	h	s	ϱ	h	s
°C	$\frac{\text{kg}}{\text{m}^3}$	$\frac{\text{kJ}}{\text{kg}}$	$\frac{\text{kJ}}{\text{kg K}}$	$\frac{\text{kg}}{\text{m}^3}$	$\frac{\text{kJ}}{\text{kg}}$	$\frac{\text{kJ}}{\text{kg K}}$	$\frac{\text{kg}}{\text{m}^3}$	$\frac{\text{kJ}}{\text{kg}}$	$\frac{\text{kJ}}{\text{kg K}}$
−50	1447,7	135,94	0,7401	1447,8	135,96	0,7400	1447,9	135,98	0,7400
−45	1433,5	142,14	0,7676	1433,6	142,16	0,7675	1433,7	142,18	0,7675
−40	1419,2	148,39	0,7947	1419,3	148,41	0,7946	1419,4	148,42	0,7945
−35	1404,7	154,68	0,8214	1404,8	154,69	0,8213	1404,9	154,71	0,8212
−30	1390,0	161,01	0,8477	1390,1	161,03	0,8476	1390,3	161,04	0,8475
−25	1375,1	167,39	0,8737	1375,2	167,40	0,8736	1375,4	167,42	0,8735
−20	1359,9	173,82	0,8993	1360,1	173,83	0,8992	1360,2	173,85	0,8991
−15	1344,5	180,30	0,9247	1344,7	180,31	0,9246	1344,8	180,33	0,9245
−10	1328,8	186,84	0,9498	1329,0	186,85	0,9497	1329,2	186,86	0,9496
−5	1312,8	193,43	0,9746	1313,0	193,45	0,9745	1313,1	193,46	0,9744
0	1296,4	200,09	0,9992	1296,6	200,11	0,9991	1296,8	200,12	0,9990
5	1279,6	206,82	1,0236	1279,8	206,83	1,0235	1280,0	206,84	1,0234
10	1262,3	213,62	1,0478	1262,5	213,63	1,0477	1262,7	213,64	1,0476
15	1244,5	220,51	1,0719	1244,7	220,51	1,0718	1245,0	220,52	1,0717
20	1226,0	227,48	1,0959	1226,3	227,48	1,0958	1226,6	227,48	1,0957
25	1206,9	234,54	1,1198	1207,2	234,54	1,1197	1207,5	234,55	1,1195
30	33,371	416,60	1,7269	36,313	415,34	1,7180	1187,7	241,72	1,1434
35	32,418	421,69	1,7436	35,218	420,55	1,7351	38,114	419,37	1,7268
40	31,549	426,72	1,7597	34,228	425,67	1,7515	36,988	424,59	1,7436
45	30,750	431,70	1,7755	33,324	430,73	1,7676	35,966	429,74	1,7599
50	30,010	436,67	1,7910	32,490	435,76	1,7833	35,030	434,83	1,7758
55	29,320	441,62	1,8062	31,717	440,77	1,7986	34,166	439,90	1,7914
60	28,674	446,56	1,8212	30,995	445,76	1,8137	33,363	444,95	1,8066
65	28,066	451,51	1,8359	30,319	450,75	1,8286	32,612	449,99	1,8216
70	27,493	456,47	1,8505	29,682	455,75	1,8433	31,909	455,02	1,8364
75	26,950	461,43	1,8648	29,081	460,75	1,8578	31,246	460,06	1,8510
80	26,435	466,42	1,8791	28,512	465,77	1,8721	30,620	465,11	1,8654
85	25,945	471,42	1,8931	27,972	470,80	1,8862	30,026	470,17	1,8796
90	25,478	476,43	1,9070	27,458	475,84	1,9002	29,463	475,24	1,8937
95	25,032	481,48	1,9208	26,968	480,91	1,9140	28,926	480,34	1,9076
100	24,605	486,54	1,9345	26,500	486,00	1,9278	28,415	485,45	1,9214
105	24,196	491,63	1,9480	26,052	491,11	1,9414	27,926	490,58	1,9351
110	23,804	496,74	1,9615	25,622	496,24	1,9549	27,458	495,74	1,9486
115	23,427	501,89	1,9748	25,210	501,40	1,9683	27,009	500,92	1,9621
120	23,064	507,06	1,9880	24,813	506,59	1,9815	26,578	506,12	1,9754
125	22,714	512,26	2,0012	24,432	511,81	1,9947	26,164	511,36	1,9886
130	22,377	517,49	2,0142	24,064	517,05	2,0078	25,765	516,62	2,0017
135	22,052	522,74	2,0272	23,710	522,33	2,0208	25,380	521,91	2,0148
140	21,737	528,03	2,0401	23,368	527,63	2,0337	25,010	527,22	2,0277
145	21,433	533,36	2,0529	23,037	532,96	2,0466	24,651	532,57	2,0406
150	21,139	538,71	2,0656	22,717	538,33	2,0593	24,305	537,95	2,0534
155	20,854	544,09	2,0782	22,407	543,73	2,0720	23,970	543,36	2,0661
160	20,577	549,51	2,0908	22,107	549,15	2,0846	23,646	548,80	2,0787
165	20,309	554,96	2,1033	21,817	554,62	2,0971	23,332	554,27	2,0913
170	20,049	560,44	2,1158	21,534	560,11	2,1096	23,027	559,77	2,1038
175	19,796	565,96	2,1282	21,260	565,63	2,1220	22,732	565,31	2,1162

R 134a

t °C	\$p = 0{,}85\$ MPa (33,47 °C) ϱ kg/m³	h kJ/kg	s kJ/kgK	\$p = 0{,}90\$ MPa (35,53 °C) ϱ kg/m³	h kJ/kg	s kJ/kgK	\$p = 0{,}95\$ MPa (37,49 °C) ϱ kg/m³	h kJ/kg	s kJ/kgK
−50	1448,0	136,00	0,7399	1448,1	136,02	0,7398	1448,2	136,04	0,7398
−45	1433,8	142,20	0,7674	1433,9	142,22	0,7673	1434,1	142,24	0,7673
−40	1419,5	148,44	0,7945	1419,7	148,46	0,7944	1419,8	148,48	0,7943
−35	1405,1	154,73	0,8212	1405,2	154,75	0,8211	1405,3	154,77	0,8210
−30	1390,4	161,06	0,8475	1390,5	161,08	0,8474	1390,6	161,09	0,8473
−25	1375,5	167,44	0,8734	1375,6	167,45	0,8733	1375,8	167,47	0,8733
−20	1360,4	173,86	0,8991	1360,5	173,88	0,8990	1360,7	173,90	0,8989
−15	1345,0	180,34	0,9244	1345,2	180,36	0,9243	1345,3	180,37	0,9242
−10	1329,3	186,88	0,9495	1329,5	186,89	0,9494	1329,7	186,91	0,9493
−5	1313,3	193,47	0,9743	1313,5	193,48	0,9742	1313,7	193,50	0,9741
0	1297,0	200,13	0,9989	1297,2	200,14	0,9988	1297,3	200,15	0,9987
5	1280,2	206,85	1,0233	1280,4	206,86	1,0232	1280,6	206,87	1,0231
10	1263,0	213,65	1,0475	1263,2	213,66	1,0474	1263,4	213,67	1,0473
15	1245,2	220,53	1,0716	1245,5	220,53	1,0715	1245,7	220,54	1,0713
20	1226,9	227,49	1,0955	1227,1	227,49	1,0954	1227,4	227,50	1,0953
25	1207,8	234,55	1,1194	1208,1	234,55	1,1193	1208,4	234,55	1,1192
30	1188,0	241,72	1,1433	1188,3	241,71	1,1431	1188,7	241,71	1,1430
35	41,117	418,14	1,7187	1167,6	249,00	1,1670	1168,0	249,00	1,1668
40	39,836	423,47	1,7359	42,780	422,32	1,7283	45,832	421,11	1,7209
45	38,683	428,71	1,7525	41,481	427,66	1,7452	44,366	426,57	1,7381
50	37,634	433,89	1,7686	40,307	432,91	1,7616	43,053	431,91	1,7548
55	36,671	439,01	1,7844	39,234	438,11	1,7776	41,861	437,18	1,7710
60	35,779	444,12	1,7998	38,247	443,27	1,7932	40,770	442,41	1,7868
65	34,949	449,20	1,8150	37,332	448,41	1,8085	39,762	447,60	1,8023
70	34,173	454,28	1,8299	36,479	453,53	1,8235	38,826	452,77	1,8175
75	33,445	459,36	1,8446	35,680	458,65	1,8384	37,952	457,93	1,8324
80	32,758	464,44	1,8590	34,929	463,77	1,8530	37,133	463,09	1,8471
85	32,109	469,53	1,8734	34,220	468,89	1,8674	36,362	468,24	1,8616
90	31,493	474,64	1,8875	33,550	474,03	1,8816	35,634	473,41	1,8759
95	30,908	479,76	1,9015	32,914	479,17	1,8957	34,945	478,58	1,8901
100	30,351	484,89	1,9154	32,310	484,33	1,9096	34,291	483,77	1,9041
105	29,820	490,05	1,9291	31,734	489,51	1,9234	33,668	488,97	1,9179
110	29,311	495,23	1,9427	31,184	494,71	1,9370	33,075	494,20	1,9316
115	28,825	500,43	1,9562	30,657	499,93	1,9506	32,508	499,44	1,9452
120	28,358	505,65	1,9696	30,153	505,18	1,9640	31,965	504,70	1,9587
125	27,909	510,90	1,9828	29,670	510,45	1,9773	31,445	509,99	1,9721
130	27,478	516,18	1,9960	29,205	515,74	1,9905	30,946	515,30	1,9853
135	27,063	521,48	2,0091	28,758	521,06	2,0036	30,466	520,63	1,9985
140	26,663	526,82	2,0221	28,327	526,41	2,0167	30,004	525,99	2,0115
145	26,276	532,18	2,0350	27,912	531,78	2,0296	29,559	531,38	2,0245
150	25,903	537,57	2,0478	27,511	537,18	2,0424	29,130	536,80	2,0374
155	25,543	542,99	2,0605	27,124	542,62	2,0552	28,715	542,24	2,0502
160	25,194	548,44	2,0732	26,750	548,08	2,0679	28,315	547,72	2,0629
165	24,856	553,92	2,0858	26,387	553,57	2,0805	27,927	553,22	2,0755
170	24,528	559,44	2,0983	26,036	559,10	2,0930	27,552	558,76	2,0881
175	24,210	564,98	2,1107	25,696	564,65	2,1055	27,189	564,32	2,1006

R 134a

t °C	$p = 1{,}00$ MPa (39,39 °C)			$p = 1{,}05$ MPa (41,21 °C)			$p = 1{,}10$ MPa (42,97 °C)		
	ϱ $\frac{\text{kg}}{\text{m}^3}$	h $\frac{\text{kJ}}{\text{kg}}$	s $\frac{\text{kJ}}{\text{kg K}}$	ϱ $\frac{\text{kg}}{\text{m}^3}$	h $\frac{\text{kJ}}{\text{kg}}$	s $\frac{\text{kJ}}{\text{kg K}}$	ϱ $\frac{\text{kg}}{\text{m}^3}$	h $\frac{\text{kJ}}{\text{kg}}$	s $\frac{\text{kJ}}{\text{kg K}}$
−50	1448,3	136,05	0,7397	1448,4	136,07	0,7396	1448,5	136,09	0,7396
−45	1434,2	142,26	0,7672	1434,3	142,28	0,7671	1434,4	142,29	0,7671
−40	1419,9	148,50	0,7943	1420,0	148,52	0,7942	1420,1	148,54	0,7941
−35	1405,4	154,78	0,8209	1405,5	154,80	0,8209	1405,7	154,82	0,8208
−30	1390,8	161,11	0,8472	1390,9	161,13	0,8472	1391,0	161,15	0,8471
−25	1375,9	167,49	0,8732	1376,0	167,50	0,8731	1376,2	167,52	0,8730
−20	1360,8	173,91	0,8988	1361,0	173,93	0,8987	1361,1	173,94	0,8987
−15	1345,5	180,39	0,9242	1345,6	180,40	0,9241	1345,8	180,42	0,9240
−10	1329,8	186,92	0,9492	1330,0	186,93	0,9491	1330,2	186,95	0,9490
−5	1313,9	193,51	0,9740	1314,0	193,52	0,9739	1314,2	193,54	0,9738
0	1297,5	200,16	0,9986	1297,7	200,18	0,9985	1297,9	200,19	0,9984
5	1280,8	206,88	1,0230	1281,0	206,89	1,0229	1281,2	206,90	1,0228
10	1263,6	213,67	1,0472	1263,9	213,68	1,0471	1264,1	213,69	1,0470
15	1246,0	220,55	1,0712	1246,2	220,55	1,0711	1246,4	220,56	1,0710
20	1227,7	227,50	1,0952	1228,0	227,51	1,0950	1228,2	227,51	1,0949
25	1208,7	234,55	1,1190	1209,0	234,56	1,1189	1209,3	234,56	1,1188
30	1189,0	241,71	1,1428	1189,3	241,71	1,1427	1189,7	241,71	1,1425
35	1168,3	248,99	1,1666	1168,7	248,99	1,1665	1169,1	248,98	1,1663
40	49,003	419,86	1,7135	1147,0	256,40	1,1903	1147,4	256,39	1,1902
45	47,348	425,44	1,7312	50,435	424,27	1,7243	53,640	423,05	1,7174
50	45,879	430,88	1,7481	48,792	429,82	1,7416	51,799	428,72	1,7351
55	44,556	436,23	1,7646	47,323	435,26	1,7583	50,168	434,26	1,7521
60	43,351	441,52	1,7806	45,993	440,62	1,7745	48,702	439,70	1,7686
65	42,243	446,77	1,7962	44,777	445,93	1,7903	47,368	445,07	1,7846
70	41,218	451,99	1,8116	43,656	451,21	1,8058	46,144	450,40	1,8002
75	40,264	457,20	1,8266	42,617	456,46	1,8210	45,013	455,70	1,8156
80	39,373	462,39	1,8414	41,648	461,69	1,8359	43,962	460,98	1,8306
85	38,536	467,59	1,8560	40,741	466,92	1,8507	42,981	466,25	1,8454
90	37,747	472,78	1,8704	39,889	472,15	1,8652	42,061	471,51	1,8600
95	37,002	477,99	1,8847	39,084	477,39	1,8795	41,194	476,78	1,8744
100	36,295	483,20	1,8987	38,323	482,63	1,8936	40,376	482,05	1,8886
105	35,624	488,43	1,9127	37,602	487,88	1,9076	39,602	487,33	1,9027
110	34,985	493,67	1,9264	36,915	493,15	1,9214	38,866	492,62	1,9166
115	34,376	498,94	1,9401	36,262	498,43	1,9351	38,166	497,92	1,9304
120	33,793	504,22	1,9536	35,637	503,73	1,9487	37,499	503,25	1,9440
125	33,235	509,52	1,9670	35,040	509,06	1,9622	36,862	508,59	1,9575
130	32,700	514,85	1,9803	34,469	514,40	1,9755	36,252	513,95	1,9709
135	32,186	520,20	1,9935	33,920	519,77	1,9887	35,667	519,34	1,9841
140	31,692	525,58	2,0066	33,393	525,16	2,0019	35,106	524,74	1,9973
145	31,217	530,98	2,0196	32,886	530,58	2,0149	34,566	530,17	2,0104
150	30,758	536,41	2,0325	32,397	536,02	2,0278	34,047	535,63	2,0234
155	30,316	541,87	2,0453	31,926	541,49	2,0407	33,547	541,12	2,0362
160	29,889	547,36	2,0581	31,472	546,99	2,0535	33,064	546,63	2,0490
165	29,476	552,87	2,0707	31,033	552,52	2,0661	32,598	552,17	2,0618
170	29,076	558,42	2,0833	30,608	558,08	2,0788	32,148	557,73	2,0744
175	28,689	563,99	2,0958	30,197	563,66	2,0913	31,713	563,33	2,0869

R 134a

t °C	$p = 1{,}15$ MPa (44,67 °C)			$p = 1{,}20$ MPa (46,31 °C)			$p = 1{,}25$ MPa (47,91 °C)		
	ϱ $\frac{kg}{m^3}$	h $\frac{kJ}{kg}$	s $\frac{kJ}{kg\,K}$	ϱ $\frac{kg}{m^3}$	h $\frac{kJ}{kg}$	s $\frac{kJ}{kg\,K}$	ϱ $\frac{kg}{m^3}$	h $\frac{kJ}{kg}$	s $\frac{kJ}{kg\,K}$
−50	1448,6	136,11	0,7395	1448,7	136,13	0,7394	1448,8	136,15	0,7394
−45	1434,5	142,31	0,7670	1434,6	142,33	0,7669	1434,7	142,35	0,7669
−40	1420,2	148,55	0,7940	1420,3	148,57	0,7940	1420,4	148,59	0,7939
−35	1405,8	154,84	0,8207	1405,9	154,86	0,8206	1406,0	154,87	0,8206
−30	1391,2	161,16	0,8470	1391,3	161,18	0,8469	1391,4	161,20	0,8469
−25	1376,3	167,54	0,8729	1376,5	167,55	0,8729	1376,6	167,57	0,8728
−20	1361,3	173,96	0,8986	1361,4	173,98	0,8985	1361,5	173,99	0,8984
−15	1345,9	180,43	0,9239	1346,1	180,45	0,9238	1346,2	180,46	0,9237
−10	1330,3	186,96	0,9489	1330,5	186,98	0,9489	1330,7	186,99	0,9488
−5	1314,4	193,55	0,9737	1314,6	193,56	0,9736	1314,8	193,58	0,9736
0	1298,1	200,20	0,9983	1298,3	200,21	0,9982	1298,5	200,22	0,9981
5	1281,4	206,91	1,0227	1281,7	206,92	1,0226	1281,9	206,93	1,0225
10	1264,3	213,70	1,0469	1264,5	213,71	1,0467	1264,8	213,72	1,0466
15	1246,7	220,57	1,0709	1246,9	220,57	1,0708	1247,2	220,58	1,0707
20	1228,5	227,52	1,0948	1228,8	227,52	1,0947	1229,0	227,53	1,0946
25	1209,6	234,56	1,1186	1209,9	234,56	1,1185	1210,2	234,56	1,1184
30	1190,0	241,71	1,1424	1190,3	241,71	1,1423	1190,6	241,71	1,1421
35	1169,5	248,98	1,1662	1169,8	248,97	1,1660	1170,2	248,97	1,1659
40	1147,9	256,38	1,1900	1148,3	256,37	1,1898	1148,7	256,36	1,1897
45	56,976	421,78	1,7106	1125,4	263,93	1,2138	1125,9	263,91	1,2136
50	54,910	427,59	1,7287	58,135	426,41	1,7223	61,486	425,19	1,7160
55	53,098	433,23	1,7460	56,119	432,17	1,7400	59,241	431,07	1,7340
60	51,481	438,75	1,7627	54,335	437,78	1,7570	57,272	436,79	1,7513
65	50,018	444,20	1,7790	52,733	443,30	1,7734	55,515	442,39	1,7680
70	48,683	449,59	1,7948	51,277	448,75	1,7894	53,929	447,90	1,7842
75	47,454	454,94	1,8103	49,943	454,16	1,8051	52,481	453,36	1,8000
80	46,316	460,26	1,8254	48,711	459,53	1,8204	51,149	458,78	1,8154
85	45,256	465,57	1,8404	47,567	464,88	1,8354	49,917	464,18	1,8306
90	44,264	470,87	1,8551	46,500	470,21	1,8502	48,770	469,55	1,8455
95	43,332	476,16	1,8695	45,500	475,54	1,8648	47,697	474,91	1,8602
100	42,455	481,46	1,8838	44,559	480,87	1,8792	46,690	480,27	1,8746
105	41,625	486,77	1,8980	43,671	486,20	1,8934	45,742	485,63	1,8889
110	40,838	492,08	1,9119	42,831	491,54	1,9074	44,846	491,00	1,9030
115	40,090	497,41	1,9257	42,034	496,90	1,9213	43,997	496,38	1,9169
120	39,378	502,76	1,9394	41,275	502,26	1,9350	43,191	501,76	1,9307
125	38,699	508,12	1,9530	40,553	507,64	1,9486	42,423	507,16	1,9444
130	38,050	513,50	1,9664	39,862	513,04	1,9621	41,690	512,58	1,9579
135	37,428	518,90	1,9797	39,202	518,46	1,9754	40,991	518,02	1,9713
140	36,831	524,32	1,9929	38,569	523,90	1,9887	40,321	523,47	1,9846
145	36,258	529,77	2,0060	37,962	529,36	2,0018	39,678	528,95	1,9978
150	35,708	535,24	2,0190	37,379	534,85	2,0149	39,061	534,45	2,0108
155	35,177	540,74	2,0320	36,818	540,36	2,0278	38,468	539,97	2,0238
160	34,666	546,26	2,0448	36,277	545,89	2,0407	37,898	545,52	2,0367
165	34,173	551,81	2,0575	35,756	551,45	2,0534	37,347	551,10	2,0495
170	33,696	557,39	2,0702	35,252	557,04	2,0661	36,817	556,70	2,0622
175	33,235	563,00	2,0828	34,766	562,66	2,0787	36,304	562,33	2,0748

R 134a

	$p = 1{,}30$ MPa (49,46 °C)			$p = 1{,}35$ MPa (50,96 °C)			$p = 1{,}40$ MPa (52,42 °C)		
t °C	ϱ $\frac{\text{kg}}{\text{m}^3}$	h $\frac{\text{kJ}}{\text{kg}}$	s $\frac{\text{kJ}}{\text{kg K}}$	ϱ $\frac{\text{kg}}{\text{m}^3}$	h $\frac{\text{kJ}}{\text{kg}}$	s $\frac{\text{kJ}}{\text{kg K}}$	ϱ $\frac{\text{kg}}{\text{m}^3}$	h $\frac{\text{kJ}}{\text{kg}}$	s $\frac{\text{kJ}}{\text{kg K}}$
−50	1448,9	136,17	0,7393	1449,0	136,19	0,7392	1449,1	136,21	0,7392
−45	1434,8	142,37	0,7668	1434,9	142,39	0,7667	1435,0	142,41	0,7666
−40	1420,6	148,61	0,7938	1420,7	148,63	0,7938	1420,8	148,65	0,7937
−35	1406,1	154,89	0,8205	1406,3	154,91	0,8204	1406,4	154,93	0,8203
−30	1391,5	161,22	0,8468	1391,7	161,23	0,8467	1391,8	161,25	0,8466
−25	1376,7	167,59	0,8727	1376,9	167,60	0,8726	1377,0	167,62	0,8726
−20	1361,7	174,01	0,8983	1361,8	174,02	0,8982	1362,0	174,04	0,8982
−15	1346,4	180,48	0,9236	1346,5	180,50	0,9236	1346,7	180,51	0,9235
−10	1330,8	187,01	0,9487	1331,0	187,02	0,9486	1331,2	187,03	0,9485
−5	1314,9	193,59	0,9735	1315,1	193,60	0,9734	1315,3	193,62	0,9733
0	1298,7	200,23	0,9980	1298,9	200,25	0,9979	1299,1	200,26	0,9978
5	1282,1	206,95	1,0224	1282,3	206,96	1,0223	1282,5	206,97	1,0222
10	1265,0	213,73	1,0465	1265,2	213,74	1,0464	1265,4	213,75	1,0463
15	1247,4	220,59	1,0705	1247,7	220,59	1,0704	1247,9	220,60	1,0703
20	1229,3	227,53	1,0944	1229,6	227,54	1,0943	1229,8	227,54	1,0942
25	1210,5	234,57	1,1182	1210,8	234,57	1,1181	1211,1	234,57	1,1180
30	1191,0	241,71	1,1420	1191,3	241,71	1,1418	1191,6	241,71	1,1417
35	1170,6	248,96	1,1657	1170,9	248,96	1,1656	1171,3	248,95	1,1654
40	1149,1	256,35	1,1895	1149,5	256,34	1,1893	1149,9	256,33	1,1892
45	1126,4	263,90	1,2134	1126,8	263,88	1,2132	1127,3	263,87	1,2130
50	64,980	423,91	1,7096	1102,6	271,60	1,2373	1103,2	271,58	1,2371
55	62,472	429,94	1,7281	65,825	428,76	1,7221	69,312	427,54	1,7161
60	60,296	435,76	1,7457	63,417	434,71	1,7401	66,642	433,62	1,7345
65	58,371	441,45	1,7626	61,304	440,49	1,7573	64,322	439,50	1,7520
70	56,642	447,04	1,7790	59,420	446,15	1,7739	62,268	445,25	1,7689
75	55,071	452,56	1,7950	57,717	451,73	1,7901	60,422	450,90	1,7852
80	53,633	458,03	1,8106	56,164	457,26	1,8058	58,746	456,48	1,8012
85	52,306	463,46	1,8259	54,737	462,74	1,8213	57,211	462,01	1,8167
90	51,074	468,88	1,8409	53,415	468,20	1,8364	55,795	467,51	1,8320
95	49,926	474,28	1,8557	52,186	473,64	1,8513	54,481	472,98	1,8469
100	48,850	479,67	1,8702	51,038	479,06	1,8659	53,255	478,44	1,8617
105	47,838	485,06	1,8846	49,960	484,48	1,8803	52,108	483,89	1,8762
110	46,884	490,45	1,8987	48,945	489,90	1,8946	51,029	489,34	1,8905
115	45,981	495,85	1,9127	47,986	495,32	1,9086	50,012	494,79	1,9046
120	45,124	501,26	1,9266	47,077	500,76	1,9225	49,050	500,25	1,9186
125	44,310	506,68	1,9403	46,215	506,20	1,9363	48,137	505,71	1,9324
130	43,534	512,12	1,9539	45,394	511,65	1,9499	47,270	511,19	1,9461
135	42,793	517,57	1,9673	44,611	517,13	1,9634	46,443	516,68	1,9596
140	42,085	523,05	1,9806	43,863	522,62	1,9768	45,654	522,18	1,9730
145	41,406	528,54	1,9938	43,147	528,12	1,9900	44,900	527,71	1,9863
150	40,755	534,05	2,0069	42,460	533,65	2,0032	44,177	533,25	1,9995
155	40,130	539,59	2,0200	41,801	539,20	2,0162	43,484	538,82	2,0126
160	39,528	545,15	2,0329	41,168	544,78	2,0291	42,818	544,41	2,0255
165	38,948	550,74	2,0457	40,558	550,38	2,0420	42,177	550,02	2,0384
170	38,390	556,35	2,0584	39,971	556,00	2,0548	41,561	555,65	2,0512
175	37,850	561,99	2,0711	39,404	561,65	2,0674	40,966	561,31	2,0639

R. 134a

t	\multicolumn{3}{c}{$p = 1{,}45$ MPa (53,58 °C)}	\multicolumn{3}{c}{$p = 1{,}50$ MPa (55,23 °C)}	\multicolumn{3}{c}{$p = 1{,}55$ MPa (56,59 °C)}
	ϱ	h	s	ϱ	h	s	ϱ	h	s
°C	$\frac{\text{kg}}{\text{m}^3}$	$\frac{\text{kJ}}{\text{kg}}$	$\frac{\text{kJ}}{\text{kg K}}$	$\frac{\text{kg}}{\text{m}^3}$	$\frac{\text{kJ}}{\text{kg}}$	$\frac{\text{kJ}}{\text{kg K}}$	$\frac{\text{kg}}{\text{m}^3}$	$\frac{\text{kJ}}{\text{kg}}$	$\frac{\text{kJ}}{\text{kg K}}$
−50	1449,2	136,23	0,7391	1449,3	136,25	0,7390	1449,4	136,27	0,7390
−45	1435,1	142,43	0,7666	1435,2	142,45	0,7665	1435,3	142,47	0,7664
−40	1420,9	148,67	0,7936	1421,0	148,68	0,7936	1421,1	148,70	0,7935
−35	1406,5	154,95	0,8203	1406,6	154,96	0,8202	1406,7	154,98	0,8201
−30	1391,9	161,27	0,8465	1392,0	161,29	0,8465	1392,2	161,30	0,8464
−25	1377,1	167,64	0,8725	1377,3	167,66	0,8724	1377,4	167,67	0,8723
−20	1362,1	174,06	0,8981	1362,3	174,07	0,8980	1362,4	174,09	0,8979
−15	1346,9	180,53	0,9234	1347,0	180,54	0,9233	1347,2	180,56	0,9232
−10	1331,3	187,05	0,9484	1331,5	187,06	0,9483	1331,6	187,08	0,9482
−5	1315,5	193,63	0,9732	1315,6	193,64	0,9731	1315,8	193,66	0,9730
0	1299,3	200,27	0,9977	1299,5	200,28	0,9976	1299,6	200,29	0,9975
5	1282,7	206,98	1,0221	1282,9	206,99	1,0220	1283,1	207,00	1,0219
10	1265,7	213,75	1,0462	1265,9	213,76	1,0461	1266,1	213,77	1,0460
15	1248,2	220,61	1,0702	1248,4	220,62	1,0701	1248,6	220,62	1,0700
20	1230,1	227,55	1,0941	1230,4	227,55	1,0939	1230,6	227,56	1,0938
25	1211,4	234,57	1,1178	1211,7	234,58	1,1177	1212,0	234,58	1,1176
30	1192,0	241,70	1,1416	1192,3	241,70	1,1414	1192,6	241,70	1,1413
35	1171,6	248,95	1,1653	1172,0	248,95	1,1651	1172,4	248,94	1,1650
40	1150,3	256,33	1,1890	1150,7	256,32	1,1888	1151,1	256,31	1,1887
45	1127,8	263,85	1,2129	1128,2	263,84	1,2127	1128,7	263,83	1,2125
50	1103,7	271,56	1,2369	1104,3	271,54	1,2367	1104,8	271,52	1,2365
55	72,951	426,26	1,7101	1078,4	279,46	1,2610	1079,0	279,43	1,2608
60	69,982	432,49	1,7289	73,448	431,32	1,7233	77,056	430,10	1,7177
65	67,431	438,48	1,7468	70,638	437,44	1,7415	73,953	436,36	1,7363
70	65,190	444,32	1,7639	68,191	443,37	1,7590	71,279	442,39	1,7540
75	63,188	450,04	1,7805	66,021	449,17	1,7757	68,923	448,28	1,7710
80	61,380	455,68	1,7966	64,070	454,87	1,7920	66,818	454,05	1,7875
85	59,730	461,27	1,8123	62,297	460,51	1,8079	64,914	459,75	1,8035
90	58,213	466,81	1,8276	60,673	466,10	1,8234	63,176	465,39	1,8192
95	56,810	472,33	1,8427	59,174	471,66	1,8386	61,577	470,98	1,8345
100	55,504	477,82	1,8575	57,784	477,19	1,8535	60,097	476,55	1,8495
105	54,284	483,30	1,8721	56,487	482,71	1,8682	58,720	482,10	1,8643
110	53,139	488,78	1,8865	55,273	488,21	1,8826	57,433	487,64	1,8788
115	52,060	494,25	1,9007	54,132	493,71	1,8969	56,226	493,17	1,8932
120	51,042	499,73	1,9147	53,055	499,22	1,9110	55,089	498,70	1,9073
125	50,078	505,22	1,9286	52,037	504,73	1,9249	54,015	504,23	1,9213
130	49,162	510,72	1,9423	51,071	510,24	1,9387	52,998	509,77	1,9351
135	48,290	516,22	1,9559	50,153	515,77	1,9523	52,032	515,31	1,9488
140	47,459	521,75	1,9694	49,279	521,31	1,9658	51,112	520,87	1,9623
145	46,665	527,29	1,9827	48,444	526,87	1,9792	50,236	526,45	1,9757
150	45,906	532,85	1,9959	47,646	532,44	1,9924	49,398	532,04	1,9890
155	45,177	538,43	2,0090	46,881	538,04	2,0056	48,597	537,65	2,0022
160	44,478	544,03	2,0220	46,148	543,65	2,0186	47,829	543,27	2,0153
165	43,806	549,65	2,0349	45,444	549,29	2,0315	47,091	548,92	2,0282
170	43,159	555,30	2,0477	44,766	554,95	2,0444	46,382	554,60	2,0411
175	42,536	560,97	2,0605	44,114	560,63	2,0571	45,700	560,29	2,0539

R 134a

t °C	\multicolumn{3}{c}{$p = 1{,}60$ MPa (57,90 °C)}	\multicolumn{3}{c}{$p = 1{,}65$ MPa (59,19 °C)}	\multicolumn{3}{c}{$p = 1{,}70$ MPa (60,45 °C)}
	ϱ $\frac{\text{kg}}{\text{m}^3}$	h $\frac{\text{kJ}}{\text{kg}}$	s $\frac{\text{kJ}}{\text{kg K}}$	ϱ $\frac{\text{kg}}{\text{m}^3}$	h $\frac{\text{kJ}}{\text{kg}}$	s $\frac{\text{kJ}}{\text{kg K}}$	ϱ $\frac{\text{kg}}{\text{m}^3}$	h $\frac{\text{kJ}}{\text{kg}}$	s $\frac{\text{kJ}}{\text{kg K}}$
−50	1449,5	136,29	0,7389	1449,6	136,31	0,7388	1449,7	136,33	0,7388
−45	1435,4	142,48	0,7664	1435,6	142,50	0,7663	1435,7	142,52	0,7662
−40	1421,2	148,72	0,7934	1421,4	148,74	0,7933	1421,5	148,76	0,7933
−35	1406,9	155,00	0,8200	1407,0	155,02	0,8200	1407,1	155,03	0,8199
−30	1392,3	161,32	0,8463	1392,4	161,34	0,8462	1392,6	161,35	0,8462
−25	1377,5	167,69	0,8722	1377,7	167,70	0,8722	1377,8	167,72	0,8721
−20	1362,6	174,10	0,8978	1362,7	174,12	0,8977	1362,8	174,13	0,8977
−15	1347,3	180,57	0,9231	1347,5	180,58	0,9230	1347,6	180,60	0,9230
−10	1331,8	187,09	0,9481	1332,0	187,10	0,9481	1332,1	187,12	0,9480
−5	1316,0	193,67	0,9729	1316,2	193,68	0,9728	1316,3	193,69	0,9727
0	1299,8	200,31	0,9974	1300,0	200,32	0,9973	1300,2	200,33	0,9972
5	1283,3	207,01	1,0218	1283,5	207,02	1,0216	1283,7	207,03	1,0215
10	1266,3	213,78	1,0459	1266,6	213,79	1,0458	1266,8	213,80	1,0457
15	1248,9	220,63	1,0699	1249,1	220,64	1,0697	1249,4	220,65	1,0696
20	1230,9	227,56	1,0937	1231,2	227,57	1,0936	1231,4	227,57	1,0935
25	1212,3	234,59	1,1175	1212,6	234,59	1,1173	1212,8	234,59	1,1172
30	1192,9	241,71	1,1412	1193,2	241,71	1,1410	1193,6	241,71	1,1409
35	1172,7	248,94	1,1648	1173,1	248,94	1,1647	1173,4	248,94	1,1645
40	1151,5	256,31	1,1885	1151,9	256,30	1,1884	1152,3	256,29	1,1882
45	1129,2	263,82	1,2123	1129,6	263,81	1,2121	1130,1	263,79	1,2120
50	1105,3	271,51	1,2363	1105,9	271,49	1,2361	1106,4	271,47	1,2359
55	1079,7	279,41	1,2606	1080,3	279,38	1,2603	1080,9	279,35	1,2601
60	80,824	428,84	1,7120	84,768	427,51	1,7062	1053,1	287,49	1,2847
65	77,387	435,25	1,7311	80,951	434,09	1,7258	84,658	432,89	1,7204
70	74,458	441,40	1,7491	77,738	440,37	1,7442	81,127	439,30	1,7393
75	71,900	447,37	1,7664	74,958	446,43	1,7618	78,101	445,48	1,7571
80	69,628	453,22	1,7831	72,504	452,36	1,7787	75,450	451,48	1,7743
85	67,582	458,97	1,7993	70,307	458,18	1,7950	73,089	457,37	1,7908
90	65,722	464,66	1,8150	68,317	463,92	1,8109	70,960	463,17	1,8069
95	64,017	470,30	1,8305	66,499	469,61	1,8265	69,023	468,91	1,8226
100	62,443	475,91	1,8456	64,825	475,26	1,8417	67,244	474,60	1,8379
105	60,982	481,49	1,8605	63,276	480,88	1,8567	65,602	480,25	1,8530
110	59,619	487,06	1,8751	61,834	486,47	1,8714	64,077	485,88	1,8678
115	58,343	492,61	1,8895	60,486	492,06	1,8859	62,654	491,50	1,8823
120	57,143	498,16	1,9037	59,220	497,63	1,9002	61,320	497,10	1,8967
125	56,011	503,71	1,9177	58,029	503,21	1,9142	60,066	502,70	1,9108
130	54,941	509,27	1,9316	56,903	508,79	1,9282	58,883	508,30	1,9248
135	53,925	514,83	1,9453	55,836	514,37	1,9419	57,763	513,90	1,9386
140	52,960	520,40	1,9589	54,823	519,96	1,9555	56,701	519,51	1,9523
145	52,040	525,99	1,9723	53,859	525,56	1,9690	55,692	525,13	1,9658
150	51,162	531,59	1,9856	52,940	531,18	1,9824	54,729	530,77	1,9792
155	50,323	537,21	1,9988	52,061	536,81	1,9956	53,811	536,41	1,9925
160	49,519	542,84	2,0119	51,220	542,46	2,0087	52,932	542,07	2,0056
165	48,748	548,49	2,0249	50,414	548,13	2,0217	52,091	547,76	2,0187
170	48,007	554,17	2,0378	49,641	553,81	2,0346	51,284	553,46	2,0316
175	47,294	559,87	2,0505	48,897	559,52	2,0475	50,508	559,18	2,0444

R. 134a

	$p = 1{,}75$ MPa (61,69 °C)			$p = 1{,}80$ MPa (62,89 °C)			$p = 1{,}85$ MPa (64,07 °C)		
t °C	ϱ $\frac{\text{kg}}{\text{m}^3}$	h $\frac{\text{kJ}}{\text{kg}}$	s $\frac{\text{kJ}}{\text{kg K}}$	ϱ $\frac{\text{kg}}{\text{m}^3}$	h $\frac{\text{kJ}}{\text{kg}}$	s $\frac{\text{kJ}}{\text{kg K}}$	ϱ $\frac{\text{kg}}{\text{m}^3}$	h $\frac{\text{kJ}}{\text{kg}}$	s $\frac{\text{kJ}}{\text{kg K}}$
−50	1449,8	136,35	0,7387	1449,9	136,37	0,7386	1450,0	136,39	0,7386
−45	1435,8	142,54	0,7662	1435,9	142,56	0,7661	1436,0	142,58	0,7660
−40	1421,6	148,78	0,7932	1421,7	148,79	0,7931	1421,8	148,81	0,7930
−35	1407,2	155,05	0,8198	1407,3	155,07	0,8197	1407,5	155,09	0,8197
−30	1392,7	161,37	0,8461	1392,8	161,39	0,8460	1392,9	161,41	0,8459
−25	1377,9	167,74	0,8720	1378,1	167,75	0,8719	1378,2	167,77	0,8718
−20	1363,0	174,15	0,8976	1363,1	174,17	0,8975	1363,3	174,18	0,8974
−15	1347,8	180,62	0,9229	1347,9	180,63	0,9228	1348,1	180,65	0,9227
−10	1332,3	187,13	0,9479	1332,5	187,15	0,9478	1332,6	187,16	0,9477
−5	1316,5	193,71	0,9726	1316,7	193,72	0,9725	1316,9	193,73	0,9724
0	1300,4	200,34	0,9971	1300,6	200,35	0,9970	1300,8	200,37	0,9970
5	1283,9	207,04	1,0214	1284,1	207,05	1,0213	1284,3	207,06	1,0212
10	1267,0	213,81	1,0456	1267,2	213,82	1,0455	1267,4	213,83	1,0454
15	1249,6	220,65	1,0695	1249,8	220,66	1,0694	1250,1	220,67	1,0693
20	1231,7	227,58	1,0933	1231,9	227,58	1,0932	1232,2	227,59	1,0931
25	1213,1	234,59	1,1171	1213,4	234,60	1,1169	1213,7	234,60	1,1168
30	1193,9	241,71	1,1407	1194,2	241,71	1,1406	1194,5	241,71	1,1405
35	1173,8	248,93	1,1644	1174,2	248,93	1,1642	1174,5	248,93	1,1641
40	1152,7	256,28	1,1880	1153,1	256,28	1,1879	1153,5	256,27	1,1877
45	1130,5	263,78	1,2118	1131,0	263,77	1,2116	1131,4	263,76	1,2114
50	1106,9	271,45	1,2357	1107,4	271,43	1,2355	1108,0	271,41	1,2353
55	1081,5	279,32	1,2599	1082,1	279,29	1,2596	1082,7	279,27	1,2594
60	1053,9	287,45	1,2845	1054,6	287,41	1,2842	1055,3	287,37	1,2839
65	88,527	431,64	1,7150	92,579	430,33	1,7095	96,837	428,96	1,7039
70	84,635	438,21	1,7343	88,274	437,07	1,7293	92,058	435,90	1,7243
75	81,337	444,49	1,7525	84,673	443,48	1,7479	88,117	442,44	1,7432
80	78,470	450,59	1,7699	81,570	449,67	1,7655	84,755	448,74	1,7612
85	75,933	456,55	1,7866	78,841	455,71	1,7825	81,819	454,85	1,7784
90	73,656	462,41	1,8029	76,405	461,63	1,7989	79,211	460,84	1,7950
95	71,590	468,19	1,8187	74,204	467,47	1,8149	76,866	466,74	1,8111
100	69,701	473,93	1,8342	72,198	473,25	1,8305	74,736	472,56	1,8268
105	67,961	479,62	1,8493	70,355	478,98	1,8458	72,784	478,34	1,8422
110	66,349	485,29	1,8642	68,651	484,68	1,8607	70,985	484,07	1,8573
115	64,848	490,93	1,8789	67,068	490,36	1,8754	69,316	489,78	1,8721
120	63,443	496,56	1,8933	65,590	496,02	1,8899	67,761	495,47	1,8866
125	62,124	502,19	1,9075	64,204	501,67	1,9042	66,305	501,15	1,9010
130	60,882	507,81	1,9215	62,900	507,32	1,9183	64,937	506,82	1,9151
135	59,708	513,43	1,9354	61,669	512,96	1,9322	63,648	512,49	1,9291
140	58,595	519,06	1,9491	60,504	518,61	1,9460	62,429	518,16	1,9429
145	57,538	524,70	1,9627	59,399	524,27	1,9596	61,274	523,83	1,9566
150	56,532	530,35	1,9761	58,348	529,93	1,9731	60,177	529,51	1,9701
155	55,572	536,01	1,9894	57,346	535,61	1,9864	59,131	535,21	1,9835
160	54,655	541,69	2,0026	56,389	541,30	1,9996	58,134	540,92	1,9967
165	53,777	547,38	2,0157	55,474	547,01	2,0127	57,181	546,64	2,0098
170	52,936	553,10	2,0286	54,597	552,74	2,0257	56,268	552,38	2,0229
175	52,128	558,83	2,0415	53,756	558,48	2,0386	55,393	558,13	2,0358

R 134a

t °C	$p = 1{,}90$ MPa (65,23 °C)			$p = 2{,}00$ MPa (67,48 °C)			$p = 2{,}10$ MPa (69,64 °C)		
	ϱ $\frac{\text{kg}}{\text{m}^3}$	h $\frac{\text{kJ}}{\text{kg}}$	s $\frac{\text{kJ}}{\text{kg K}}$	ϱ $\frac{\text{kg}}{\text{m}^3}$	h $\frac{\text{kJ}}{\text{kg}}$	s $\frac{\text{kJ}}{\text{kg K}}$	ϱ $\frac{\text{kg}}{\text{m}^3}$	h $\frac{\text{kJ}}{\text{kg}}$	s $\frac{\text{kJ}}{\text{kg K}}$
−50	1450,1	136,41	0,7385	1450,3	136,45	0,7384	1450,5	136,49	0,7382
−45	1436,1	142,60	0,7660	1436,3	142,64	0,7658	1436,5	142,68	0,7657
−40	1421,9	148,83	0,7930	1422,1	148,87	0,7928	1422,4	148,91	0,7927
−35	1407,6	155,11	0,8196	1407,8	155,15	0,8195	1408,1	155,18	0,8193
−30	1393,1	161,43	0,8459	1393,3	161,46	0,8457	1393,6	161,50	0,8456
−25	1378,3	167,79	0,8718	1378,6	167,82	0,8716	1378,9	167,86	0,8715
−20	1363,4	174,20	0,8974	1363,7	174,23	0,8972	1364,0	174,27	0,8970
−15	1348,2	180,66	0,9226	1348,5	180,69	0,9225	1348,8	180,72	0,9223
−10	1332,8	187,18	0,9476	1333,1	187,21	0,9474	1333,4	187,24	0,9473
−5	1317,0	193,75	0,9724	1317,4	193,78	0,9722	1317,7	193,80	0,9720
0	1301,0	200,38	0,9969	1301,3	200,40	0,9967	1301,7	200,43	0,9965
5	1284,5	207,07	1,0211	1284,9	207,10	1,0209	1285,3	207,12	1,0207
10	1267,7	213,84	1,0452	1268,1	213,86	1,0450	1268,5	213,87	1,0448
15	1250,3	220,67	1,0692	1250,8	220,69	1,0690	1251,3	220,71	1,0687
20	1232,5	227,59	1,0930	1233,0	227,60	1,0927	1233,5	227,62	1,0925
25	1214,0	234,60	1,1167	1214,6	234,61	1,1164	1215,1	234,61	1,1162
30	1194,8	241,70	1,1403	1195,5	241,71	1,1400	1196,1	241,71	1,1398
35	1174,9	248,92	1,1639	1175,6	248,91	1,1636	1176,3	248,91	1,1633
40	1153,9	256,26	1,1875	1154,7	256,24	1,1872	1155,5	256,23	1,1869
45	1131,9	263,74	1,2112	1132,8	263,71	1,2109	1133,7	263,69	1,2105
50	1108,5	271,38	1,2351	1109,5	271,35	1,2347	1110,5	271,31	1,2343
55	1083,3	279,23	1,2592	1084,5	279,18	1,2587	1085,7	279,13	1,2583
60	1056,0	287,33	1,2837	1057,5	287,25	1,2832	1058,9	287,18	1,2827
65	1025,8	295,75	1,3087	1027,6	295,64	1,3081	1029,3	295,53	1,3075
70	96,002	434,67	1,7192	104,46	432,06	1,7086	113,87	429,17	1,6976
75	91,679	441,37	1,7385	99,206	439,11	1,7291	107,37	436,69	1,7193
80	88,031	447,77	1,7568	94,885	445,77	1,7480	102,20	443,65	1,7392
85	84,869	453,97	1,7742	91,208	452,17	1,7660	97,902	450,27	1,7578
90	82,078	460,03	1,7910	88,004	458,38	1,7833	94,213	456,66	1,7755
95	79,579	465,99	1,8073	85,164	464,46	1,7999	90,980	462,88	1,7925
100	77,317	471,87	1,8232	82,613	470,45	1,8160	88,104	468,98	1,8090
105	75,251	477,69	1,8387	80,300	476,36	1,8318	85,513	474,99	1,8250
110	73,352	483,46	1,8539	78,183	482,21	1,8471	83,157	480,93	1,8406
115	71,593	489,21	1,8687	76,234	488,03	1,8622	80,997	486,82	1,8558
120	69,958	494,93	1,8834	74,427	493,81	1,8770	79,005	492,67	1,8708
125	68,429	500,64	1,8978	72,745	499,57	1,8916	77,157	498,49	1,8855
130	66,996	506,33	1,9120	71,172	505,32	1,9059	75,434	504,30	1,9000
135	65,646	512,03	1,9261	69,696	511,06	1,9201	73,822	510,08	1,9143
140	64,372	517,72	1,9400	68,305	516,80	1,9341	72,306	515,87	1,9284
145	63,165	523,42	1,9537	66,991	522,54	1,9479	70,878	521,64	1,9423
150	62,020	529,13	1,9672	65,746	528,28	1,9615	69,528	527,42	1,9560
155	60,930	534,85	1,9807	64,563	534,03	1,9750	68,248	533,21	1,9696
160	59,891	540,58	1,9940	63,438	539,79	1,9884	67,032	539,00	1,9830
165	58,899	546,32	2,0072	62,365	545,57	2,0017	65,874	544,80	1,9964
170	57,949	552,08	2,0202	61,339	551,35	2,0148	64,769	550,62	2,0096
175	57,039	557,86	2,0332	60,358	557,16	2,0278	63,713	556,45	2,0226

R 134a

t °C	ϱ kg/m³	h kJ/kg	s kJ/kgK	ϱ kg/m³	h kJ/kg	s kJ/kgK	ϱ kg/m³	h kJ/kg	s kJ/kgK
	\[p = 2{,}20\,\text{MPa}\ (71{,}73\ °C)\]			\[p = 2{,}30\,\text{MPa}\ (73{,}74\ °C)\]			\[p = 2{,}40\,\text{MPa}\ (75{,}69\ °C)\]		
−50	1450,7	136,53	0,7381	1450,9	136,57	0,7380	1451,1	136,61	0,7379
−45	1436,7	142,72	0,7656	1436,9	142,76	0,7654	1437,1	142,79	0,7653
−40	1422,6	148,95	0,7926	1422,8	148,98	0,7924	1423,0	149,02	0,7923
−35	1408,3	155,22	0,8192	1408,5	155,25	0,8190	1408,8	155,29	0,8189
−30	1393,8	161,53	0,8454	1394,1	161,57	0,8453	1394,3	161,60	0,8451
−25	1379,2	167,89	0,8713	1379,4	167,93	0,8711	1379,7	167,96	0,8710
−20	1364,3	174,30	0,8969	1364,6	174,33	0,8967	1364,8	174,36	0,8965
−15	1349,1	180,76	0,9221	1349,5	180,79	0,9220	1349,8	180,82	0,9218
−10	1333,8	187,26	0,9471	1334,1	187,29	0,9469	1334,4	187,32	0,9467
−5	1318,1	193,83	0,9718	1318,4	193,86	0,9716	1318,8	193,88	0,9714
0	1302,1	200,45	0,9963	1302,5	200,48	0,9961	1302,8	200,50	0,9959
5	1285,7	207,14	1,0205	1286,1	207,16	1,0203	1286,5	207,18	1,0201
10	1269,0	213,89	1,0446	1269,4	213,91	1,0444	1269,8	213,93	1,0442
15	1251,8	220,72	1,0685	1252,2	220,74	1,0683	1252,7	220,75	1,0681
20	1234,0	227,63	1,0923	1234,5	227,64	1,0920	1235,0	227,65	1,0918
25	1215,7	234,62	1,1159	1216,3	234,63	1,1157	1216,8	234,63	1,1154
30	1196,7	241,71	1,1395	1197,3	241,71	1,1392	1197,9	241,71	1,1390
35	1176,9	248,90	1,1630	1177,6	248,90	1,1627	1178,3	248,89	1,1625
40	1156,3	256,22	1,1866	1157,0	256,20	1,1863	1157,8	256,19	1,1859
45	1134,5	263,67	1,2102	1135,4	263,65	1,2098	1136,3	263,62	1,2095
50	1111,5	271,28	1,2339	1112,5	271,24	1,2335	1113,5	271,21	1,2332
55	1086,9	279,08	1,2579	1088,0	279,03	1,2574	1089,2	278,98	1,2570
60	1060,2	287,11	1,2822	1061,6	287,04	1,2817	1062,9	286,97	1,2812
65	1031,0	295,43	1,3070	1032,6	295,34	1,3064	1034,3	295,24	1,3058
70	998,02	304,16	1,3326	1000,1	304,02	1,3319	1002,2	303,88	1,3312
75	116,33	434,04	1,7091	126,34	431,11	1,6983	965,05	313,05	1,3577
80	110,07	441,39	1,7301	118,62	438,96	1,7207	128,02	436,31	1,7109
85	105,01	448,28	1,7495	112,59	446,17	1,7410	120,75	443,92	1,7323
90	100,74	454,87	1,7677	107,64	452,99	1,7599	114,95	451,02	1,7520
95	97,054	461,25	1,7852	103,42	459,55	1,7779	110,10	457,78	1,7705
100	93,806	467,48	1,8020	99,742	465,92	1,7950	105,93	464,31	1,7881
105	90,904	473,59	1,8183	96,489	472,15	1,8116	102,28	470,67	1,8051
110	88,282	479,62	1,8341	93,571	478,28	1,8277	99,036	476,91	1,8214
115	85,892	485,59	1,8496	90,927	484,34	1,8434	96,112	483,05	1,8374
120	83,698	491,51	1,8647	88,511	490,33	1,8588	93,453	489,13	1,8529
125	81,669	497,40	1,8796	86,288	496,28	1,8738	91,018	495,14	1,8681
130	79,785	503,25	1,8942	84,230	502,20	1,8886	88,773	501,12	1,8830
135	78,027	509,09	1,9086	82,315	508,09	1,9031	86,690	507,07	1,8977
140	76,379	514,92	1,9228	80,526	513,96	1,9174	84,750	512,99	1,9121
145	74,830	520,74	1,9368	78,848	519,82	1,9315	82,935	518,90	1,9263
150	73,368	526,56	1,9506	77,268	525,68	1,9454	81,231	524,80	1,9404
155	71,985	532,38	1,9643	75,777	531,54	1,9592	79,624	530,69	1,9542
160	70,673	538,20	1,9778	74,365	537,40	1,9728	78,107	536,58	1,9679
165	69,426	544,04	1,9912	73,024	543,26	1,9863	76,668	542,48	1,9814
170	68,238	549,88	2,0045	71,749	549,13	1,9996	75,302	548,38	1,9948
175	67,104	555,74	2,0176	70,534	555,02	2,0128	74,002	554,29	2,0081

R 134a

t °C	\$p = 2{,}50\$ MPa (77,58 °C) ϱ kg/m³	h kJ/kg	s kJ/kgK	\$p = 2{,}60\$ MPa (79,40 °C) ϱ kg/m³	h kJ/kg	s kJ/kgK	\$p = 2{,}70\$ MPa (81,18 °C) ϱ kg/m³	h kJ/kg	s kJ/kgK
−50	1451,3	136,64	0,7377	1451,5	136,68	0,7376	1451,7	136,72	0,7375
−45	1437,4	142,83	0,7651	1437,6	142,87	0,7650	1437,8	142,91	0,7649
−40	1423,3	149,06	0,7921	1423,5	149,10	0,7920	1423,7	149,14	0,7919
−35	1409,0	155,33	0,8187	1409,2	155,36	0,8186	1409,5	155,40	0,8185
−30	1394,6	161,64	0,8450	1394,8	161,67	0,8448	1395,1	161,71	0,8447
−25	1379,9	167,99	0,8708	1380,2	168,03	0,8707	1380,5	168,06	0,8705
−20	1365,1	174,40	0,8964	1365,4	174,43	0,8962	1365,7	174,46	0,8961
−15	1350,1	180,85	0,9216	1350,4	180,88	0,9215	1350,7	180,91	0,9213
−10	1334,7	187,35	0,9466	1335,1	187,38	0,9464	1335,4	187,41	0,9462
−5	1319,1	193,91	0,9713	1319,5	193,94	0,9711	1319,8	193,96	0,9709
0	1303,2	200,53	0,9957	1303,6	200,55	0,9955	1303,9	200,58	0,9953
5	1286,9	207,21	1,0199	1287,3	207,23	1,0197	1287,7	207,25	1,0195
10	1270,3	213,95	1,0440	1270,7	213,97	1,0438	1271,1	213,99	1,0436
15	1253,2	220,77	1,0678	1253,6	220,78	1,0676	1254,1	220,80	1,0674
20	1235,6	227,66	1,0916	1236,1	227,68	1,0913	1236,6	227,69	1,0911
25	1217,4	234,64	1,1152	1217,9	234,65	1,1149	1218,5	234,66	1,1147
30	1198,6	241,71	1,1387	1199,2	241,72	1,1384	1199,8	241,72	1,1382
35	1179,0	248,89	1,1622	1179,7	248,89	1,1619	1180,3	248,88	1,1616
40	1158,6	256,18	1,1856	1159,3	256,17	1,1853	1160,1	256,16	1,1850
45	1137,1	263,60	1,2092	1138,0	263,58	1,2088	1138,8	263,56	1,2085
50	1114,4	271,18	1,2328	1115,4	271,15	1,2324	1116,4	271,12	1,2320
55	1090,3	278,93	1,2566	1091,4	278,89	1,2562	1092,5	278,84	1,2558
60	1064,3	286,90	1,2807	1065,6	286,84	1,2802	1066,9	286,78	1,2797
65	1035,9	295,15	1,3053	1037,4	295,06	1,3047	1039,0	294,97	1,3042
70	1004,2	303,75	1,3305	1006,1	303,62	1,3298	1008,1	303,50	1,3292
75	967,72	312,86	1,3568	970,31	312,67	1,3560	972,82	312,49	1,3552
80	138,53	433,37	1,7005	150,60	430,04	1,6891	930,62	322,20	1,3829
85	129,62	441,51	1,7234	139,35	438,88	1,7139	150,24	435,98	1,7039
90	122,75	448,93	1,7439	131,14	446,72	1,7357	140,22	444,34	1,7271
95	117,15	455,93	1,7631	124,62	453,99	1,7556	132,58	451,94	1,7479
100	112,41	462,64	1,7812	119,21	460,90	1,7742	126,37	459,09	1,7672
105	108,31	469,14	1,7985	114,59	467,56	1,7919	121,15	465,93	1,7854
110	104,69	475,50	1,8152	110,55	474,04	1,8090	116,64	472,55	1,8028
115	101,46	481,74	1,8314	106,97	480,39	1,8254	112,67	479,01	1,8195
120	98,532	487,90	1,8471	103,76	486,64	1,8414	109,14	485,36	1,8358
125	95,866	493,99	1,8625	100,84	492,81	1,8570	105,94	491,61	1,8516
130	93,418	500,03	1,8776	98,171	498,92	1,8723	103,04	497,79	1,8670
135	91,156	506,03	1,8924	95,716	504,98	1,8872	100,37	503,92	1,8821
140	89,055	512,01	1,9070	93,442	511,01	1,9019	97,917	510,00	1,8969
145	87,094	517,96	1,9213	91,326	517,01	1,9163	95,636	516,05	1,9115
150	85,257	523,90	1,9354	89,349	523,00	1,9306	93,510	522,08	1,9258
155	83,530	529,83	1,9494	87,494	528,97	1,9446	91,520	528,10	1,9400
160	81,901	535,76	1,9631	85,748	534,94	1,9585	89,651	534,10	1,9539
165	80,360	541,69	1,9767	84,100	540,90	1,9721	87,889	540,10	1,9677
170	78,899	547,63	1,9902	82,539	546,86	1,9857	86,224	546,09	1,9813
175	77,510	553,56	2,0035	81,057	552,83	1,9991	84,646	552,09	1,9947

R 134a

t °C	\multicolumn{3}{c}{$p = 2{,}80$ MPa (82,90 °C)}			\multicolumn{3}{c}{$p = 2{,}90$ MPa (84,57 °C)}			\multicolumn{3}{c}{$p = 3{,}00$ MPa (86,20 °C)}		
	ϱ $\frac{kg}{m^3}$	h $\frac{kJ}{kg}$	s $\frac{kJ}{kg\,K}$	ϱ $\frac{kg}{m^3}$	h $\frac{kJ}{kg}$	s $\frac{kJ}{kg\,K}$	ϱ $\frac{kg}{m^3}$	h $\frac{kJ}{kg}$	s $\frac{kJ}{kg\,K}$
−50	1451,9	136,76	0,7373	1452,1	136,80	0,7372	1452,3	136,84	0,7371
−45	1438,0	142,95	0,7647	1438,2	142,99	0,7646	1438,4	143,03	0,7645
−40	1423,9	149,17	0,7917	1424,1	149,21	0,7916	1424,4	149,25	0,7914
−35	1409,7	155,44	0,8183	1409,9	155,47	0,8182	1410,2	155,51	0,8180
−30	1395,3	161,75	0,8445	1395,6	161,78	0,8444	1395,8	161,82	0,8442
−25	1380,7	168,10	0,8704	1381,0	168,13	0,8702	1381,3	168,17	0,8701
−20	1366,0	174,49	0,8959	1366,2	174,53	0,8957	1366,5	174,56	0,8956
−15	1351,0	180,94	0,9211	1351,3	180,97	0,9210	1351,5	181,00	0,9208
−10	1335,7	187,44	0,9461	1336,0	187,47	0,9459	1336,3	187,50	0,9457
−5	1320,2	193,99	0,9707	1320,5	194,02	0,9705	1320,8	194,05	0,9704
0	1304,3	200,60	0,9951	1304,7	200,63	0,9950	1305,0	200,65	0,9948
5	1288,1	207,27	1,0193	1288,5	207,30	1,0191	1288,9	207,32	1,0190
10	1271,5	214,01	1,0433	1272,0	214,03	1,0431	1272,4	214,05	1,0429
15	1254,5	220,82	1,0672	1255,0	220,83	1,0670	1255,5	220,85	1,0667
20	1237,1	227,70	1,0909	1237,6	227,71	1,0906	1238,1	227,73	1,0904
25	1219,0	234,67	1,1144	1219,6	234,68	1,1142	1220,1	234,68	1,1139
30	1200,4	241,72	1,1379	1201,0	241,73	1,1376	1201,6	241,73	1,1374
35	1181,0	248,88	1,1613	1181,7	248,88	1,1610	1182,3	248,88	1,1607
40	1160,8	256,15	1,1847	1161,6	256,14	1,1844	1162,3	256,13	1,1841
45	1139,6	263,54	1,2081	1140,5	263,53	1,2078	1141,3	263,51	1,2075
50	1117,3	271,09	1,2317	1118,3	271,06	1,2313	1119,2	271,03	1,2309
55	1093,6	278,80	1,2553	1094,7	278,76	1,2549	1095,8	278,71	1,2545
60	1068,2	286,71	1,2793	1069,4	286,65	1,2788	1070,7	286,60	1,2784
65	1040,5	294,88	1,3036	1042,0	294,80	1,3031	1043,5	294,72	1,3026
70	1010,0	303,38	1,3285	1011,8	303,26	1,3279	1013,6	303,14	1,3273
75	975,27	312,31	1,3544	977,64	312,14	1,3536	979,96	311,98	1,3529
80	934,08	321,93	1,3818	937,39	321,67	1,3808	940,57	321,42	1,3798
85	162,69	432,71	1,6930	177,47	428,88	1,6807	890,91	331,91	1,4093
90	150,18	441,77	1,7181	161,27	438,94	1,7086	173,85	435,79	1,6982
95	141,11	449,78	1,7400	150,32	447,46	1,7319	160,38	444,97	1,7233
100	133,95	457,19	1,7600	141,99	455,20	1,7527	150,58	453,10	1,7453
105	128,02	464,23	1,7788	135,25	462,47	1,7721	142,86	460,63	1,7653
110	122,97	471,01	1,7966	129,58	469,42	1,7904	136,48	467,77	1,7841
115	118,58	477,60	1,8137	124,69	476,14	1,8078	131,05	474,64	1,8019
120	114,68	484,04	1,8302	120,40	482,70	1,8246	126,32	481,32	1,8190
125	111,19	490,38	1,8462	116,58	489,13	1,8408	122,13	487,86	1,8355
130	108,03	496,64	1,8618	113,14	495,47	1,8567	118,38	494,28	1,8516
135	105,14	502,83	1,8771	110,01	501,73	1,8721	114,99	500,61	1,8672
140	102,48	508,98	1,8920	107,14	507,94	1,8872	111,90	506,88	1,8824
145	100,02	515,08	1,9067	104,50	514,10	1,9020	109,05	513,10	1,8974
150	97,741	521,16	1,9212	102,05	520,22	1,9166	106,43	519,28	1,9121
155	95,609	527,22	1,9354	99,763	526,32	1,9309	103,98	525,42	1,9265
160	93,610	533,26	1,9494	97,627	532,41	1,9450	101,70	531,55	1,9407
165	91,730	539,29	1,9633	95,622	538,48	1,9590	99,569	537,65	1,9548
170	89,955	545,32	1,9770	93,734	544,54	1,9727	97,561	543,75	1,9686
175	88,276	551,35	1,9905	91,950	550,60	1,9863	95,667	549,84	1,9823

R 152a

CHF_2CH_3

	Seite
Sättigungsgrößen als Funktionen der Celsius-Temperatur	136
Sättigungsgrößen als Funktionen des Drucks	140
Zustandsgrößen im Gas- und Flüssigkeitsgebiet	143

	Page
Saturation properties as functions of Celsius-temperature	136
Saturation properties as functions of pressure	140
Properties of liquid and gas	143

Sättigungsgrößen als Funktionen der Celsius-Temperatur
Saturation properties as functions of Celsius-temperature

t °C	p_s MPa	ϱ' ϱ'' kg/m³		h' Δh_v h'' kJ/kg			s' Δs_v s'' kJ/(kg K)		
−75	0,00530	1110,7	0,2137	79,36	370,86	450,21	0,4863	1,8716	2,3579
−74	0,00571	1108,8	0,2292	80,89	370,11	451,00	0,4940	1,8585	2,3524
−73	0,00615	1106,9	0,2457	82,41	369,37	451,78	0,5016	1,8455	2,3471
−72	0,00662	1105,1	0,2632	83,94	368,62	452,57	0,5092	1,8326	2,3418
−71	0,00712	1103,2	0,2817	85,47	367,88	453,35	0,5168	1,8198	2,3366
−70	0,00765	1101,3	0,3012	87,01	367,13	454,13	0,5244	1,8072	2,3316
−69	0,00821	1099,4	0,3218	88,54	366,38	454,92	0,5319	1,7946	2,3266
−68	0,00880	1097,6	0,3436	90,08	365,62	455,70	0,5394	1,7822	2,3216
−67	0,00944	1095,7	0,3666	91,62	364,87	456,49	0,5469	1,7699	2,3168
−66	0,01010	1093,8	0,3908	93,16	364,11	457,27	0,5543	1,7577	2,3121
−65	0,01081	1091,9	0,4163	94,70	363,36	458,06	0,5618	1,7456	2,3074
−64	0,01156	1090,0	0,4432	96,24	362,60	458,84	0,5692	1,7337	2,3028
−63	0,01235	1088,1	0,4714	97,79	361,83	459,62	0,5765	1,7218	2,2983
−62	0,01318	1086,2	0,5012	99,34	361,07	460,41	0,5839	1,7100	2,2939
−61	0,01406	1084,3	0,5324	100,89	360,30	461,19	0,5912	1,6983	2,2895
−60	0,01499	1082,4	0,5652	102,44	359,53	461,97	0,5985	1,6868	2,2853
−59	0,01597	1080,5	0,5997	103,99	358,76	462,76	0,6058	1,6753	2,2811
−58	0,01700	1078,5	0,6358	105,55	357,99	463,54	0,6130	1,6639	2,2769
−57	0,01809	1076,6	0,6737	107,11	357,21	464,32	0,6202	1,6526	2,2729
−56	0,01923	1074,7	0,7133	108,67	356,43	465,10	0,6274	1,6414	2,2689
−55	0,02043	1072,8	0,7549	110,23	355,65	465,88	0,6346	1,6303	2,2649
−54	0,02170	1070,8	0,7984	111,80	354,87	466,66	0,6418	1,6193	2,2610
−53	0,02302	1068,9	0,8439	113,36	354,08	467,44	0,6489	1,6083	2,2572
−52	0,02441	1067,0	0,8915	114,93	353,29	468,22	0,6560	1,5975	2,2535
−51	0,02587	1065,0	0,9412	116,50	352,49	469,00	0,6631	1,5867	2,2498
−50	0,02740	1063,1	0,9931	118,08	351,70	469,77	0,6701	1,5761	2,2462
−49	0,02901	1061,1	1,0474	119,65	350,90	470,55	0,6772	1,5655	2,2426
−48	0,03069	1059,2	1,1039	121,23	350,09	471,33	0,6842	1,5549	2,2391
−47	0,03245	1057,2	1,1629	122,81	349,29	472,10	0,6912	1,5445	2,2357
−46	0,03428	1055,2	1,2244	124,39	348,48	472,87	0,6982	1,5341	2,2323
−45	0,03621	1053,3	1,2885	125,98	347,67	473,65	0,7051	1,5239	2,2290
−44	0,03822	1051,3	1,3553	127,57	346,85	474,42	0,7121	1,5136	2,2257
−43	0,04032	1049,3	1,4248	129,15	346,03	475,19	0,7190	1,5035	2,2225
−42	0,04251	1047,3	1,4971	130,75	345,21	475,95	0,7259	1,4934	2,2193
−41	0,04480	1045,3	1,5723	132,34	344,38	476,72	0,7327	1,4834	2,2162
−40	0,04718	1043,4	1,6505	133,94	343,55	477,49	0,7396	1,4735	2,2131
−39	0,04967	1041,4	1,7318	135,53	342,72	478,25	0,7464	1,4637	2,2101
−38	0,05226	1039,4	1,8163	137,14	341,88	479,02	0,7532	1,4539	2,2071
−37	0,05496	1037,3	1,9040	138,74	341,04	479,78	0,7600	1,4442	2,2042
−36	0,05777	1035,3	1,9950	140,35	340,19	480,54	0,7668	1,4345	2,2013
−35	0,06070	1033,3	2,0895	141,95	339,34	481,30	0,7735	1,4249	2,1985
−34	0,06374	1031,3	2,1874	143,57	338,49	482,06	0,7803	1,4154	2,1957
−33	0,06690	1029,3	2,2890	145,18	337,63	482,81	0,7870	1,4059	2,1929
−32	0,07019	1027,2	2,3943	146,79	336,77	483,57	0,7937	1,3965	2,1902
−31	0,07361	1025,2	2,5035	148,41	335,91	484,32	0,8004	1,3872	2,1876

R 152a

t °C	p_s MPa	ϱ'	ϱ''	h'	Δh_v	h''	s'	Δs_v	s''
		kg/m³		kJ/kg			kJ/(kg K)		
−30	0,07715	1023,2	2,6165	150,03	335,04	485,07	0,8071	1,3779	2,1850
−29	0,08084	1021,1	2,7335	151,66	334,16	485,82	0,8137	1,3687	2,1824
−28	0,08466	1019,0	2,8546	153,29	333,29	486,57	0,8203	1,3595	2,1799
−27	0,08862	1017,0	2,9800	154,91	332,40	487,32	0,8270	1,3504	2,1774
−26	0,09273	1014,9	3,1097	156,55	331,52	488,06	0,8336	1,3414	2,1749
−25	0,09699	1012,8	3,2437	158,18	330,62	488,80	0,8401	1,3324	2,1725
−24	0,10140	1010,8	3,3823	159,82	329,73	489,54	0,8467	1,3234	2,1701
−23	0,10597	1008,7	3,5256	161,46	328,83	490,28	0,8533	1,3145	2,1678
−22	0,11071	1006,6	3,6736	163,10	327,92	491,02	0,8598	1,3057	2,1655
−21	0,11560	1004,5	3,8265	164,75	327,01	491,76	0,8663	1,2969	2,1632
−20	0,12067	1002,4	3,9843	166,39	326,09	492,49	0,8728	1,2881	2,1610
−19	0,12591	1000,3	4,1473	168,05	325,17	493,22	0,8793	1,2795	2,1588
−18	0,13133	998,17	4,3154	169,70	324,25	493,95	0,8858	1,2708	2,1566
−17	0,13693	996,04	4,4889	171,36	323,32	494,68	0,8922	1,2622	2,1545
−16	0,14271	993,91	4,6678	173,02	322,38	495,40	0,8987	1,2537	2,1524
−15	0,14869	991,78	4,8524	174,68	321,44	496,12	0,9051	1,2452	2,1503
−14	0,15486	989,63	5,0426	176,35	320,50	496,84	0,9115	1,2367	2,1483
−13	0,16123	987,48	5,2386	178,01	319,55	497,56	0,9179	1,2283	2,1463
−12	0,16780	985,33	5,4407	179,69	318,59	498,28	0,9243	1,2200	2,1443
−11	0,17458	983,16	5,6488	181,36	317,63	498,99	0,9307	1,2116	2,1423
−10	0,18157	980,99	5,8631	183,04	316,66	499,70	0,9371	1,2034	2,1404
−9	0,18877	978,81	6,0839	184,72	315,69	500,41	0,9434	1,1951	2,1385
−8	0,19620	976,62	6,3111	186,41	314,71	501,12	0,9498	1,1869	2,1367
−7	0,20385	974,43	6,5449	188,09	313,73	501,82	0,9561	1,1788	2,1348
−6	0,21174	972,22	6,7856	189,78	312,74	502,52	0,9624	1,1706	2,1330
−5	0,21985	970,01	7,0332	191,48	311,74	503,22	0,9687	1,1626	2,1312
−4	0,22821	967,79	7,2879	193,18	310,74	503,92	0,9750	1,1545	2,1295
−3	0,23681	965,57	7,5498	194,88	309,73	504,61	0,9812	1,1465	2,1278
−2	0,24566	963,33	7,8191	196,58	308,72	505,30	0,9875	1,1385	2,1261
−1	0,25476	961,09	8,0959	198,29	307,70	505,99	0,9938	1,1306	2,1244
0	0,26413	958,84	8,3805	200,00	306,67	506,67	1,0000	1,1227	2,1227
1	0,27375	956,57	8,6729	201,71	305,64	507,35	1,0062	1,1149	2,1211
2	0,28364	954,30	8,9734	203,43	304,60	508,03	1,0124	1,1070	2,1195
3	0,29381	952,02	9,2820	205,15	303,55	508,71	1,0187	1,0992	2,1179
4	0,30425	949,73	9,5990	206,88	302,50	509,38	1,0248	1,0915	2,1163
5	0,31498	947,44	9,9246	208,61	301,44	510,05	1,0310	1,0837	2,1148
6	0,32599	945,13	10,259	210,34	300,38	510,72	1,0372	1,0760	2,1132
7	0,33730	942,81	10,602	212,08	299,30	511,38	1,0434	1,0684	2,1117
8	0,34890	940,48	10,954	213,82	298,22	512,04	1,0495	1,0607	2,1103
9	0,36081	938,15	11,316	215,56	297,13	512,69	1,0557	1,0531	2,1088
10	0,37303	935,80	11,687	217,31	296,04	513,35	1,0618	1,0455	2,1073
11	0,38556	933,44	12,068	219,06	294,94	514,00	1,0679	1,0380	2,1059
12	0,39841	931,07	12,458	220,81	293,83	514,64	1,0741	1,0304	2,1045
13	0,41159	928,69	12,859	222,57	292,71	515,28	1,0802	1,0229	2,1031
14	0,42509	926,30	13,270	224,34	291,58	515,92	1,0863	1,0154	2,1017
15	0,43893	923,90	13,691	226,10	290,45	516,56	1,0924	1,0080	2,1004
16	0,45311	921,49	14,123	227,88	289,31	517,19	1,0984	1,0006	2,0990
17	0,46763	919,06	14,567	229,65	288,16	517,81	1,1045	0,9931	2,0977
18	0,48251	916,63	15,021	231,43	287,00	518,44	1,1106	0,9858	2,0964
19	0,49774	914,18	15,487	233,22	285,84	519,06	1,1167	0,9784	2,0950

R 152a

t °C	p_s MPa	ϱ' kg/m³	ϱ'' kg/m³	h' kJ/kg	Δh_v kJ/kg	h'' kJ/kg	s' kJ/(kg K)	Δs_v kJ/(kg K)	s'' kJ/(kg K)
20	0,51334	911,72	15,964	235,01	284,66	519,67	1,1227	0,9711	2,0938
21	0,52930	909,24	16,453	236,80	283,48	520,28	1,1288	0,9637	2,0925
22	0,54564	906,76	16,954	238,60	282,29	520,88	1,1348	0,9564	2,0912
23	0,56235	904,26	17,468	240,40	281,09	521,49	1,1408	0,9491	2,0900
24	0,57945	901,74	17,995	242,20	279,88	522,08	1,1469	0,9419	2,0887
25	0,59694	899,22	18,534	244,02	278,66	522,67	1,1529	0,9346	2,0875
26	0,61483	896,68	19,087	245,83	277,43	523,26	1,1589	0,9274	2,0863
27	0,63312	894,12	19,653	247,65	276,19	523,84	1,1649	0,9202	2,0851
28	0,65181	891,55	20,233	249,48	274,94	524,42	1,1709	0,9130	2,0839
29	0,67092	888,97	20,827	251,31	273,68	524,99	1,1769	0,9058	2,0827
30	0,69045	886,37	21,436	253,15	272,41	525,56	1,1829	0,8986	2,0815
31	0,71040	883,76	22,059	254,99	271,13	526,12	1,1889	0,8914	2,0803
32	0,73079	881,13	22,697	256,83	269,84	526,68	1,1949	0,8843	2,0792
33	0,75161	878,48	23,351	258,68	268,54	527,23	1,2008	0,8772	2,0780
34	0,77287	875,82	24,020	260,54	267,23	527,77	1,2068	0,8700	2,0769
35	0,79458	873,14	24,706	262,40	265,91	528,31	1,2128	0,8629	2,0757
36	0,81675	870,44	25,408	264,27	264,57	528,84	1,2188	0,8558	2,0746
37	0,83938	867,73	26,127	266,14	263,23	529,37	1,2247	0,8487	2,0734
38	0,86248	865,00	26,864	268,02	261,87	529,89	1,2307	0,8416	2,0723
39	0,88605	862,25	27,618	269,90	260,50	530,40	1,2366	0,8345	2,0712
40	0,91010	859,48	28,390	271,79	259,12	530,91	1,2426	0,8275	2,0700
41	0,93464	856,69	29,180	273,69	257,72	531,41	1,2485	0,8204	2,0689
42	0,95967	853,88	29,990	275,59	256,31	531,91	1,2545	0,8133	2,0678
43	0,98520	851,06	30,819	277,50	254,89	532,39	1,2604	0,8062	2,0667
44	1,01124	848,21	31,668	279,42	253,46	532,87	1,2664	0,7992	2,0656
45	1,03778	845,34	32,538	281,34	252,01	533,35	1,2723	0,7921	2,0645
46	1,06485	842,45	33,428	283,26	250,55	533,81	1,2783	0,7850	2,0633
47	1,09244	839,53	34,340	285,20	249,07	534,27	1,2842	0,7780	2,0622
48	1,12056	836,60	35,274	287,14	247,58	534,72	1,2902	0,7709	2,0611
49	1,14922	833,64	36,231	289,09	246,07	535,16	1,2961	0,7638	2,0600
50	1,17843	830,65	37,211	291,04	244,55	535,59	1,3021	0,7568	2,0589
51	1,20819	827,64	38,215	293,00	243,01	536,01	1,3080	0,7497	2,0577
52	1,23850	824,61	39,243	294,97	241,46	536,43	1,3140	0,7426	2,0566
53	1,26939	821,55	40,297	296,95	239,88	536,83	1,3200	0,7355	2,0555
54	1,30084	818,46	41,376	298,93	238,30	537,23	1,3259	0,7284	2,0543
55	1,33287	815,35	42,483	300,93	236,69	537,62	1,3319	0,7213	2,0532
56	1,36550	812,21	43,616	302,93	235,07	537,99	1,3378	0,7142	2,0520
57	1,39871	809,03	44,778	304,94	233,42	538,36	1,3438	0,7070	2,0508
58	1,43253	805,83	45,969	306,95	231,76	538,72	1,3498	0,6999	2,0497
59	1,46695	802,60	47,190	308,98	230,08	539,06	1,3558	0,6927	2,0485
60	1,50199	799,34	48,442	311,01	228,38	539,40	1,3617	0,6855	2,0473
61	1,53766	796,04	49,726	313,06	226,66	539,72	1,3677	0,6783	2,0461
62	1,57395	792,71	51,043	315,11	224,92	540,03	1,3737	0,6711	2,0448
63	1,61088	789,34	52,394	317,17	223,16	540,33	1,3797	0,6639	2,0436
64	1,64846	785,94	53,780	319,24	221,37	540,61	1,3857	0,6566	2,0423
65	1,68670	782,50	55,202	321,33	219,56	540,89	1,3918	0,6493	2,0411
66	1,72559	779,02	56,661	323,42	217,73	541,15	1,3978	0,6420	2,0398
67	1,76516	775,50	58,160	325,52	215,87	541,39	1,4038	0,6346	2,0385
68	1,80540	771,94	59,699	327,63	213,99	541,62	1,4099	0,6273	2,0371
69	1,84633	768,34	61,279	329,76	212,08	541,84	1,4160	0,6198	2,0358

R 152a

t °C	p_s MPa	ϱ' kg/m³	ϱ'' kg/m³	h' kJ/kg	Δh_v kJ/kg	h'' kJ/kg	s' kJ/(kg K)	Δs_v kJ/(kg K)	s'' kJ/(kg K)
70	1,88795	764,69	62,903	331,89	210,14	542,04	1,4220	0,6124	2,0344
71	1,93028	761,00	64,571	334,04	208,18	542,22	1,4281	0,6049	2,0330
72	1,97332	757,25	66,287	336,20	206,19	542,39	1,4342	0,5974	2,0316
73	2,01708	753,46	68,051	338,37	204,17	542,54	1,4403	0,5898	2,0302
74	2,06157	749,62	69,865	340,56	202,11	542,67	1,4465	0,5822	2,0287
75	2,10680	745,72	71,732	342,76	200,03	542,79	1,4526	0,5745	2,0272
76	2,15277	741,77	73,654	344,97	197,91	542,88	1,4588	0,5668	2,0256
77	2,19950	737,76	75,633	347,20	195,75	542,96	1,4650	0,5591	2,0240
78	2,24700	733,69	77,672	349,44	193,56	543,01	1,4712	0,5512	2,0224
79	2,29527	729,55	79,774	351,70	191,34	543,04	1,4774	0,5433	2,0208
80	2,34433	725,35	81,942	353,98	189,07	543,05	1,4837	0,5354	2,0191
81	2,39419	721,07	84,178	356,27	186,76	543,03	1,4900	0,5273	2,0173
82	2,44485	716,72	86,487	358,58	184,41	542,99	1,4963	0,5192	2,0155
83	2,49633	712,30	88,872	360,91	182,01	542,92	1,5026	0,5110	2,0137
84	2,54864	707,79	91,337	363,26	179,56	542,82	1,5090	0,5028	2,0118
85	2,60179	703,20	93,887	365,62	177,07	542,69	1,5154	0,4944	2,0098
86	2,65579	698,52	96,526	368,01	174,52	542,54	1,5219	0,4859	2,0078
87	2,71065	693,74	99,261	370,43	171,92	542,35	1,5284	0,4774	2,0057
88	2,76638	688,86	102,10	372,86	169,26	542,12	1,5349	0,4687	2,0036
89	2,82300	683,87	105,04	375,32	166,54	541,86	1,5415	0,4599	2,0013
90	2,88052	678,76	108,10	377,81	163,75	541,56	1,5481	0,4509	1,9990
91	2,93895	673,53	111,28	380,32	160,89	541,21	1,5548	0,4418	1,9966
92	2,99832	668,17	114,59	382,87	157,95	540,82	1,5615	0,4326	1,9941
93	3,05862	662,67	118,04	385,44	154,94	540,38	1,5683	0,4232	1,9915
94	3,11987	657,01	121,65	388,06	151,84	539,90	1,5752	0,4136	1,9887
95	3,18210	651,18	125,42	390,70	148,65	539,35	1,5821	0,4038	1,9859
96	3,24532	645,18	129,37	393,39	145,35	538,74	1,5891	0,3937	1,9829
97	3,30954	638,97	133,52	396,12	141,95	538,07	1,5963	0,3835	1,9798
98	3,37479	632,55	137,89	398,90	138,42	537,33	1,6035	0,3730	1,9764
99	3,44107	625,88	142,50	401,74	134,77	536,50	1,6108	0,3621	1,9730
100	3,50842	618,94	147,37	404,63	130,96	535,59	1,6183	0,3510	1,9693
101	3,57685	611,71	152,55	407,58	126,99	534,57	1,6259	0,3394	1,9653
102	3,64639	604,12	158,07	410,61	122,84	533,45	1,6337	0,3274	1,9611
103	3,71706	596,14	163,98	413,72	118,48	532,20	1,6417	0,3150	1,9566
104	3,78889	587,70	170,34	416,93	113,87	530,80	1,6498	0,3019	1,9518
105	3,86190	578,71	177,23	420,25	108,97	529,23	1,6583	0,2882	1,9465
106	3,93614	569,07	184,77	423,72	103,74	527,45	1,6671	0,2736	1,9407
107	4,01164	558,61	193,10	427,35	98,08	525,42	1,6763	0,2580	1,9343
108	4,08844	547,11	202,43	431,19	91,89	523,08	1,6861	0,2411	1,9272
109	4,16659	534,21	213,10	435,33	84,99	520,32	1,6965	0,2224	1,9189
110	4,24616	519,30	225,64	439,88	77,11	516,98	1,7080	0,2012	1,9093
111	4,32722	501,22	241,11	445,09	67,66	512,75	1,7212	0,1761	1,8973
112	4,40988	477,01	262,04	451,58	55,31	506,89	1,7376	0,1436	1,8812
113	4,49428	432,97	299,38	462,35	33,94	496,29	1,7651	0,0879	1,8530
113,26	4,51652	359,32	359,32	479,81	0,00	479,81	1,8101	0,0000	1,8101

Sättigungsgrößen als Funktionen des Drucks
Saturation properties as functions of pressure

p MPa	t_s °C	ϱ'	ϱ''	h'	Δh_v	h''	s'	Δs_v	s''
		dm³/kg			kJ/kg			kJ/(kg K)	
0,001	−94,58	1146,7	0,0446	49,82	385,21	435,03	0,3294	2,1572	2,4865
0,002	−87,01	1132,9	0,0856	61,17	379,69	440,85	0,3916	2,0398	2,4314
0,003	−82,23	1124,1	0,1253	68,38	376,19	444,57	0,4299	1,9704	2,4002
0,004	−78,66	1117,5	0,1641	73,80	373,56	447,36	0,4580	1,9207	2,3786
0,005	−75,77	1112,1	0,2022	78,18	371,43	449,61	0,4803	1,8818	2,3622
0,006	−73,35	1107,6	0,2399	81,89	369,63	451,51	0,4990	1,8499	2,3489
0,007	−71,24	1103,6	0,2772	85,11	368,05	453,16	0,5150	1,8228	2,3378
0,008	−69,37	1100,1	0,3141	87,98	366,65	454,63	0,5291	1,7992	2,3284
0,009	−67,68	1097,0	0,3507	90,56	365,39	455,95	0,5418	1,7783	2,3201
0,010	−66,15	1094,1	0,3870	92,92	364,23	457,15	0,5532	1,7596	2,3128
0,012	−63,43	1088,9	0,4590	97,12	362,17	459,28	0,5733	1,7269	2,3003
0,014	−61,07	1084,4	0,5301	100,78	360,36	461,14	0,5907	1,6992	2,2899
0,016	−58,97	1080,4	0,6006	104,04	358,74	462,78	0,6060	1,6750	2,2809
0,018	−57,08	1076,8	0,6705	106,98	357,27	464,26	0,6197	1,6535	2,2732
0,020	−55,36	1073,5	0,7399	109,68	355,93	465,60	0,6321	1,6342	2,2663
0,022	−53,77	1070,4	0,8088	112,16	354,68	466,84	0,6434	1,6167	2,2602
0,024	−52,29	1067,5	0,8773	114,47	353,52	467,99	0,6539	1,6007	2,2546
0,026	−50,92	1064,9	0,9455	116,64	352,43	469,06	0,6637	1,5858	2,2495
0,028	−49,62	1062,3	1,0133	118,67	351,40	470,07	0,6728	1,5721	2,2449
0,030	−48,40	1060,0	1,0808	120,59	350,42	471,01	0,6814	1,5592	2,2405
0,035	−45,62	1054,5	1,2483	124,99	348,17	473,16	0,7008	1,5303	2,2310
0,040	−43,15	1049,6	1,4143	128,92	346,15	475,07	0,7179	1,5050	2,2229
0,045	−40,91	1045,2	1,5790	132,48	344,31	476,79	0,7333	1,4826	2,2159
0,050	−38,87	1041,1	1,7426	135,74	342,61	478,35	0,7473	1,4624	2,2097
0,055	−36,99	1037,3	1,9052	138,76	341,03	479,79	0,7601	1,4440	2,2041
0,060	−35,24	1033,8	2,0669	141,58	339,54	481,12	0,7720	1,4272	2,1991
0,065	−33,60	1030,5	2,2279	144,21	338,15	482,36	0,7830	1,4116	2,1946
0,070	−32,06	1027,4	2,3882	146,70	336,82	483,52	0,7933	1,3971	2,1904
0,075	−30,60	1024,4	2,5478	149,06	335,56	484,62	0,8030	1,3835	2,1865
0,080	−29,22	1021,6	2,7069	151,29	334,36	485,65	0,8122	1,3707	2,1830
0,085	−27,91	1018,9	2,8654	153,43	333,21	486,64	0,8209	1,3587	2,1796
0,090	−26,66	1016,3	3,0234	155,47	332,10	487,57	0,8292	1,3473	2,1765
0,095	−25,46	1013,8	3,1810	157,42	331,04	488,46	0,8371	1,3365	2,1736
0,100	−24,31	1011,4	3,3382	159,30	330,01	489,31	0,8446	1,3262	2,1709
0,105	−23,21	1009,1	3,4950	161,11	329,02	490,13	0,8519	1,3164	2,1683
0,110	−22,15	1006,9	3,6514	162,86	328,05	490,91	0,8588	1,3070	2,1658
0,120	−20,13	1002,7	3,9633	166,18	326,22	492,39	0,8720	1,2893	2,1613
0,130	−18,24	998,68	4,2740	169,30	324,47	493,77	0,8842	1,2729	2,1571
0,140	−16,47	994,91	4,5838	172,24	322,82	495,06	0,8957	1,2577	2,1533
0,150	−14,79	991,32	4,8927	175,04	321,24	496,28	0,9065	1,2434	2,1499
0,160	−13,19	987,90	5,2008	177,70	319,73	497,43	0,9167	1,2299	2,1466
0,170	−11,67	984,62	5,5082	180,24	318,28	498,51	0,9264	1,2172	2,1436
0,180	−10,22	981,47	5,8150	182,67	316,88	499,54	0,9357	1,2052	2,1408
0,190	−8,83	978,45	6,1212	185,00	315,53	500,53	0,9445	1,1937	2,1382
0,200	−7,50	975,53	6,4270	187,25	314,22	501,47	0,9529	1,1828	2,1357

R 152a

p MPa	t_s °C	ϱ'	ϱ'' dm³/kg	h'	Δh_v kJ/kg	h''	s'	Δs_v kJ/(kg K)	s''
0,210	−6,22	972,71	6,7324	189,41	312,95	502,37	0,9610	1,1724	2,1334
0,220	−4,98	969,98	7,0375	191,51	311,72	503,23	0,9688	1,1624	2,1312
0,230	−3,79	967,33	7,3422	193,53	310,53	504,06	0,9763	1,1528	2,1291
0,240	−2,64	964,76	7,6467	195,50	309,36	504,86	0,9835	1,1436	2,1271
0,250	−1,52	962,26	7,9509	197,40	308,23	505,63	0,9905	1,1347	2,1252
0,260	−0,44	959,82	8,2550	199,25	307,12	506,37	0,9973	1,1262	2,1234
0,270	0,61	957,45	8,5588	201,05	306,04	507,09	1,0038	1,1179	2,1217
0,280	1,63	955,13	8,8626	202,80	304,98	507,78	1,0102	1,1099	2,1201
0,290	2,63	952,87	9,1663	204,51	303,94	508,46	1,0163	1,1021	2,1185
0,300	3,60	950,66	9,4698	206,18	302,93	509,11	1,0223	1,0946	2,1169
0,310	4,54	948,50	9,7734	207,81	301,93	509,74	1,0282	1,0873	2,1155
0,320	5,46	946,38	10,076	209,40	300,96	510,35	1,0339	1,0802	2,1141
0,330	6,35	944,31	10,380	210,96	300,00	510,95	1,0394	1,0733	2,1127
0,340	7,23	942,27	10,683	212,48	299,05	511,53	1,0448	1,0666	2,1114
0,350	8,09	940,27	10,987	213,97	298,12	512,10	1,0501	1,0600	2,1101
0,360	8,93	938,31	11,290	215,44	297,21	512,65	1,0552	1,0536	2,1089
0,370	9,75	936,38	11,594	216,87	296,31	513,19	1,0603	1,0474	2,1077
0,380	10,56	934,49	11,898	218,28	295,43	513,71	1,0652	1,0413	2,1065
0,390	11,35	932,62	12,202	219,67	294,55	514,22	1,0701	1,0354	2,1054
0,400	12,12	930,79	12,506	221,02	293,69	514,72	1,0748	1,0295	2,1043
0,410	12,88	928,98	12,810	222,36	292,85	515,21	1,0794	1,0238	2,1033
0,420	13,62	927,20	13,114	223,67	292,01	515,68	1,0840	1,0183	2,1022
0,430	14,36	925,45	13,418	224,96	291,18	516,15	1,0884	1,0128	2,1012
0,440	15,07	923,72	13,723	226,24	290,37	516,60	1,0928	1,0074	2,1003
0,450	15,78	922,02	14,028	227,49	289,56	517,05	1,0971	1,0022	2,0993
0,460	16,48	920,34	14,333	228,72	288,77	517,49	1,1013	0,9970	2,0984
0,470	17,16	918,68	14,638	229,93	287,98	517,91	1,1055	0,9920	2,0975
0,480	17,83	917,04	14,943	231,13	287,20	518,33	1,1096	0,9870	2,0966
0,490	18,49	915,42	15,249	232,31	286,43	518,74	1,1136	0,9821	2,0957
0,500	19,14	913,82	15,555	233,47	285,67	519,14	1,1175	0,9773	2,0949
0,520	20,42	910,68	16,168	235,76	284,17	519,93	1,1252	0,9680	2,0932
0,540	21,66	907,61	16,781	237,98	282,70	520,68	1,1327	0,9589	2,0917
0,560	22,86	904,61	17,396	240,15	281,26	521,40	1,1400	0,9502	2,0901
0,580	24,03	901,66	18,011	242,26	279,84	522,10	1,1470	0,9416	2,0887
0,600	25,17	898,78	18,628	244,33	278,45	522,78	1,1539	0,9334	2,0873
0,620	26,28	895,95	19,247	246,35	277,08	523,43	1,1606	0,9253	2,0859
0,640	27,37	893,18	19,864	248,32	275,73	524,06	1,1671	0,9175	2,0846
0,660	28,43	890,45	20,485	250,26	274,40	524,67	1,1735	0,9099	2,0834
0,680	29,46	887,76	21,108	252,16	273,09	525,26	1,1797	0,9025	2,0821
0,700	30,48	885,12	21,732	254,02	271,80	525,83	1,1858	0,8952	2,0809
0,750	32,92	878,69	23,300	258,54	268,64	527,18	1,2004	0,8777	2,0781
0,800	35,25	872,48	24,877	262,86	265,58	528,44	1,2142	0,8612	2,0754
0,850	37,46	866,47	26,465	267,01	262,60	529,61	1,2275	0,8454	2,0729
0,900	39,58	860,64	28,064	271,00	259,70	530,70	1,2401	0,8304	2,0705
0,950	41,62	854,97	29,676	274,86	256,86	531,72	1,2522	0,8160	2,0682
1,000	43,57	849,43	31,300	278,59	254,08	532,67	1,2638	0,8022	2,0661
1,050	45,45	844,03	32,938	282,21	251,35	533,56	1,2750	0,7889	2,0640
1,100	47,27	838,74	34,590	285,72	248,67	534,39	1,2858	0,7761	2,0619
1,150	49,03	833,56	36,256	289,14	246,03	535,17	1,2963	0,7637	2,0600
1,200	50,73	828,47	37,937	292,47	243,43	535,90	1,3064	0,7516	2,0580

R 152a

p MPa	t_s °C	ϱ' dm³/kg	ϱ'' dm³/kg	h' kJ/kg	Δh_v kJ/kg	h'' kJ/kg	s' kJ/(kg K)	Δs_v kJ/(kg K)	s'' kJ/(kg K)
1,250	52,37	823,47	39,634	295,71	240,87	536,58	1,3162	0,7399	2,0562
1,300	53,97	818,55	41,347	298,88	238,34	537,22	1,3257	0,7286	2,0543
1,350	55,53	813,70	43,076	301,98	235,84	537,82	1,3350	0,7175	2,0525
1,400	57,04	808,91	44,823	305,01	233,36	538,37	1,3440	0,7068	2,0508
1,450	58,51	804,19	46,587	307,98	230,91	538,89	1,3528	0,6962	2,0491
1,500	59,94	799,52	48,370	310,90	228,48	539,38	1,3614	0,6859	2,0473
1,550	61,34	794,90	50,172	313,76	226,07	539,83	1,3698	0,6759	2,0456
1,600	62,70	790,34	51,989	316,56	223,68	540,24	1,3779	0,6660	2,0440
1,650	64,04	785,81	53,831	319,32	221,31	540,62	1,3860	0,6563	2,0423
1,700	65,34	781,32	55,694	322,04	218,94	540,98	1,3938	0,6468	2,0406
1,750	66,61	776,86	57,578	324,71	216,59	541,30	1,4015	0,6375	2,0390
1,800	67,86	772,43	59,485	327,34	214,25	541,59	1,4091	0,6283	2,0373
1,850	69,09	768,03	61,415	329,94	211,92	541,86	1,4165	0,6192	2,0357
1,900	70,28	763,65	63,370	332,50	209,59	542,09	1,4237	0,6103	2,0340
1,950	71,46	759,29	65,349	335,03	207,28	542,30	1,4309	0,6015	2,0324
2,000	72,61	754,96	67,353	337,52	204,96	542,48	1,4379	0,5928	2,0307
2,100	74,85	746,31	71,448	342,43	200,34	542,77	1,4517	0,5757	2,0274
2,200	77,01	737,72	75,652	347,22	195,73	542,96	1,4651	0,5590	2,0240
2,300	79,10	729,15	79,979	351,92	191,12	543,04	1,4780	0,5426	2,0206
2,400	81,11	720,58	84,439	356,53	186,49	543,03	1,4907	0,5264	2,0171
2,500	83,07	711,99	89,041	361,07	181,84	542,91	1,5031	0,5105	2,0136
2,600	84,97	703,36	93,798	365,54	177,16	542,70	1,5152	0,4947	2,0099
2,700	86,81	694,67	98,724	369,96	172,43	542,39	1,5271	0,4790	2,0061
2,800	88,59	685,90	103,83	374,32	167,65	541,97	1,5388	0,4634	2,0022
2,900	90,33	677,03	109,15	378,64	162,80	541,45	1,5503	0,4479	1,9982
3,000	92,03	668,02	114,68	382,94	157,87	540,81	1,5617	0,4323	1,9940
3,100	93,68	658,86	120,46	387,21	152,85	540,06	1,5729	0,4167	1,9896
3,200	95,28	649,52	126,51	391,45	147,74	539,19	1,5841	0,4010	1,9851
3,300	96,85	639,93	132,88	395,70	142,47	538,18	1,5952	0,3851	1,9802
3,400	98,38	630,06	139,60	399,97	137,06	537,02	1,6062	0,3689	1,9751
3,500	99,87	619,85	146,73	404,25	131,46	535,71	1,6173	0,3524	1,9697
3,600	101,33	609,24	154,33	408,57	125,64	534,22	1,6284	0,3355	1,9640
3,700	102,76	598,13	162,49	412,95	119,56	532,52	1,6397	0,3181	1,9578
3,800	104,15	586,40	171,33	417,42	113,16	530,58	1,6511	0,2999	1,9510
3,900	105,51	573,88	181,00	422,00	106,34	528,35	1,6628	0,2808	1,9436
4,000	106,84	560,32	191,73	426,76	99,00	525,76	1,6748	0,2605	1,9354
4,100	108,14	545,34	203,89	431,77	90,94	522,71	1,6875	0,2385	1,9260
4,200	109,42	528,27	218,07	437,17	81,84	519,01	1,7012	0,2139	1,9151
4,300	110,66	507,80	235,46	443,23	71,08	514,31	1,7165	0,1852	1,9017
4,400	111,88	480,51	259,01	450,67	57,08	507,75	1,7353	0,1482	1,8836
4,500	113,06	427,86	303,53	463,55	31,57	495,12	1,7681	0,0818	1,8499
4,517	113,26	359,32	359,32	479,81	0,00	479,81	1,8101	0,0000	1,8101

Zustandsgrößen im Gas- und Flüssigkeitsgebiet
Properties of liquid and gas

	$p = 0{,}01$ MPa ($-66{,}15$ °C)			$p = 0{,}02$ MPa ($-55{,}35$ °C)			$p = 0{,}03$ MPa ($-48{,}40$ °C)		
t °C	ϱ $\frac{\text{kg}}{\text{m}^3}$	h $\frac{\text{kJ}}{\text{kg}}$	s $\frac{\text{kJ}}{\text{kg K}}$	ϱ $\frac{\text{kg}}{\text{m}^3}$	h $\frac{\text{kJ}}{\text{kg}}$	s $\frac{\text{kJ}}{\text{kg K}}$	ϱ $\frac{\text{kg}}{\text{m}^3}$	h $\frac{\text{kJ}}{\text{kg}}$	s $\frac{\text{kJ}}{\text{kg K}}$
−75	1110,7	79,36	0,4863	1110,7	79,37	0,4863	1110,7	79,37	0,4862
−70	1101,3	87,01	0,5244	1101,3	87,01	0,5244	1101,4	87,02	0,5243
−65	0,3848	458,14	2,3175	1091,9	94,70	0,5618	1091,9	94,71	0,5617
−60	0,3755	462,43	2,3379	1082,4	102,44	0,5985	1082,4	102,45	0,5985
−55	0,3666	466,75	2,3579	0,7386	465,92	2,2678	1072,8	110,24	0,6346
−50	0,3582	471,12	2,3777	0,7211	470,39	2,2880	1063,1	118,08	0,6701
−45	0,3502	475,53	2,3973	0,7045	474,87	2,3079	1,0633	474,15	2,2544
−40	0,3425	479,99	2,4166	0,6887	479,39	2,3274	1,0388	478,74	2,2743
−35	0,3352	484,50	2,4358	0,6737	483,94	2,3468	1,0156	483,36	2,2939
−30	0,3282	489,06	2,4547	0,6593	488,54	2,3659	0,9935	488,00	2,3132
−25	0,3215	493,67	2,4735	0,6456	493,18	2,3848	0,9725	492,68	2,3322
−20	0,3150	498,33	2,4921	0,6324	497,87	2,4035	0,9524	497,40	2,3511
−15	0,3088	503,04	2,5105	0,6199	502,61	2,4220	0,9331	502,17	2,3697
−10	0,3029	507,81	2,5288	0,6078	507,40	2,4404	0,9147	506,99	2,3882
−5	0,2972	512,63	2,5469	0,5962	512,24	2,4586	0,8971	511,85	2,4065
0	0,2917	517,50	2,5649	0,5850	517,13	2,4767	0,8801	516,76	2,4247
5	0,2864	522,42	2,5828	0,5743	522,07	2,4946	0,8638	521,73	2,4427
10	0,2813	527,40	2,6005	0,5640	527,07	2,5124	0,8481	526,74	2,4605
15	0,2763	532,43	2,6181	0,5540	532,12	2,5301	0,8330	531,80	2,4783
20	0,2716	537,52	2,6356	0,5444	537,22	2,5476	0,8184	536,92	2,4959
25	0,2670	542,66	2,6530	0,5351	542,37	2,5651	0,8044	542,09	2,5133
30	0,2626	547,85	2,6703	0,5262	547,58	2,5824	0,7908	547,31	2,5307
35	0,2583	553,10	2,6875	0,5175	552,84	2,5996	0,7777	552,58	2,5480
40	0,2541	558,40	2,7045	0,5091	558,15	2,6167	0,7650	557,91	2,5651
45	0,2501	563,76	2,7215	0,5010	563,52	2,6337	0,7528	563,29	2,5822
50	0,2462	569,17	2,7384	0,4932	568,95	2,6506	0,7410	568,72	2,5991
55	0,2424	574,64	2,7552	0,4856	574,43	2,6675	0,7295	574,21	2,6159
60	0,2388	580,17	2,7719	0,4782	579,96	2,6842	0,7184	579,75	2,6327
65	0,2352	585,75	2,7885	0,4711	585,55	2,7008	0,7076	585,35	2,6494
70	0,2318	591,38	2,8051	0,4642	591,19	2,7174	0,6971	591,00	2,6660
75	0,2285	597,07	2,8215	0,4574	596,89	2,7339	0,6870	596,70	2,6825
80	0,2252	602,82	2,8379	0,4509	602,64	2,7503	0,6771	602,46	2,6989
85	0,2220	608,62	2,8542	0,4446	608,45	2,7666	0,6676	608,27	2,7152
90	0,2190	614,47	2,8705	0,4384	614,31	2,7829	0,6583	614,14	2,7315
95	0,2160	620,39	2,8866	0,4324	620,23	2,7991	0,6493	620,07	2,7477
100	0,2131	626,35	2,9027	0,4266	626,20	2,8152	0,6405	626,05	2,7639
105	0,2103	632,38	2,9188	0,4209	632,23	2,8312	0,6319	632,08	2,7799
110	0,2075	638,46	2,9347	0,4154	638,31	2,8472	0,6236	638,17	2,7959
115	0,2048	644,59	2,9506	0,4100	644,45	2,8631	0,6155	644,31	2,8118
120	0,2022	650,78	2,9665	0,4048	650,64	2,8790	0,6076	650,51	2,8277
125	0,1997	657,02	2,9823	0,3996	656,89	2,8948	0,5999	656,76	2,8435

R 152a

t °C	$p = 0{,}04$ MPa ($-43{,}15$ °C)			$p = 0{,}05$ MPa ($-38{,}87$ °C)			$p = 0{,}06$ MPa ($-35{,}23$ °C)		
	ϱ $\frac{\text{kg}}{\text{m}^3}$	h $\frac{\text{kJ}}{\text{kg}}$	s $\frac{\text{kJ}}{\text{kg K}}$	ϱ $\frac{\text{kg}}{\text{m}^3}$	h $\frac{\text{kJ}}{\text{kg}}$	s $\frac{\text{kJ}}{\text{kg K}}$	ϱ $\frac{\text{kg}}{\text{m}^3}$	h $\frac{\text{kJ}}{\text{kg}}$	s $\frac{\text{kJ}}{\text{kg K}}$
−50	1063,1	118,08	0,6701	1063,1	118,09	0,6701	1063,1	118,10	0,6701
−45	1053,3	125,98	0,7051	1053,3	125,99	0,7051	1053,3	125,99	0,7051
−40	1,3932	478,04	2,2358	1043,4	133,94	0,7396	1043,4	133,94	0,7396
−35	1,3612	482,74	2,2557	1,7107	482,08	2,2255	2,0646	481,35	2,2001
−30	1,3309	487,44	2,2752	1,6718	486,86	2,2453	2,0162	486,24	2,2204
−25	1,3022	492,17	2,2945	1,6350	491,64	2,2648	1,9708	491,09	2,2402
−20	1,2749	496,93	2,3135	1,6000	496,45	2,2840	1,9279	495,95	2,2595
−15	1,2488	501,73	2,3323	1,5667	501,28	2,3029	1,8872	500,82	2,2786
−10	1,2238	506,57	2,3508	1,5350	506,15	2,3216	1,8484	505,72	2,2974
−5	1,1998	511,46	2,3692	1,5046	511,06	2,3401	1,8113	510,66	2,3160
0	1,1769	516,39	2,3875	1,4755	516,02	2,3584	1,7758	515,64	2,3344
5	1,1548	521,38	2,4055	1,4475	521,02	2,3765	1,7419	520,67	2,3526
10	1,1337	526,41	2,4235	1,4207	526,07	2,3945	1,7093	525,74	2,3707
15	1,1133	531,49	2,4413	1,3950	531,17	2,4124	1,6780	530,85	2,3886
20	1,0937	536,62	2,4589	1,3702	536,32	2,4301	1,6479	536,01	2,4064
25	1,0747	541,80	2,4764	1,3463	541,51	2,4476	1,6190	541,23	2,4240
30	1,0565	547,03	2,4938	1,3232	546,76	2,4651	1,5911	546,49	2,4415
35	1,0389	552,32	2,5111	1,3010	552,06	2,4824	1,5642	551,80	2,4589
40	1,0218	557,66	2,5283	1,2796	557,41	2,4997	1,5382	557,16	2,4761
45	1,0054	563,05	2,5454	1,2588	562,81	2,5168	1,5131	562,57	2,4933
50	0,9895	568,49	2,5624	1,2388	568,27	2,5338	1,4889	568,04	2,5103
55	0,9741	573,99	2,5793	1,2194	573,77	2,5507	1,4655	573,55	2,5273
60	0,9592	579,54	2,5960	1,2006	579,33	2,5675	1,4428	579,12	2,5441
65	0,9447	585,14	2,6127	1,1825	584,94	2,5842	1,4208	584,74	2,5608
70	0,9307	590,80	2,6293	1,1648	590,61	2,6009	1,3996	590,42	2,5775
75	0,9171	596,52	2,6459	1,1477	596,33	2,6174	1,3789	596,14	2,5941
80	0,9039	602,28	2,6623	1,1312	602,10	2,6339	1,3589	601,92	2,6106
85	0,8911	608,10	2,6787	1,1151	607,93	2,6503	1,3395	607,76	2,6270
90	0,8786	613,98	2,6950	1,0994	613,81	2,6666	1,3207	613,65	2,6433
95	0,8665	619,91	2,7112	1,0842	619,75	2,6828	1,3023	619,59	2,6595
100	0,8548	625,89	2,7273	1,0694	625,74	2,6990	1,2845	625,58	2,6757
105	0,8433	631,93	2,7434	1,0551	631,78	2,7150	1,2672	631,63	2,6918
110	0,8322	638,03	2,7594	1,0411	637,88	2,7311	1,2504	637,74	2,7078
115	0,8213	644,17	2,7754	1,0275	644,03	2,7470	1,2340	643,89	2,7238
120	0,8108	650,38	2,7912	1,0142	650,24	2,7629	1,2180	650,10	2,7397
125	0,8005	656,63	2,8071	1,0013	656,50	2,7787	1,2025	656,37	2,7555
130	0,7904	662,94	2,8228	0,9888	662,82	2,7945	1,1874	662,69	2,7713
135	0,7807	669,31	2,8385	0,9765	669,18	2,8102	1,1726	669,06	2,7870
140	0,7711	675,72	2,8541	0,9645	675,61	2,8258	1,1582	675,49	2,8027
145	0,7618	682,20	2,8697	0,9529	682,08	2,8414	1,1442	681,97	2,8183
150	0,7528	688,72	2,8852	0,9415	688,61	2,8569	1,1305	688,50	2,8338
155	0,7439	695,30	2,9007	0,9304	695,19	2,8724	1,1171	695,08	2,8493
160	0,7352	701,93	2,9161	0,9195	701,83	2,8878	1,1041	701,72	2,8647
165	0,7268	708,62	2,9314	0,9090	708,51	2,9032	1,0913	708,41	2,8800
170	0,7185	715,35	2,9467	0,8986	715,25	2,9184	1,0789	715,15	2,8953
175	0,7104	722,14	2,9619	0,8885	722,04	2,9337	1,0667	721,94	2,9106

R 152a

t	$p = 0{,}07$ MPa ($-32{,}06$ °C)			$p = 0{,}08$ MPa ($-29{,}22$ °C)			$p = 0{,}09$ MPa ($-26{,}66$ °C)		
	ϱ	h	s	ϱ	h	s	ϱ	h	s
°C	$\frac{\text{kg}}{\text{m}^3}$	$\frac{\text{kJ}}{\text{kg}}$	$\frac{\text{kJ}}{\text{kg K}}$	$\frac{\text{kg}}{\text{m}^3}$	$\frac{\text{kJ}}{\text{kg}}$	$\frac{\text{kJ}}{\text{kg K}}$	$\frac{\text{kg}}{\text{m}^3}$	$\frac{\text{kJ}}{\text{kg}}$	$\frac{\text{kJ}}{\text{kg K}}$
−50	1063,1	118,10	0,6701	1063,2	118,11	0,6701	1063,2	118,11	0,6700
−45	1053,3	126,00	0,7051	1053,3	126,00	0,7050	1053,4	126,01	0,7050
−40	1043,4	133,95	0,7395	1043,4	133,95	0,7395	1043,4	133,96	0,7395
−35	1033,3	141,96	0,7735	1033,4	141,96	0,7735	1033,4	141,97	0,7735
−30	2,3646	485,58	2,1989	1023,2	150,04	0,8071	1023,2	150,04	0,8070
−25	2,3100	490,52	2,2190	2,6527	489,91	2,2003	2,9991	489,28	2,1834
−20	2,2587	495,43	2,2386	2,5924	494,90	2,2202	2,9293	494,35	2,2037
−15	2,2101	500,35	2,2578	2,5357	499,87	2,2396	2,8640	499,38	2,2233
−10	2,1640	505,29	2,2768	2,4820	504,85	2,2587	2,8023	504,40	2,2426
−5	2,1200	510,26	2,2955	2,4309	509,85	2,2775	2,7438	509,44	2,2616
0	2,0781	515,26	2,3140	2,3821	514,88	2,2961	2,6882	514,49	2,2803
5	2,0379	520,31	2,3323	2,3356	519,95	2,3145	2,6350	519,59	2,2987
10	1,9994	525,40	2,3504	2,2910	525,06	2,3327	2,5842	524,72	2,3170
15	1,9625	530,53	2,3684	2,2483	530,21	2,3508	2,5356	529,89	2,3351
20	1,9270	535,71	2,3862	2,2073	535,41	2,3686	2,4890	535,10	2,3530
25	1,8928	540,94	2,4039	2,1679	540,65	2,3864	2,4442	540,36	2,3708
30	1,8600	546,21	2,4214	2,1300	545,94	2,4040	2,4011	545,66	2,3885
35	1,8283	551,54	2,4388	2,0935	551,27	2,4214	2,3596	551,01	2,4060
40	1,7978	556,91	2,4561	2,0583	556,66	2,4388	2,3197	556,41	2,4233
45	1,7683	562,33	2,4733	2,0243	562,09	2,4560	2,2812	561,85	2,4406
50	1,7398	567,81	2,4904	1,9915	567,58	2,4731	2,2440	567,35	2,4577
55	1,7123	573,33	2,5074	1,9598	573,11	2,4901	2,2081	572,89	2,4748
60	1,6857	578,91	2,5242	1,9292	578,70	2,5070	2,1734	578,49	2,4917
65	1,6599	584,54	2,5410	1,8996	584,34	2,5238	2,1399	584,14	2,5085
70	1,6349	590,22	2,5577	1,8709	590,03	2,5405	2,1074	589,83	2,5252
75	1,6107	595,96	2,5743	1,8430	595,77	2,5571	2,0759	595,58	2,5419
80	1,5872	601,75	2,5908	1,8161	601,57	2,5736	2,0454	601,39	2,5584
85	1,5645	607,59	2,6072	1,7899	607,41	2,5901	2,0159	607,24	2,5749
90	1,5424	613,48	2,6236	1,7645	613,31	2,6064	1,9872	613,15	2,5913
95	1,5209	619,43	2,6398	1,7399	619,27	2,6227	1,9593	619,11	2,6076
100	1,5000	625,43	2,6560	1,7159	625,27	2,6389	1,9323	625,12	2,6238
105	1,4798	631,48	2,6721	1,6927	631,33	2,6550	1,9060	631,18	2,6399
110	1,4600	637,59	2,6882	1,6700	637,45	2,6711	1,8804	637,30	2,6560
115	1,4408	643,75	2,7042	1,6480	643,61	2,6871	1,8555	643,47	2,6720
120	1,4222	649,97	2,7201	1,6266	649,83	2,7030	1,8313	649,70	2,6879
125	1,4040	656,24	2,7359	1,6057	656,11	2,7189	1,8078	655,98	2,7038
130	1,3862	662,56	2,7517	1,5854	662,43	2,7347	1,7849	662,31	2,7196
135	1,3690	668,94	2,7674	1,5656	668,81	2,7504	1,7625	668,69	2,7353
140	1,3521	675,37	2,7831	1,5463	675,25	2,7660	1,7407	675,13	2,7510
145	1,3357	681,85	2,7987	1,5275	681,73	2,7817	1,7195	681,62	2,7666
150	1,3197	688,39	2,8142	1,5091	688,27	2,7972	1,6988	688,16	2,7822
155	1,3041	694,97	2,8297	1,4912	694,86	2,8127	1,6786	694,75	2,7977
160	1,2888	701,61	2,8451	1,4737	701,51	2,8281	1,6588	701,40	2,8131
165	1,2739	708,31	2,8605	1,4566	708,20	2,8435	1,6396	708,10	2,8285
170	1,2593	715,05	2,8758	1,4400	714,95	2,8588	1,6208	714,85	2,8438
175	1,2451	721,85	2,8910	1,4237	721,75	2,8740	1,6024	721,65	2,8591

R 152a

	$p = 0{,}10$ MPa $(-24{,}31\ °C)$			$p = 0{,}12$ MPa $(-20{,}13\ °C)$			$p = 0{,}14$ MPa $(-16{,}46\ °C)$		
t °C	ϱ $\frac{kg}{m^3}$	h $\frac{kJ}{kg}$	s $\frac{kJ}{kg\,K}$	ϱ $\frac{kg}{m^3}$	h $\frac{kJ}{kg}$	s $\frac{kJ}{kg\,K}$	ϱ $\frac{kg}{m^3}$	h $\frac{kJ}{kg}$	s $\frac{kJ}{kg\,K}$
−50	1063,2	118,12	0,6700	1063,2	118,13	0,6700	1063,2	118,14	0,6699
−45	1053,4	126,01	0,7050	1053,4	126,02	0,7050	1053,4	126,03	0,7049
−40	1043,4	133,96	0,7395	1043,5	133,97	0,7394	1043,5	133,99	0,7394
−35	1033,4	141,97	0,7735	1033,4	141,98	0,7734	1033,5	142,00	0,7734
−30	1023,2	150,05	0,8070	1023,2	150,06	0,8070	1023,3	150,07	0,8069
−25	1012,9	158,18	0,8401	1012,9	158,19	0,8401	1012,9	158,20	0,8401
−20	3,2696	493,77	2,1886	3,9608	492,53	2,1618	1002,4	166,40	0,8728
−15	3,1951	498,87	2,2086	3,8664	497,80	2,1824	4,5506	496,65	2,1595
−10	3,1251	503,94	2,2280	3,7785	502,99	2,2023	4,4429	501,99	2,1800
−5	3,0590	509,01	2,2471	3,6960	508,15	2,2218	4,3426	507,25	2,1998
0	2,9961	514,10	2,2659	3,6181	513,31	2,2408	4,2484	512,49	2,2191
5	2,9362	519,22	2,2845	3,5441	518,48	2,2596	4,1594	517,72	2,2381
10	2,8791	524,37	2,3028	3,4736	523,68	2,2781	4,0749	522,97	2,2568
15	2,8244	529,56	2,3210	3,4063	528,90	2,2964	3,9944	528,24	2,2753
20	2,7720	534,79	2,3390	3,3420	534,17	2,3145	3,9176	533,54	2,2935
25	2,7217	540,06	2,3568	3,2804	539,47	2,3324	3,8441	538,88	2,3116
30	2,6733	545,38	2,3745	3,2212	544,82	2,3502	3,7738	544,26	2,3295
35	2,6269	550,74	2,3921	3,1644	550,21	2,3679	3,7063	549,67	2,3472
40	2,5821	556,15	2,4095	3,1098	555,65	2,3854	3,6414	555,13	2,3648
45	2,5390	561,61	2,4268	3,0572	561,13	2,4027	3,5791	560,64	2,3822
50	2,4974	567,12	2,4440	3,0065	566,65	2,4200	3,5190	566,19	2,3995
55	2,4572	572,67	2,4610	2,9576	572,23	2,4371	3,4612	571,78	2,4167
60	2,4184	578,28	2,4780	2,9104	577,85	2,4541	3,4053	577,43	2,4338
65	2,3809	583,93	2,4948	2,8648	583,53	2,4710	3,3515	583,12	2,4507
70	2,3446	589,64	2,5116	2,8207	589,25	2,4878	3,2994	588,86	2,4676
75	2,3094	595,40	2,5282	2,7781	595,02	2,5045	3,2490	594,64	2,4843
80	2,2753	601,21	2,5448	2,7367	600,84	2,5211	3,2003	600,48	2,5010
85	2,2423	607,07	2,5613	2,6967	606,72	2,5376	3,1531	606,37	2,5175
90	2,2103	612,98	2,5777	2,6579	612,64	2,5540	3,1074	612,31	2,5340
95	2,1792	618,95	2,5940	2,6202	618,62	2,5704	3,0631	618,30	2,5504
100	2,1490	624,96	2,6102	2,5837	624,65	2,5867	3,0200	624,34	2,5667
105	2,1197	631,03	2,6264	2,5482	630,73	2,6029	2,9783	630,43	2,5829
110	2,0911	637,16	2,6425	2,5137	636,87	2,6190	2,9377	636,58	2,5990
115	2,0634	643,33	2,6585	2,4802	643,05	2,6350	2,8983	642,77	2,6151
120	2,0364	649,56	2,6744	2,4476	649,29	2,6510	2,8600	649,02	2,6311
125	2,0102	655,85	2,6903	2,4158	655,58	2,6669	2,8227	655,32	2,6470
130	1,9846	662,18	2,7061	2,3849	661,93	2,6827	2,7864	661,67	2,6629
135	1,9597	668,57	2,7219	2,3549	668,32	2,6985	2,7511	668,07	2,6786
140	1,9354	675,01	2,7375	2,3255	674,77	2,7142	2,7167	674,53	2,6944
145	1,9117	681,50	2,7532	2,2970	681,27	2,7298	2,6832	681,04	2,7100
150	1,8887	688,05	2,7687	2,2691	687,82	2,7454	2,6505	687,60	2,7256
155	1,8662	694,64	2,7842	2,2420	694,43	2,7609	2,6187	694,21	2,7411
160	1,8442	701,29	2,7997	2,2155	701,08	2,7764	2,5876	700,87	2,7566
165	1,8227	708,00	2,8151	2,1896	707,79	2,7918	2,5573	707,58	2,7720
170	1,8018	714,75	2,8304	2,1644	714,55	2,8071	2,5277	714,35	2,7874
175	1,7813	721,55	2,8456	2,1397	721,36	2,8224	2,4988	721,16	2,8027

R 152a

t °C	$p = 0{,}16$ MPa $(-13{,}19\ °C)$			$p = 0{,}18$ MPa $(-10{,}22\ °C)$			$p = 0{,}20$ MPa $(-7{,}50\ °C)$		
	ϱ $\frac{\text{kg}}{\text{m}^3}$	h $\frac{\text{kJ}}{\text{kg}}$	s $\frac{\text{kJ}}{\text{kg K}}$	ϱ $\frac{\text{kg}}{\text{m}^3}$	h $\frac{\text{kJ}}{\text{kg}}$	s $\frac{\text{kJ}}{\text{kg K}}$	ϱ $\frac{\text{kg}}{\text{m}^3}$	h $\frac{\text{kJ}}{\text{kg}}$	s $\frac{\text{kJ}}{\text{kg K}}$
−50	1063,3	118,15	0,6699	1063,3	118,16	0,6699	1063,3	118,17	0,6698
−45	1053,5	126,05	0,7049	1053,5	126,06	0,7049	1053,5	126,07	0,7048
−40	1043,5	134,00	0,7394	1043,6	134,01	0,7393	1043,6	134,02	0,7393
−35	1033,5	142,01	0,7734	1033,5	142,02	0,7733	1033,6	142,03	0,7733
−30	1023,3	150,08	0,8069	1023,3	150,09	0,8069	1023,4	150,10	0,8068
−25	1013,0	158,21	0,8400	1013,0	158,22	0,8400	1013,0	158,23	0,8399
−20	1002,5	166,41	0,8727	1002,5	166,42	0,8727	1002,6	166,43	0,8727
−15	991,80	174,69	0,9051	991,85	174,69	0,9051	991,89	174,70	0,9050
−10	5,1192	500,93	2,1600	5,8085	499,79	2,1418	981,03	183,05	0,9370
−5	4,9993	506,32	2,1803	5,6669	505,34	2,1627	6,3462	504,31	2,1464
0	4,8876	511,64	2,2000	5,5361	510,77	2,1827	6,1944	509,86	2,1669
5	4,7825	516,94	2,2192	5,4138	516,15	2,2022	6,0536	515,33	2,1868
10	4,6831	522,25	2,2381	5,2986	521,51	2,2214	5,9216	520,76	2,2061
15	4,5887	527,56	2,2567	5,1896	526,88	2,2401	5,7972	526,18	2,2251
20	4,4989	532,91	2,2751	5,0860	532,26	2,2587	5,6792	531,61	2,2438
25	4,4131	538,28	2,2933	4,9874	537,67	2,2770	5,5671	537,06	2,2622
30	4,3310	543,69	2,3113	4,8932	543,11	2,2951	5,4603	542,53	2,2804
35	4,2524	549,13	2,3291	4,8031	548,59	2,3130	5,3583	548,04	2,2984
40	4,1770	554,62	2,3468	4,7167	554,10	2,3307	5,2606	553,58	2,3162
45	4,1046	560,15	2,3643	4,6339	559,65	2,3483	5,1670	559,16	2,3339
50	4,0349	565,72	2,3816	4,5543	565,25	2,3658	5,0772	564,77	2,3514
55	3,9678	571,33	2,3989	4,4777	570,88	2,3831	4,9909	570,43	2,3688
60	3,9032	577,00	2,4160	4,4040	576,57	2,4003	4,9078	576,13	2,3860
65	3,8408	582,71	2,4330	4,3329	582,29	2,4173	4,8278	581,88	2,4032
70	3,7806	588,46	2,4499	4,2643	588,06	2,4343	4,7506	587,67	2,4202
75	3,7224	594,26	2,4667	4,1981	593,88	2,4511	4,6762	593,50	2,4370
80	3,6661	600,12	2,4834	4,1340	599,75	2,4678	4,6043	599,39	2,4538
85	3,6116	606,02	2,5000	4,0721	605,67	2,4845	4,5347	605,32	2,4705
90	3,5588	611,97	2,5165	4,0122	611,63	2,5010	4,4675	611,29	2,4871
95	3,5077	617,97	2,5329	3,9541	617,65	2,5175	4,4023	617,32	2,5035
100	3,4581	624,03	2,5492	3,8978	623,71	2,5338	4,3392	623,40	2,5199
105	3,4099	630,13	2,5655	3,8432	629,83	2,5501	4,2781	629,52	2,5362
110	3,3632	636,28	2,5817	3,7902	635,99	2,5663	4,2187	635,70	2,5525
115	3,3178	642,49	2,5978	3,7388	642,21	2,5824	4,1611	641,92	2,5686
120	3,2737	648,75	2,6138	3,6888	648,47	2,5984	4,1051	648,20	2,5847
125	3,2308	655,05	2,6297	3,6402	654,79	2,6144	4,0508	654,52	2,6007
130	3,1891	661,41	2,6456	3,5929	661,16	2,6303	3,9979	660,90	2,6166
135	3,1485	667,83	2,6614	3,5469	667,58	2,6461	3,9465	667,33	2,6324
140	3,1089	674,29	2,6771	3,5022	674,05	2,6619	3,8964	673,81	2,6482
145	3,0704	680,80	2,6928	3,4586	680,57	2,6776	3,8477	680,34	2,6639
150	3,0328	687,37	2,7084	3,4161	687,14	2,6932	3,8003	686,91	2,6796
155	2,9962	693,99	2,7240	3,3747	693,77	2,7088	3,7540	693,55	2,6951
160	2,9605	700,65	2,7394	3,3343	700,44	2,7243	3,7089	700,23	2,7106
165	2,9257	707,37	2,7549	3,2949	707,17	2,7397	3,6650	706,96	2,7261
170	2,8917	714,14	2,7702	3,2565	713,94	2,7551	3,6221	713,74	2,7415
175	2,8585	720,96	2,7855	3,2190	720,77	2,7704	3,5802	720,57	2,7568

R 152a

t °C	$p = 0{,}22$ MPa ($-4{,}98$ °C)			$p = 0{,}24$ MPa ($-2{,}64$ °C)			$p = 0{,}26$ MPa ($-0{,}44$ °C)		
	ϱ $\frac{\text{kg}}{\text{m}^3}$	h $\frac{\text{kJ}}{\text{kg}}$	s $\frac{\text{kJ}}{\text{kg K}}$	ϱ $\frac{\text{kg}}{\text{m}^3}$	h $\frac{\text{kJ}}{\text{kg}}$	s $\frac{\text{kJ}}{\text{kg K}}$	ϱ $\frac{\text{kg}}{\text{m}^3}$	h $\frac{\text{kJ}}{\text{kg}}$	s $\frac{\text{kJ}}{\text{kg K}}$
−50	1063,4	118,18	0,6698	1063,4	118,20	0,6698	1063,4	118,21	0,6697
−45	1053,6	126,08	0,7048	1053,6	126,09	0,7048	1053,6	126,10	0,7047
−40	1043,6	134,03	0,7393	1043,7	134,04	0,7392	1043,7	134,05	0,7392
−35	1033,6	142,04	0,7732	1033,6	142,05	0,7732	1033,7	142,06	0,7732
−30	1023,4	150,11	0,8068	1023,4	150,12	0,8067	1023,5	150,13	0,8067
−25	1013,1	158,24	0,8399	1013,1	158,25	0,8399	1013,2	158,26	0,8398
−20	1002,6	166,44	0,8726	1002,6	166,45	0,8726	1002,7	166,46	0,8725
−15	991,93	174,71	0,9050	991,97	174,72	0,9049	992,02	174,73	0,9049
−10	981,08	183,06	0,9370	981,12	183,06	0,9369	981,17	183,07	0,9369
−5	970,01	191,48	0,9687	970,06	191,49	0,9686	970,11	191,49	0,9686
0	6,8634	508,92	2,1522	7,5436	507,93	2,1384	8,2361	506,89	2,1253
5	6,7025	514,49	2,1724	7,3609	513,62	2,1591	8,0294	512,72	2,1465
10	6,5525	520,00	2,1921	7,1917	519,21	2,1790	7,8395	518,40	2,1667
15	6,4117	525,48	2,2112	7,0335	524,75	2,1984	7,6629	524,02	2,1864
20	6,2787	530,95	2,2301	6,8846	530,28	2,2174	7,4972	529,60	2,2056
25	6,1526	536,44	2,2487	6,7438	535,81	2,2361	7,3409	535,18	2,2245
30	6,0325	541,95	2,2670	6,6100	541,36	2,2546	7,1929	540,76	2,2430
35	5,9181	547,49	2,2851	6,4827	546,93	2,2728	7,0522	546,36	2,2614
40	5,8087	553,05	2,3030	6,3612	552,52	2,2908	6,9182	551,99	2,2795
45	5,7041	558,66	2,3208	6,2451	558,15	2,3086	6,7902	557,65	2,2974
50	5,6037	564,30	2,3384	6,1338	563,82	2,3263	6,6677	563,33	2,3151
55	5,5073	569,98	2,3558	6,0271	569,52	2,3438	6,5504	569,06	2,3327
60	5,4147	575,70	2,3731	5,9247	575,26	2,3612	6,4378	574,82	2,3501
65	5,3255	581,46	2,3903	5,8261	581,04	2,3784	6,3296	580,62	2,3674
70	5,2396	587,27	2,4073	5,7312	586,87	2,3955	6,2255	586,46	2,3846
75	5,1567	593,12	2,4242	5,6398	592,74	2,4125	6,1253	592,35	2,4016
80	5,0768	599,02	2,4411	5,5515	598,65	2,4294	6,0287	598,28	2,4185
85	4,9995	604,96	2,4578	5,4664	604,61	2,4461	5,9354	604,25	2,4353
90	4,9247	610,95	2,4744	5,3840	610,61	2,4628	5,8453	610,27	2,4520
95	4,8524	616,99	2,4909	5,3044	616,66	2,4793	5,7582	616,33	2,4686
100	4,7824	623,08	2,5073	5,2273	622,76	2,4958	5,6740	622,45	2,4851
105	4,7145	629,22	2,5237	5,1526	628,91	2,5121	5,5924	628,60	2,5015
110	4,6487	635,40	2,5399	5,0803	635,11	2,5284	5,5133	634,81	2,5178
115	4,5849	641,64	2,5561	5,0101	641,35	2,5446	5,4367	641,07	2,5340
120	4,5229	647,92	2,5722	4,9419	647,65	2,5607	5,3623	647,37	2,5501
125	4,4626	654,26	2,5882	4,8758	653,99	2,5768	5,2902	653,72	2,5662
130	4,4041	660,64	2,6041	4,8115	660,39	2,5927	5,2200	660,13	2,5822
135	4,3472	667,08	2,6200	4,7490	666,83	2,6086	5,1519	666,58	2,5981
140	4,2918	673,56	2,6358	4,6882	673,32	2,6244	5,0856	673,08	2,6139
145	4,2379	680,10	2,6515	4,6290	679,87	2,6402	5,0212	679,63	2,6297
150	4,1854	686,69	2,6672	4,5714	686,46	2,6558	4,9584	686,23	2,6454
155	4,1342	693,32	2,6828	4,5153	693,10	2,6714	4,8973	692,88	2,6610
160	4,0844	700,01	2,6983	4,4607	699,80	2,6870	4,8378	699,58	2,6765
165	4,0358	706,75	2,7138	4,4074	706,54	2,7025	4,7798	706,33	2,6920
170	3,9884	713,54	2,7292	4,3554	713,33	2,7179	4,7232	713,13	2,7075
175	3,9421	720,37	2,7445	4,3047	720,18	2,7332	4,6681	719,98	2,7228

R 152a

t	$p = 0{,}28$ MPa (1,63 °C)			$p = 0{,}30$ MPa (3,60 °C)			$p = 0{,}32$ MPa (5,46 °C)		
	ϱ	h	s	ϱ	h	s	ϱ	h	s
°C	$\frac{\text{kg}}{\text{m}^3}$	$\frac{\text{kJ}}{\text{kg}}$	$\frac{\text{kJ}}{\text{kg K}}$	$\frac{\text{kg}}{\text{m}^3}$	$\frac{\text{kJ}}{\text{kg}}$	$\frac{\text{kJ}}{\text{kg K}}$	$\frac{\text{kg}}{\text{m}^3}$	$\frac{\text{kJ}}{\text{kg}}$	$\frac{\text{kJ}}{\text{kg K}}$
−50	1063,4	118,22	0,6697	1063,5	118,23	0,6697	1063,5	118,24	0,6696
−45	1053,6	126,11	0,7047	1053,7	126,12	0,7047	1053,7	126,13	0,7046
−40	1043,7	134,06	0,7392	1043,8	134,07	0,7391	1043,8	134,08	0,7391
−35	1033,7	142,07	0,7731	1033,7	142,08	0,7731	1033,8	142,09	0,7731
−30	1023,5	150,14	0,8067	1023,6	150,15	0,8066	1023,6	150,16	0,8066
−25	1013,2	158,27	0,8398	1013,2	158,28	0,8397	1013,3	158,29	0,8397
−20	1002,7	166,47	0,8725	1002,8	166,48	0,8724	1002,8	166,49	0,8724
−15	992,06	174,74	0,9048	992,10	174,75	0,9048	992,15	174,76	0,9047
−10	981,21	183,08	0,9368	981,26	183,09	0,9368	981,31	183,10	0,9368
−5	970,16	191,50	0,9685	970,21	191,51	0,9685	970,26	191,52	0,9684
0	958,88	200,01	1,0000	958,93	200,01	0,9999	958,98	200,02	0,9999
5	8,7086	511,78	2,1345	9,3993	510,81	2,1231	947,45	208,61	1,0310
10	8,4964	517,57	2,1552	9,1628	516,72	2,1441	9,8393	515,84	2,1336
15	8,3001	523,27	2,1751	8,9455	522,50	2,1644	9,5995	521,71	2,1542
20	8,1167	528,91	2,1945	8,7434	528,21	2,1840	9,3775	527,49	2,1740
25	7,9443	534,53	2,2135	8,5540	533,88	2,2032	9,1702	533,22	2,1934
30	7,7813	540,16	2,2322	8,3754	539,55	2,2221	8,9753	538,93	2,2124
35	7,6267	545,80	2,2507	8,2063	545,22	2,2406	8,7912	544,64	2,2311
40	7,4796	551,45	2,2689	8,0457	550,91	2,2589	8,6166	550,36	2,2495
45	7,3394	557,14	2,2869	7,8928	556,62	2,2770	8,4506	556,10	2,2677
50	7,2054	562,85	2,3047	7,7469	562,36	2,2949	8,2924	561,87	2,2857
55	7,0771	568,60	2,3224	7,6074	568,13	2,3126	8,1412	567,66	2,3035
60	6,9541	574,38	2,3399	7,4737	573,93	2,3302	7,9967	573,49	2,3211
65	6,8361	580,20	2,3572	7,3455	579,77	2,3476	7,8581	579,35	2,3385
70	6,7226	586,06	2,3744	7,2224	585,65	2,3648	7,7251	585,24	2,3559
75	6,6134	591,96	2,3915	7,1040	591,57	2,3820	7,5972	591,18	2,3730
80	6,5081	597,91	2,4084	6,9900	597,53	2,3990	7,4742	597,16	2,3901
85	6,4066	603,89	2,4253	6,8801	603,53	2,4158	7,3558	603,17	2,4070
90	6,3086	609,93	2,4420	6,7740	609,58	2,4326	7,2415	609,23	2,4238
95	6,2140	616,00	2,4586	6,6716	615,67	2,4493	7,1312	615,34	2,4405
100	6,1224	622,13	2,4751	6,5726	621,81	2,4658	7,0247	621,49	2,4571
105	6,0338	628,30	2,4916	6,4769	627,99	2,4823	6,9217	627,68	2,4736
110	5,9480	634,51	2,5079	6,3842	634,22	2,4986	6,8220	633,92	2,4900
115	5,8648	640,78	2,5241	6,2944	640,49	2,5149	6,7254	640,21	2,5063
120	5,7841	647,09	2,5403	6,2073	646,82	2,5311	6,6318	646,54	2,5225
125	5,7058	653,46	2,5564	6,1228	653,19	2,5472	6,5411	652,92	2,5386
130	5,6298	659,87	2,5724	6,0408	659,61	2,5632	6,4530	659,35	2,5546
135	5,5560	666,33	2,5883	5,9612	666,08	2,5792	6,3675	665,82	2,5706
140	5,4842	672,84	2,6042	5,8838	672,59	2,5950	6,2845	672,35	2,5865
145	5,4143	679,39	2,6199	5,8085	679,16	2,6108	6,2037	678,92	2,6023
150	5,3464	686,00	2,6356	5,7353	685,77	2,6266	6,1252	685,54	2,6181
155	5,2802	692,66	2,6513	5,6640	692,44	2,6422	6,0488	692,21	2,6337
160	5,2158	699,37	2,6669	5,5947	699,15	2,6578	5,9744	698,93	2,6493
165	5,1530	706,12	2,6824	5,5271	705,91	2,6733	5,9019	705,70	2,6649
170	5,0918	712,93	2,6978	5,4612	712,72	2,6888	5,8313	712,52	2,6803
175	5,0321	719,78	2,7132	5,3969	719,58	2,7042	5,7624	719,38	2,6957

R 152a

t °C	$p = 0{,}34$ MPa (7,23 °C)			$p = 0{,}36$ MPa (8,93 °C)			$p = 0{,}38$ MPa (10,56 °C)		
	ϱ $\frac{kg}{m^3}$	h $\frac{kJ}{kg}$	s $\frac{kJ}{kg\,K}$	ϱ $\frac{kg}{m^3}$	h $\frac{kJ}{kg}$	s $\frac{kJ}{kg\,K}$	ϱ $\frac{kg}{m^3}$	h $\frac{kJ}{kg}$	s $\frac{kJ}{kg\,K}$
−50	1063,5	118,25	0,6696	1063,6	118,26	0,6696	1063,6	118,27	0,6695
−45	1053,7	126,14	0,7046	1053,8	126,15	0,7045	1053,8	126,17	0,7045
−40	1043,8	134,09	0,7390	1043,9	134,10	0,7390	1043,9	134,11	0,7390
−35	1033,8	142,10	0,7730	1033,8	142,11	0,7730	1033,9	142,12	0,7729
−30	1023,6	150,17	0,8065	1023,7	150,18	0,8065	1023,7	150,19	0,8065
−25	1013,3	158,30	0,8396	1013,3	158,31	0,8396	1013,4	158,32	0,8396
−20	1002,8	166,50	0,8724	1002,9	166,51	0,8723	1002,9	166,52	0,8723
−15	992,19	174,77	0,9047	992,23	174,77	0,9047	992,27	174,78	0,9046
−10	981,35	183,11	0,9367	981,40	183,12	0,9367	981,44	183,12	0,9366
−5	970,31	191,53	0,9684	970,35	191,53	0,9684	970,40	191,54	0,9683
0	959,03	200,03	0,9998	959,08	200,04	0,9998	959,14	200,04	0,9997
5	947,51	208,62	1,0310	947,56	208,62	1,0309	947,62	208,63	1,0309
10	10,527	514,93	2,1234	11,225	513,98	2,1136	935,82	217,31	1,0618
15	10,262	520,91	2,1444	10,935	520,08	2,1349	11,617	519,23	2,1258
20	10,019	526,76	2,1645	10,669	526,01	2,1554	11,328	525,25	2,1466
25	9,7932	532,55	2,1841	10,423	531,87	2,1752	11,061	531,17	2,1666
30	9,5812	538,31	2,2032	10,193	537,67	2,1945	10,812	537,03	2,1861
35	9,3814	544,06	2,2220	9,9772	543,46	2,2134	10,579	542,87	2,2052
40	9,1923	549,81	2,2406	9,7730	549,25	2,2321	10,359	548,69	2,2239
45	9,0128	555,58	2,2589	9,5795	555,06	2,2504	10,151	554,52	2,2424
50	8,8419	561,37	2,2769	9,3954	560,87	2,2686	9,9532	560,37	2,2606
55	8,6788	567,19	2,2948	9,2201	566,72	2,2865	9,7652	566,24	2,2786
60	8,5229	573,04	2,3125	9,0526	572,59	2,3043	9,5858	572,13	2,2965
65	8,3737	578,92	2,3300	8,8924	578,49	2,3219	9,4144	578,05	2,3141
70	8,2306	584,83	2,3474	8,7390	584,42	2,3393	9,2503	584,01	2,3316
75	8,0931	590,79	2,3646	8,5917	590,39	2,3566	9,0929	590,00	2,3489
80	7,9609	596,78	2,3817	8,4501	596,40	2,3737	8,9418	596,02	2,3661
85	7,8337	602,81	2,3986	8,3139	602,45	2,3907	8,7965	602,08	2,3831
90	7,7111	608,89	2,4155	8,1828	608,54	2,4076	8,6566	608,19	2,4001
95	7,5928	615,00	2,4322	8,0563	614,67	2,4243	8,5219	614,33	2,4169
100	7,4785	621,16	2,4488	7,9343	620,84	2,4410	8,3918	620,52	2,4336
105	7,3681	627,37	2,4653	7,8163	627,06	2,4576	8,2663	626,75	2,4501
110	7,2613	633,62	2,4818	7,7023	633,32	2,4740	8,1449	633,02	2,4666
115	7,1580	639,92	2,4981	7,5920	639,63	2,4904	8,0276	639,34	2,4830
120	7,0578	646,26	2,5143	7,4852	645,98	2,5066	7,9139	645,70	2,4993
125	6,9607	652,65	2,5305	7,3816	652,38	2,5228	7,8039	652,11	2,5155
130	6,8665	659,09	2,5465	7,2812	658,83	2,5389	7,6971	658,56	2,5316
135	6,7751	665,57	2,5625	7,1838	665,32	2,5549	7,5936	665,07	2,5476
140	6,6863	672,10	2,5784	7,0891	671,86	2,5708	7,4931	671,61	2,5636
145	6,6000	678,69	2,5943	6,9972	678,45	2,5867	7,3955	678,21	2,5794
150	6,5160	685,31	2,6100	6,9079	685,08	2,6024	7,3007	684,85	2,5952
155	6,4344	691,99	2,6257	6,8209	691,77	2,6181	7,2084	691,54	2,6110
160	6,3549	698,72	2,6413	6,7364	698,50	2,6338	7,1187	698,28	2,6266
165	6,2775	705,49	2,6569	6,6540	705,28	2,6493	7,0313	705,07	2,6422
170	6,2022	712,31	2,6724	6,5738	712,11	2,6648	6,9463	711,90	2,6577
175	6,1287	719,18	2,6878	6,4957	718,98	2,6803	6,8634	718,79	2,6731

R 152a

t °C	p = 0,40 MPa (12,12 °C) ϱ kg/m³	h kJ/kg	s kJ/kgK	p = 0,45 MPa (15,78 °C) ϱ kg/m³	h kJ/kg	s kJ/kgK	p = 0,50 MPa (19,15 °C) ϱ kg/m³	h kJ/kg	s kJ/kgK
−50	1063,6	118,28	0,6695	1063,7	118,31	0,6694	1063,8	118,34	0,6693
−45	1053,8	126,18	0,7045	1053,9	126,20	0,7044	1054,0	126,23	0,7043
−40	1043,9	134,12	0,7389	1044,0	134,15	0,7388	1044,1	134,18	0,7387
−35	1033,9	142,13	0,7729	1034,0	142,16	0,7728	1034,1	142,18	0,7727
−30	1023,7	150,20	0,8064	1023,8	150,22	0,8063	1023,9	150,25	0,8062
−25	1013,4	158,33	0,8395	1013,5	158,35	0,8394	1013,6	158,38	0,8393
−20	1003,0	166,52	0,8722	1003,1	166,55	0,8721	1003,2	166,57	0,8720
−15	992,32	174,79	0,9046	992,42	174,81	0,9045	992,53	174,84	0,9044
−10	981,49	183,13	0,9366	981,60	183,15	0,9365	981,71	183,17	0,9363
−5	970,45	191,55	0,9683	970,57	191,57	0,9681	970,69	191,59	0,9680
0	959,19	200,05	0,9997	959,32	200,07	0,9995	959,45	200,09	0,9994
5	947,67	208,64	1,0308	947,81	208,65	1,0307	947,95	208,67	1,0306
10	935,88	217,32	1,0617	936,03	217,33	1,0616	936,18	217,35	1,0615
15	12,310	518,35	2,1170	923,94	226,11	1,0923	924,10	226,12	1,0922
20	11,995	524,47	2,1381	13,704	522,44	2,1178	15,478	520,28	2,0987
25	11,706	530,47	2,1583	13,353	528,64	2,1388	15,054	526,73	2,1205
30	11,437	536,38	2,1780	13,030	534,72	2,1590	14,670	532,98	2,1413
35	11,186	542,26	2,1972	12,731	540,72	2,1786	14,317	539,12	2,1614
40	10,950	548,13	2,2161	12,451	546,68	2,1978	13,989	545,20	2,1810
45	10,727	553,99	2,2347	12,188	552,63	2,2167	13,681	551,25	2,2002
50	10,515	559,87	2,2530	11,940	558,58	2,2352	13,393	557,28	2,2190
55	10,314	565,76	2,2711	11,704	564,54	2,2536	13,120	563,31	2,2375
60	10,123	571,67	2,2890	11,480	570,52	2,2716	12,862	569,35	2,2558
65	9,9396	577,62	2,3067	11,267	576,52	2,2895	12,616	575,40	2,2738
70	9,7646	583,59	2,3242	11,064	582,54	2,3072	12,383	581,48	2,2916
75	9,5969	589,60	2,3416	10,869	588,60	2,3247	12,160	587,58	2,3093
80	9,4360	595,64	2,3589	10,683	594,68	2,3420	11,946	593,71	2,3268
85	9,2814	601,72	2,3759	10,504	600,80	2,3592	11,742	599,87	2,3441
90	9,1327	607,84	2,3929	10,332	606,95	2,3763	11,546	606,06	2,3613
95	8,9894	613,99	2,4098	10,167	613,15	2,3932	11,358	612,29	2,3783
100	8,8513	620,19	2,4265	10,008	619,38	2,4101	11,177	618,55	2,3952
105	8,7180	626,43	2,4431	9,8550	625,65	2,4268	11,003	624,86	2,4120
110	8,5892	632,72	2,4596	9,7070	631,96	2,4433	10,835	631,20	2,4286
115	8,4646	639,05	2,4760	9,5641	638,32	2,4598	10,673	637,58	2,4452
120	8,3441	645,42	2,4923	9,4260	644,71	2,4762	10,517	644,01	2,4616
125	8,2274	651,84	2,5085	9,2923	651,16	2,4925	10,366	650,47	2,4780
130	8,1143	658,30	2,5247	9,1629	657,64	2,5087	10,220	656,98	2,4942
135	8,0047	664,81	2,5407	9,0375	664,17	2,5248	10,078	663,53	2,5104
140	7,8982	671,37	2,5567	8,9158	670,75	2,5408	9,9406	670,13	2,5264
145	7,7949	677,97	2,5726	8,7978	677,37	2,5567	9,8074	676,77	2,5424
150	7,6944	684,62	2,5884	8,6832	684,04	2,5726	9,6783	683,46	2,5583
155	7,5968	691,32	2,6041	8,5719	690,76	2,5884	9,5529	690,19	2,5741
160	7,5018	698,07	2,6198	8,4637	697,52	2,6041	9,4310	696,97	2,5899
165	7,4094	704,86	2,6354	8,3584	704,33	2,6197	9,3126	703,80	2,6055
170	7,3195	711,70	2,6509	8,2559	711,18	2,6352	9,1974	710,67	2,6211
175	7,2318	718,59	2,6664	8,1562	718,09	2,6507	9,0852	717,58	2,6367

R 152a

t °C	$p = 0{,}55$ MPa (22,26 °C)			$p = 0{,}60$ MPa (25,17 °C)			$p = 0{,}65$ MPa (27,90 °C)		
	ϱ $\frac{kg}{m^3}$	h $\frac{kJ}{kg}$	s $\frac{kJ}{kg\,K}$	ϱ $\frac{kg}{m^3}$	h $\frac{kJ}{kg}$	s $\frac{kJ}{kg\,K}$	ϱ $\frac{kg}{m^3}$	h $\frac{kJ}{kg}$	s $\frac{kJ}{kg\,K}$
−50	1063,8	118,37	0,6692	1063,9	118,40	0,6692	1064,0	118,42	0,6691
−45	1054,1	126,26	0,7042	1054,1	126,28	0,7041	1054,2	126,31	0,7040
−40	1044,2	134,20	0,7387	1044,2	134,23	0,7386	1044,3	134,26	0,7385
−35	1034,2	142,21	0,7726	1034,2	142,23	0,7725	1034,3	142,26	0,7724
−30	1024,0	150,27	0,8061	1024,1	150,30	0,8060	1024,2	150,32	0,8059
−25	1013,7	158,40	0,8392	1013,8	158,42	0,8391	1013,9	158,45	0,8390
−20	1003,3	166,59	0,8719	1003,4	166,62	0,8718	1003,5	166,64	0,8717
−15	992,64	174,86	0,9042	992,74	174,88	0,9041	992,85	174,90	0,9040
−10	981,83	183,20	0,9362	981,94	183,22	0,9361	982,05	183,24	0,9360
−5	970,81	191,61	0,9679	970,93	191,63	0,9678	971,05	191,65	0,9677
0	959,58	200,10	0,9993	959,70	200,12	0,9992	959,83	200,14	0,9990
5	948,09	208,69	1,0304	948,23	208,70	1,0303	948,36	208,72	1,0302
10	936,33	217,36	1,0613	936,47	217,38	1,0612	936,62	217,39	1,0611
15	924,26	226,13	1,0920	924,42	226,15	1,0919	924,58	226,16	1,0918
20	911,84	235,01	1,1226	912,02	235,02	1,1224	912,19	235,03	1,1223
25	16,817	524,70	2,1032	899,23	244,02	1,1529	899,42	244,02	1,1527
30	16,361	531,17	2,1247	18,109	529,27	2,1089	19,919	527,27	2,0936
35	15,946	537,47	2,1454	17,624	535,76	2,1301	19,354	533,98	2,1155
40	15,564	543,68	2,1653	17,181	542,11	2,1506	18,843	540,49	2,1365
45	15,209	549,83	2,1848	16,772	548,37	2,1704	18,375	546,88	2,1567
50	14,876	555,95	2,2039	16,392	554,59	2,1898	17,941	553,19	2,1764
55	14,563	562,05	2,2226	16,035	560,77	2,2088	17,537	559,47	2,1957
60	14,268	568,16	2,2411	15,699	566,95	2,2275	17,158	565,72	2,2146
65	13,988	574,27	2,2593	15,383	573,13	2,2459	16,802	571,96	2,2332
70	13,722	580,40	2,2773	15,082	579,31	2,2640	16,465	578,21	2,2516
75	13,469	586,55	2,2951	14,797	585,52	2,2820	16,146	584,46	2,2697
80	13,227	592,73	2,3127	14,525	591,74	2,2997	15,842	590,73	2,2875
85	12,996	598,93	2,3302	14,266	597,98	2,3173	15,553	597,02	2,3052
90	12,775	605,16	2,3474	14,018	604,25	2,3347	15,277	603,34	2,3227
95	12,563	611,43	2,3646	13,781	610,56	2,3519	15,014	609,68	2,3401
100	12,359	617,72	2,3816	13,554	616,89	2,3690	14,761	616,05	2,3572
105	12,163	624,06	2,3984	13,335	623,26	2,3859	14,519	622,44	2,3743
110	11,975	630,43	2,4152	13,125	629,66	2,4027	14,286	628,88	2,3912
115	11,793	636,84	2,4318	12,922	636,10	2,4194	14,063	635,35	2,4080
120	11,617	643,29	2,4483	12,727	642,57	2,4360	13,847	641,85	2,4246
125	11,448	649,78	2,4647	12,539	649,09	2,4525	13,639	648,39	2,4411
130	11,284	656,32	2,4810	12,357	655,65	2,4689	13,439	654,97	2,4576
135	11,126	662,89	2,4972	12,182	662,24	2,4851	13,245	661,59	2,4739
140	10,972	669,51	2,5133	12,012	668,88	2,5013	13,058	668,25	2,4901
145	10,824	676,17	2,5294	11,847	675,57	2,5174	12,877	674,96	2,5062
150	10,680	682,88	2,5453	11,688	682,29	2,5334	12,702	681,70	2,5223
155	10,540	689,63	2,5612	11,533	689,06	2,5493	12,532	688,49	2,5382
160	10,404	696,42	2,5770	11,383	695,87	2,5651	12,367	695,32	2,5541
165	10,272	703,26	2,5927	11,237	702,73	2,5808	12,207	702,19	2,5699
170	10,144	710,15	2,6083	11,095	709,63	2,5965	12,052	709,11	2,5856
175	10,019	717,08	2,6238	10,958	716,58	2,6121	11,901	716,07	2,6012

R 152a

t	$p = 0{,}70$ MPa (30,48 °C)			$p = 0{,}75$ MPa (32,92 °C)			$p = 0{,}80$ MPa (35,25 °C)		
	ϱ	h	s	ϱ	h	s	ϱ	h	s
°C	$\frac{\text{kg}}{\text{m}^3}$	$\frac{\text{kJ}}{\text{kg}}$	$\frac{\text{kJ}}{\text{kg K}}$	$\frac{\text{kg}}{\text{m}^3}$	$\frac{\text{kJ}}{\text{kg}}$	$\frac{\text{kJ}}{\text{kg K}}$	$\frac{\text{kg}}{\text{m}^3}$	$\frac{\text{kJ}}{\text{kg}}$	$\frac{\text{kJ}}{\text{kg K}}$
−50	1064,1	118,45	0,6690	1064,1	118,48	0,6689	1064,2	118,51	0,6688
−45	1054,3	126,34	0,7039	1054,4	126,37	0,7039	1054,4	126,39	0,7038
−40	1044,4	134,28	0,7384	1044,5	134,31	0,7383	1044,6	134,34	0,7382
−35	1034,4	142,28	0,7723	1034,5	142,31	0,7722	1034,6	142,34	0,7722
−30	1024,3	150,35	0,8058	1024,4	150,37	0,8057	1024,5	150,40	0,8056
−25	1014,0	158,47	0,8389	1014,1	158,50	0,8388	1014,2	158,52	0,8387
−20	1003,6	166,66	0,8716	1003,7	166,69	0,8715	1003,8	166,71	0,8714
−15	992,96	174,93	0,9039	993,06	174,95	0,9038	993,17	174,97	0,9037
−10	982,17	183,26	0,9359	982,28	183,28	0,9358	982,39	183,30	0,9357
−5	971,18	191,67	0,9675	971,30	191,69	0,9674	971,42	191,71	0,9673
0	959,96	200,16	0,9989	960,09	200,18	0,9988	960,22	200,20	0,9987
5	948,50	208,74	1,0300	948,64	208,75	1,0299	948,78	208,77	1,0298
10	936,77	217,41	1,0609	936,92	217,42	1,0608	937,07	217,44	1,0607
15	924,74	226,17	1,0916	924,89	226,19	1,0915	925,05	226,20	1,0913
20	912,36	235,04	1,1221	912,53	235,06	1,1220	912,71	235,07	1,1218
25	899,60	244,03	1,1525	899,79	244,04	1,1524	899,98	244,05	1,1522
30	886,41	253,15	1,1829	886,61	253,15	1,1827	886,82	253,16	1,1825
35	21,142	532,11	2,1015	22,994	530,15	2,0877	873,16	262,40	1,2128
40	20,553	538,81	2,1230	22,317	537,06	2,1100	24,138	535,24	2,0973
45	20,019	545,34	2,1437	21,708	543,75	2,1312	23,446	542,11	2,1191
50	19,527	551,77	2,1638	21,152	550,30	2,1516	22,819	548,80	2,1399
55	19,072	558,13	2,1833	20,640	556,77	2,1715	22,245	555,38	2,1601
60	18,646	564,47	2,2025	20,164	563,19	2,1909	21,713	561,89	2,1798
65	18,247	570,78	2,2213	19,719	569,58	2,2099	21,219	568,35	2,1991
70	17,871	577,09	2,2398	19,301	575,95	2,2286	20,756	574,80	2,2180
75	17,515	583,40	2,2581	18,906	582,32	2,2471	20,320	581,23	2,2366
80	17,178	589,72	2,2761	18,534	588,69	2,2652	19,910	587,65	2,2549
85	16,858	596,06	2,2939	18,180	595,08	2,2832	19,521	594,09	2,2730
90	16,552	602,41	2,3115	17,844	601,48	2,3009	19,152	600,53	2,2909
95	16,261	608,79	2,3290	17,523	607,89	2,3185	18,801	606,99	2,3086
100	15,982	615,19	2,3462	17,217	614,34	2,3359	18,467	613,47	2,3260
105	15,715	621,63	2,3634	16,925	620,81	2,3531	18,147	619,98	2,3434
110	15,459	628,09	2,3804	16,644	627,30	2,3702	17,841	626,51	2,3605
115	15,213	634,59	2,3972	16,375	633,83	2,3871	17,548	633,06	2,3775
120	14,977	641,12	2,4139	16,117	640,39	2,4039	17,267	639,65	2,3944
125	14,749	647,69	2,4305	15,868	646,99	2,4205	16,996	646,27	2,4111
130	14,529	654,30	2,4470	15,628	653,62	2,4371	16,736	652,93	2,4277
135	14,317	660,94	2,4634	15,397	660,28	2,4535	16,486	659,62	2,4442
140	14,112	667,62	2,4797	15,174	666,99	2,4699	16,244	666,35	2,4606
145	13,914	674,35	2,4958	14,959	673,73	2,4861	16,011	673,11	2,4769
150	13,723	681,11	2,5119	14,751	680,52	2,5022	15,785	679,92	2,4931
155	13,537	687,92	2,5279	14,549	687,34	2,5182	15,567	686,76	2,5091
160	13,357	694,76	2,5438	14,354	694,21	2,5342	15,356	693,65	2,5251
165	13,183	701,65	2,5596	14,164	701,11	2,5500	15,151	700,57	2,5410
170	13,014	708,59	2,5754	13,981	708,06	2,5658	14,953	707,53	2,5568
175	12,849	715,56	2,5910	13,802	715,05	2,5815	14,760	714,54	2,5725

R 152a

t °C	ϱ kg/m³	h kJ/kg	s kJ/kgK	ϱ kg/m³	h kJ/kg	s kJ/kgK	ϱ kg/m³	h kJ/kg	s kJ/kgK
	p = 0,85 MPa (37,46 °C)			**p = 0,90 MPa** (39,58 °C)			**p = 0,95 MPa** (41,62 °C)		
−50	1064,3	118,54	0,6687	1064,3	118,56	0,6686	1064,4	118,59	0,6686
−45	1054,5	126,42	0,7037	1054,6	126,45	0,7036	1054,7	126,48	0,7035
−40	1044,7	134,36	0,7381	1044,7	134,39	0,7380	1044,8	134,42	0,7379
−35	1034,7	142,36	0,7721	1034,7	142,39	0,7720	1034,8	142,41	0,7719
−30	1024,5	150,42	0,8056	1024,6	150,45	0,8055	1024,7	150,47	0,8054
−25	1014,3	158,55	0,8386	1014,4	158,57	0,8385	1014,5	158,59	0,8384
−20	1003,9	166,73	0,8713	1004,0	166,76	0,8712	1004,1	166,78	0,8711
−15	993,27	174,99	0,9036	993,38	175,02	0,9035	993,49	175,04	0,9034
−10	982,51	183,32	0,9356	982,62	183,34	0,9354	982,73	183,37	0,9353
−5	971,54	191,73	0,9672	971,66	191,75	0,9671	971,77	191,77	0,9670
0	960,35	200,22	0,9986	960,47	200,23	0,9984	960,60	200,25	0,9983
5	948,91	208,79	1,0297	949,05	208,80	1,0295	949,19	208,82	1,0294
10	937,21	217,45	1,0605	937,36	217,47	1,0604	937,51	217,48	1,0603
15	925,21	226,21	1,0912	925,37	226,22	1,0910	925,53	226,24	1,0909
20	912,88	235,08	1,1217	913,05	235,09	1,1215	913,22	235,10	1,1214
25	900,16	244,06	1,1521	900,35	244,06	1,1519	900,54	244,07	1,1517
30	887,02	253,16	1,1823	887,23	253,17	1,1822	887,43	253,17	1,1820
35	873,39	262,40	1,2126	873,61	262,40	1,2124	873,83	262,40	1,2122
40	26,025	533,33	2,0848	27,984	531,33	2,0725	859,68	271,79	1,2424
45	25,237	540,41	2,1073	27,086	538,64	2,0957	29,000	536,80	2,0843
50	24,530	547,25	2,1286	26,290	545,66	2,1176	28,103	544,01	2,1068
55	23,888	553,95	2,1492	25,572	552,49	2,1385	27,301	550,98	2,1282
60	23,297	560,56	2,1692	24,916	559,20	2,1589	26,573	557,81	2,1489
65	22,749	567,11	2,1887	24,310	565,84	2,1786	25,904	564,55	2,1689
70	22,237	573,62	2,2078	23,747	572,43	2,1980	25,285	571,22	2,1885
75	21,758	580,12	2,2266	23,221	578,99	2,2170	24,709	577,85	2,2077
80	21,307	586,60	2,2451	22,727	585,53	2,2356	24,170	584,45	2,2265
85	20,881	593,08	2,2633	22,262	592,07	2,2540	23,663	591,04	2,2451
90	20,478	599,58	2,2813	21,822	598,61	2,2721	23,185	597,63	2,2633
95	20,095	606,08	2,2991	21,406	605,16	2,2900	22,733	604,23	2,2814
100	19,731	612,60	2,3167	21,010	611,72	2,3077	22,304	610,83	2,2992
105	19,383	619,14	2,3341	20,633	618,30	2,3252	21,896	617,44	2,3168
110	19,051	625,70	2,3513	20,273	624,89	2,3426	21,508	624,08	2,3342
115	18,733	632,29	2,3684	19,929	631,52	2,3598	21,137	630,73	2,3515
120	18,428	638,91	2,3854	19,599	638,16	2,3768	20,782	637,41	2,3686
125	18,135	645,56	2,4022	19,283	644,84	2,3937	20,442	644,12	2,3855
130	17,853	652,24	2,4188	18,980	651,55	2,4104	20,116	650,85	2,4023
135	17,583	658,96	2,4354	18,688	658,29	2,4270	19,802	657,62	2,4190
140	17,322	665,71	2,4518	18,407	665,06	2,4435	19,501	664,41	2,4355
145	17,070	672,49	2,4682	18,136	671,87	2,4599	19,210	671,25	2,4520
150	16,826	679,32	2,4844	17,875	678,72	2,4762	18,930	678,11	2,4683
155	16,591	686,18	2,5005	17,622	685,60	2,4923	18,660	685,01	2,4845
160	16,364	693,08	2,5165	17,378	692,52	2,5084	18,399	691,95	2,5006
165	16,144	700,02	2,5325	17,142	699,48	2,5244	18,146	698,93	2,5166
170	15,930	707,01	2,5483	16,913	706,48	2,5403	17,902	705,94	2,5326
175	15,724	714,03	2,5641	16,692	713,51	2,5560	17,665	713,00	2,5484

R 152a

t °C	$p = 1{,}00$ MPa (43,57 °C)			$p = 1{,}05$ MPa (45,45 °C)			$p = 1{,}10$ MPa (47,27 °C)		
	ϱ $\frac{\text{kg}}{\text{m}^3}$	h $\frac{\text{kJ}}{\text{kg}}$	s $\frac{\text{kJ}}{\text{kg K}}$	ϱ $\frac{\text{kg}}{\text{m}^3}$	h $\frac{\text{kJ}}{\text{kg}}$	s $\frac{\text{kJ}}{\text{kg K}}$	ϱ $\frac{\text{kg}}{\text{m}^3}$	h $\frac{\text{kJ}}{\text{kg}}$	s $\frac{\text{kJ}}{\text{kg K}}$
−50	1064,5	118,62	0,6685	1064,6	118,65	0,6684	1064,6	118,67	0,6683
−45	1054,7	126,50	0,7034	1054,8	126,53	0,7033	1054,9	126,56	0,7032
−40	1044,9	134,44	0,7378	1045,0	134,47	0,7377	1045,1	134,50	0,7377
−35	1034,9	142,44	0,7718	1035,0	142,47	0,7717	1035,1	142,49	0,7716
−30	1024,8	150,50	0,8053	1024,9	150,52	0,8052	1025,0	150,55	0,8051
−25	1014,6	158,62	0,8383	1014,7	158,64	0,8382	1014,7	158,67	0,8381
−20	1004,2	166,81	0,8710	1004,3	166,83	0,8709	1004,4	166,85	0,8708
−15	993,59	175,06	0,9033	993,70	175,08	0,9032	993,80	175,10	0,9031
−10	982,84	183,39	0,9352	982,95	183,41	0,9351	983,07	183,43	0,9350
−5	971,89	191,79	0,9668	972,01	191,81	0,9667	972,13	191,83	0,9666
0	960,73	200,27	0,9982	960,86	200,29	0,9981	960,98	200,31	0,9979
5	949,32	208,84	1,0293	949,46	208,86	1,0291	949,60	208,87	1,0290
10	937,65	217,50	1,0601	937,80	217,51	1,0600	937,95	217,53	1,0598
15	925,69	226,25	1,0908	925,84	226,26	1,0906	926,00	226,28	1,0905
20	913,39	235,11	1,1212	913,56	235,12	1,1211	913,73	235,13	1,1209
25	900,72	244,08	1,1516	900,91	244,09	1,1514	901,09	244,10	1,1513
30	887,63	253,17	1,1818	887,83	253,18	1,1817	888,03	253,19	1,1815
35	874,06	262,41	1,2120	874,28	262,41	1,2119	874,50	262,41	1,2117
40	859,92	271,79	1,2422	860,17	271,79	1,2420	860,41	271,78	1,2418
45	30,985	534,87	2,0730	845,40	281,33	1,2723	845,68	281,33	1,2721
50	29,973	542,30	2,0961	31,906	540,52	2,0856	33,909	538,67	2,0752
55	29,077	549,44	2,1181	30,905	547,84	2,1081	32,790	546,19	2,0983
60	28,270	556,39	2,1391	30,011	554,93	2,1296	31,798	553,43	2,1202
65	27,533	563,23	2,1595	29,200	561,88	2,1503	30,905	560,50	2,1413
70	26,854	569,98	2,1793	28,456	568,72	2,1704	30,091	567,44	2,1617
75	26,224	576,69	2,1987	27,768	575,51	2,1900	29,342	574,31	2,1815
80	25,637	583,36	2,2177	27,129	582,24	2,2092	28,647	581,11	2,2009
85	25,086	590,01	2,2364	26,531	588,95	2,2281	28,000	587,89	2,2200
90	24,568	596,65	2,2548	25,970	595,65	2,2466	27,394	594,64	2,2387
95	24,078	603,29	2,2730	25,442	602,34	2,2649	26,824	601,37	2,2571
100	23,615	609,93	2,2909	24,942	609,02	2,2830	26,286	608,11	2,2753
105	23,175	616,59	2,3086	24,469	615,72	2,3008	25,778	614,85	2,2932
110	22,756	623,26	2,3262	24,019	622,43	2,3184	25,295	621,59	2,3109
115	22,357	629,94	2,3435	23,590	629,15	2,3359	24,836	628,35	2,3285
120	21,976	636,65	2,3607	23,182	635,89	2,3531	24,399	635,12	2,3458
125	21,611	643,39	2,3777	22,791	642,66	2,3702	23,982	641,92	2,3630
130	21,261	650,15	2,3946	22,417	649,45	2,3872	23,582	648,74	2,3800
135	20,926	656,94	2,4113	22,058	656,26	2,4040	23,200	655,58	2,3969
140	20,603	663,76	2,4279	21,714	663,11	2,4206	22,833	662,45	2,4136
145	20,292	670,62	2,4444	21,382	669,98	2,4372	22,480	669,35	2,4302
150	19,993	677,50	2,4608	21,063	676,89	2,4536	22,141	676,28	2,4467
155	19,705	684,42	2,4771	20,756	683,83	2,4699	21,814	683,24	2,4630
160	19,426	691,38	2,4932	20,459	690,81	2,4861	21,499	690,24	2,4793
165	19,156	698,38	2,5093	20,173	697,82	2,5022	21,195	697,27	2,4954
170	18,896	705,41	2,5252	19,896	704,87	2,5182	20,901	704,33	2,5114
175	18,644	712,48	2,5411	19,627	711,96	2,5341	20,617	711,44	2,5274

R 152a

t °C	p = 1,15 MPa (49,03 °C) ϱ kg/m³	h kJ/kg	s kJ/kgK	p = 1,20 MPa (50,73 °C) ϱ kg/m³	h kJ/kg	s kJ/kgK	p = 1,25 MPa (52,37 °C) ϱ kg/m³	h kJ/kg	s kJ/kgK
−50	1064,7	118,70	0,6682	1064,8	118,73	0,6681	1064,9	118,76	0,6680
−45	1055,0	126,59	0,7031	1055,1	126,61	0,7031	1055,1	126,64	0,7030
−40	1045,1	134,52	0,7376	1045,2	134,55	0,7375	1045,3	134,58	0,7374
−35	1035,2	142,52	0,7715	1035,3	142,54	0,7714	1035,3	142,57	0,7713
−30	1025,1	150,57	0,8050	1025,2	150,60	0,8049	1025,3	150,62	0,8048
−25	1014,8	158,69	0,8380	1014,9	158,72	0,8379	1015,0	158,74	0,8378
−20	1004,5	166,88	0,8707	1004,6	166,90	0,8706	1004,7	166,92	0,8705
−15	993,91	175,13	0,9029	994,01	175,15	0,9028	994,12	175,17	0,9027
−10	983,18	183,45	0,9349	983,29	183,47	0,9348	983,40	183,49	0,9347
−5	972,25	191,85	0,9665	972,37	191,87	0,9664	972,49	191,89	0,9663
0	961,11	200,33	0,9978	961,24	200,35	0,9977	961,36	200,37	0,9976
5	949,73	208,89	1,0289	949,87	208,91	1,0288	950,00	208,92	1,0286
10	938,09	217,54	1,0597	938,24	217,56	1,0596	938,38	217,57	1,0594
15	926,16	226,29	1,0903	926,32	226,30	1,0902	926,47	226,32	1,0901
20	913,90	235,14	1,1208	914,07	235,15	1,1206	914,24	235,16	1,1205
25	901,28	244,11	1,1511	901,46	244,11	1,1510	901,64	244,12	1,1508
30	888,24	253,19	1,1813	888,44	253,20	1,1812	888,64	253,20	1,1810
35	874,72	262,41	1,2115	874,94	262,41	1,2113	875,16	262,41	1,2111
40	860,66	271,78	1,2417	860,90	271,78	1,2415	861,14	271,77	1,2413
45	845,95	281,32	1,2719	846,22	281,31	1,2717	846,49	281,30	1,2715
50	35,990	536,73	2,0648	830,78	291,04	1,3020	831,09	291,02	1,3018
55	34,735	544,48	2,0886	36,748	542,71	2,0789	38,835	540,86	2,0693
60	33,636	551,89	2,1110	35,528	550,31	2,1019	37,479	548,67	2,0929
65	32,654	559,09	2,1324	34,447	557,64	2,1238	36,288	556,16	2,1152
70	31,763	566,14	2,1531	33,473	564,80	2,1448	35,223	563,44	2,1366
75	30,947	573,09	2,1732	32,584	571,84	2,1652	34,257	570,58	2,1572
80	30,193	579,97	2,1929	31,768	578,80	2,1850	33,373	577,62	2,1773
85	29,493	586,81	2,2121	31,011	585,71	2,2044	32,556	584,60	2,1969
90	28,839	593,61	2,2310	30,307	592,58	2,2235	31,798	591,53	2,2161
95	28,225	600,40	2,2495	29,647	599,42	2,2422	31,090	598,43	2,2350
100	27,648	607,18	2,2678	29,028	606,25	2,2606	30,427	605,31	2,2536
105	27,103	613,96	2,2859	28,444	613,07	2,2788	29,802	612,17	2,2719
110	26,586	620,75	2,3037	27,892	619,90	2,2967	29,213	619,04	2,2899
115	26,095	627,54	2,3213	27,368	626,73	2,3144	28,655	625,91	2,3077
120	25,629	634,35	2,3388	26,871	633,57	2,3319	28,125	632,78	2,3253
125	25,183	641,18	2,3560	26,397	640,43	2,3493	27,621	639,67	2,3427
130	24,758	648,02	2,3731	25,944	647,30	2,3664	27,141	646,58	2,3599
135	24,351	654,89	2,3900	25,512	654,20	2,3834	26,682	653,50	2,3770
140	23,961	661,79	2,4068	25,098	661,12	2,4003	26,243	660,45	2,3939
145	23,586	668,71	2,4235	24,700	668,07	2,4170	25,823	667,42	2,4107
150	23,226	675,66	2,4400	24,319	675,04	2,4336	25,419	674,42	2,4273
155	22,879	682,64	2,4564	23,952	682,05	2,4500	25,031	681,44	2,4438
160	22,545	689,66	2,4727	23,598	689,08	2,4664	24,658	688,50	2,4602
165	22,223	696,71	2,4889	23,257	696,15	2,4826	24,298	695,59	2,4765
170	21,912	703,79	2,5050	22,928	703,25	2,4987	23,951	702,71	2,4927
175	21,611	710,91	2,5209	22,611	710,39	2,5147	23,616	709,86	2,5087

R 152a

t °C	$p = 1{,}30$ MPa (53,97 °C)			$p = 1{,}35$ MPa (55,53 °C)			$p = 1{,}40$ MPa (57,04 °C)		
	ϱ $\frac{\text{kg}}{\text{m}^3}$	h $\frac{\text{kJ}}{\text{kg}}$	s $\frac{\text{kJ}}{\text{kg K}}$	ϱ $\frac{\text{kg}}{\text{m}^3}$	h $\frac{\text{kJ}}{\text{kg}}$	s $\frac{\text{kJ}}{\text{kg K}}$	ϱ $\frac{\text{kg}}{\text{m}^3}$	h $\frac{\text{kJ}}{\text{kg}}$	s $\frac{\text{kJ}}{\text{kg K}}$
−50	1064,9	118,79	0,6680	1065,0	118,81	0,6679	1065,1	118,84	0,6678
−45	1055,2	126,67	0,7029	1055,3	126,69	0,7028	1055,4	126,72	0,7027
−40	1045,4	134,60	0,7373	1045,5	134,63	0,7372	1045,5	134,66	0,7371
−35	1035,4	142,60	0,7712	1035,5	142,62	0,7711	1035,6	142,65	0,7710
−30	1025,3	150,65	0,8047	1025,4	150,68	0,8046	1025,5	150,70	0,8045
−25	1015,1	158,77	0,8377	1015,2	158,79	0,8376	1015,3	158,81	0,8375
−20	1004,8	166,95	0,8704	1004,9	166,97	0,8703	1005,0	166,99	0,8702
−15	994,22	175,20	0,9026	994,33	175,22	0,9025	994,43	175,24	0,9024
−10	983,51	183,52	0,9345	983,62	183,54	0,9344	983,74	183,56	0,9343
−5	972,61	191,91	0,9661	972,73	191,93	0,9660	972,85	191,95	0,9659
0	961,49	200,38	0,9975	961,62	200,40	0,9973	961,74	200,42	0,9972
5	950,14	208,94	1,0285	950,27	208,96	1,0284	950,41	208,98	1,0282
10	938,53	217,59	1,0593	938,67	217,60	1,0592	938,82	217,62	1,0590
15	926,63	226,33	1,0899	926,78	226,34	1,0898	926,94	226,36	1,0896
20	914,41	235,18	1,1203	914,58	235,19	1,1202	914,74	235,20	1,1201
25	901,83	244,13	1,1506	902,01	244,14	1,1505	902,19	244,15	1,1503
30	888,84	253,21	1,1808	889,04	253,21	1,1807	889,23	253,22	1,1805
35	875,38	262,42	1,2110	875,60	262,42	1,2108	875,81	262,42	1,2106
40	861,38	271,77	1,2411	861,62	271,77	1,2409	861,86	271,77	1,2407
45	846,76	281,30	1,2712	847,03	281,29	1,2710	847,29	281,28	1,2708
50	831,39	291,01	1,3015	831,69	290,99	1,3013	831,99	290,98	1,3011
55	41,006	538,94	2,0596	815,47	300,92	1,3318	815,81	300,90	1,3315
60	39,494	546,97	2,0839	41,581	545,21	2,0749	43,745	543,38	2,0659
65	38,182	554,63	2,1067	40,132	553,06	2,0983	42,143	551,44	2,0899
70	37,017	562,04	2,1285	38,857	560,61	2,1204	40,747	559,15	2,1125
75	35,967	569,29	2,1494	37,715	567,97	2,1417	39,505	566,63	2,1342
80	35,009	576,42	2,1698	36,679	575,19	2,1623	38,384	573,95	2,1550
85	34,129	583,47	2,1896	35,730	582,32	2,1824	37,362	581,16	2,1753
90	33,313	590,46	2,2090	34,854	589,39	2,2020	36,422	588,29	2,1951
95	32,554	597,42	2,2280	34,041	596,40	2,2212	35,552	595,37	2,2145
100	31,845	604,35	2,2467	33,283	603,39	2,2400	34,741	602,41	2,2334
105	31,178	611,27	2,2651	32,571	610,35	2,2585	33,984	609,42	2,2521
110	30,550	618,17	2,2833	31,903	617,30	2,2768	33,272	616,42	2,2705
115	29,956	625,08	2,3012	31,271	624,25	2,2948	32,602	623,41	2,2886
120	29,393	631,99	2,3189	30,674	631,20	2,3126	31,969	630,39	2,3065
125	28,858	638,92	2,3364	30,107	638,15	2,3302	31,368	637,38	2,3242
130	28,349	645,85	2,3537	29,568	645,12	2,3476	30,798	644,38	2,3416
135	27,863	652,80	2,3708	29,054	652,10	2,3648	30,255	651,39	2,3589
140	27,399	659,78	2,3878	28,563	659,10	2,3818	29,737	658,42	2,3760
145	26,954	666,77	2,4046	28,094	666,12	2,3987	29,242	665,46	2,3930
150	26,527	673,79	2,4213	27,644	673,16	2,4155	28,769	672,53	2,4098
155	26,118	680,84	2,4379	27,212	680,23	2,4321	28,314	679,62	2,4264
160	25,724	687,92	2,4543	26,798	687,33	2,4486	27,878	686,74	2,4430
165	25,345	695,02	2,4706	26,399	694,46	2,4649	27,459	693,89	2,4594
170	24,980	702,16	2,4868	26,014	701,61	2,4812	27,055	701,06	2,4757
175	24,627	709,33	2,5029	25,643	708,80	2,4973	26,666	708,27	2,4918

R 152a

t °C	ϱ $\frac{kg}{m^3}$	h $\frac{kJ}{kg}$	s $\frac{kJ}{kgK}$	ϱ $\frac{kg}{m^3}$	h $\frac{kJ}{kg}$	s $\frac{kJ}{kgK}$	ϱ $\frac{kg}{m^3}$	h $\frac{kJ}{kg}$	s $\frac{kJ}{kgK}$
	\multicolumn{3}{c}{p = 1,45 MPa (58,51 °C)}	\multicolumn{3}{c}{p = 1,50 MPa (59,94 °C)}	\multicolumn{3}{c}{p = 1,55 MPa (61,34 °C)}
−50	1065,1	118,87	0,6677	1065,2	118,90	0,6676	1065,3	118,93	0,6675
−45	1055,4	126,75	0,7026	1055,5	126,78	0,7025	1055,6	126,80	0,7024
−40	1045,6	134,68	0,7370	1045,7	134,71	0,7369	1045,8	134,74	0,7368
−35	1035,7	142,67	0,7709	1035,8	142,70	0,7708	1035,8	142,73	0,7707
−30	1025,6	150,73	0,8044	1025,7	150,75	0,8043	1025,8	150,78	0,8042
−25	1015,4	158,84	0,8374	1015,5	158,86	0,8373	1015,6	158,89	0,8372
−20	1005,1	167,02	0,8700	1005,2	167,04	0,8699	1005,2	167,06	0,8698
−15	994,54	175,26	0,9023	994,64	175,29	0,9022	994,75	175,31	0,9021
−10	983,85	183,58	0,9342	983,96	183,60	0,9341	984,07	183,62	0,9340
−5	972,96	191,97	0,9658	973,08	191,99	0,9657	973,20	192,01	0,9656
0	961,87	200,44	0,9971	962,00	200,46	0,9970	962,12	200,48	0,9969
5	950,54	208,99	1,0281	950,68	209,01	1,0280	950,81	209,03	1,0279
10	938,96	217,64	1,0589	939,11	217,65	1,0588	939,25	217,67	1,0586
15	927,10	226,37	1,0895	927,25	226,39	1,0894	927,41	226,40	1,0892
20	914,91	235,21	1,1199	915,08	235,22	1,1198	915,25	235,23	1,1196
25	902,37	244,16	1,1502	902,56	244,17	1,1500	902,74	244,17	1,1499
30	889,43	253,22	1,1803	889,63	253,23	1,1802	889,83	253,24	1,1800
35	876,03	262,42	1,2104	876,25	262,42	1,2102	876,47	262,43	1,2101
40	862,10	271,77	1,2405	862,34	271,76	1,2403	862,58	271,76	1,2401
45	847,56	281,27	1,2706	847,83	281,27	1,2704	848,09	281,26	1,2702
50	832,29	290,97	1,3009	832,59	290,95	1,3006	832,88	290,94	1,3004
55	816,15	300,88	1,3313	816,48	300,86	1,3310	816,82	300,84	1,3308
60	45,997	541,48	2,0568	48,347	539,48	2,0476	799,71	310,98	1,3615
65	44,221	549,76	2,0815	46,373	548,03	2,0731	48,605	546,23	2,0647
70	42,691	557,64	2,1046	44,692	556,09	2,0968	46,756	554,50	2,0889
75	41,339	565,25	2,1267	43,221	563,84	2,1192	45,152	562,40	2,1118
80	40,127	572,68	2,1478	41,909	571,38	2,1407	43,732	570,06	2,1337
85	39,026	579,98	2,1684	40,723	578,77	2,1615	42,456	577,55	2,1547
90	38,017	587,19	2,1883	39,641	586,06	2,1817	41,296	584,92	2,1752
95	37,086	594,33	2,2079	38,646	593,27	2,2014	40,232	592,20	2,1951
100	36,222	601,42	2,2270	37,724	600,43	2,2207	39,250	599,42	2,2145
105	35,415	608,49	2,2458	36,866	607,54	2,2397	38,338	606,59	2,2336
110	34,659	615,53	2,2643	36,064	614,63	2,2583	37,486	613,72	2,2524
115	33,948	622,56	2,2826	35,310	621,70	2,2766	36,688	620,84	2,2708
120	33,277	629,58	2,3005	34,600	628,77	2,2947	35,938	627,94	2,2890
125	32,642	636,61	2,3183	33,929	635,83	2,3126	35,230	635,04	2,3070
130	32,040	643,64	2,3358	33,294	642,89	2,3302	34,560	642,14	2,3247
135	31,467	650,68	2,3532	32,690	649,96	2,3476	33,924	649,24	2,3422
140	30,921	657,73	2,3704	32,115	657,04	2,3649	33,319	656,35	2,3595
145	30,400	664,81	2,3874	31,567	664,14	2,3819	32,743	663,48	2,3766
150	29,901	671,90	2,4043	31,043	671,26	2,3989	32,193	670,62	2,3936
155	29,424	679,01	2,4210	30,541	678,40	2,4156	31,666	677,78	2,4104
160	28,965	686,15	2,4375	30,060	685,56	2,4323	31,162	684,96	2,4271
165	28,525	693,32	2,4540	29,598	692,74	2,4488	30,678	692,17	2,4437
170	28,101	700,51	2,4703	29,154	699,96	2,4651	30,214	699,40	2,4601
175	27,693	707,73	2,4865	28,727	707,20	2,4814	29,766	706,66	2,4764

R 152a

t °C	p = 1,60 MPa (62,71 °C) ϱ kg/m³	h kJ/kg	s kJ/kgK	p = 1,65 MPa (64,04 °C) ϱ kg/m³	h kJ/kg	s kJ/kgK	p = 1,70 MPa (65,34 °C) ϱ kg/m³	h kJ/kg	s kJ/kgK
−50	1065,4	118,95	0,6674	1065,4	118,98	0,6674	1065,5	119,01	0,6673
−45	1055,7	126,83	0,7024	1055,7	126,86	0,7023	1055,8	126,89	0,7022
−40	1045,8	134,76	0,7368	1045,9	134,79	0,7367	1046,0	134,82	0,7366
−35	1035,9	142,75	0,7707	1036,0	142,78	0,7706	1036,1	142,81	0,7705
−30	1025,9	150,80	0,8041	1026,0	150,83	0,8040	1026,0	150,85	0,8039
−25	1015,7	158,91	0,8371	1015,8	158,94	0,8370	1015,9	158,96	0,8369
−20	1005,3	167,09	0,8697	1005,4	167,11	0,8696	1005,5	167,14	0,8695
−15	994,85	175,33	0,9020	994,96	175,35	0,9019	995,06	175,38	0,9018
−10	984,18	183,64	0,9339	984,29	183,67	0,9338	984,40	183,69	0,9337
−5	973,32	192,03	0,9654	973,44	192,05	0,9653	973,55	192,07	0,9652
0	962,25	200,50	0,9967	962,37	200,52	0,9966	962,50	200,54	0,9965
5	950,95	209,05	1,0277	951,08	209,06	1,0276	951,22	209,08	1,0275
10	939,39	217,68	1,0585	939,54	217,70	1,0584	939,68	217,71	1,0583
15	927,56	226,41	1,0891	927,72	226,43	1,0889	927,87	226,44	1,0888
20	915,41	235,24	1,1195	915,58	235,26	1,1193	915,75	235,27	1,1192
25	902,92	244,18	1,1497	903,10	244,19	1,1495	903,28	244,20	1,1494
30	890,03	253,24	1,1798	890,22	253,25	1,1797	890,42	253,25	1,1795
35	876,68	262,43	1,2099	876,90	262,43	1,2097	877,11	262,43	1,2095
40	862,82	271,76	1,2399	863,06	271,76	1,2397	863,29	271,76	1,2395
45	848,35	281,25	1,2700	848,62	281,25	1,2698	848,88	281,24	1,2696
50	833,18	290,93	1,3002	833,47	290,92	1,3000	833,77	290,90	1,2997
55	817,16	300,82	1,3305	817,49	300,80	1,3303	817,82	300,78	1,3300
60	800,09	310,96	1,3612	800,48	310,93	1,3609	800,86	310,90	1,3607
65	50,928	544,35	2,0561	53,351	542,39	2,0475	782,62	321,31	1,3917
70	48,888	552,85	2,0811	51,095	551,15	2,0732	53,384	549,38	2,0653
75	47,138	560,92	2,1045	49,182	559,40	2,0971	51,290	557,84	2,0898
80	45,600	568,71	2,1267	47,516	567,33	2,1197	49,482	565,92	2,1128
85	44,226	576,30	2,1480	46,035	575,03	2,1414	47,886	573,74	2,1348
90	42,982	583,76	2,1687	44,702	582,58	2,1623	46,456	581,38	2,1560
95	41,846	591,11	2,1888	43,488	590,01	2,1826	45,160	588,89	2,1765
100	40,800	598,39	2,2084	42,374	597,36	2,2025	43,975	596,31	2,1965
105	39,830	605,62	2,2277	41,345	604,64	2,2218	42,882	603,65	2,2161
110	38,928	612,81	2,2466	40,389	611,88	2,2409	41,870	610,95	2,2353
115	38,084	619,97	2,2651	39,496	619,09	2,2596	40,926	618,20	2,2541
120	37,291	627,11	2,2834	38,659	626,28	2,2780	40,043	625,43	2,2726
125	36,544	634,25	2,3015	37,872	633,45	2,2961	39,214	632,64	2,2908
130	35,838	641,38	2,3193	37,129	640,62	2,3140	38,433	639,85	2,3088
135	35,169	648,51	2,3368	36,425	647,78	2,3316	37,694	647,05	2,3265
140	34,533	655,65	2,3542	35,758	654,95	2,3491	36,994	654,25	2,3441
145	33,928	662,81	2,3714	35,123	662,13	2,3664	36,328	661,46	2,3614
150	33,351	669,97	2,3885	34,519	669,33	2,3835	35,695	668,67	2,3786
155	32,800	677,16	2,4054	33,941	676,53	2,4004	35,091	675,91	2,3956
160	32,272	684,36	2,4221	33,389	683,76	2,4172	34,513	683,16	2,4124
165	31,765	691,59	2,4387	32,859	691,01	2,4338	33,960	690,43	2,4291
170	31,279	698,84	2,4551	32,351	698,28	2,4503	33,430	697,72	2,4456
175	30,812	706,12	2,4715	31,863	705,58	2,4667	32,921	705,03	2,4620

R 152a

t °C	\multicolumn{3}{c}{$p = 1{,}75$ MPa (66,62 °C)}			\multicolumn{3}{c}{$p = 1{,}80$ MPa (67,87 °C)}			\multicolumn{3}{c}{$p = 1{,}85$ MPa (69,09 °C)}		
	ϱ $\frac{kg}{m^3}$	h $\frac{kJ}{kg}$	s $\frac{kJ}{kg\,K}$	ϱ $\frac{kg}{m^3}$	h $\frac{kJ}{kg}$	s $\frac{kJ}{kg\,K}$	ϱ $\frac{kg}{m^3}$	h $\frac{kJ}{kg}$	s $\frac{kJ}{kg\,K}$
−50	1065,6	119,04	0,6672	1065,6	119,07	0,6671	1065,7	119,09	0,6670
−45	1055,9	126,91	0,7021	1056,0	126,94	0,7020	1056,0	126,97	0,7019
−40	1046,1	134,84	0,7365	1046,2	134,87	0,7364	1046,2	134,90	0,7363
−35	1036,2	142,83	0,7704	1036,3	142,86	0,7703	1036,3	142,88	0,7702
−30	1026,1	150,88	0,8038	1026,2	150,90	0,8037	1026,3	150,93	0,8036
−25	1016,0	158,99	0,8368	1016,1	159,01	0,8367	1016,1	159,04	0,8366
−20	1005,6	167,16	0,8694	1005,7	167,18	0,8693	1005,8	167,21	0,8692
−15	995,16	175,40	0,9017	995,27	175,42	0,9016	995,37	175,44	0,9014
−10	984,51	183,71	0,9335	984,62	183,73	0,9334	984,73	183,75	0,9333
−5	973,67	192,09	0,9651	973,79	192,11	0,9650	973,91	192,13	0,9649
0	962,62	200,55	0,9964	962,75	200,57	0,9962	962,87	200,59	0,9961
5	951,35	209,10	1,0274	951,48	209,12	1,0272	951,62	209,13	1,0271
10	939,82	217,73	1,0581	939,97	217,75	1,0580	940,11	217,76	1,0579
15	928,02	226,45	1,0887	928,18	226,47	1,0885	928,33	226,48	1,0884
20	915,91	235,28	1,1190	916,08	235,29	1,1189	916,25	235,30	1,1187
25	903,46	244,21	1,1492	903,64	244,22	1,1491	903,82	244,23	1,1489
30	890,61	253,26	1,1793	890,81	253,27	1,1792	891,00	253,27	1,1790
35	877,33	262,44	1,2094	877,54	262,44	1,2092	877,75	262,44	1,2090
40	863,53	271,76	1,2394	863,76	271,76	1,2392	864,00	271,75	1,2390
45	849,14	281,23	1,2694	849,40	281,23	1,2692	849,66	281,22	1,2690
50	834,06	290,89	1,2995	834,35	290,88	1,2993	834,64	290,87	1,2991
55	818,15	300,76	1,3298	818,48	300,74	1,3296	818,81	300,72	1,3293
60	801,24	310,87	1,3604	801,61	310,84	1,3601	801,99	310,81	1,3598
65	783,06	321,27	1,3914	783,50	321,23	1,3911	783,94	321,19	1,3908
70	55,764	547,54	2,0573	58,247	545,63	2,0491	60,844	543,63	2,0408
75	53,466	556,23	2,0824	55,717	554,56	2,0750	58,050	552,84	2,0675
80	51,502	564,47	2,1059	53,580	562,98	2,0990	55,721	561,45	2,0921
85	49,781	572,42	2,1282	51,723	571,07	2,1217	53,715	569,68	2,1152
90	48,248	580,16	2,1497	50,078	578,92	2,1435	51,950	577,65	2,1373
95	46,864	587,76	2,1705	48,600	586,60	2,1645	50,371	585,43	2,1586
100	45,602	595,25	2,1907	47,258	594,17	2,1849	48,943	593,07	2,1792
105	44,443	602,65	2,2104	46,028	601,64	2,2048	47,639	600,62	2,1993
110	43,371	610,00	2,2297	44,894	609,05	2,2243	46,440	608,08	2,2189
115	42,375	617,31	2,2487	43,842	616,40	2,2433	45,329	615,49	2,2381
120	41,444	624,58	2,2673	42,862	623,72	2,2621	44,296	622,86	2,2570
125	40,571	631,83	2,2856	41,943	631,02	2,2805	43,331	630,19	2,2755
130	39,750	639,07	2,3037	41,080	638,29	2,2987	42,425	637,51	2,2938
135	38,974	646,30	2,3215	40,267	645,56	2,3166	41,572	644,81	2,3118
140	38,240	653,54	2,3391	39,498	652,82	2,3343	40,767	652,10	2,3295
145	37,543	660,77	2,3565	38,768	660,09	2,3518	40,004	659,40	2,3471
150	36,881	668,02	2,3738	38,075	667,36	2,3691	39,280	666,70	2,3644
155	36,249	675,28	2,3908	37,415	674,64	2,3862	38,591	674,01	2,3816
160	35,645	682,55	2,4077	36,786	681,94	2,4031	37,934	681,33	2,3986
165	35,068	689,84	2,4244	36,183	689,25	2,4199	37,306	688,66	2,4154
170	34,515	697,15	2,4410	35,607	696,58	2,4365	36,706	696,01	2,4321
175	33,984	704,49	2,4575	35,054	703,94	2,4530	36,130	703,39	2,4487

R 152a

t	\multicolumn{3}{c	}{$p = 1{,}90$ MPa (70,29 °C)}	\multicolumn{3}{c	}{$p = 2{,}00$ MPa (72,61 °C)}	\multicolumn{3}{c	}{$p = 2{,}10$ MPa (74,85 °C)}
	ϱ	h	s	ϱ	h	s	ϱ	h	s
°C	$\frac{kg}{m^3}$	$\frac{kJ}{kg}$	$\frac{kJ}{kg\,K}$	$\frac{kg}{m^3}$	$\frac{kJ}{kg}$	$\frac{kJ}{kg\,K}$	$\frac{kg}{m^3}$	$\frac{kJ}{kg}$	$\frac{kJ}{kg\,K}$
−50	1065,8	119,12	0,6669	1065,9	119,18	0,6668	1066,1	119,23	0,6666
−45	1056,1	127,00	0,7018	1056,3	127,05	0,7017	1056,4	127,11	0,7015
−40	1046,3	134,92	0,7362	1046,5	134,98	0,7360	1046,6	135,03	0,7359
−35	1036,4	142,91	0,7701	1036,6	142,96	0,7699	1036,8	143,01	0,7697
−30	1026,4	150,95	0,8035	1026,6	151,01	0,8033	1026,8	151,06	0,8031
−25	1016,2	159,06	0,8365	1016,4	159,11	0,8363	1016,6	159,16	0,8361
−20	1005,9	167,23	0,8691	1006,1	167,28	0,8689	1006,3	167,33	0,8687
−15	995,48	175,47	0,9013	995,68	175,51	0,9011	995,89	175,56	0,9009
−10	984,84	183,77	0,9332	985,06	183,82	0,9330	985,28	183,86	0,9328
−5	974,02	192,15	0,9648	974,26	192,20	0,9645	974,49	192,24	0,9643
0	963,00	200,61	0,9960	963,25	200,65	0,9958	963,50	200,69	0,9955
5	951,75	209,15	1,0270	952,02	209,19	1,0267	952,28	209,22	1,0265
10	940,25	217,78	1,0577	940,54	217,81	1,0575	940,82	217,84	1,0572
15	928,48	226,50	1,0882	928,79	226,52	1,0880	929,10	226,55	1,0877
20	916,41	235,31	1,1186	916,74	235,34	1,1183	917,07	235,36	1,1180
25	904,00	244,24	1,1488	904,35	244,26	1,1485	904,71	244,28	1,1482
30	891,20	253,28	1,1788	891,59	253,29	1,1785	891,97	253,31	1,1782
35	877,97	262,45	1,2088	878,39	262,45	1,2085	878,81	262,46	1,2081
40	864,23	271,75	1,2388	864,70	271,75	1,2384	865,16	271,75	1,2380
45	849,92	281,22	1,2688	850,44	281,21	1,2684	850,95	281,20	1,2680
50	834,93	290,86	1,2988	835,51	290,84	1,2984	836,08	290,81	1,2980
55	819,14	300,70	1,3291	819,79	300,67	1,3286	820,43	300,63	1,3281
60	802,36	310,78	1,3596	803,11	310,73	1,3590	803,84	310,68	1,3585
65	784,37	321,15	1,3905	785,23	321,08	1,3899	786,09	321,00	1,3893
70	764,81	331,88	1,4219	765,84	331,77	1,4212	766,85	331,67	1,4206
75	60,475	551,05	2,0599	65,640	547,26	2,0445	71,323	543,09	2,0283
80	57,931	559,88	2,0851	62,579	556,59	2,0711	67,585	553,07	2,0568
85	55,761	568,27	2,1087	60,029	565,34	2,0957	64,564	562,24	2,0826
90	53,865	576,36	2,1311	57,836	573,70	2,1189	62,017	570,92	2,1066
95	52,178	584,24	2,1527	55,909	581,79	2,1410	59,809	579,26	2,1294
100	50,659	591,97	2,1735	54,188	589,70	2,1624	57,858	587,36	2,1513
105	49,276	599,58	2,1938	52,633	597,46	2,1830	56,110	595,29	2,1724
110	48,008	607,10	2,2136	51,216	605,12	2,2031	54,527	603,08	2,1929
115	46,836	614,57	2,2329	49,914	612,69	2,2228	53,080	610,78	2,2128
120	45,749	621,98	2,2519	48,710	620,21	2,2420	51,748	618,40	2,2323
125	44,734	629,36	2,2706	47,591	627,68	2,2609	50,515	625,96	2,2515
130	43,784	636,71	2,2889	46,545	635,11	2,2794	49,368	633,49	2,2702
135	42,890	644,05	2,3070	45,566	642,52	2,2977	48,296	640,97	2,2887
140	42,047	651,38	2,3249	44,644	649,92	2,3157	47,290	648,44	2,3069
145	41,250	658,71	2,3425	43,774	657,31	2,3335	46,343	655,89	2,3248
150	40,494	666,03	2,3599	42,951	664,69	2,3511	45,449	663,34	2,3425
155	39,775	673,37	2,3771	42,170	672,08	2,3684	44,602	670,78	2,3600
160	39,090	680,71	2,3942	41,427	679,47	2,3856	43,798	678,22	2,3773
165	38,436	688,07	2,4111	40,719	686,87	2,4026	43,033	685,67	2,3944
170	37,811	695,44	2,4278	40,043	694,29	2,4194	42,303	693,13	2,4113
175	37,212	702,83	2,4444	39,396	701,72	2,4361	41,607	700,60	2,4281

R 152a

	$p = 2{,}20$ MPa (77,01 °C)			$p = 2{,}30$ MPa (79,10 °C)			$p = 2{,}40$ MPa (81,11 °C)		
t °C	ϱ $\frac{\text{kg}}{\text{m}^3}$	h $\frac{\text{kJ}}{\text{kg}}$	s $\frac{\text{kJ}}{\text{kg K}}$	ϱ $\frac{\text{kg}}{\text{m}^3}$	h $\frac{\text{kJ}}{\text{kg}}$	s $\frac{\text{kJ}}{\text{kg K}}$	ϱ $\frac{\text{kg}}{\text{m}^3}$	h $\frac{\text{kJ}}{\text{kg}}$	s $\frac{\text{kJ}}{\text{kg K}}$
−50	1066,2	119,29	0,6664	1066,4	119,35	0,6663	1066,5	119,40	0,6661
−45	1056,6	127,16	0,7013	1056,7	127,22	0,7011	1056,9	127,27	0,7010
−40	1046,8	135,09	0,7357	1047,0	135,14	0,7355	1047,1	135,19	0,7353
−35	1036,9	143,07	0,7695	1037,1	143,12	0,7694	1037,3	143,17	0,7692
−30	1026,9	151,11	0,8030	1027,1	151,16	0,8028	1027,3	151,21	0,8026
−25	1016,8	159,21	0,8359	1017,0	159,26	0,8357	1017,2	159,31	0,8355
−20	1006,5	167,37	0,8685	1006,7	167,42	0,8683	1006,9	167,47	0,8681
−15	996,10	175,60	0,9007	996,30	175,65	0,9005	996,51	175,70	0,9003
−10	985,50	183,90	0,9325	985,72	183,95	0,9323	985,94	183,99	0,9321
−5	974,72	192,28	0,9641	974,95	192,32	0,9638	975,19	192,36	0,9636
0	963,74	200,73	0,9953	963,99	200,77	0,9951	964,24	200,80	0,9948
5	952,54	209,26	1,0262	952,81	209,29	1,0260	953,07	209,33	1,0257
10	941,11	217,87	1,0569	941,39	217,91	1,0567	941,67	217,94	1,0564
15	929,40	226,58	1,0874	929,70	226,61	1,0871	930,00	226,64	1,0869
20	917,40	235,39	1,1177	917,72	235,41	1,1174	918,05	235,43	1,1171
25	905,06	244,30	1,1479	905,42	244,32	1,1475	905,77	244,33	1,1472
30	892,36	253,32	1,1779	892,74	253,33	1,1775	893,12	253,35	1,1772
35	879,23	262,47	1,2078	879,65	262,47	1,2074	880,07	262,48	1,2071
40	865,62	271,75	1,2377	866,08	271,75	1,2373	866,54	271,75	1,2369
45	851,46	281,19	1,2676	851,97	281,18	1,2672	852,47	281,17	1,2668
50	836,65	290,79	1,2975	837,21	290,77	1,2971	837,77	290,75	1,2967
55	821,07	300,60	1,3276	821,71	300,56	1,3272	822,34	300,53	1,3267
60	804,57	310,63	1,3580	805,29	310,58	1,3574	806,01	310,53	1,3569
65	786,93	320,93	1,3887	787,77	320,86	1,3881	788,59	320,79	1,3875
70	767,85	331,56	1,4199	768,83	331,46	1,4192	769,80	331,36	1,4185
75	746,85	342,63	1,4519	748,05	342,48	1,4511	749,22	342,35	1,4503
80	73,034	549,25	2,0419	79,048	545,06	2,0263	726,16	353,87	1,4832
85	69,415	558,96	2,0692	74,646	555,44	2,0555	80,346	551,63	2,0413
90	66,438	568,00	2,0943	71,137	564,93	2,0818	76,165	561,66	2,0691
95	63,899	576,62	2,1179	68,205	573,86	2,1063	72,758	570,98	2,0946
100	61,684	584,94	2,1403	65,682	582,43	2,1294	69,874	579,83	2,1185
105	59,717	593,05	2,1619	63,465	590,74	2,1515	67,371	588,35	2,1412
110	57,948	600,99	2,1828	61,488	598,85	2,1728	65,158	596,65	2,1629
115	56,341	608,82	2,2031	59,704	606,82	2,1935	63,177	604,77	2,1840
120	54,869	616,56	2,2229	58,079	614,68	2,2136	61,382	612,75	2,2044
125	53,513	624,22	2,2423	56,588	622,45	2,2332	59,744	620,64	2,2244
130	52,256	631,83	2,2613	55,210	630,15	2,2525	58,237	628,44	2,2439
135	51,084	639,40	2,2799	53,932	637,80	2,2713	56,843	636,18	2,2629
140	49,988	646,94	2,2983	52,739	645,42	2,2899	55,546	643,88	2,2817
145	48,958	654,46	2,3164	51,622	653,01	2,3081	54,335	651,54	2,3001
150	47,988	661,96	2,3342	50,572	660,58	2,3261	53,200	659,17	2,3183
155	47,072	669,46	2,3518	49,581	668,13	2,3439	52,131	666,79	2,3362
160	46,203	676,96	2,3692	48,645	675,68	2,3614	51,123	674,40	2,3538
165	45,378	684,46	2,3864	47,757	683,23	2,3787	50,169	681,99	2,3713
170	44,593	691,96	2,4035	46,913	690,78	2,3959	49,263	689,59	2,3885
175	43,844	699,48	2,4203	46,109	698,34	2,4128	48,402	697,20	2,4056

R. 152a

t °C	$p = 2{,}50$ MPa (83,07 °C)			$p = 2{,}60$ MPa (84,97 °C)			$p = 2{,}70$ MPa (86,81 °C)		
	ϱ $\frac{\text{kg}}{\text{m}^3}$	h $\frac{\text{kJ}}{\text{kg}}$	s $\frac{\text{kJ}}{\text{kg K}}$	ϱ $\frac{\text{kg}}{\text{m}^3}$	h $\frac{\text{kJ}}{\text{kg}}$	s $\frac{\text{kJ}}{\text{kg K}}$	ϱ $\frac{\text{kg}}{\text{m}^3}$	h $\frac{\text{kJ}}{\text{kg}}$	s $\frac{\text{kJ}}{\text{kg K}}$
−50	1066,6	119,46	0,6659	1066,8	119,51	0,6658	1066,9	119,57	0,6656
−45	1057,0	127,33	0,7008	1057,2	127,38	0,7006	1057,3	127,44	0,7004
−40	1047,3	135,25	0,7351	1047,4	135,30	0,7350	1047,6	135,35	0,7348
−35	1037,4	143,22	0,7690	1037,6	143,28	0,7688	1037,7	143,33	0,7686
−30	1027,4	151,26	0,8024	1027,6	151,31	0,8022	1027,8	151,36	0,8020
−25	1017,3	159,36	0,8353	1017,5	159,41	0,8351	1017,7	159,46	0,8349
−20	1007,1	167,52	0,8679	1007,3	167,56	0,8677	1007,5	167,61	0,8675
−15	996,71	175,74	0,9001	996,92	175,79	0,8999	997,12	175,83	0,8996
−10	986,15	184,04	0,9319	986,37	184,08	0,9317	986,59	184,12	0,9315
−5	975,42	192,40	0,9634	975,65	192,44	0,9632	975,88	192,48	0,9629
0	964,48	200,84	0,9946	964,73	200,88	0,9943	964,97	200,92	0,9941
5	953,33	209,36	1,0255	953,60	209,40	1,0252	953,86	209,44	1,0250
10	941,95	217,97	1,0562	942,23	218,00	1,0559	942,51	218,04	1,0556
15	930,31	226,67	1,0866	930,61	226,70	1,0863	930,91	226,73	1,0861
20	918,37	235,46	1,1169	918,70	235,48	1,1166	919,02	235,51	1,1163
25	906,12	244,35	1,1469	906,47	244,38	1,1466	906,81	244,40	1,1463
30	893,50	253,36	1,1769	893,88	253,38	1,1766	894,26	253,39	1,1763
35	880,48	262,49	1,2068	880,89	262,50	1,2064	881,30	262,51	1,2061
40	866,99	271,75	1,2366	867,44	271,75	1,2362	867,89	271,75	1,2358
45	852,97	281,16	1,2664	853,47	281,15	1,2660	853,97	281,15	1,2656
50	838,33	290,73	1,2962	838,89	290,72	1,2958	839,44	290,70	1,2954
55	822,96	300,50	1,3262	823,58	300,47	1,3258	824,20	300,44	1,3253
60	806,72	310,48	1,3564	807,42	310,43	1,3559	808,12	310,39	1,3554
65	789,41	320,72	1,3869	790,22	320,65	1,3863	791,02	320,58	1,3858
70	770,76	331,27	1,4179	771,71	331,17	1,4172	772,64	331,08	1,4166
75	750,37	342,21	1,4495	751,51	342,08	1,4488	752,63	341,96	1,4480
80	727,61	353,68	1,4823	729,02	353,50	1,4813	730,40	353,32	1,4804
85	86,647	547,45	2,0263	93,751	542,78	2,0101	704,98	365,37	1,5143
90	81,587	558,18	2,0560	87,494	554,41	2,0424	94,018	550,30	2,0280
95	77,595	567,94	2,0827	82,766	564,72	2,0706	88,337	561,29	2,0581
100	74,283	577,11	2,1075	78,941	574,27	2,0964	83,885	571,29	2,0851
105	71,449	585,89	2,1308	75,721	583,33	2,1205	80,210	580,66	2,1100
110	68,971	594,38	2,1531	72,938	592,04	2,1433	77,078	589,62	2,1336
115	66,768	602,66	2,1746	70,487	600,50	2,1653	74,347	598,28	2,1560
120	64,786	610,79	2,1954	68,298	608,78	2,1865	71,927	606,72	2,1776
125	62,986	618,79	2,2156	66,321	616,91	2,2070	69,755	614,99	2,1985
130	61,339	626,70	2,2354	64,520	624,93	2,2270	67,786	623,12	2,2188
135	59,820	634,54	2,2547	62,866	632,86	2,2466	65,986	631,16	2,2386
140	58,412	642,32	2,2736	61,339	640,73	2,2658	64,331	639,12	2,2580
145	57,101	650,05	2,2923	59,921	648,54	2,2846	62,798	647,02	2,2770
150	55,875	657,75	2,3106	58,599	656,32	2,3030	61,373	654,86	2,2957
155	54,724	665,43	2,3286	57,360	664,06	2,3212	60,041	662,67	2,3140
160	53,640	673,09	2,3464	56,195	671,78	2,3392	58,792	670,45	2,3321
165	52,615	680,75	2,3640	55,098	679,49	2,3569	57,617	678,22	2,3499
170	51,645	688,39	2,3813	54,059	687,19	2,3743	56,507	685,97	2,3675
175	50,724	696,04	2,3985	53,075	694,88	2,3916	55,457	693,71	2,3849

R 152a

t	\(p = 2{,}80\) MPa (88,60 °C)			\(p = 2{,}90\) MPa (90,33 °C)			\(p = 3{,}00\) MPa (92,03 °C)		
	ϱ	h	s	ϱ	h	s	ϱ	h	s
°C	$\frac{kg}{m^3}$	$\frac{kJ}{kg}$	$\frac{kJ}{kg\,K}$	$\frac{kg}{m^3}$	$\frac{kJ}{kg}$	$\frac{kJ}{kg\,K}$	$\frac{kg}{m^3}$	$\frac{kJ}{kg}$	$\frac{kJ}{kg\,K}$
−50	1067,1	119,63	0,6654	1067,2	119,68	0,6653	1067,4	119,74	0,6651
−45	1057,5	127,49	0,7003	1057,6	127,55	0,7001	1057,8	127,60	0,6999
−40	1047,7	135,41	0,7346	1047,9	135,46	0,7344	1048,1	135,52	0,7342
−35	1037,9	143,38	0,7684	1038,1	143,44	0,7683	1038,2	143,49	0,7681
−30	1028,0	151,41	0,8018	1028,1	151,47	0,8016	1028,3	151,52	0,8014
−25	1017,9	159,51	0,8348	1018,1	159,56	0,8346	1018,3	159,60	0,8344
−20	1007,7	167,66	0,8673	1007,9	167,71	0,8671	1008,1	167,76	0,8669
−15	997,33	175,88	0,8994	997,53	175,93	0,8992	997,73	175,97	0,8990
−10	986,80	184,17	0,9312	987,02	184,21	0,9310	987,24	184,26	0,9308
−5	976,11	192,53	0,9627	976,34	192,57	0,9625	976,56	192,61	0,9622
0	965,22	200,96	0,9939	965,46	201,00	0,9936	965,70	201,04	0,9934
5	954,12	209,47	1,0247	954,38	209,51	1,0245	954,64	209,55	1,0243
10	942,79	218,07	1,0554	943,07	218,10	1,0551	943,34	218,14	1,0549
15	931,20	226,76	1,0858	931,50	226,78	1,0855	931,80	226,81	1,0852
20	919,34	235,54	1,1160	919,66	235,56	1,1157	919,98	235,59	1,1154
25	907,16	244,42	1,1460	907,51	244,44	1,1457	907,85	244,46	1,1454
30	894,63	253,41	1,1759	895,01	253,42	1,1756	895,38	253,44	1,1753
35	881,71	262,52	1,2057	882,12	262,53	1,2054	882,52	262,54	1,2051
40	868,34	271,76	1,2355	868,79	271,76	1,2351	869,23	271,76	1,2348
45	854,46	281,14	1,2652	854,95	281,13	1,2648	855,43	281,13	1,2644
50	839,98	290,68	1,2950	840,52	290,67	1,2946	841,06	290,65	1,2941
55	824,81	300,41	1,3248	825,42	300,38	1,3244	826,02	300,35	1,3239
60	808,81	310,34	1,3549	809,50	310,30	1,3544	810,18	310,26	1,3539
65	791,81	320,52	1,3852	792,59	320,46	1,3846	793,37	320,40	1,3841
70	773,57	330,99	1,4160	774,48	330,91	1,4153	775,38	330,82	1,4147
75	753,73	341,83	1,4473	754,81	341,71	1,4466	755,88	341,59	1,4459
80	731,76	353,15	1,4796	733,09	352,98	1,4787	734,39	352,81	1,4779
85	706,73	365,12	1,5132	708,44	364,88	1,5122	710,11	364,64	1,5111
90	101,36	545,71	2,0126	679,22	377,74	1,5478	681,52	377,38	1,5464
95	94,396	557,60	2,0451	101,07	553,59	2,0314	108,55	549,15	2,0167
100	89,161	568,14	2,0735	94,833	564,79	2,0616	100,98	561,20	2,0493
105	84,945	577,88	2,0995	89,960	574,97	2,0887	95,301	571,90	2,0778
110	81,407	587,11	2,1237	85,949	584,51	2,1138	90,730	581,81	2,1038
115	78,359	595,99	2,1467	82,538	593,63	2,1374	86,902	591,19	2,1281
120	75,680	604,60	2,1688	79,570	602,43	2,1600	83,607	600,20	2,1512
125	73,293	613,02	2,1901	76,945	611,01	2,1817	80,717	608,95	2,1733
130	71,141	621,28	2,2107	74,592	619,41	2,2026	78,144	617,49	2,1946
135	69,184	629,43	2,2308	72,463	627,67	2,2230	75,828	625,87	2,2153
140	67,390	637,48	2,2504	70,519	635,82	2,2428	73,723	634,14	2,2354
145	65,734	645,47	2,2696	68,732	643,89	2,2623	71,795	642,30	2,2550
150	64,199	653,39	2,2884	67,081	651,90	2,2813	70,018	650,39	2,2743
155	62,769	661,27	2,3069	65,545	659,85	2,3000	68,372	658,41	2,2931
160	61,430	669,11	2,3251	64,112	667,76	2,3183	66,839	666,39	2,3117
165	60,173	676,93	2,3431	62,769	675,64	2,3364	65,405	674,33	2,3299
170	58,989	684,74	2,3608	61,506	683,50	2,3543	64,060	682,24	2,3478
175	57,870	692,53	2,3783	60,315	691,34	2,3719	62,792	690,14	2,3655

R 123

$CHCl_2CF_3$

	Seite
Sättigungsgrößen als Funktionen der Celsius-Temperatur	166
Sättigungsgrößen als Funktionen des Drucks	171
Zustandsgrößen im Gas- und Flüssigkeitsgebiet	174

	Page
Saturation properties as functions of Celsius-temperature	166
Saturation properties as functions of pressure	171
Properties of liquid and gas	174

Sättigungsgrößen als Funktionen der Celsius-Temperatur
Saturation properties as functions of Celsius-temperature

t °C	p_s MPa	ϱ'	ϱ''	h'	Δh_v	h''	s'	Δs_v	s''
		kg/m³		kJ/kg			kJ/(kg K)		
−55	0,00121	1653,9	0,1020	147,13	202,29	349,42	0,7842	0,9273	1,7115
−54	0,00131	1651,6	0,1098	148,06	201,91	349,98	0,7884	0,9213	1,7098
−53	0,00141	1649,4	0,1181	149,00	201,53	350,53	0,7927	0,9154	1,7081
−52	0,00152	1647,1	0,1268	149,94	201,15	351,09	0,7970	0,9096	1,7065
−51	0,00164	1644,9	0,1362	150,87	200,77	351,65	0,8012	0,9038	1,7050
−50	0,00177	1642,6	0,1461	151,81	200,40	352,21	0,8054	0,8980	1,7034
−49	0,00190	1640,3	0,1566	152,75	200,02	352,77	0,8096	0,8923	1,7020
−48	0,00205	1638,1	0,1677	153,69	199,64	353,33	0,8138	0,8867	1,7005
−47	0,00220	1635,8	0,1795	154,64	199,26	353,90	0,8180	0,8811	1,6991
−46	0,00236	1633,6	0,1920	155,58	198,89	354,46	0,8221	0,8756	1,6977
−45	0,00254	1631,3	0,2052	156,52	198,51	355,03	0,8263	0,8701	1,6963
−44	0,00272	1629,0	0,2191	157,46	198,13	355,60	0,8304	0,8646	1,6950
−43	0,00292	1626,8	0,2339	158,41	197,76	356,17	0,8345	0,8592	1,6938
−42	0,00312	1624,5	0,2494	159,36	197,38	356,74	0,8386	0,8539	1,6925
−41	0,00334	1622,2	0,2658	160,30	197,00	357,31	0,8427	0,8486	1,6913
−40	0,00358	1619,9	0,2831	161,25	196,63	357,88	0,8468	0,8434	1,6901
−39	0,00382	1617,7	0,3014	162,20	196,25	358,45	0,8508	0,8381	1,6890
−38	0,00408	1615,4	0,3206	163,15	195,88	359,03	0,8549	0,8330	1,6879
−37	0,00436	1613,1	0,3407	164,10	195,50	359,60	0,8589	0,8279	1,6868
−36	0,00465	1610,8	0,3620	165,05	195,13	360,18	0,8629	0,8228	1,6857
−35	0,00495	1608,5	0,3843	166,00	194,75	360,75	0,8669	0,8178	1,6847
−34	0,00527	1606,2	0,4077	166,96	194,38	361,33	0,8709	0,8128	1,6837
−33	0,00561	1603,9	0,4323	167,91	194,00	361,91	0,8749	0,8078	1,6827
−32	0,00597	1601,6	0,4582	168,87	193,62	362,49	0,8789	0,8029	1,6818
−31	0,00635	1599,3	0,4852	169,82	193,25	363,07	0,8828	0,7981	1,6809
−30	0,00675	1597,0	0,5136	170,78	192,87	363,65	0,8868	0,7932	1,6800
−29	0,00717	1594,7	0,5434	171,74	192,50	364,23	0,8907	0,7884	1,6792
−28	0,00761	1592,4	0,5745	172,70	192,12	364,82	0,8946	0,7837	1,6783
−27	0,00807	1590,1	0,6071	173,66	191,74	365,40	0,8985	0,7790	1,6775
−26	0,00855	1587,7	0,6411	174,62	191,37	365,99	0,9024	0,7743	1,6767
−25	0,00906	1585,4	0,6768	175,58	190,99	366,57	0,9063	0,7697	1,6760
−24	0,00959	1583,1	0,7140	176,55	190,61	367,16	0,9102	0,7651	1,6753
−23	0,01015	1580,8	0,7529	177,51	190,24	367,75	0,9141	0,7605	1,6746
−22	0,01074	1578,4	0,7935	178,48	189,86	368,34	0,9179	0,7560	1,6739
−21	0,01135	1576,1	0,8358	179,44	189,48	368,93	0,9218	0,7515	1,6732
−20	0,01200	1573,8	0,8800	180,41	189,10	369,52	0,9256	0,7470	1,6726
−19	0,01267	1571,4	0,9260	181,38	188,73	370,11	0,9294	0,7426	1,6720
−18	0,01337	1569,1	0,9740	182,35	188,35	370,70	0,9332	0,7382	1,6714
−17	0,01411	1566,7	1,0240	183,32	187,97	371,29	0,9370	0,7338	1,6708
−16	0,01488	1564,4	1,0760	184,29	187,59	371,88	0,9408	0,7295	1,6703
−15	0,01568	1562,0	1,1302	185,27	187,21	372,47	0,9446	0,7252	1,6698
−14	0,01652	1559,6	1,1865	186,24	186,83	373,07	0,9483	0,7209	1,6693
−13	0,01739	1557,3	1,2451	187,22	186,45	373,66	0,9521	0,7167	1,6688
−12	0,01831	1554,9	1,3060	188,19	186,06	374,26	0,9558	0,7125	1,6683
−11	0,01926	1552,5	1,3693	189,17	185,68	374,85	0,9596	0,7083	1,6679

R 123

t °C	p_s MPa	ϱ' kg/m³	ϱ''	h' kJ/kg	Δh_v	h''	s' kJ/(kg K)	Δs_v	s''
−10	0,02025	1550,1	1,4350	190,15	185,30	375,45	0,9633	0,7042	1,6675
−9	0,02128	1547,7	1,5032	191,13	184,92	376,05	0,9670	0,7000	1,6670
−8	0,02235	1545,4	1,5740	192,11	184,53	376,64	0,9707	0,6960	1,6667
−7	0,02347	1543,0	1,6474	193,09	184,15	377,24	0,9744	0,6919	1,6663
−6	0,02464	1540,6	1,7236	194,08	183,76	377,84	0,9781	0,6879	1,6660
−5	0,02585	1538,2	1,8025	195,06	183,38	378,44	0,9818	0,6839	1,6656
−4	0,02711	1535,8	1,8843	196,05	182,99	379,04	0,9854	0,6799	1,6653
−3	0,02841	1533,4	1,9691	197,03	182,60	379,64	0,9891	0,6759	1,6650
−2	0,02977	1530,9	2,0569	198,02	182,21	380,24	0,9927	0,6720	1,6647
−1	0,03118	1528,5	2,1477	199,01	181,83	380,84	0,9964	0,6681	1,6645
0	0,03265	1526,1	2,2418	200,00	181,44	381,44	1,0000	0,6642	1,6642
1	0,03417	1523,7	2,3390	200,99	181,05	382,04	1,0036	0,6604	1,6640
2	0,03574	1521,2	2,4396	201,98	180,65	382,64	1,0072	0,6566	1,6638
3	0,03737	1518,8	2,5437	202,98	180,26	383,24	1,0108	0,6528	1,6636
4	0,03907	1516,4	2,6512	203,97	179,87	383,84	1,0144	0,6490	1,6634
5	0,04082	1513,9	2,7622	204,97	179,48	384,44	1,0180	0,6452	1,6633
6	0,04264	1511,5	2,8770	205,97	179,08	385,05	1,0216	0,6415	1,6631
7	0,04452	1509,0	2,9955	206,96	178,68	385,65	1,0251	0,6378	1,6630
8	0,04647	1506,5	3,1178	207,96	178,29	386,25	1,0287	0,6341	1,6628
9	0,04848	1504,1	3,2440	208,96	177,89	386,85	1,0323	0,6305	1,6627
10	0,05057	1501,6	3,3742	209,97	177,49	387,46	1,0358	0,6268	1,6626
11	0,05272	1499,1	3,5085	210,97	177,09	388,06	1,0393	0,6232	1,6626
12	0,05495	1496,6	3,6470	211,97	176,69	388,66	1,0428	0,6196	1,6625
13	0,05726	1494,2	3,7898	212,98	176,29	389,27	1,0464	0,6161	1,6624
14	0,05963	1491,7	3,9369	213,99	175,89	389,87	1,0499	0,6125	1,6624
15	0,06209	1489,2	4,0886	214,99	175,48	390,47	1,0534	0,6090	1,6624
16	0,06463	1486,7	4,2447	216,00	175,08	391,08	1,0569	0,6055	1,6623
17	0,06725	1484,2	4,4055	217,01	174,67	391,68	1,0603	0,6020	1,6623
18	0,06995	1481,6	4,5711	218,02	174,26	392,29	1,0638	0,5985	1,6623
19	0,07274	1479,1	4,7415	219,04	173,85	392,89	1,0673	0,5951	1,6624
20	0,07561	1476,6	4,9169	220,05	173,44	393,49	1,0707	0,5917	1,6624
21	0,07857	1474,1	5,0973	221,07	173,03	394,10	1,0742	0,5882	1,6624
22	0,08163	1471,5	5,2829	222,08	172,62	394,70	1,0776	0,5849	1,6625
23	0,08478	1469,0	5,4738	223,10	172,21	395,31	1,0811	0,5815	1,6625
24	0,08802	1466,4	5,6700	224,12	171,79	395,91	1,0845	0,5781	1,6626
25	0,09136	1463,9	5,8717	225,14	171,37	396,51	1,0879	0,5748	1,6627
26	0,09480	1461,3	6,0789	226,16	170,96	397,12	1,0913	0,5715	1,6628
27	0,09834	1458,7	6,2918	227,18	170,54	397,72	1,0947	0,5682	1,6629
28	0,10198	1456,2	6,5106	228,21	170,11	398,32	1,0981	0,5649	1,6630
29	0,10573	1453,6	6,7352	229,23	169,69	398,92	1,1015	0,5616	1,6631
30	0,10958	1451,0	6,9659	230,26	169,27	399,53	1,1049	0,5584	1,6633
31	0,11354	1448,4	7,2027	231,29	168,84	400,13	1,1083	0,5551	1,6634
32	0,11762	1445,8	7,4457	232,31	168,42	400,73	1,1116	0,5519	1,6635
33	0,12181	1443,2	7,6952	233,34	167,99	401,33	1,1150	0,5487	1,6637
34	0,12611	1440,6	7,9511	234,38	167,56	401,93	1,1183	0,5455	1,6639
35	0,13053	1438,0	8,2136	235,41	167,13	402,54	1,1217	0,5424	1,6641
36	0,13507	1435,3	8,4828	236,44	166,69	403,14	1,1250	0,5392	1,6642
37	0,13973	1432,7	8,7589	237,48	166,26	403,74	1,1284	0,5361	1,6644
38	0,14452	1430,1	9,0420	238,51	165,82	404,34	1,1317	0,5329	1,6646
39	0,14943	1427,4	9,3322	239,55	165,38	404,94	1,1350	0,5298	1,6648

R 123

t °C	p_s MPa	ϱ' kg/m³	ϱ'' kg/m³	h' kJ/kg	Δh_v kJ/kg	h'' kJ/kg	s' kJ/(kg K)	Δs_v kJ/(kg K)	s'' kJ/(kg K)
40	0,15447	1424,8	9,6296	240,59	164,94	405,54	1,1383	0,5267	1,6651
41	0,15965	1422,1	9,9344	241,63	164,50	406,13	1,1416	0,5236	1,6653
42	0,16495	1419,4	10,247	242,67	164,06	406,73	1,1449	0,5206	1,6655
43	0,17039	1416,8	10,567	243,72	163,61	407,33	1,1482	0,5175	1,6657
44	0,17597	1414,1	10,894	244,76	163,17	407,93	1,1515	0,5145	1,6660
45	0,18169	1411,4	11,230	245,81	162,72	408,52	1,1548	0,5114	1,6662
46	0,18755	1408,7	11,573	246,86	162,27	409,12	1,1581	0,5084	1,6665
47	0,19356	1406,0	11,925	247,90	161,81	409,72	1,1613	0,5054	1,6668
48	0,19971	1403,2	12,285	248,95	161,36	410,31	1,1646	0,5024	1,6670
49	0,20601	1400,5	12,654	250,01	160,90	410,91	1,1678	0,4995	1,6673
50	0,21247	1397,8	13,031	251,06	160,44	411,50	1,1711	0,4965	1,6676
51	0,21907	1395,0	13,417	252,11	159,98	412,09	1,1743	0,4935	1,6679
52	0,22584	1392,3	13,812	253,17	159,52	412,69	1,1776	0,4906	1,6682
53	0,23276	1389,5	14,216	254,23	159,05	413,28	1,1808	0,4877	1,6685
54	0,23985	1386,8	14,629	255,28	158,58	413,87	1,1840	0,4847	1,6688
55	0,24710	1384,0	15,052	256,34	158,11	414,46	1,1873	0,4818	1,6691
56	0,25451	1381,2	15,484	257,41	157,64	415,05	1,1905	0,4789	1,6694
57	0,26210	1378,4	15,926	258,47	157,17	415,64	1,1937	0,4761	1,6697
58	0,26985	1375,6	16,377	259,53	156,69	416,22	1,1969	0,4732	1,6701
59	0,27778	1372,8	16,839	260,60	156,21	416,81	1,2001	0,4703	1,6704
60	0,28589	1370,0	17,311	261,67	155,73	417,40	1,2033	0,4675	1,6707
61	0,29418	1367,1	17,793	262,73	155,25	417,98	1,2064	0,4646	1,6711
62	0,30264	1364,3	18,286	263,81	154,76	418,57	1,2096	0,4618	1,6714
63	0,31129	1361,4	18,790	264,88	154,27	419,15	1,2128	0,4589	1,6717
64	0,32013	1358,6	19,305	265,95	153,78	419,73	1,2160	0,4561	1,6721
65	0,32916	1355,7	19,830	267,03	153,29	420,31	1,2191	0,4533	1,6725
66	0,33838	1352,8	20,367	268,10	152,79	420,89	1,2223	0,4505	1,6728
67	0,34779	1349,9	20,916	269,18	152,29	421,47	1,2254	0,4477	1,6732
68	0,35740	1347,0	21,476	270,26	151,79	422,05	1,2286	0,4449	1,6735
69	0,36721	1344,1	22,048	271,34	151,29	422,63	1,2317	0,4422	1,6739
70	0,37723	1341,2	22,632	272,42	150,78	423,20	1,2349	0,4394	1,6743
71	0,38745	1338,2	23,229	273,51	150,27	423,78	1,2380	0,4366	1,6747
72	0,39787	1335,3	23,838	274,60	149,76	424,35	1,2411	0,4339	1,6750
73	0,40851	1332,3	24,460	275,68	149,24	424,92	1,2443	0,4311	1,6754
74	0,41936	1329,3	25,095	276,77	148,72	425,50	1,2474	0,4284	1,6758
75	0,43043	1326,3	25,743	277,86	148,20	426,06	1,2505	0,4257	1,6762
76	0,44171	1323,3	26,404	278,96	147,68	426,63	1,2536	0,4230	1,6766
77	0,45322	1320,3	27,079	280,05	147,15	427,20	1,2567	0,4202	1,6770
78	0,46495	1317,3	27,768	281,15	146,62	427,77	1,2598	0,4175	1,6774
79	0,47691	1314,3	28,471	282,25	146,08	428,33	1,2629	0,4148	1,6777
80	0,48909	1311,2	29,189	283,35	145,54	428,89	1,2660	0,4121	1,6781
81	0,50151	1308,1	29,921	284,45	145,00	429,45	1,2691	0,4094	1,6785
82	0,51417	1305,1	30,668	285,55	144,46	430,01	1,2722	0,4068	1,6789
83	0,52706	1302,0	31,430	286,66	143,91	430,57	1,2753	0,4041	1,6793
84	0,54020	1298,9	32,207	287,77	143,36	431,13	1,2783	0,4014	1,6797
85	0,55358	1295,7	33,001	288,88	142,80	431,68	1,2814	0,3987	1,6801
86	0,56720	1292,6	33,810	289,99	142,25	432,23	1,2845	0,3961	1,6806
87	0,58108	1289,4	34,635	291,10	141,68	432,78	1,2876	0,3934	1,6810
88	0,59521	1286,3	35,477	292,22	141,12	433,33	1,2906	0,3907	1,6814
89	0,60959	1283,1	36,337	293,33	140,55	433,88	1,2937	0,3881	1,6818

R 123

t °C	p_s MPa	ϱ' kg/m³	ϱ'' kg/m³	h' kJ/kg	Δh_v kJ/kg	h'' kJ/kg	s' kJ/(kg K)	Δs_v kJ/(kg K)	s'' kJ/(kg K)
90	0,62423	1279,9	37,213	294,45	139,97	434,43	1,2967	0,3854	1,6822
91	0,63914	1276,7	38,107	295,58	139,40	434,97	1,2998	0,3828	1,6826
92	0,65431	1273,4	39,018	296,70	138,81	435,51	1,3028	0,3802	1,6830
93	0,66974	1270,2	39,948	297,82	138,23	436,05	1,3059	0,3775	1,6834
94	0,68545	1266,9	40,896	298,95	137,64	436,59	1,3089	0,3749	1,6838
95	0,70143	1263,6	41,864	300,08	137,04	437,13	1,3120	0,3723	1,6842
96	0,71768	1260,3	42,850	301,21	136,45	437,66	1,3150	0,3696	1,6846
97	0,73422	1257,0	43,856	302,35	135,84	438,19	1,3180	0,3670	1,6850
98	0,75104	1253,7	44,882	303,49	135,23	438,72	1,3211	0,3644	1,6854
99	0,76814	1250,3	45,929	304,62	134,62	439,25	1,3241	0,3617	1,6858
100	0,78554	1246,9	46,996	305,77	134,01	439,77	1,3271	0,3591	1,6862
101	0,80322	1243,5	48,085	306,91	133,38	440,29	1,3301	0,3565	1,6866
102	0,82120	1240,1	49,195	308,06	132,76	440,81	1,3332	0,3539	1,6870
103	0,83948	1236,7	50,328	309,20	132,13	441,33	1,3362	0,3513	1,6874
104	0,85806	1233,2	51,483	310,35	131,49	441,85	1,3392	0,3486	1,6878
105	0,87694	1229,7	52,661	311,51	130,85	442,36	1,3422	0,3460	1,6882
106	0,89613	1226,2	53,862	312,66	130,20	442,87	1,3452	0,3434	1,6886
107	0,91564	1222,7	55,088	313,82	129,55	443,37	1,3482	0,3408	1,6890
108	0,93545	1219,1	56,338	314,98	128,89	443,88	1,3512	0,3382	1,6894
109	0,95559	1215,5	57,613	316,15	128,23	444,38	1,3542	0,3355	1,6898
110	0,97604	1211,9	58,914	317,32	127,56	444,88	1,3572	0,3329	1,6902
111	0,99682	1208,3	60,242	318,49	126,89	445,37	1,3603	0,3303	1,6906
112	1,01793	1204,6	61,596	319,66	126,20	445,86	1,3633	0,3277	1,6909
113	1,03936	1201,0	62,977	320,83	125,52	446,35	1,3663	0,3250	1,6913
114	1,06113	1197,2	64,386	322,01	124,82	446,84	1,3693	0,3224	1,6917
115	1,08324	1193,5	65,825	323,19	124,13	447,32	1,3723	0,3198	1,6920
116	1,10569	1189,7	67,292	324,38	123,42	447,80	1,3753	0,3172	1,6924
117	1,12849	1185,9	68,790	325,56	122,71	448,27	1,3783	0,3145	1,6928
118	1,15163	1182,1	70,318	326,75	121,99	448,74	1,3813	0,3119	1,6931
119	1,17512	1178,3	71,879	327,95	121,26	449,21	1,3842	0,3092	1,6935
120	1,19897	1174,4	73,471	329,15	120,53	449,67	1,3872	0,3066	1,6938
121	1,22318	1170,5	75,097	330,35	119,79	450,13	1,3902	0,3039	1,6942
122	1,24775	1166,5	76,757	331,55	119,04	450,59	1,3932	0,3012	1,6945
123	1,27268	1162,5	78,452	332,76	118,28	451,04	1,3962	0,2986	1,6948
124	1,29799	1158,5	80,183	333,97	117,52	451,49	1,3992	0,2959	1,6951
125	1,32366	1154,4	81,950	335,18	116,75	451,93	1,4022	0,2932	1,6955
126	1,34972	1150,3	83,756	336,40	115,96	452,37	1,4052	0,2905	1,6958
127	1,37615	1146,2	85,601	337,63	115,18	452,80	1,4082	0,2878	1,6961
128	1,40297	1142,0	87,485	338,85	114,38	453,23	1,4112	0,2851	1,6964
129	1,43018	1137,8	89,411	340,08	113,57	453,65	1,4142	0,2824	1,6967
130	1,45778	1133,5	91,379	341,32	112,75	454,07	1,4173	0,2797	1,6969
131	1,48578	1129,2	93,391	342,56	111,93	454,49	1,4203	0,2769	1,6972
132	1,51418	1124,9	95,448	343,80	111,09	454,89	1,4233	0,2742	1,6975
133	1,54298	1120,5	97,552	345,05	110,25	455,30	1,4263	0,2714	1,6977
134	1,57219	1116,0	99,703	346,30	109,39	455,69	1,4293	0,2687	1,6980
135	1,60181	1111,6	101,90	347,56	108,52	456,08	1,4323	0,2659	1,6982
136	1,63185	1107,0	104,16	348,82	107,65	456,47	1,4353	0,2631	1,6984
137	1,66231	1102,4	106,46	350,09	106,76	456,85	1,4384	0,2603	1,6987
138	1,69320	1097,8	108,82	351,36	105,86	457,22	1,4414	0,2575	1,6989
139	1,72452	1093,1	111,24	352,64	104,94	457,58	1,4444	0,2546	1,6991

R 123

t °C	p_s MPa	ϱ' kg/m³	ϱ''	h' kJ/kg	Δh_v	h''	s' kJ/(kg K)	Δs_v	s''
140	1,75627	1088,3	113,71	353,92	104,02	457,94	1,4475	0,2518	1,6992
141	1,78845	1083,5	116,25	355,21	103,08	458,29	1,4505	0,2489	1,6994
142	1,82109	1078,6	118,85	356,51	102,13	458,63	1,4536	0,2460	1,6996
143	1,85417	1073,6	121,51	357,81	101,16	458,97	1,4566	0,2431	1,6997
144	1,88770	1068,6	124,24	359,12	100,18	459,29	1,4597	0,2401	1,6998
145	1,92169	1063,5	127,04	360,43	99,18	459,61	1,4628	0,2372	1,6999
146	1,95615	1058,3	129,92	361,75	98,17	459,92	1,4658	0,2342	1,7000
147	1,99107	1053,1	132,87	363,08	97,14	460,22	1,4689	0,2312	1,7001
148	2,02646	1047,7	135,91	364,41	96,09	460,51	1,4720	0,2282	1,7002
149	2,06234	1042,3	139,03	365,75	95,03	460,79	1,4751	0,2251	1,7002
150	2,09869	1036,8	142,23	367,10	93,95	461,05	1,4782	0,2220	1,7003
151	2,13554	1031,2	145,53	368,46	92,85	461,31	1,4814	0,2189	1,7003
152	2,17288	1025,5	148,92	369,83	91,73	461,56	1,4845	0,2158	1,7002
153	2,21072	1019,7	152,42	371,21	90,58	461,79	1,4876	0,2126	1,7002
154	2,24906	1013,8	156,02	372,59	89,42	462,01	1,4908	0,2093	1,7001
155	2,28792	1007,8	159,74	373,99	88,23	462,22	1,4940	0,2061	1,7000
156	2,32730	1001,6	163,57	375,39	87,02	462,41	1,4971	0,2028	1,6999
157	2,36720	995,34	167,53	376,81	85,78	462,59	1,5004	0,1994	1,6998
158	2,40764	988,93	171,62	378,24	84,51	462,75	1,5036	0,1960	1,6996
159	2,44861	982,37	175,86	379,68	83,21	462,89	1,5068	0,1926	1,6994
160	2,49013	975,67	180,24	381,13	81,89	463,01	1,5101	0,1890	1,6991
161	2,53221	968,79	184,79	382,60	80,52	463,12	1,5134	0,1855	1,6988
162	2,57484	961,74	189,51	384,08	79,13	463,20	1,5167	0,1818	1,6985
163	2,61805	954,51	194,42	385,57	77,69	463,27	1,5200	0,1781	1,6981
164	2,66183	947,06	199,53	387,09	76,22	463,30	1,5234	0,1744	1,6977
165	2,70620	939,40	204,85	388,62	74,70	463,32	1,5267	0,1705	1,6972
166	2,75116	931,49	210,42	390,17	73,13	463,30	1,5302	0,1665	1,6967
167	2,79673	923,32	216,24	391,74	71,51	463,25	1,5336	0,1625	1,6961
168	2,84292	914,85	222,35	393,34	69,83	463,17	1,5371	0,1583	1,6954
169	2,88973	906,07	228,77	394,96	68,09	463,05	1,5407	0,1540	1,6947
170	2,93718	896,93	235,54	396,61	66,28	462,89	1,5443	0,1496	1,6939
171	2,98529	887,38	242,71	398,29	64,39	462,68	1,5480	0,1450	1,6930
172	3,03406	877,38	250,33	400,01	62,41	462,43	1,5517	0,1402	1,6919
173	3,08351	866,85	258,45	401,77	60,33	462,11	1,5555	0,1352	1,6908
174	3,13367	855,71	267,18	403,58	58,14	461,72	1,5595	0,1300	1,6895
175	3,18454	843,86	276,60	405,44	55,80	461,25	1,5635	0,1245	1,6880
176	3,23615	831,14	286,86	407,37	53,30	460,68	1,5677	0,1187	1,6863
177	3,28852	817,36	298,16	409,39	50,60	459,99	1,5720	0,1124	1,6844
178	3,34169	802,22	310,78	411,51	47,65	459,16	1,5766	0,1056	1,6822
179	3,39569	785,31	325,15	413,77	44,35	458,12	1,5814	0,0981	1,6795
180	3,45058	765,89	341,96	416,23	40,59	456,82	1,5867	0,0896	1,6763
181	3,50640	742,64	362,52	418,98	36,12	455,10	1,5926	0,0795	1,6721
182	3,56327	712,60	389,80	422,28	30,38	452,66	1,5997	0,0667	1,6664
183	3,62137	665,70	434,01	426,95	21,51	448,46	1,6097	0,0472	1,6569
183,68	3,66178	550,00	550,00	437,39	0,00	437,39	1,6325	0,0000	1,6325

R 123

Sättigungsgrößen als Funktionen des Drucks
Saturation properties as functions of pressure

p MPa	t_s °C	ϱ'	ϱ'' kg/m³	h'	Δh_v kJ/kg	h''	s'	Δs_v kJ/(kg K)	s''
0,001	−57,38	1659,2	0,0854	144,90	203,20	348,10	0,7739	0,9417	1,7157
0,002	−48,33	1638,8	0,1640	153,39	199,76	353,15	0,8124	0,8885	1,7010
0,003	−42,59	1625,8	0,2401	158,80	197,60	356,40	0,8362	0,8571	1,6932
0,004	−38,31	1616,1	0,3146	162,86	195,99	358,85	0,8536	0,8346	1,6882
0,005	−34,85	1608,2	0,3878	166,15	194,69	360,84	0,8676	0,8170	1,6845
0,006	−31,93	1601,4	0,4601	168,94	193,60	362,53	0,8792	0,8026	1,6817
0,007	−29,39	1595,6	0,5316	171,36	192,64	364,01	0,8892	0,7903	1,6795
0,008	−27,14	1590,4	0,6023	173,52	191,80	365,32	0,8980	0,7796	1,6776
0,009	−25,12	1585,7	0,6725	175,47	191,04	366,50	0,9059	0,7702	1,6761
0,010	−23,27	1581,4	0,7422	177,25	190,34	367,59	0,9130	0,7617	1,6747
0,012	−20,00	1573,7	0,8801	180,41	189,10	369,52	0,9256	0,7470	1,6726
0,014	−17,15	1567,1	1,0165	183,18	188,02	371,20	0,9365	0,7345	1,6709
0,016	−14,61	1561,1	1,1516	185,64	187,06	372,70	0,9460	0,7235	1,6696
0,018	−12,33	1555,7	1,2856	187,87	186,19	374,06	0,9546	0,7139	1,6685
0,020	−10,25	1550,7	1,4186	189,91	185,39	375,30	0,9624	0,7052	1,6676
0,022	−8,33	1546,1	1,5506	191,79	184,66	376,45	0,9695	0,6973	1,6668
0,024	−6,54	1541,9	1,6819	193,54	183,97	377,51	0,9761	0,6900	1,6661
0,026	−4,88	1537,9	1,8124	195,18	183,33	378,51	0,9822	0,6834	1,6656
0,028	−3,31	1534,1	1,9423	196,72	182,72	379,45	0,9879	0,6772	1,6651
0,030	−1,84	1530,5	2,0716	198,18	182,15	380,33	0,9933	0,6714	1,6647
0,032	−0,44	1527,2	2,2003	199,57	181,61	381,17	0,9984	0,6659	1,6643
0,034	0,89	1523,9	2,3285	200,89	181,09	381,97	1,0032	0,6608	1,6640
0,036	2,16	1520,8	2,4562	202,14	180,59	382,74	1,0078	0,6560	1,6638
0,038	3,37	1517,9	2,5834	203,35	180,12	383,46	1,0122	0,6514	1,6635
0,040	4,54	1515,0	2,7102	204,51	179,66	384,16	1,0163	0,6470	1,6633
0,045	7,25	1508,4	3,0256	207,21	178,59	385,80	1,0260	0,6369	1,6629
0,050	9,73	1502,3	3,3387	209,70	177,60	387,29	1,0348	0,6278	1,6627
0,055	12,02	1496,6	3,6500	211,99	176,68	388,68	1,0429	0,6196	1,6625
0,060	14,15	1491,3	3,9595	214,14	175,82	389,96	1,0504	0,6120	1,6624
0,065	16,14	1486,3	4,2675	216,15	175,02	391,17	1,0574	0,6050	1,6623
0,070	18,02	1481,6	4,5742	218,04	174,25	392,30	1,0639	0,5985	1,6623
0,075	19,79	1477,1	4,8797	219,84	173,53	393,37	1,0700	0,5924	1,6624
0,080	21,47	1472,9	5,1840	221,54	172,84	394,38	1,0758	0,5866	1,6624
0,085	23,07	1468,8	5,4873	223,17	172,18	395,35	1,0813	0,5812	1,6625
0,090	24,60	1464,9	5,7896	224,73	171,54	396,27	1,0865	0,5761	1,6627
0,095	26,06	1461,2	6,0911	226,22	170,93	397,15	1,0915	0,5713	1,6628
0,100	27,46	1457,6	6,3918	227,65	170,34	398,00	1,0963	0,5667	1,6629
0,105	28,81	1454,1	6,6917	229,03	169,77	398,81	1,1009	0,5622	1,6631
0,110	30,11	1450,7	6,9910	230,37	169,22	399,59	1,1053	0,5580	1,6633
0,115	31,36	1447,5	7,2896	231,66	168,69	400,35	1,1095	0,5540	1,6635
0,120	32,57	1444,3	7,5877	232,90	168,17	401,08	1,1136	0,5501	1,6636
0,125	33,74	1441,3	7,8852	234,11	167,67	401,78	1,1175	0,5463	1,6638
0,130	34,88	1438,3	8,1822	235,29	167,18	402,46	1,1213	0,5427	1,6640
0,135	35,98	1435,4	8,4787	236,43	166,70	403,13	1,1250	0,5392	1,6642
0,140	37,06	1432,6	8,7748	237,54	166,23	403,77	1,1286	0,5359	1,6644

R 123

p MPa	t_s °C	ϱ'	ϱ'' dm³/kg	h'	Δh_v kJ/kg	h''	s'	Δs_v	s'' kJ/(kg K)
0,150	39,11	1427,1	9,3657	239,67	165,33	405,00	1,1354	0,5295	1,6649
0,160	41,07	1421,9	9,9552	241,70	164,47	406,17	1,1419	0,5234	1,6653
0,170	42,93	1416,9	10,543	243,64	163,65	407,29	1,1480	0,5177	1,6657
0,180	44,71	1412,2	11,131	245,50	162,85	408,35	1,1538	0,5123	1,6662
0,190	46,41	1407,6	11,717	247,29	162,08	409,37	1,1594	0,5072	1,6666
0,200	48,05	1403,1	12,302	249,00	161,34	410,34	1,1647	0,5023	1,6670
0,210	49,62	1398,8	12,887	250,66	160,62	411,28	1,1699	0,4976	1,6675
0,220	51,14	1394,7	13,471	252,26	159,92	412,18	1,1748	0,4931	1,6679
0,230	52,60	1390,6	14,055	253,81	159,24	413,04	1,1795	0,4888	1,6684
0,240	54,02	1386,7	14,638	255,31	158,57	413,88	1,1841	0,4847	1,6688
0,250	55,39	1382,9	15,221	256,76	157,93	414,69	1,1885	0,4807	1,6692
0,260	56,73	1379,2	15,803	258,18	157,30	415,48	1,1928	0,4768	1,6696
0,270	58,02	1375,6	16,386	259,55	156,68	416,24	1,1969	0,4731	1,6701
0,280	59,28	1372,0	16,968	260,89	156,08	416,97	1,2010	0,4695	1,6705
0,290	60,50	1368,6	17,550	262,20	155,49	417,69	1,2049	0,4660	1,6709
0,300	61,69	1365,2	18,132	263,47	154,91	418,39	1,2086	0,4626	1,6713
0,310	62,85	1361,9	18,715	264,72	154,35	419,06	1,2123	0,4594	1,6717
0,320	63,99	1358,6	19,297	265,93	153,79	419,72	1,2159	0,4562	1,6721
0,330	65,09	1355,4	19,879	267,12	153,24	420,37	1,2194	0,4531	1,6725
0,340	66,17	1352,3	20,462	268,29	152,71	421,00	1,2228	0,4500	1,6729
0,350	67,23	1349,2	21,044	269,43	152,18	421,61	1,2262	0,4471	1,6733
0,360	68,27	1346,2	21,627	270,55	151,66	422,21	1,2294	0,4442	1,6736
0,370	69,28	1343,3	22,211	271,64	151,15	422,79	1,2326	0,4414	1,6740
0,380	70,27	1340,4	22,794	272,72	150,64	423,36	1,2357	0,4386	1,6744
0,390	71,25	1337,5	23,378	273,78	150,14	423,92	1,2388	0,4360	1,6747
0,400	72,20	1334,7	23,962	274,81	149,65	424,47	1,2418	0,4333	1,6751
0,410	73,14	1331,9	24,547	275,83	149,17	425,00	1,2447	0,4308	1,6755
0,420	74,06	1329,2	25,132	276,84	148,69	425,53	1,2476	0,4282	1,6758
0,430	74,96	1326,5	25,718	277,82	148,22	426,04	1,2504	0,4258	1,6762
0,440	75,85	1323,8	26,304	278,79	147,75	426,55	1,2531	0,4234	1,6765
0,450	76,72	1321,2	26,890	279,75	147,29	427,04	1,2559	0,4210	1,6769
0,460	77,58	1318,6	27,477	280,69	146,84	427,53	1,2585	0,4187	1,6772
0,470	78,42	1316,0	28,065	281,62	146,39	428,00	1,2611	0,4164	1,6775
0,480	79,26	1313,5	28,653	282,53	145,94	428,47	1,2637	0,4141	1,6778
0,490	80,07	1311,0	29,242	283,43	145,50	428,93	1,2662	0,4119	1,6782
0,500	80,88	1308,5	29,831	284,32	145,07	429,38	1,2687	0,4098	1,6785
0,510	81,67	1306,1	30,421	285,19	144,64	429,83	1,2712	0,4076	1,6788
0,520	82,45	1303,7	31,012	286,06	144,21	430,27	1,2736	0,4055	1,6791
0,530	83,23	1301,3	31,603	286,91	143,79	430,70	1,2760	0,4035	1,6794
0,540	83,99	1298,9	32,196	287,75	143,37	431,12	1,2783	0,4014	1,6797
0,550	84,73	1296,6	32,788	288,58	142,95	431,53	1,2806	0,3994	1,6800
0,560	85,47	1294,3	33,382	289,40	142,54	431,94	1,2829	0,3975	1,6803
0,570	86,20	1292,0	33,976	290,21	142,13	432,35	1,2851	0,3955	1,6806
0,580	86,92	1289,7	34,571	291,02	141,73	432,74	1,2873	0,3936	1,6809
0,590	87,63	1287,4	35,167	291,81	141,32	433,13	1,2895	0,3917	1,6812
0,600	88,34	1285,2	35,764	292,59	140,93	433,52	1,2916	0,3899	1,6815
0,610	89,03	1283,0	36,361	293,37	140,53	433,90	1,2938	0,3880	1,6818
0,620	89,71	1280,8	36,959	294,13	140,14	434,27	1,2959	0,3862	1,6821
0,630	90,39	1278,6	37,558	294,89	139,75	434,64	1,2979	0,3844	1,6823
0,640	91,06	1276,5	38,158	295,64	139,36	435,00	1,3000	0,3826	1,6826

R 123

p MPa	t_s °C	ϱ' dm³/kg	ϱ'' dm³/kg	h' kJ/kg	Δh_v kJ/kg	h'' kJ/kg	s' kJ/(kg K)	Δs_v kJ/(kg K)	s'' kJ/(kg K)
0,650	91,72	1274,4	38,759	296,38	138,98	435,36	1,3020	0,3809	1,6829
0,700	94,91	1263,9	41,777	299,98	137,10	437,08	1,3117	0,3725	1,6842
0,750	97,94	1253,9	44,819	303,42	135,27	438,69	1,3209	0,3645	1,6854
0,800	100,82	1244,1	47,886	306,70	133,50	440,20	1,3296	0,3570	1,6866
0,850	103,57	1234,7	50,981	309,86	131,77	441,62	1,3379	0,3498	1,6877
0,900	106,20	1225,5	54,105	312,90	130,07	442,97	1,3458	0,3429	1,6887
0,950	108,72	1216,5	57,259	315,83	128,41	444,24	1,3534	0,3363	1,6897
1,000	111,15	1207,7	60,445	318,66	126,78	445,45	1,3607	0,3299	1,6906
1,050	113,49	1199,1	63,665	321,41	125,18	446,59	1,3677	0,3238	1,6915
1,100	115,75	1190,7	66,919	324,08	123,60	447,68	1,3745	0,3178	1,6923
1,150	117,93	1182,4	70,211	326,67	122,04	448,71	1,3810	0,3121	1,6931
1,200	120,04	1174,2	73,540	329,20	120,50	449,69	1,3874	0,3065	1,6938
1,250	122,09	1166,1	76,910	331,66	118,97	450,63	1,3935	0,3010	1,6945
1,300	124,08	1158,2	80,321	334,07	117,46	451,52	1,3995	0,2957	1,6952
1,350	126,01	1150,3	83,775	336,42	115,96	452,37	1,4053	0,2905	1,6958
1,400	127,89	1142,5	87,275	338,72	114,47	453,18	1,4109	0,2854	1,6963
1,450	129,72	1134,7	90,823	340,97	112,98	453,96	1,4164	0,2804	1,6969
1,500	131,50	1127,1	94,419	343,18	111,51	454,69	1,4218	0,2756	1,6973
1,550	133,24	1119,4	98,067	345,35	110,04	455,39	1,4270	0,2708	1,6978
1,600	134,94	1111,8	101,77	347,48	108,58	456,06	1,4321	0,2661	1,6982
1,650	136,60	1104,3	105,53	349,58	107,12	456,70	1,4372	0,2614	1,6986
1,700	138,22	1096,7	109,34	351,64	105,66	457,30	1,4421	0,2568	1,6989
1,750	139,80	1089,2	113,22	353,67	104,20	457,87	1,4469	0,2523	1,6992
1,800	141,36	1081,7	117,16	355,67	102,74	458,41	1,4516	0,2479	1,6995
1,850	142,87	1074,2	121,17	357,65	101,28	458,93	1,4562	0,2434	1,6997
1,900	144,36	1066,7	125,25	359,59	99,82	459,41	1,4608	0,2391	1,6999
1,950	145,82	1059,2	129,41	361,52	98,35	459,86	1,4653	0,2347	1,7000
2,000	147,25	1051,7	133,64	363,42	96,88	460,29	1,4697	0,2304	1,7001
2,100	150,04	1036,6	142,35	367,15	93,91	461,06	1,4783	0,2219	1,7003
2,200	152,72	1021,3	151,42	370,82	90,91	461,73	1,4867	0,2135	1,7002
2,300	155,31	1005,9	160,90	374,42	87,86	462,28	1,4949	0,2051	1,7000
2,400	157,81	990,14	170,84	377,97	84,75	462,72	1,5030	0,1967	1,6996
2,500	160,24	974,06	181,30	381,47	81,57	463,04	1,5108	0,1882	1,6991
2,600	162,58	957,54	192,35	384,95	78,30	463,24	1,5186	0,1797	1,6983
2,700	164,86	940,47	204,10	388,40	74,91	463,32	1,5263	0,1710	1,6973
2,800	167,07	922,72	216,67	391,85	71,39	463,25	1,5339	0,1622	1,6961
2,900	169,22	904,11	230,21	395,32	67,70	463,02	1,5415	0,1531	1,6945
3,000	171,30	884,40	244,97	398,81	63,80	462,61	1,5491	0,1436	1,6927
3,100	173,33	863,24	261,26	402,36	59,62	461,99	1,5568	0,1335	1,6904
3,200	175,30	840,13	279,59	406,02	55,07	461,09	1,5647	0,1228	1,6875
3,300	177,22	814,20	300,78	409,84	49,99	459,83	1,5730	0,1110	1,6840
3,400	179,08	783,87	326,37	413,96	44,08	458,03	1,5818	0,0975	1,6793
3,500	180,89	745,55	359,92	418,65	36,68	455,33	1,5919	0,0808	1,6727
3,600	182,63	686,35	414,31	424,95	25,40	450,36	1,6054	0,0557	1,6612
3,662	183,68	550,00	550,00	437,39	0,00	437,39	1,6325	0,0000	1,6325

R 123

Zustandsgrößen im Gas- und Flüssigkeitsgebiet
Properties of liquid and gas

t °C	$p = 0{,}01$ MPa ($-23{,}27$ °C)			$p = 0{,}02$ MPa ($-10{,}25$ °C)			$p = 0{,}03$ MPa ($-1{,}84$ °C)		
	ϱ $\frac{kg}{m^3}$	h $\frac{kJ}{kg}$	s $\frac{kJ}{kg\,K}$	ϱ $\frac{kg}{m^3}$	h $\frac{kJ}{kg}$	s $\frac{kJ}{kg\,K}$	ϱ $\frac{kg}{m^3}$	h $\frac{kJ}{kg}$	s $\frac{kJ}{kg\,K}$
−25	1585,4	175,58	0,9063	1585,4	175,59	0,9063	1585,5	175,59	0,9063
−20	0,7323	369,60	1,6827	1573,8	180,41	0,9256	1573,8	180,42	0,9256
−15	0,7177	372,70	1,6949	1562,0	185,27	0,9446	1562,0	185,27	0,9446
−10	0,7037	375,83	1,7069	1,4172	375,46	1,6681	1550,2	190,15	0,9633
−5	0,6903	378,99	1,7188	1,3894	378,64	1,6801	1538,2	195,06	0,9818
0	0,6773	382,19	1,7306	1,3628	381,86	1,6920	2,0567	381,52	1,6691
5	0,6649	385,41	1,7423	1,3373	385,10	1,7038	2,0173	384,79	1,6809
10	0,6529	388,67	1,7539	1,3127	388,38	1,7155	1,9795	388,08	1,6926
15	0,6414	391,96	1,7654	1,2891	391,68	1,7270	1,9432	391,40	1,7043
20	0,6303	395,28	1,7768	1,2663	395,02	1,7385	1,9083	394,75	1,7158
25	0,6195	398,63	1,7882	1,2444	398,38	1,7499	1,8748	398,13	1,7272
30	0,6092	402,01	1,7994	1,2233	401,77	1,7612	1,8424	401,53	1,7385
35	0,5991	405,42	1,8106	1,2029	405,20	1,7724	1,8112	404,97	1,7498
40	0,5894	408,86	1,8217	1,1831	408,65	1,7835	1,7812	408,43	1,7609
45	0,5801	412,33	1,8326	1,1641	412,13	1,7945	1,7521	411,92	1,7720
50	0,5710	415,83	1,8436	1,1456	415,63	1,8054	1,7240	415,43	1,7829
55	0,5622	419,36	1,8544	1,1278	419,17	1,8163	1,6969	418,98	1,7938
60	0,5537	422,92	1,8651	1,1105	422,73	1,8271	1,6706	422,55	1,8046
65	0,5454	426,50	1,8758	1,0938	426,32	1,8378	1,6452	426,15	1,8153
70	0,5374	430,11	1,8864	1,0775	429,94	1,8484	1,6205	429,77	1,8260
75	0,5296	433,75	1,8969	1,0618	433,59	1,8589	1,5966	433,42	1,8365
80	0,5220	437,41	1,9074	1,0465	437,26	1,8694	1,5735	437,10	1,8470
85	0,5147	441,10	1,9178	1,0317	440,95	1,8798	1,5510	440,80	1,8574
90	0,5076	444,82	1,9281	1,0173	444,68	1,8901	1,5291	444,53	1,8678
95	0,5006	448,56	1,9383	1,0032	448,42	1,9004	1,5079	448,28	1,8780
100	0,4939	452,33	1,9485	0,9896	452,20	1,9105	1,4873	452,06	1,8882
105	0,4873	456,13	1,9586	0,9764	456,00	1,9207	1,4672	455,87	1,8984
110	0,4809	459,95	1,9686	0,9635	459,82	1,9307	1,4477	459,69	1,9084
115	0,4747	463,79	1,9786	0,9509	463,67	1,9407	1,4288	463,54	1,9184
120	0,4686	467,66	1,9885	0,9387	467,54	1,9506	1,4103	467,42	1,9283
125	0,4627	471,55	1,9983	0,9268	471,44	1,9604	1,3923	471,32	1,9382
130	0,4569	475,47	2,0081	0,9151	475,35	1,9702	1,3747	475,24	1,9480
135	0,4513	479,41	2,0178	0,9038	479,30	1,9799	1,3576	479,19	1,9577
140	0,4458	483,37	2,0275	0,8928	483,26	1,9896	1,3410	483,16	1,9674
145	0,4404	487,35	2,0370	0,8820	487,25	1,9992	1,3247	487,15	1,9770
150	0,4352	491,36	2,0466	0,8715	491,26	2,0087	1,3089	491,16	1,9865
155	0,4301	495,39	2,0560	0,8612	495,30	2,0182	1,2934	495,20	1,9960
160	0,4251	499,44	2,0655	0,8512	499,35	2,0276	1,2783	499,26	2,0054
165	0,4202	503,52	2,0748	0,8414	503,43	2,0370	1,2635	503,34	2,0148
170	0,4155	507,61	2,0841	0,8319	507,53	2,0463	1,2491	507,44	2,0241
175	0,4108	511,73	2,0933	0,8225	511,64	2,0555	1,2350	511,56	2,0333

R 123

t °C	$p = 0{,}04$ MPa (4,54 °C)			$p = 0{,}05$ MPa (9,73 °C)			$p = 0{,}06$ MPa (14,15 °C)		
	ϱ $\frac{\text{kg}}{\text{m}^3}$	h $\frac{\text{kJ}}{\text{kg}}$	s $\frac{\text{kJ}}{\text{kg K}}$	ϱ $\frac{\text{kg}}{\text{m}^3}$	h $\frac{\text{kJ}}{\text{kg}}$	s $\frac{\text{kJ}}{\text{kg K}}$	ϱ $\frac{\text{kg}}{\text{m}^3}$	h $\frac{\text{kJ}}{\text{kg}}$	s $\frac{\text{kJ}}{\text{kg K}}$
−25	1585,5	175,59	0,9063	1585,5	175,60	0,9063	1585,5	175,60	0,9063
−20	1573,8	180,42	0,9256	1573,8	180,43	0,9255	1573,8	180,43	0,9255
−15	1562,0	185,28	0,9445	1562,1	185,28	0,9445	1562,1	185,28	0,9445
−10	1550,2	190,16	0,9633	1550,2	190,16	0,9633	1550,2	190,16	0,9633
−5	1538,2	195,07	0,9818	1538,2	195,07	0,9817	1538,2	195,07	0,9817
0	1526,1	200,00	1,0000	1526,1	200,01	1,0000	1526,2	200,01	1,0000
5	2,7053	384,47	1,6644	1513,9	204,97	1,0180	1514,0	204,98	1,0180
10	2,6536	387,78	1,6762	3,3352	387,47	1,6633	1501,6	209,97	1,0358
15	2,6040	391,12	1,6879	3,2717	390,83	1,6750	3,9465	390,54	1,6644
20	2,5564	394,48	1,6995	3,2109	394,21	1,6867	3,8718	393,93	1,6761
25	2,5107	397,87	1,7109	3,1525	397,61	1,6982	3,8002	397,35	1,6876
30	2,4668	401,29	1,7223	3,0964	401,04	1,7096	3,7315	400,79	1,6991
35	2,4244	404,73	1,7336	3,0425	404,50	1,7209	3,6655	404,26	1,7104
40	2,3836	408,21	1,7448	2,9906	407,98	1,7321	3,6021	407,76	1,7217
45	2,3442	411,70	1,7558	2,9405	411,49	1,7432	3,5411	411,28	1,7328
50	2,3062	415,23	1,7668	2,8923	415,03	1,7543	3,4823	414,82	1,7439
55	2,2695	418,78	1,7778	2,8457	418,59	1,7652	3,4256	418,39	1,7548
60	2,2340	422,36	1,7886	2,8007	422,18	1,7760	3,3708	421,99	1,7657
65	2,1996	425,97	1,7993	2,7572	425,79	1,7868	3,3180	425,61	1,7765
70	2,1664	429,60	1,8100	2,7151	429,43	1,7975	3,2668	429,26	1,7872
75	2,1342	433,26	1,8206	2,6744	433,09	1,8081	3,2174	432,93	1,7978
80	2,1029	436,94	1,8311	2,6349	436,78	1,8186	3,1695	436,62	1,8084
85	2,0726	440,65	1,8415	2,5966	440,50	1,8291	3,1230	440,34	1,8188
90	2,0432	444,38	1,8518	2,5595	444,24	1,8394	3,0780	444,09	1,8292
95	2,0146	448,14	1,8621	2,5235	448,00	1,8497	3,0344	447,86	1,8395
100	1,9869	451,93	1,8723	2,4885	451,79	1,8599	2,9920	451,65	1,8498
105	1,9599	455,73	1,8825	2,4545	455,60	1,8701	2,9509	455,47	1,8599
110	1,9337	459,57	1,8925	2,4215	459,44	1,8802	2,9109	459,31	1,8700
115	1,9082	463,42	1,9025	2,3893	463,30	1,8902	2,8721	463,17	1,8800
120	1,8834	467,30	1,9125	2,3581	467,18	1,9001	2,8343	467,06	1,8900
125	1,8592	471,20	1,9223	2,3276	471,09	1,9100	2,7975	470,97	1,8999
130	1,8357	475,13	1,9321	2,2980	475,02	1,9198	2,7617	474,91	1,9097
135	1,8128	479,08	1,9419	2,2692	478,97	1,9295	2,7269	478,86	1,9194
140	1,7904	483,05	1,9515	2,2410	482,95	1,9392	2,6929	482,84	1,9291
145	1,7686	487,05	1,9612	2,2136	486,94	1,9488	2,6598	486,84	1,9388
150	1,7473	491,06	1,9707	2,1869	490,96	1,9584	2,6275	490,86	1,9483
155	1,7266	495,10	1,9802	2,1608	495,00	1,9679	2,5961	494,91	1,9578
160	1,7063	499,16	1,9896	2,1353	499,07	1,9773	2,5654	498,97	1,9673
165	1,6865	503,24	1,9990	2,1105	503,15	1,9867	2,5354	503,06	1,9766
170	1,6672	507,35	2,0083	2,0862	507,26	1,9960	2,5061	507,17	1,9860
175	1,6483	511,47	2,0176	2,0625	511,38	2,0053	2,4776	511,30	1,9952
180	1,6299	515,62	2,0267	2,0394	515,53	2,0145	2,4496	515,45	2,0044
185	1,6119	519,78	2,0359	2,0167	519,70	2,0236	2,4224	519,61	2,0136
190	1,5942	523,97	2,0450	1,9946	523,89	2,0327	2,3957	523,80	2,0227
195	1,5770	528,17	2,0540	1,9730	528,09	2,0418	2,3696	528,01	2,0317
200	1,5601	532,40	2,0630	1,9518	532,32	2,0507	2,3441	532,24	2,0407

R 123

t °C	$p = 0{,}07$ MPa (18,02 °C)			$p = 0{,}08$ MPa (21,47 °C)			$p = 0{,}09$ MPa (24,60 °C)		
	ϱ $\frac{kg}{m^3}$	h $\frac{kJ}{kg}$	s $\frac{kJ}{kg\,K}$	ϱ $\frac{kg}{m^3}$	h $\frac{kJ}{kg}$	s $\frac{kJ}{kg\,K}$	ϱ $\frac{kg}{m^3}$	h $\frac{kJ}{kg}$	s $\frac{kJ}{kg\,K}$
−25	1585,5	175,61	0,9063	1585,5	175,61	0,9063	1585,6	175,61	0,9063
−20	1573,9	180,43	0,9255	1573,9	180,44	0,9255	1573,9	180,44	0,9255
−15	1562,1	185,29	0,9445	1562,1	185,29	0,9445	1562,1	185,30	0,9445
−10	1550,2	190,17	0,9632	1550,3	190,17	0,9632	1550,3	190,18	0,9632
−5	1538,3	195,08	0,9817	1538,3	195,08	0,9817	1538,3	195,08	0,9817
0	1526,2	200,01	1,0000	1526,2	200,02	1,0000	1526,2	200,02	0,9999
5	1514,0	204,98	1,0180	1514,0	204,98	1,0180	1514,0	204,99	1,0180
10	1501,7	209,97	1,0358	1501,7	209,98	1,0358	1501,7	209,98	1,0357
15	1489,2	215,00	1,0534	1489,2	215,00	1,0533	1489,2	215,00	1,0533
20	4,5393	393,65	1,6670	1476,6	220,05	1,0707	1476,6	220,06	1,0707
25	4,4539	397,09	1,6786	5,1140	396,82	1,6707	5,7805	396,55	1,6636
30	4,3722	400,54	1,6901	5,0186	400,29	1,6822	5,6709	400,03	1,6752
35	4,2938	404,02	1,7015	4,9272	403,78	1,6936	5,5661	403,54	1,6867
40	4,2185	407,53	1,7128	4,8396	407,30	1,7050	5,4657	407,07	1,6980
45	4,1460	411,06	1,7240	4,7554	410,84	1,7162	5,3694	410,62	1,7093
50	4,0764	414,62	1,7350	4,6745	414,41	1,7273	5,2769	414,20	1,7204
55	4,0092	418,20	1,7460	4,5966	418,00	1,7383	5,1879	417,80	1,7315
60	3,9444	421,80	1,7569	4,5216	421,61	1,7493	5,1023	421,42	1,7424
65	3,8819	425,43	1,7677	4,4492	425,25	1,7601	5,0197	425,07	1,7533
70	3,8215	429,08	1,7785	4,3793	428,91	1,7708	4,9401	428,73	1,7641
75	3,7631	432,76	1,7891	4,3117	432,59	1,7815	4,8632	432,43	1,7748
80	3,7066	436,46	1,7997	4,2464	436,30	1,7921	4,7889	436,14	1,7854
85	3,6519	440,19	1,8101	4,1832	440,04	1,8026	4,7170	439,88	1,7959
90	3,5989	443,94	1,8205	4,1220	443,79	1,8130	4,6475	443,64	1,8063
95	3,5475	447,72	1,8309	4,0627	447,57	1,8233	4,5801	447,43	1,8166
100	3,4976	451,51	1,8411	4,0052	451,38	1,8336	4,5148	451,24	1,8269
105	3,4492	455,34	1,8513	3,9494	455,20	1,8438	4,4515	455,07	1,8371
110	3,4022	459,18	1,8614	3,8952	459,05	1,8539	4,3900	458,92	1,8473
115	3,3565	463,05	1,8714	3,8426	462,93	1,8639	4,3304	462,80	1,8573
120	3,3121	466,94	1,8814	3,7914	466,82	1,8739	4,2724	466,70	1,8673
125	3,2689	470,86	1,8913	3,7417	470,74	1,8838	4,2160	470,62	1,8772
130	3,2268	474,79	1,9011	3,6933	474,68	1,8937	4,1612	474,57	1,8870
135	3,1859	478,75	1,9109	3,6462	478,64	1,9034	4,1079	478,53	1,8968
140	3,1460	482,73	1,9206	3,6004	482,63	1,9131	4,0560	482,52	1,9065
145	3,1072	486,74	1,9302	3,5557	486,63	1,9228	4,0055	486,53	1,9162
150	3,0693	490,76	1,9398	3,5122	490,66	1,9323	3,9562	490,56	1,9258
155	3,0324	494,81	1,9493	3,4698	494,71	1,9419	3,9082	494,61	1,9353
160	2,9964	498,88	1,9587	3,4284	498,78	1,9513	3,8614	498,69	1,9447
165	2,9612	502,97	1,9681	3,3880	502,87	1,9607	3,8158	502,78	1,9541
170	2,9269	507,08	1,9774	3,3486	506,99	1,9700	3,7713	506,90	1,9635
175	2,8934	511,21	1,9867	3,3102	511,12	1,9793	3,7278	511,03	1,9728
180	2,8607	515,36	1,9959	3,2726	515,27	1,9885	3,6853	515,19	1,9820
185	2,8288	519,53	2,0051	3,2359	519,45	1,9977	3,6439	519,36	1,9911
190	2,7975	523,72	2,0142	3,2001	523,64	2,0068	3,6034	523,56	2,0003
195	2,7670	527,94	2,0232	3,1650	527,86	2,0158	3,5638	527,78	2,0093
200	2,7371	532,17	2,0322	3,1308	532,09	2,0248	3,5251	532,01	2,0183

R 123

	$p = 0{,}10$ MPa (27,46 °C)			$p = 0{,}11$ MPa (30,11 °C)			$p = 0{,}12$ MPa (32,57 °C)		
t °C	ϱ $\frac{\text{kg}}{\text{m}^3}$	h $\frac{\text{kJ}}{\text{kg}}$	s $\frac{\text{kJ}}{\text{kg K}}$	ϱ $\frac{\text{kg}}{\text{m}^3}$	h $\frac{\text{kJ}}{\text{kg}}$	s $\frac{\text{kJ}}{\text{kg K}}$	ϱ $\frac{\text{kg}}{\text{m}^3}$	h $\frac{\text{kJ}}{\text{kg}}$	s $\frac{\text{kJ}}{\text{kg K}}$
−25	1585,6	175,62	0,9062	1585,6	175,62	0,9062	1585,6	175,63	0,9062
−20	1573,9	180,45	0,9255	1573,9	180,45	0,9255	1574,0	180,45	0,9255
−15	1562,2	185,30	0,9445	1562,2	185,30	0,9445	1562,2	185,31	0,9445
−10	1550,3	190,18	0,9632	1550,3	190,18	0,9632	1550,3	190,19	0,9632
−5	1538,3	195,09	0,9817	1538,4	195,09	0,9817	1538,4	195,10	0,9817
0	1526,3	200,02	0,9999	1526,3	200,03	0,9999	1526,3	200,03	0,9999
5	1514,1	204,99	1,0179	1514,1	204,99	1,0179	1514,1	205,00	1,0179
10	1501,7	209,98	1,0357	1501,8	209,99	1,0357	1501,8	209,99	1,0357
15	1489,3	215,01	1,0533	1489,3	215,01	1,0533	1489,3	215,01	1,0533
20	1476,7	220,06	1,0707	1476,7	220,06	1,0707	1476,7	220,07	1,0707
25	1463,9	225,14	1,0879	1463,9	225,14	1,0879	1464,0	225,15	1,0879
30	6,3293	399,78	1,6688	1451,0	230,26	1,1049	1451,0	230,26	1,1049
35	6,2105	403,30	1,6804	6,8606	403,05	1,6746	7,5165	402,80	1,6693
40	6,0969	406,84	1,6918	6,7332	406,60	1,6860	7,3749	406,37	1,6807
45	5,9880	410,40	1,7030	6,6113	410,18	1,6974	7,2395	409,95	1,6921
50	5,8835	413,99	1,7142	6,4945	413,78	1,7086	7,1100	413,56	1,7034
55	5,7831	417,60	1,7253	6,3824	417,39	1,7197	6,9858	417,19	1,7145
60	5,6866	421,23	1,7363	6,2747	421,03	1,7307	6,8665	420,84	1,7255
65	5,5936	424,88	1,7472	6,1710	424,70	1,7416	6,7519	424,51	1,7365
70	5,5040	428,56	1,7580	6,0712	428,38	1,7524	6,6416	428,20	1,7473
75	5,4176	432,26	1,7687	5,9749	432,09	1,7631	6,5353	431,92	1,7581
80	5,3341	435,98	1,7793	5,8820	435,82	1,7738	6,4328	435,65	1,7687
85	5,2534	439,72	1,7898	5,7923	439,57	1,7843	6,3338	439,41	1,7793
90	5,1753	443,49	1,8003	5,7055	443,34	1,7948	6,2382	443,19	1,7898
95	5,0997	447,28	1,8106	5,6216	447,14	1,8052	6,1457	446,99	1,8002
100	5,0265	451,10	1,8209	5,5403	450,96	1,8155	6,0562	450,82	1,8105
105	4,9555	454,93	1,8311	5,4616	454,80	1,8257	5,9695	454,66	1,8207
110	4,8867	458,79	1,8413	5,3852	458,66	1,8359	5,8855	458,53	1,8309
115	4,8199	462,68	1,8513	5,3111	462,55	1,8459	5,8041	462,42	1,8410
120	4,7550	466,58	1,8613	5,2392	466,46	1,8559	5,7250	466,34	1,8510
125	4,6919	470,50	1,8713	5,1693	470,39	1,8659	5,6482	470,27	1,8609
130	4,6306	474,45	1,8811	5,1014	474,34	1,8757	5,5736	474,22	1,8708
135	4,5710	478,42	1,8909	5,0354	478,31	1,8855	5,5011	478,20	1,8806
140	4,5129	482,41	1,9006	4,9711	482,31	1,8953	5,4306	482,20	1,8903
145	4,4564	486,43	1,9103	4,9086	486,32	1,9049	5,3620	486,22	1,9000
150	4,4014	490,46	1,9199	4,8477	490,36	1,9145	5,2951	490,26	1,9096
155	4,3478	494,52	1,9294	4,7884	494,42	1,9240	5,2301	494,32	1,9192
160	4,2955	498,59	1,9389	4,7306	498,50	1,9335	5,1667	498,40	1,9286
165	4,2445	502,69	1,9483	4,6742	502,60	1,9429	5,1049	502,50	1,9380
170	4,1948	506,81	1,9576	4,6192	506,72	1,9523	5,0446	506,63	1,9474
175	4,1463	510,94	1,9669	4,5656	510,86	1,9616	4,9858	510,77	1,9567
180	4,0989	515,10	1,9761	4,5132	515,02	1,9708	4,9284	514,93	1,9659
185	4,0526	519,28	1,9853	4,4621	519,20	1,9800	4,8724	519,11	1,9751
190	4,0074	523,48	1,9944	4,4122	523,40	1,9891	4,8177	523,32	1,9842
195	3,9632	527,70	2,0035	4,3634	527,62	1,9982	4,7643	527,54	1,9933
200	3,9201	531,93	2,0125	4,3157	531,86	2,0072	4,7121	531,78	2,0023

R 123

t °C	$p = 0{,}13$ MPa (34,88 °C)			$p = 0{,}14$ MPa (37,06 °C)			$p = 0{,}15$ MPa (39,11 °C)		
	ϱ $\frac{\text{kg}}{\text{m}^3}$	h $\frac{\text{kJ}}{\text{kg}}$	s $\frac{\text{kJ}}{\text{kg K}}$	ϱ $\frac{\text{kg}}{\text{m}^3}$	h $\frac{\text{kJ}}{\text{kg}}$	s $\frac{\text{kJ}}{\text{kg K}}$	ϱ $\frac{\text{kg}}{\text{m}^3}$	h $\frac{\text{kJ}}{\text{kg}}$	s $\frac{\text{kJ}}{\text{kg K}}$
−25	1585,6	175,63	0,9062	1585,7	175,63	0,9062	1585,7	175,64	0,9062
−20	1574,0	180,46	0,9255	1574,0	180,46	0,9255	1574,0	180,47	0,9255
−15	1562,2	185,31	0,9445	1562,2	185,31	0,9444	1562,3	185,32	0,9444
−10	1550,4	190,19	0,9632	1550,4	190,20	0,9632	1550,4	190,20	0,9632
−5	1538,4	195,10	0,9817	1538,4	195,10	0,9816	1538,4	195,11	0,9816
0	1526,3	200,04	0,9999	1526,3	200,04	0,9999	1526,4	200,04	0,9999
5	1514,1	205,00	1,0179	1514,1	205,00	1,0179	1514,2	205,01	1,0179
10	1501,8	209,99	1,0357	1501,8	210,00	1,0357	1501,9	210,00	1,0357
15	1489,3	215,02	1,0533	1489,4	215,02	1,0533	1489,4	215,02	1,0533
20	1476,7	220,07	1,0707	1476,8	220,07	1,0707	1476,8	220,08	1,0706
25	1464,0	225,15	1,0879	1464,0	225,15	1,0878	1464,0	225,16	1,0878
30	1451,1	230,26	1,1049	1451,1	230,27	1,1049	1451,1	230,27	1,1048
35	8,1784	402,55	1,6643	1438,0	235,41	1,1217	1438,0	235,41	1,1217
40	8,0220	406,13	1,6758	8,6747	405,89	1,6712	9,3332	405,65	1,6669
45	7,8727	409,73	1,6872	8,5110	409,50	1,6827	9,1545	409,27	1,6784
50	7,7300	413,35	1,6985	8,3547	413,13	1,6940	8,9842	412,91	1,6897
55	7,5933	416,98	1,7097	8,2052	416,78	1,7052	8,8214	416,57	1,7010
60	7,4622	420,64	1,7208	8,0619	420,45	1,7163	8,6656	420,25	1,7121
65	7,3363	424,32	1,7317	7,9244	424,13	1,7273	8,5162	423,94	1,7231
70	7,2153	428,02	1,7426	7,7923	427,84	1,7382	8,3727	427,66	1,7340
75	7,0987	431,74	1,7533	7,6652	431,57	1,7490	8,2349	431,40	1,7448
80	6,9864	435,49	1,7640	7,5428	435,32	1,7597	8,1022	435,16	1,7556
85	6,8780	439,25	1,7746	7,4248	439,09	1,7703	7,9743	438,93	1,7662
90	6,7733	443,04	1,7851	7,3109	442,89	1,7808	7,8510	442,73	1,7767
95	6,6721	446,85	1,7955	7,2009	446,70	1,7912	7,7320	446,55	1,7872
100	6,5743	450,68	1,8059	7,0945	450,54	1,8016	7,6169	450,39	1,7975
105	6,4795	454,53	1,8161	6,9916	454,39	1,8118	7,5056	454,26	1,8078
110	6,3878	458,40	1,8263	6,8919	458,27	1,8220	7,3979	458,14	1,8180
115	6,2988	462,30	1,8364	6,7953	462,17	1,8321	7,2936	462,04	1,8281
120	6,2125	466,21	1,8464	6,7016	466,09	1,8422	7,1925	465,97	1,8382
125	6,1287	470,15	1,8564	6,6107	470,03	1,8521	7,0944	469,91	1,8481
130	6,0473	474,11	1,8662	6,5225	473,99	1,8620	6,9992	473,88	1,8580
135	5,9682	478,09	1,8761	6,4368	477,98	1,8718	6,9067	477,87	1,8679
140	5,8913	482,09	1,8858	6,3534	481,98	1,8816	6,8168	481,88	1,8776
145	5,8165	486,11	1,8955	6,2724	486,01	1,8913	6,7295	485,90	1,8873
150	5,7437	490,16	1,9051	6,1935	490,06	1,9009	6,6445	489,95	1,8970
155	5,6729	494,22	1,9146	6,1167	494,12	1,9104	6,5617	494,02	1,9065
160	5,6038	498,31	1,9241	6,0420	498,21	1,9199	6,4812	498,11	1,9160
165	5,5365	502,41	1,9335	5,9691	502,32	1,9294	6,4027	502,22	1,9255
170	5,4709	506,53	1,9429	5,8981	506,44	1,9387	6,3263	506,35	1,9348
175	5,4069	510,68	1,9522	5,8289	510,59	1,9480	6,2517	510,50	1,9441
180	5,3444	514,84	1,9614	5,7613	514,76	1,9573	6,1790	514,67	1,9534
185	5,2835	519,03	1,9706	5,6954	518,95	1,9665	6,1081	518,86	1,9626
190	5,2240	523,23	1,9798	5,6310	523,15	1,9756	6,0388	523,07	1,9717
195	5,1659	527,46	1,9888	5,5682	527,38	1,9847	5,9712	527,30	1,9808
200	5,1091	531,70	1,9978	5,5068	531,62	1,9937	5,9051	531,54	1,9898

R 123

t	$p = 0{,}16$ MPa (41,07 °C)			$p = 0{,}18$ MPa (44,71 °C)			$p = 0{,}20$ MPa (48,05 °C)		
	ϱ	h	s	ϱ	h	s	ϱ	h	s
°C	$\frac{\text{kg}}{\text{m}^3}$	$\frac{\text{kJ}}{\text{kg}}$	$\frac{\text{kJ}}{\text{kg K}}$	$\frac{\text{kg}}{\text{m}^3}$	$\frac{\text{kJ}}{\text{kg}}$	$\frac{\text{kJ}}{\text{kg K}}$	$\frac{\text{kg}}{\text{m}^3}$	$\frac{\text{kJ}}{\text{kg}}$	$\frac{\text{kJ}}{\text{kg K}}$
−25	1585,7	175,64	0,9062	1585,7	175,65	0,9062	1585,8	175,66	0,9061
−20	1574,0	180,47	0,9254	1574,1	180,48	0,9254	1574,1	180,49	0,9254
−15	1562,3	185,32	0,9444	1562,3	185,33	0,9444	1562,4	185,34	0,9444
−10	1550,4	190,20	0,9632	1550,5	190,21	0,9631	1550,5	190,22	0,9631
−5	1538,5	195,11	0,9816	1538,5	195,12	0,9816	1538,5	195,13	0,9816
0	1526,4	200,05	0,9999	1526,4	200,05	0,9998	1526,5	200,06	0,9998
5	1514,2	205,01	1,0179	1514,2	205,02	1,0179	1514,3	205,03	1,0178
10	1501,9	210,00	1,0357	1501,9	210,01	1,0356	1502,0	210,02	1,0356
15	1489,4	215,03	1,0533	1489,5	215,03	1,0532	1489,5	215,04	1,0532
20	1476,8	220,08	1,0706	1476,9	220,09	1,0706	1476,9	220,09	1,0706
25	1464,1	225,16	1,0878	1464,1	225,17	1,0878	1464,2	225,17	1,0878
30	1451,2	230,27	1,1048	1451,2	230,28	1,1048	1451,3	230,29	1,1048
35	1438,1	235,42	1,1217	1438,1	235,42	1,1216	1438,2	235,43	1,1216
40	1424,8	240,59	1,1383	1424,9	240,60	1,1383	1424,9	240,60	1,1383
45	9,8034	409,04	1,6743	11,118	408,57	1,6668	1411,4	245,81	1,1548
50	9,6185	412,69	1,6857	10,902	412,24	1,6783	12,207	411,79	1,6715
55	9,4420	416,36	1,6970	10,697	415,93	1,6896	11,971	415,50	1,6829
60	9,2733	420,05	1,7082	10,501	419,64	1,7009	11,747	419,23	1,6942
65	9,1117	423,75	1,7192	10,314	423,37	1,7120	11,533	422,98	1,7054
70	8,9566	427,48	1,7301	10,135	427,11	1,7229	11,328	426,74	1,7164
75	8,8077	431,22	1,7410	9,9632	430,87	1,7338	11,132	430,52	1,7274
80	8,6645	434,99	1,7517	9,7982	434,65	1,7446	10,944	434,31	1,7382
85	8,5266	438,77	1,7623	9,6396	438,45	1,7553	10,764	438,12	1,7489
90	8,3937	442,58	1,7729	9,4868	442,27	1,7659	10,591	441,96	1,7595
95	8,2654	446,40	1,7834	9,3396	446,11	1,7764	10,424	445,81	1,7701
100	8,1415	450,25	1,7937	9,1975	449,96	1,7868	10,263	449,67	1,7805
105	8,0218	454,12	1,8040	9,0603	453,84	1,7971	10,107	453,56	1,7908
110	7,9059	458,01	1,8142	8,9277	457,74	1,8073	9,9576	457,47	1,8011
115	7,7937	461,91	1,8244	8,7994	461,66	1,8175	9,8126	461,40	1,8113
120	7,6850	465,84	1,8344	8,6752	465,60	1,8276	9,6724	465,35	1,8214
125	7,5796	469,79	1,8444	8,5549	469,55	1,8376	9,5367	469,31	1,8314
130	7,4773	473,76	1,8543	8,4382	473,53	1,8475	9,4052	473,30	1,8414
135	7,3780	477,75	1,8642	8,3249	477,53	1,8574	9,2777	477,30	1,8512
140	7,2815	481,77	1,8739	8,2150	481,55	1,8672	9,1539	481,33	1,8611
145	7,1878	485,80	1,8836	8,1082	485,59	1,8769	9,0338	485,38	1,8708
150	7,0966	489,85	1,8933	8,0044	489,65	1,8865	8,9171	489,44	1,8804
155	7,0079	493,92	1,9028	7,9035	493,72	1,8961	8,8036	493,52	1,8900
160	6,9215	498,02	1,9123	7,8052	497,82	1,9056	8,6933	497,63	1,8996
165	6,8374	502,13	1,9218	7,7096	501,94	1,9151	8,5859	501,75	1,9090
170	6,7554	506,26	1,9312	7,6164	506,08	1,9245	8,4813	505,89	1,9184
175	6,6755	510,41	1,9405	7,5257	510,24	1,9338	8,3795	510,06	1,9278
180	6,5976	514,59	1,9497	7,4372	514,41	1,9431	8,2803	514,24	1,9371
185	6,5215	518,78	1,9589	7,3509	518,61	1,9523	8,1836	518,44	1,9463
190	6,4473	522,99	1,9681	7,2667	522,82	1,9614	8,0892	522,66	1,9554
195	6,3749	527,22	1,9772	7,1846	527,06	1,9705	7,9972	526,89	1,9645
200	6,3042	531,47	1,9862	7,1044	531,31	1,9795	7,9073	531,15	1,9736

R 123

t °C	ϱ kg/m³	h kJ/kg	s kJ/kgK	ϱ kg/m³	h kJ/kg	s kJ/kgK	ϱ kg/m³	h kJ/kg	s kJ/kgK
	$p = 0{,}22$ MPa (51,14 °C)			$p = 0{,}24$ MPa (54,02 °C)			$p = 0{,}26$ MPa (56,73 °C)		
−25	1585,8	175,67	0,9061	1585,8	175,67	0,9061	1585,9	175,68	0,9061
−20	1574,1	180,49	0,9254	1574,2	180,50	0,9254	1574,2	180,51	0,9253
−15	1562,4	185,35	0,9444	1562,4	185,35	0,9444	1562,5	185,36	0,9443
−10	1550,5	190,23	0,9631	1550,6	190,23	0,9631	1550,6	190,24	0,9631
−5	1538,6	195,13	0,9816	1538,6	195,14	0,9815	1538,7	195,15	0,9815
0	1526,5	200,07	0,9998	1526,6	200,08	0,9998	1526,6	200,08	0,9998
5	1514,3	205,03	1,0178	1514,4	205,04	1,0178	1514,4	205,05	1,0178
10	1502,0	210,03	1,0356	1502,1	210,03	1,0356	1502,1	210,04	1,0356
15	1489,6	215,05	1,0532	1489,6	215,05	1,0532	1489,7	215,06	1,0531
20	1477,0	220,10	1,0706	1477,0	220,11	1,0705	1477,1	220,11	1,0705
25	1464,3	225,18	1,0878	1464,3	225,19	1,0877	1464,4	225,19	1,0877
30	1451,3	230,29	1,1048	1451,4	230,30	1,1047	1451,5	230,31	1,1047
35	1438,3	235,44	1,1216	1438,3	235,44	1,1216	1438,4	235,45	1,1215
40	1425,0	240,61	1,1382	1425,1	240,62	1,1382	1425,1	240,62	1,1382
45	1411,5	245,82	1,1547	1411,6	245,82	1,1547	1411,7	245,83	1,1547
50	1397,8	251,06	1,1711	1397,9	251,07	1,1711	1398,0	251,07	1,1710
55	13,265	415,06	1,6768	14,580	414,62	1,6710	1384,0	256,35	1,1872
60	13,010	418,82	1,6881	14,293	418,39	1,6825	15,595	417,96	1,6771
65	12,768	422,58	1,6993	14,020	422,18	1,6937	15,290	421,77	1,6885
70	12,536	426,36	1,7104	13,760	425,98	1,7049	15,000	425,59	1,6997
75	12,315	430,16	1,7214	13,512	429,79	1,7159	14,724	429,42	1,7108
80	12,103	433,97	1,7323	13,275	433,62	1,7268	14,461	433,27	1,7217
85	11,900	437,79	1,7430	13,049	437,46	1,7376	14,210	437,12	1,7326
90	11,705	441,64	1,7537	12,831	441,32	1,7483	13,969	441,00	1,7433
95	11,518	445,50	1,7643	12,622	445,20	1,7589	13,738	444,89	1,7540
100	11,337	449,38	1,7747	12,422	449,09	1,7694	13,516	448,79	1,7645
105	11,163	453,28	1,7851	12,228	453,00	1,7798	13,302	452,71	1,7749
110	10,996	457,20	1,7954	12,042	456,93	1,7902	13,097	456,65	1,7853
115	10,833	461,14	1,8056	11,862	460,88	1,8004	12,899	460,61	1,7956
120	10,677	465,09	1,8158	11,688	464,84	1,8106	12,707	464,59	1,8057
125	10,525	469,07	1,8258	11,521	468,82	1,8206	12,523	468,58	1,8158
130	10,378	473,06	1,8358	11,358	472,83	1,8306	12,344	472,59	1,8258
135	10,236	477,08	1,8457	11,201	476,85	1,8405	12,171	476,62	1,8358
140	10,098	481,11	1,8555	11,048	480,89	1,8504	12,004	480,67	1,8456
145	9,9645	485,16	1,8652	10,901	484,95	1,8601	11,842	484,73	1,8554
150	9,8346	489,23	1,8749	10,757	489,03	1,8698	11,685	488,82	1,8651
155	9,7083	493,32	1,8845	10,618	493,12	1,8795	11,532	492,92	1,8748
160	9,5856	497,43	1,8941	10,482	497,24	1,8890	11,384	497,04	1,8843
165	9,4663	501,56	1,9035	10,351	501,37	1,8985	11,240	501,18	1,8938
170	9,3501	505,71	1,9130	10,223	505,53	1,9079	11,099	505,34	1,9033
175	9,2370	509,88	1,9223	10,098	509,70	1,9173	10,963	509,52	1,9126
180	9,1269	514,06	1,9316	9,9769	513,89	1,9266	10,831	513,71	1,9220
185	9,0195	518,27	1,9408	9,8588	518,10	1,9358	10,701	517,93	1,9312
190	8,9148	522,49	1,9500	9,7436	522,32	1,9450	10,575	522,16	1,9404
195	8,8127	526,73	1,9591	9,6313	526,57	1,9541	10,453	526,41	1,9495
200	8,7131	530,99	1,9682	9,5217	530,84	1,9632	10,333	530,68	1,9586

R 123

t °C	p = 0,28 MPa (59,28 °C) ϱ kg/m³	h kJ/kg	s kJ/kgK	p = 0,30 MPa (61,69 °C) ϱ kg/m³	h kJ/kg	s kJ/kgK	p = 0,32 MPa (63,99 °C) ϱ kg/m³	h kJ/kg	s kJ/kgK
−25	1585,9	175,69	0,9061	1585,9	175,70	0,9061	1586,0	175,71	0,9060
−20	1574,3	180,52	0,9253	1574,3	180,52	0,9253	1574,3	180,53	0,9253
−15	1562,5	185,37	0,9443	1562,5	185,38	0,9443	1562,6	185,39	0,9443
−10	1550,7	190,25	0,9630	1550,7	190,26	0,9630	1550,7	190,26	0,9630
−5	1538,7	195,16	0,9815	1538,8	195,16	0,9815	1538,8	195,17	0,9815
0	1526,7	200,09	0,9997	1526,7	200,10	0,9997	1526,7	200,11	0,9997
5	1514,5	205,06	1,0177	1514,5	205,06	1,0177	1514,6	205,07	1,0177
10	1502,2	210,05	1,0355	1502,2	210,05	1,0355	1502,3	210,06	1,0355
15	1489,7	215,07	1,0531	1489,8	215,08	1,0531	1489,8	215,08	1,0531
20	1477,2	220,12	1,0705	1477,2	220,13	1,0705	1477,3	220,13	1,0704
25	1464,4	225,20	1,0877	1464,5	225,21	1,0877	1464,5	225,21	1,0876
30	1451,5	230,31	1,1047	1451,6	230,32	1,1047	1451,7	230,32	1,1046
35	1438,5	235,45	1,1215	1438,5	235,46	1,1215	1438,6	235,47	1,1215
40	1425,2	240,63	1,1382	1425,3	240,63	1,1381	1425,3	240,64	1,1381
45	1411,7	245,84	1,1547	1411,8	245,84	1,1546	1411,9	245,85	1,1546
50	1398,1	251,08	1,1710	1398,1	251,08	1,1710	1398,2	251,09	1,1709
55	1384,1	256,35	1,1872	1384,2	256,36	1,1872	1384,3	256,36	1,1871
60	16,917	417,53	1,6721	1370,0	261,67	1,2032	1370,1	261,67	1,2032
65	16,578	421,36	1,6836	17,886	420,94	1,6789	19,215	420,51	1,6744
70	16,257	425,20	1,6948	17,532	424,80	1,6902	18,825	424,39	1,6858
75	15,952	429,05	1,7060	17,192	428,67	1,7014	18,455	428,28	1,6971
80	15,661	432,91	1,7170	16,875	432,55	1,7125	18,105	432,18	1,7082
85	15,383	436,78	1,7279	16,571	436,44	1,7234	17,771	436,09	1,7192
90	15,118	440,67	1,7386	16,280	440,34	1,7342	17,454	440,01	1,7300
95	14,864	444,57	1,7493	16,001	444,26	1,7449	17,150	443,94	1,7408
100	14,620	448,49	1,7599	15,735	448,19	1,7556	16,860	447,89	1,7514
105	14,386	452,43	1,7704	15,479	452,14	1,7661	16,581	451,84	1,7620
110	14,160	456,38	1,7807	15,233	456,10	1,7765	16,314	455,82	1,7724
115	13,943	460,34	1,7910	14,996	460,08	1,7868	16,058	459,81	1,7828
120	13,734	464,33	1,8012	14,768	464,07	1,7970	15,810	463,81	1,7930
125	13,532	468,33	1,8113	14,548	468,08	1,8071	15,572	467,83	1,8032
130	13,337	472,35	1,8214	14,336	472,11	1,8172	15,342	471,87	1,8133
135	13,148	476,39	1,8313	14,131	476,16	1,8272	15,121	475,92	1,8232
140	12,966	480,44	1,8412	13,933	480,22	1,8371	14,906	479,99	1,8332
145	12,789	484,52	1,8510	13,741	484,30	1,8469	14,699	484,08	1,8430
150	12,617	488,61	1,8607	13,555	488,40	1,8566	14,498	488,18	1,8527
155	12,451	492,72	1,8704	13,375	492,51	1,8663	14,303	492,31	1,8624
160	12,289	496,84	1,8800	13,200	496,65	1,8759	14,115	496,45	1,8720
165	12,133	500,99	1,8895	13,030	500,80	1,8854	13,932	500,60	1,8816
170	11,980	505,15	1,8989	12,865	504,97	1,8949	13,754	504,78	1,8911
175	11,832	509,34	1,9083	12,705	509,15	1,9043	13,581	508,97	1,9005
180	11,688	513,54	1,9176	12,549	513,36	1,9136	13,413	513,18	1,9098
185	11,547	517,75	1,9269	12,397	517,58	1,9229	13,250	517,41	1,9191
190	11,411	521,99	1,9361	12,249	521,82	1,9321	13,091	521,66	1,9283
195	11,277	526,25	1,9452	12,105	526,08	1,9412	12,936	525,92	1,9375
200	11,148	530,52	1,9543	11,965	530,36	1,9503	12,785	530,20	1,9466

R 123

t °C	\multicolumn{3}{c	}{$p = 0{,}34$ MPa (66,17 °C)}	\multicolumn{3}{c	}{$p = 0{,}36$ MPa (68,27 °C)}	\multicolumn{3}{c	}{$p = 0{,}38$ MPa (70,27 °C)}
	ϱ $\frac{kg}{m^3}$	h $\frac{kJ}{kg}$	s $\frac{kJ}{kg\,K}$	ϱ $\frac{kg}{m^3}$	h $\frac{kJ}{kg}$	s $\frac{kJ}{kg\,K}$	ϱ $\frac{kg}{m^3}$	h $\frac{kJ}{kg}$	s $\frac{kJ}{kg\,K}$
−25	1586,0	175,71	0,9060	1586,0	175,72	0,9060	1586,1	175,73	0,9060
−20	1574,4	180,54	0,9253	1574,4	180,55	0,9253	1574,4	180,56	0,9252
−15	1562,6	185,39	0,9443	1562,7	185,40	0,9442	1562,7	185,41	0,9442
−10	1550,8	190,27	0,9630	1550,8	190,28	0,9630	1550,9	190,29	0,9629
−5	1538,8	195,18	0,9814	1538,9	195,19	0,9814	1538,9	195,19	0,9814
0	1526,8	200,11	0,9997	1526,8	200,12	0,9997	1526,9	200,13	0,9996
5	1514,6	205,08	1,0177	1514,7	205,08	1,0177	1514,7	205,09	1,0176
10	1502,3	210,07	1,0355	1502,4	210,08	1,0355	1502,4	210,08	1,0354
15	1489,9	215,09	1,0530	1489,9	215,10	1,0530	1490,0	215,10	1,0530
20	1477,3	220,14	1,0704	1477,4	220,15	1,0704	1477,4	220,15	1,0704
25	1464,6	225,22	1,0876	1464,7	225,23	1,0876	1464,7	225,23	1,0876
30	1451,7	230,33	1,1046	1451,8	230,34	1,1046	1451,8	230,34	1,1046
35	1438,7	235,47	1,1214	1438,7	235,48	1,1214	1438,8	235,48	1,1214
40	1425,4	240,65	1,1381	1425,5	240,65	1,1381	1425,5	240,66	1,1380
45	1412,0	245,85	1,1546	1412,0	245,86	1,1545	1412,1	245,86	1,1545
50	1398,3	251,09	1,1709	1398,4	251,10	1,1709	1398,4	251,10	1,1709
55	1384,4	256,37	1,1871	1384,5	256,37	1,1871	1384,5	256,38	1,1871
60	1370,2	261,68	1,2032	1370,3	261,68	1,2032	1370,4	261,69	1,2031
65	1355,7	267,03	1,2191	1355,8	267,03	1,2191	1355,9	267,04	1,2191
70	20,137	423,98	1,6816	21,468	423,57	1,6776	1341,2	272,43	1,2349
75	19,733	427,90	1,6929	21,028	427,50	1,6890	22,342	427,10	1,6852
80	19,350	431,81	1,7041	20,611	431,44	1,7002	21,889	431,06	1,6965
85	18,987	435,74	1,7152	20,217	435,38	1,7113	21,462	435,02	1,7076
90	18,641	439,67	1,7261	19,842	439,33	1,7223	21,056	438,99	1,7186
95	18,311	443,62	1,7369	19,484	443,30	1,7331	20,670	442,97	1,7295
100	17,996	447,58	1,7475	19,144	447,27	1,7438	20,303	446,95	1,7403
105	17,694	451,55	1,7581	18,818	451,25	1,7544	19,952	450,95	1,7509
110	17,405	455,54	1,7686	18,506	455,25	1,7649	19,616	454,96	1,7614
115	17,128	459,53	1,7790	18,206	459,26	1,7753	19,294	458,98	1,7719
120	16,861	463,55	1,7892	17,919	463,29	1,7856	18,986	463,02	1,7822
125	16,603	467,58	1,7994	17,642	467,33	1,7958	18,689	467,07	1,7924
130	16,356	471,62	1,8095	17,376	471,38	1,8060	18,403	471,13	1,8026
135	16,117	475,69	1,8195	17,119	475,45	1,8160	18,128	475,21	1,8126
140	15,886	479,77	1,8295	16,871	479,54	1,8260	17,863	479,31	1,8226
145	15,662	483,86	1,8393	16,632	483,64	1,8358	17,607	483,42	1,8325
150	15,446	487,97	1,8491	16,400	487,76	1,8456	17,359	487,54	1,8423
155	15,237	492,10	1,8588	16,176	491,89	1,8553	17,120	491,69	1,8520
160	15,034	496,25	1,8684	15,959	496,05	1,8650	16,888	495,84	1,8617
165	14,838	500,41	1,8780	15,748	500,22	1,8745	16,663	500,02	1,8713
170	14,647	504,59	1,8875	15,544	504,40	1,8840	16,445	504,21	1,8808
175	14,461	508,79	1,8969	15,346	508,60	1,8935	16,234	508,42	1,8902
180	14,281	513,00	1,9062	15,153	512,83	1,9028	16,029	512,65	1,8996
185	14,106	517,24	1,9155	14,966	517,06	1,9121	15,829	516,89	1,9089
190	13,936	521,49	1,9247	14,784	521,32	1,9214	15,635	521,15	1,9182
195	13,770	525,75	1,9339	14,607	525,59	1,9305	15,447	525,42	1,9274
200	13,608	530,04	1,9430	14,434	529,88	1,9397	15,263	529,72	1,9365

R 123

	$p = 0{,}40$ MPa (72,20 °C)			$p = 0{,}45$ MPa (76,72 °C)			$p = 0{,}50$ MPa (80,88 °C)		
t °C	ϱ $\frac{\text{kg}}{\text{m}^3}$	h $\frac{\text{kJ}}{\text{kg}}$	s $\frac{\text{kJ}}{\text{kg K}}$	ϱ $\frac{\text{kg}}{\text{m}^3}$	h $\frac{\text{kJ}}{\text{kg}}$	s $\frac{\text{kJ}}{\text{kg K}}$	ϱ $\frac{\text{kg}}{\text{m}^3}$	h $\frac{\text{kJ}}{\text{kg}}$	s $\frac{\text{kJ}}{\text{kg K}}$
−25	1586,1	175,74	0,9060	1586,2	175,76	0,9059	1586,3	175,78	0,9059
−20	1574,5	180,56	0,9252	1574,6	180,58	0,9252	1574,7	180,60	0,9251
−15	1562,7	185,42	0,9442	1562,8	185,44	0,9441	1562,9	185,46	0,9441
−10	1550,9	190,30	0,9629	1551,0	190,31	0,9629	1551,1	190,33	0,9628
−5	1539,0	195,20	0,9814	1539,1	195,22	0,9813	1539,2	195,24	0,9813
0	1526,9	200,14	0,9996	1527,0	200,15	0,9996	1527,2	200,17	0,9995
5	1514,8	205,10	1,0176	1514,9	205,12	1,0176	1515,0	205,14	1,0175
10	1502,5	210,09	1,0354	1502,6	210,11	1,0354	1502,7	210,13	1,0353
15	1490,1	215,11	1,0530	1490,2	215,13	1,0529	1490,3	215,15	1,0529
20	1477,5	220,16	1,0704	1477,6	220,18	1,0703	1477,8	220,19	1,0702
25	1464,8	225,24	1,0875	1464,9	225,26	1,0875	1465,1	225,27	1,0874
30	1451,9	230,35	1,1045	1452,1	230,37	1,1045	1452,2	230,38	1,1044
35	1438,8	235,49	1,1214	1439,0	235,51	1,1213	1439,2	235,52	1,1212
40	1425,6	240,66	1,1380	1425,8	240,68	1,1379	1426,0	240,69	1,1379
45	1412,2	245,87	1,1545	1412,4	245,88	1,1544	1412,5	245,90	1,1544
50	1398,5	251,11	1,1708	1398,7	251,12	1,1708	1398,9	251,13	1,1707
55	1384,6	256,38	1,1870	1384,8	256,39	1,1870	1385,0	256,41	1,1869
60	1370,5	261,69	1,2031	1370,7	261,70	1,2030	1370,9	261,71	1,2029
65	1356,0	267,04	1,2190	1356,3	267,05	1,2189	1356,5	267,06	1,2189
70	1341,3	272,43	1,2348	1341,5	272,44	1,2348	1341,8	272,45	1,2347
75	23,675	426,69	1,6815	1326,4	277,87	1,2505	1326,7	277,88	1,2504
80	23,185	430,67	1,6929	26,505	429,69	1,6844	1311,3	283,35	1,2660
85	22,723	434,66	1,7041	25,948	433,72	1,6957	29,286	432,76	1,6880
90	22,285	438,64	1,7151	25,423	437,76	1,7069	28,661	436,84	1,6993
95	21,869	442,64	1,7261	24,926	441,79	1,7179	28,074	440,92	1,7105
100	21,474	446,64	1,7369	24,456	445,83	1,7288	27,520	445,01	1,7215
105	21,097	450,65	1,7475	24,008	449,88	1,7396	26,995	449,09	1,7323
110	20,736	454,67	1,7581	23,583	453,94	1,7503	26,498	453,18	1,7431
115	20,391	458,71	1,7686	23,176	458,00	1,7608	26,024	457,28	1,7537
120	20,061	462,75	1,7789	22,788	462,07	1,7712	25,572	461,38	1,7642
125	19,743	466,81	1,7892	22,415	466,16	1,7816	25,141	465,50	1,7746
130	19,438	470,89	1,7993	22,058	470,26	1,7918	24,728	469,62	1,7849
135	19,144	474,97	1,8094	21,715	474,37	1,8019	24,332	473,76	1,7951
140	18,861	479,08	1,8194	21,385	478,49	1,8120	23,952	477,90	1,8052
145	18,588	483,19	1,8293	21,068	482,63	1,8219	23,586	482,06	1,8152
150	18,324	487,33	1,8391	20,761	486,78	1,8318	23,235	486,23	1,8251
155	18,069	491,48	1,8489	20,465	490,95	1,8416	22,896	490,42	1,8350
160	17,822	495,64	1,8586	20,179	495,13	1,8513	22,568	494,62	1,8447
165	17,583	499,82	1,8682	19,903	499,33	1,8609	22,252	498,83	1,8544
170	17,351	504,02	1,8777	19,635	503,54	1,8705	21,947	503,06	1,8640
175	17,127	508,24	1,8871	19,376	507,77	1,8800	21,651	507,30	1,8735
180	16,908	512,47	1,8965	19,124	512,01	1,8894	21,365	511,56	1,8829
185	16,696	516,71	1,9059	18,880	516,27	1,8988	21,087	515,83	1,8923
190	16,491	520,98	1,9151	18,643	520,55	1,9080	20,818	520,12	1,9016
195	16,290	525,26	1,9243	18,413	524,84	1,9173	20,557	524,42	1,9109
200	16,095	529,56	1,9334	18,189	529,15	1,9264	20,303	528,74	1,9200

R 123

	$p = 0{,}55$ MPa (84,73 °C)			$p = 0{,}60$ MPa (88,34 °C)			$p = 0{,}65$ MPa (91,72 °C)		
t °C	ϱ $\frac{\text{kg}}{\text{m}^3}$	h $\frac{\text{kJ}}{\text{kg}}$	s $\frac{\text{kJ}}{\text{kg K}}$	ϱ $\frac{\text{kg}}{\text{m}^3}$	h $\frac{\text{kJ}}{\text{kg}}$	s $\frac{\text{kJ}}{\text{kg K}}$	ϱ $\frac{\text{kg}}{\text{m}^3}$	h $\frac{\text{kJ}}{\text{kg}}$	s $\frac{\text{kJ}}{\text{kg K}}$
−25	1586,4	175,80	0,9058	1586,5	175,82	0,9058	1586,6	175,84	0,9057
−20	1574,8	180,62	0,9251	1574,8	180,64	0,9250	1574,9	180,66	0,9250
−15	1563,0	185,47	0,9441	1563,1	185,49	0,9440	1563,2	185,51	0,9440
−10	1551,2	190,35	0,9628	1551,3	190,37	0,9627	1551,4	190,39	0,9627
−5	1539,3	195,26	0,9812	1539,4	195,28	0,9812	1539,5	195,30	0,9811
0	1527,3	200,19	0,9995	1527,4	200,21	0,9994	1527,5	200,23	0,9994
5	1515,1	205,15	1,0175	1515,2	205,17	1,0174	1515,4	205,19	1,0174
10	1502,8	210,14	1,0352	1503,0	210,16	1,0352	1503,1	210,18	1,0351
15	1490,4	215,16	1,0528	1490,6	215,18	1,0528	1490,7	215,20	1,0527
20	1477,9	220,21	1,0702	1478,0	220,23	1,0701	1478,2	220,24	1,0701
25	1465,2	225,29	1,0874	1465,4	225,30	1,0873	1465,5	225,32	1,0872
30	1452,4	230,40	1,1043	1452,5	230,41	1,1043	1452,7	230,43	1,1042
35	1439,3	235,54	1,1212	1439,5	235,55	1,1211	1439,7	235,57	1,1210
40	1426,1	240,71	1,1378	1426,3	240,72	1,1377	1426,5	240,74	1,1377
45	1412,7	245,91	1,1543	1412,9	245,92	1,1542	1413,1	245,94	1,1542
50	1399,1	251,15	1,1706	1399,3	251,16	1,1706	1399,5	251,17	1,1705
55	1385,2	256,42	1,1868	1385,4	256,43	1,1867	1385,6	256,44	1,1867
60	1371,1	261,72	1,2029	1371,3	261,74	1,2028	1371,6	261,75	1,2027
65	1356,7	267,07	1,2188	1357,0	267,08	1,2187	1357,2	267,09	1,2186
70	1342,0	272,46	1,2346	1342,3	272,46	1,2345	1342,5	272,47	1,2344
75	1327,0	277,88	1,2503	1327,3	277,89	1,2502	1327,5	277,90	1,2501
80	1311,6	283,36	1,2659	1311,9	283,36	1,2658	1312,1	283,37	1,2657
85	32,748	431,75	1,6807	1296,0	288,88	1,2813	1296,3	288,89	1,2812
90	32,011	435,89	1,6921	35,482	434,92	1,6854	1280,1	294,45	1,2967
95	31,321	440,03	1,7034	34,677	439,10	1,6968	38,152	438,15	1,6905
100	30,674	444,16	1,7146	33,924	443,28	1,7081	37,280	442,38	1,7019
105	30,063	448,28	1,7256	33,218	447,45	1,7192	36,467	446,60	1,7131
110	29,486	452,41	1,7364	32,553	451,62	1,7301	35,704	450,81	1,7242
115	28,938	456,54	1,7471	31,924	455,79	1,7409	34,987	455,02	1,7351
120	28,418	460,68	1,7577	31,329	459,96	1,7516	34,309	459,22	1,7459
125	27,922	464,82	1,7682	30,763	464,13	1,7622	33,667	463,43	1,7565
130	27,449	468,97	1,7785	30,225	468,31	1,7726	33,058	467,64	1,7670
135	26,996	473,13	1,7888	29,711	472,50	1,7829	32,478	471,85	1,7774
140	26,563	477,30	1,7990	29,220	476,69	1,7931	31,925	476,07	1,7877
145	26,146	481,48	1,8090	28,749	480,90	1,8032	31,397	480,30	1,7978
150	25,746	485,67	1,8190	28,298	485,11	1,8133	30,891	484,53	1,8079
155	25,361	489,88	1,8289	27,864	489,33	1,8232	30,406	488,78	1,8179
160	24,991	494,10	1,8386	27,447	493,57	1,8330	29,940	493,03	1,8278
165	24,633	498,33	1,8484	27,046	497,81	1,8428	29,492	497,30	1,8376
170	24,288	502,57	1,8580	26,658	502,07	1,8524	29,060	501,58	1,8473
175	23,954	506,83	1,8675	26,284	506,35	1,8620	28,644	505,86	1,8569
180	23,631	511,10	1,8770	25,923	510,63	1,8715	28,243	510,16	1,8664
185	23,318	515,38	1,8864	25,574	514,93	1,8810	27,855	514,48	1,8759
190	23,015	519,68	1,8958	25,236	519,25	1,8903	27,480	518,81	1,8853
195	22,721	524,00	1,9050	24,908	523,57	1,8996	27,117	523,15	1,8946
200	22,436	528,33	1,9142	24,590	527,92	1,9089	26,765	527,50	1,9039

R 123

t °C	$p = 0{,}70$ MPa (94,91 °C)			$p = 0{,}75$ MPa (97,94 °C)			$p = 0{,}80$ MPa (100,82 °C)		
	ϱ $\frac{\text{kg}}{\text{m}^3}$	h $\frac{\text{kJ}}{\text{kg}}$	s $\frac{\text{kJ}}{\text{kg K}}$	ϱ $\frac{\text{kg}}{\text{m}^3}$	h $\frac{\text{kJ}}{\text{kg}}$	s $\frac{\text{kJ}}{\text{kg K}}$	ϱ $\frac{\text{kg}}{\text{m}^3}$	h $\frac{\text{kJ}}{\text{kg}}$	s $\frac{\text{kJ}}{\text{kg K}}$
−25	1586,6	175,86	0,9057	1586,7	175,88	0,9056	1586,8	175,90	0,9056
−20	1575,0	180,68	0,9249	1575,1	180,70	0,9249	1575,2	180,72	0,9248
−15	1563,3	185,53	0,9439	1563,4	185,55	0,9439	1563,5	185,57	0,9438
−10	1551,5	190,41	0,9626	1551,6	190,43	0,9626	1551,7	190,45	0,9625
−5	1539,6	195,32	0,9811	1539,7	195,33	0,9810	1539,8	195,35	0,9810
0	1527,6	200,25	0,9993	1527,7	200,27	0,9993	1527,8	200,28	0,9992
5	1515,5	205,21	1,0173	1515,6	205,23	1,0172	1515,7	205,24	1,0172
10	1503,2	210,20	1,0351	1503,3	210,21	1,0350	1503,5	210,23	1,0350
15	1490,8	215,21	1,0526	1491,0	215,23	1,0526	1491,1	215,25	1,0525
20	1478,3	220,26	1,0700	1478,5	220,28	1,0700	1478,6	220,30	1,0699
25	1465,6	225,34	1,0872	1465,8	225,35	1,0871	1465,9	225,37	1,0871
30	1452,8	230,44	1,1042	1453,0	230,46	1,1041	1453,1	230,48	1,1040
35	1439,8	235,58	1,1210	1440,0	235,60	1,1209	1440,1	235,61	1,1208
40	1426,6	240,75	1,1376	1426,8	240,76	1,1375	1427,0	240,78	1,1375
45	1413,3	245,95	1,1541	1413,4	245,97	1,1540	1413,6	245,98	1,1540
50	1399,7	251,19	1,1704	1399,9	251,20	1,1703	1400,1	251,21	1,1703
55	1385,9	256,45	1,1866	1386,1	256,47	1,1865	1386,3	256,48	1,1864
60	1371,8	261,76	1,2026	1372,0	261,77	1,2026	1372,2	261,78	1,2025
65	1357,4	267,10	1,2186	1357,7	267,11	1,2185	1357,9	267,12	1,2184
70	1342,8	272,48	1,2343	1343,0	272,49	1,2343	1343,3	272,50	1,2342
75	1327,8	277,91	1,2500	1328,1	277,91	1,2500	1328,3	277,92	1,2499
80	1312,4	283,37	1,2656	1312,7	283,38	1,2655	1313,0	283,39	1,2655
85	1296,7	288,89	1,2811	1297,0	288,89	1,2810	1297,3	288,90	1,2810
90	1280,4	294,46	1,2966	1280,7	294,46	1,2965	1281,1	294,46	1,2964
95	41,758	437,16	1,6844	1264,0	300,08	1,3119	1264,4	300,08	1,3117
100	40,752	441,45	1,6960	44,352	440,48	1,6902	1247,0	305,77	1,3271
105	39,818	445,72	1,7073	43,282	444,81	1,7017	46,869	443,87	1,6963
110	38,947	449,98	1,7185	42,289	449,12	1,7131	45,739	448,24	1,7078
115	38,131	454,23	1,7295	41,363	453,42	1,7242	44,691	452,58	1,7191
120	37,363	458,47	1,7404	40,496	457,70	1,7352	43,714	456,91	1,7301
125	36,638	462,71	1,7511	39,680	461,98	1,7460	42,799	461,23	1,7411
130	35,952	466,95	1,7617	38,911	466,25	1,7567	41,938	465,54	1,7518
135	35,301	471,20	1,7722	38,183	470,53	1,7672	41,127	469,85	1,7624
140	34,682	475,44	1,7825	37,492	474,80	1,7776	40,359	474,15	1,7729
145	34,091	479,69	1,7927	36,835	479,08	1,7879	39,630	478,46	1,7833
150	33,527	483,95	1,8029	36,208	483,36	1,7981	38,937	482,76	1,7935
155	32,987	488,22	1,8129	35,610	487,65	1,8082	38,276	487,07	1,8036
160	32,469	492,49	1,8228	35,037	491,95	1,8181	37,645	491,39	1,8137
165	31,972	496,78	1,8326	34,488	496,25	1,8280	37,041	495,71	1,8236
170	31,494	501,07	1,8424	33,961	500,56	1,8378	36,462	500,04	1,8334
175	31,034	505,38	1,8520	33,454	504,88	1,8475	35,906	504,38	1,8432
180	30,590	509,69	1,8616	32,966	509,21	1,8571	35,372	508,73	1,8528
185	30,162	514,02	1,8711	32,496	513,56	1,8666	34,857	513,09	1,8624
190	29,748	518,36	1,8805	32,042	517,91	1,8761	34,361	517,46	1,8719
195	29,349	522,71	1,8899	31,604	522,28	1,8855	33,883	521,84	1,8813
200	28,962	527,08	1,8992	31,180	526,66	1,8948	33,421	526,23	1,8906

R 123

| t °C | \multicolumn{3}{c|}{$p = 0{,}85$ MPa (103,57 °C)} | \multicolumn{3}{c|}{$p = 0{,}90$ MPa (106,20 °C)} | \multicolumn{3}{c|}{$p = 0{,}95$ MPa (108,72 °C)} |

t °C	ϱ $\frac{kg}{m^3}$	h $\frac{kJ}{kg}$	s $\frac{kJ}{kg\,K}$	ϱ $\frac{kg}{m^3}$	h $\frac{kJ}{kg}$	s $\frac{kJ}{kg\,K}$	ϱ $\frac{kg}{m^3}$	h $\frac{kJ}{kg}$	s $\frac{kJ}{kg\,K}$
−25	1586,9	175,92	0,9056	1587,0	175,94	0,9055	1587,1	175,96	0,9055
−20	1575,3	180,74	0,9248	1575,4	180,76	0,9247	1575,5	180,78	0,9247
−15	1563,6	185,59	0,9438	1563,7	185,61	0,9437	1563,8	185,63	0,9437
−10	1551,8	190,47	0,9625	1551,9	190,49	0,9624	1552,0	190,51	0,9624
−5	1539,9	195,37	0,9809	1540,0	195,39	0,9809	1540,1	195,41	0,9808
0	1527,9	200,30	0,9992	1528,0	200,32	0,9991	1528,2	200,34	0,9990
5	1515,8	205,26	1,0171	1515,9	205,28	1,0171	1516,1	205,30	1,0170
10	1503,6	210,25	1,0349	1503,7	210,27	1,0349	1503,8	210,29	1,0348
15	1491,2	215,27	1,0525	1491,4	215,28	1,0524	1491,5	215,30	1,0524
20	1478,7	220,31	1,0698	1478,9	220,33	1,0698	1479,0	220,35	1,0697
25	1466,1	225,39	1,0870	1466,2	225,40	1,0869	1466,4	225,42	1,0869
30	1453,3	230,49	1,1040	1453,4	230,51	1,1039	1453,6	230,52	1,1039
35	1440,3	235,63	1,1208	1440,5	235,64	1,1207	1440,6	235,66	1,1207
40	1427,1	240,79	1,1374	1427,3	240,81	1,1374	1427,5	240,82	1,1373
45	1413,8	245,99	1,1539	1414,0	246,01	1,1538	1414,2	246,02	1,1538
50	1400,2	251,23	1,1702	1400,4	251,24	1,1701	1400,6	251,25	1,1701
55	1386,5	256,49	1,1864	1386,7	256,50	1,1863	1386,9	256,52	1,1862
60	1372,4	261,79	1,2024	1372,6	261,80	1,2023	1372,9	261,82	1,2023
65	1358,1	267,13	1,2183	1358,4	267,14	1,2182	1358,6	267,15	1,2182
70	1343,5	272,51	1,2341	1343,8	272,52	1,2340	1344,0	272,53	1,2339
75	1328,6	277,93	1,2498	1328,9	277,94	1,2497	1329,1	277,94	1,2496
80	1313,3	283,39	1,2654	1313,6	283,40	1,2653	1313,9	283,41	1,2652
85	1297,6	288,90	1,2809	1297,9	288,91	1,2808	1298,2	288,91	1,2807
90	1281,4	294,47	1,2963	1281,8	294,47	1,2962	1282,1	294,47	1,2961
95	1264,7	300,08	1,3116	1265,1	300,08	1,3115	1265,5	300,08	1,3114
100	1247,4	305,76	1,3270	1247,8	305,76	1,3269	1248,2	305,76	1,3267
105	50,592	442,90	1,6910	1229,9	311,51	1,3421	1230,4	311,50	1,3420
110	49,308	447,32	1,7027	53,006	446,38	1,6977	56,850	445,40	1,6927
115	48,123	451,72	1,7141	51,668	450,84	1,7092	55,336	449,92	1,7044
120	47,024	456,10	1,7253	50,432	455,27	1,7205	53,949	454,41	1,7159
125	45,999	460,46	1,7363	49,286	459,67	1,7317	52,668	458,86	1,7272
130	45,039	464,81	1,7472	48,217	464,06	1,7426	51,479	463,30	1,7383
135	44,136	469,15	1,7579	47,216	468,44	1,7534	50,370	467,72	1,7491
140	43,285	473,49	1,7684	46,274	472,81	1,7641	49,330	472,12	1,7599
145	42,479	477,82	1,7788	45,386	477,17	1,7746	48,352	476,52	1,7704
150	41,715	482,15	1,7891	44,545	481,54	1,7849	47,429	480,91	1,7809
155	40,987	486,49	1,7993	43,746	485,90	1,7952	46,555	485,29	1,7912
160	40,294	490,83	1,8094	42,987	490,26	1,8053	45,725	489,68	1,8014
165	39,632	495,17	1,8194	42,263	494,62	1,8153	44,936	494,07	1,8115
170	38,998	499,52	1,8292	41,572	498,99	1,8253	44,183	498,46	1,8214
175	38,391	503,88	1,8390	40,910	503,37	1,8351	43,464	502,85	1,8313
180	37,808	508,24	1,8487	40,275	507,75	1,8448	42,776	507,25	1,8410
185	37,247	512,62	1,8583	39,666	512,14	1,8544	42,116	511,66	1,8507
190	36,707	517,00	1,8678	39,081	516,54	1,8640	41,482	516,08	1,8603
195	36,187	521,40	1,8773	38,517	520,95	1,8734	40,872	520,50	1,8698
200	35,685	525,80	1,8866	37,973	525,37	1,8828	40,286	524,93	1,8792

R 123

	$p = 1{,}00$ MPa (111,15 °C)			$p = 1{,}05$ MPa (113,49 °C)			$p = 1{,}10$ MPa (115,75 °C)		
t °C	ϱ $\frac{\text{kg}}{\text{m}^3}$	h $\frac{\text{kJ}}{\text{kg}}$	s $\frac{\text{kJ}}{\text{kg K}}$	ϱ $\frac{\text{kg}}{\text{m}^3}$	h $\frac{\text{kJ}}{\text{kg}}$	s $\frac{\text{kJ}}{\text{kg K}}$	ϱ $\frac{\text{kg}}{\text{m}^3}$	h $\frac{\text{kJ}}{\text{kg}}$	s $\frac{\text{kJ}}{\text{kg K}}$
−25	1587,2	175,98	0,9054	1587,3	176,00	0,9054	1587,4	176,02	0,9053
−20	1575,6	180,80	0,9247	1575,7	180,82	0,9246	1575,8	180,84	0,9246
−15	1563,9	185,65	0,9436	1564,0	185,67	0,9436	1564,1	185,69	0,9435
−10	1552,1	190,53	0,9623	1552,2	190,55	0,9623	1552,3	190,57	0,9622
−5	1540,3	195,43	0,9808	1540,4	195,45	0,9807	1540,5	195,47	0,9807
0	1528,3	200,36	0,9990	1528,4	200,38	0,9989	1528,5	200,40	0,9989
5	1516,2	205,32	1,0170	1516,3	205,34	1,0169	1516,4	205,35	1,0169
10	1504,0	210,30	1,0348	1504,1	210,32	1,0347	1504,2	210,34	1,0346
15	1491,6	215,32	1,0523	1491,7	215,34	1,0523	1491,9	215,35	1,0522
20	1479,1	220,36	1,0697	1479,3	220,38	1,0696	1479,4	220,40	1,0695
25	1466,5	225,44	1,0868	1466,7	225,45	1,0868	1466,8	225,47	1,0867
30	1453,7	230,54	1,1038	1453,9	230,56	1,1037	1454,0	230,57	1,1037
35	1440,8	235,67	1,1206	1440,9	235,69	1,1205	1441,1	235,70	1,1205
40	1427,7	240,84	1,1372	1427,8	240,85	1,1372	1428,0	240,87	1,1371
45	1414,3	246,04	1,1537	1414,5	246,05	1,1536	1414,7	246,06	1,1536
50	1400,8	251,26	1,1700	1401,0	251,28	1,1699	1401,2	251,29	1,1699
55	1387,1	256,53	1,1862	1387,3	256,54	1,1861	1387,5	256,55	1,1860
60	1373,1	261,83	1,2022	1373,3	261,84	1,2021	1373,5	261,85	1,2020
65	1358,8	267,16	1,2181	1359,1	267,17	1,2180	1359,3	267,18	1,2179
70	1344,3	272,54	1,2339	1344,5	272,55	1,2338	1344,8	272,56	1,2337
75	1329,4	277,95	1,2495	1329,7	277,96	1,2494	1329,9	277,97	1,2494
80	1314,2	283,41	1,2651	1314,4	283,42	1,2650	1314,7	283,42	1,2649
85	1298,5	288,92	1,2806	1298,8	288,92	1,2805	1299,1	288,93	1,2804
90	1282,4	294,47	1,2960	1282,8	294,48	1,2959	1283,1	294,48	1,2958
95	1265,8	300,08	1,3113	1266,2	300,09	1,3112	1266,6	300,09	1,3111
100	1248,6	305,76	1,3266	1249,0	305,76	1,3265	1249,4	305,75	1,3264
105	1230,8	311,50	1,3419	1231,2	311,49	1,3418	1231,7	311,49	1,3417
110	1212,2	317,31	1,3572	1212,6	317,30	1,3571	1213,1	317,29	1,3569
115	59,142	448,98	1,6998	63,100	447,99	1,6951	1193,7	323,19	1,3722
120	57,583	453,52	1,7114	61,347	452,61	1,7069	65,253	451,66	1,7025
125	56,153	458,03	1,7228	59,748	457,18	1,7185	63,465	456,29	1,7142
130	54,831	462,51	1,7340	58,280	461,71	1,7298	61,833	460,88	1,7257
135	53,603	466,97	1,7450	56,922	466,21	1,7409	60,332	465,43	1,7369
140	52,457	471,42	1,7558	55,659	470,70	1,7518	58,942	469,96	1,7479
145	51,382	475,85	1,7664	54,480	475,16	1,7625	57,649	474,46	1,7587
150	50,371	480,27	1,7770	53,373	479,62	1,7731	56,439	478,95	1,7694
155	49,416	484,68	1,7873	52,331	484,06	1,7836	55,303	483,43	1,7799
160	48,511	489,09	1,7976	51,346	488,50	1,7939	54,233	487,89	1,7903
165	47,652	493,51	1,8077	50,413	492,93	1,8041	53,221	492,36	1,8005
170	46,835	497,92	1,8177	49,527	497,37	1,8141	52,262	496,81	1,8107
175	46,055	502,33	1,8276	48,683	501,81	1,8241	51,351	501,27	1,8207
180	45,310	506,75	1,8374	47,878	506,24	1,8339	50,483	505,73	1,8306
185	44,596	511,18	1,8471	47,109	510,69	1,8437	49,655	510,19	1,8403
190	43,912	515,61	1,8568	46,372	515,13	1,8533	48,862	514,66	1,8500
195	43,255	520,04	1,8663	45,665	519,59	1,8629	48,103	519,12	1,8596
200	42,623	524,49	1,8757	44,986	524,05	1,8724	47,375	523,60	1,8691

R 123

	$p = 1{,}15$ MPa (117,93 °C)			$p = 1{,}20$ MPa (120,04 °C)			$p = 1{,}25$ MPa (122,09 °C)		
t °C	ϱ $\frac{\text{kg}}{\text{m}^3}$	h $\frac{\text{kJ}}{\text{kg}}$	s $\frac{\text{kJ}}{\text{kg K}}$	ϱ $\frac{\text{kg}}{\text{m}^3}$	h $\frac{\text{kJ}}{\text{kg}}$	s $\frac{\text{kJ}}{\text{kg K}}$	ϱ $\frac{\text{kg}}{\text{m}^3}$	h $\frac{\text{kJ}}{\text{kg}}$	s $\frac{\text{kJ}}{\text{kg K}}$
−25	1587,4	176,04	0,9053	1587,5	176,06	0,9052	1587,6	176,08	0,9052
−20	1575,9	180,86	0,9245	1576,0	180,88	0,9245	1576,0	180,90	0,9244
−15	1564,2	185,71	0,9435	1564,3	185,73	0,9434	1564,4	185,75	0,9434
−10	1552,4	190,58	0,9622	1552,5	190,60	0,9621	1552,6	190,62	0,9621
−5	1540,6	195,49	0,9806	1540,7	195,51	0,9806	1540,8	195,52	0,9805
0	1528,6	200,42	0,9988	1528,7	200,43	0,9988	1528,8	200,45	0,9987
5	1516,5	205,37	1,0168	1516,6	205,39	1,0168	1516,8	205,41	1,0167
10	1504,3	210,36	1,0346	1504,4	210,38	1,0345	1504,6	210,39	1,0345
15	1492,0	215,37	1,0521	1492,1	215,39	1,0521	1492,3	215,41	1,0520
20	1479,5	220,41	1,0695	1479,7	220,43	1,0694	1479,8	220,45	1,0694
25	1466,9	225,49	1,0866	1467,1	225,50	1,0866	1467,2	225,52	1,0865
30	1454,2	230,59	1,1036	1454,3	230,60	1,1036	1454,5	230,62	1,1035
35	1441,3	235,72	1,1204	1441,4	235,74	1,1203	1441,6	235,75	1,1203
40	1428,2	240,88	1,1370	1428,3	240,90	1,1370	1428,5	240,91	1,1369
45	1414,9	246,08	1,1535	1415,1	246,09	1,1534	1415,2	246,11	1,1534
50	1401,4	251,30	1,1698	1401,6	251,32	1,1697	1401,8	251,33	1,1696
55	1387,7	256,57	1,1859	1387,9	256,58	1,1859	1388,1	256,59	1,1858
60	1373,7	261,86	1,2020	1373,9	261,87	1,2019	1374,2	261,88	1,2018
65	1359,5	267,19	1,2178	1359,7	267,20	1,2178	1360,0	267,22	1,2177
70	1345,0	272,57	1,2336	1345,2	272,57	1,2335	1345,5	272,58	1,2335
75	1330,2	277,98	1,2493	1330,4	277,98	1,2492	1330,7	277,99	1,2491
80	1315,0	283,43	1,2648	1315,3	283,44	1,2647	1315,6	283,44	1,2646
85	1299,4	288,93	1,2803	1299,7	288,94	1,2802	1300,0	288,94	1,2801
90	1283,4	294,48	1,2957	1283,8	294,49	1,2956	1284,1	294,49	1,2955
95	1266,9	300,09	1,3110	1267,3	300,09	1,3109	1267,6	300,09	1,3108
100	1249,8	305,75	1,3263	1250,2	305,75	1,3262	1250,6	305,75	1,3261
105	1232,1	311,48	1,3415	1232,5	311,48	1,3414	1233,0	311,47	1,3413
110	1213,6	317,29	1,3568	1214,1	317,28	1,3567	1214,6	317,27	1,3565
115	1194,2	323,18	1,3721	1194,8	323,16	1,3719	1195,3	323,15	1,3718
120	69,318	450,68	1,6981	1174,4	329,15	1,3872	1175,0	329,13	1,3871
125	67,316	455,38	1,7100	71,314	454,44	1,7058	75,476	453,45	1,7016
130	65,501	460,03	1,7216	69,293	459,15	1,7176	73,221	458,24	1,7136
135	63,841	464,63	1,7330	67,456	463,81	1,7291	71,187	462,97	1,7252
140	62,311	469,21	1,7441	65,773	468,43	1,7403	69,334	467,64	1,7366
145	60,893	473,75	1,7550	64,219	473,02	1,7514	67,632	472,28	1,7478
150	59,572	478,27	1,7658	62,778	477,58	1,7622	66,059	476,88	1,7587
155	58,336	482,78	1,7764	61,433	482,13	1,7729	64,597	481,46	1,7695
160	57,174	487,28	1,7868	60,173	486,66	1,7834	63,231	486,02	1,7801
165	56,079	491,77	1,7971	58,988	491,17	1,7938	61,950	490,57	1,7905
170	55,043	496,25	1,8073	57,869	495,68	1,8040	60,744	495,10	1,8008
175	54,060	500,73	1,8173	56,811	500,18	1,8141	59,606	499,63	1,8110
180	53,125	505,21	1,8273	55,806	504,68	1,8241	58,527	504,15	1,8210
185	52,235	509,69	1,8371	54,850	509,18	1,8340	57,503	508,67	1,8309
190	51,384	514,17	1,8468	53,939	513,68	1,8437	56,527	513,19	1,8407
195	50,571	518,66	1,8565	53,068	518,19	1,8534	55,597	517,71	1,8504
200	49,791	523,15	1,8660	52,235	522,69	1,8630	54,708	522,23	1,8600

R 123

	$p = 1{,}30$ MPa (124,08 °C)			$p = 1{,}40$ MPa (127,89 °C)			$p = 1{,}50$ MPa (131,50 °C)		
t °C	ϱ $\frac{\text{kg}}{\text{m}^3}$	h $\frac{\text{kJ}}{\text{kg}}$	s $\frac{\text{kJ}}{\text{kg K}}$	ϱ $\frac{\text{kg}}{\text{m}^3}$	h $\frac{\text{kJ}}{\text{kg}}$	s $\frac{\text{kJ}}{\text{kg K}}$	ϱ $\frac{\text{kg}}{\text{m}^3}$	h $\frac{\text{kJ}}{\text{kg}}$	s $\frac{\text{kJ}}{\text{kg K}}$
−25	1587,7	176,10	0,9051	1587,9	176,14	0,9050	1588,1	176,18	0,9050
−20	1576,1	180,92	0,9244	1576,3	180,96	0,9243	1576,5	181,00	0,9242
−15	1564,5	185,77	0,9433	1564,7	185,81	0,9432	1564,9	185,85	0,9431
−10	1552,7	190,64	0,9620	1552,9	190,68	0,9619	1553,1	190,72	0,9618
−5	1540,9	195,54	0,9805	1541,1	195,58	0,9804	1541,3	195,62	0,9803
0	1528,9	200,47	0,9987	1529,2	200,51	0,9986	1529,4	200,55	0,9985
5	1516,9	205,43	1,0167	1517,1	205,46	1,0166	1517,3	205,50	1,0165
10	1504,7	210,41	1,0344	1504,9	210,45	1,0343	1505,2	210,48	1,0342
15	1492,4	215,42	1,0520	1492,6	215,46	1,0519	1492,9	215,49	1,0518
20	1479,9	220,47	1,0693	1480,2	220,50	1,0692	1480,5	220,53	1,0691
25	1467,4	225,54	1,0865	1467,7	225,57	1,0864	1467,9	225,60	1,0862
30	1454,6	230,64	1,1034	1454,9	230,67	1,1033	1455,2	230,70	1,1032
35	1441,7	235,77	1,1202	1442,1	235,80	1,1201	1442,4	235,83	1,1200
40	1428,7	240,93	1,1368	1429,0	240,96	1,1367	1429,3	240,99	1,1366
45	1415,4	246,12	1,1533	1415,8	246,15	1,1532	1416,1	246,18	1,1530
50	1402,0	251,34	1,1696	1402,3	251,37	1,1694	1402,7	251,40	1,1693
55	1388,3	256,60	1,1857	1388,7	256,63	1,1856	1389,1	256,65	1,1854
60	1374,4	261,90	1,2017	1374,8	261,92	1,2016	1375,2	261,94	1,2014
65	1360,2	267,23	1,2176	1360,7	267,25	1,2175	1361,1	267,27	1,2173
70	1345,7	272,59	1,2334	1346,2	272,61	1,2332	1346,7	272,63	1,2330
75	1331,0	278,00	1,2490	1331,5	278,02	1,2488	1332,0	278,03	1,2487
80	1315,8	283,45	1,2646	1316,4	283,47	1,2644	1317,0	283,48	1,2642
85	1300,3	288,95	1,2800	1301,0	288,96	1,2798	1301,6	288,97	1,2796
90	1284,4	294,49	1,2954	1285,1	294,50	1,2952	1285,7	294,51	1,2950
95	1268,0	300,09	1,3107	1268,7	300,09	1,3105	1269,4	300,10	1,3103
100	1251,0	305,75	1,3260	1251,8	305,75	1,3257	1252,6	305,74	1,3255
105	1233,4	311,47	1,3412	1234,3	311,46	1,3410	1235,1	311,45	1,3407
110	1215,0	317,26	1,3564	1216,0	317,25	1,3562	1216,9	317,23	1,3559
115	1195,8	323,14	1,3717	1196,9	323,12	1,3714	1197,9	323,10	1,3711
120	1175,6	329,11	1,3869	1176,8	329,08	1,3866	1178,0	329,05	1,3863
125	79,822	452,43	1,6974	1155,5	335,15	1,4020	1156,8	335,11	1,4017
130	77,301	457,30	1,7096	85,985	455,31	1,7016	1134,2	341,29	1,4171
135	75,045	462,09	1,7214	83,190	460,26	1,7138	92,021	458,28	1,7062
140	73,002	466,83	1,7329	80,700	465,13	1,7257	88,959	463,31	1,7184
145	71,137	471,51	1,7442	78,455	469,92	1,7372	86,242	468,24	1,7303
150	69,421	476,16	1,7553	76,410	474,67	1,7485	83,798	473,10	1,7418
155	67,832	480,78	1,7661	74,534	479,37	1,7596	81,579	477,91	1,7531
160	66,353	485,37	1,7768	72,800	484,04	1,7704	79,546	482,66	1,7642
165	64,969	489,95	1,7873	71,189	488,69	1,7811	77,671	487,38	1,7750
170	63,670	494,51	1,7977	69,684	493,31	1,7916	75,932	492,07	1,7856
175	62,447	499,07	1,8079	68,274	497,92	1,8019	74,310	496,74	1,7961
180	61,290	503,61	1,8180	66,946	502,51	1,8121	72,791	501,39	1,8064
185	60,193	508,15	1,8279	65,693	507,10	1,8222	71,362	506,02	1,8166
190	59,151	512,69	1,8378	64,506	511,68	1,8321	70,015	510,65	1,8266
195	58,158	517,23	1,8475	63,379	516,26	1,8419	68,740	515,26	1,8366
200	57,210	521,77	1,8572	62,306	520,83	1,8516	67,530	519,88	1,8464

R 123

t °C	$p = 1{,}60$ MPa (134,94 °C)			$p = 1{,}70$ MPa (138,22 °C)			$p = 1{,}80$ MPa (141,36 °C)		
	ϱ $\frac{\text{kg}}{\text{m}^3}$	h $\frac{\text{kJ}}{\text{kg}}$	s $\frac{\text{kJ}}{\text{kg K}}$	ϱ $\frac{\text{kg}}{\text{m}^3}$	h $\frac{\text{kJ}}{\text{kg}}$	s $\frac{\text{kJ}}{\text{kg K}}$	ϱ $\frac{\text{kg}}{\text{m}^3}$	h $\frac{\text{kJ}}{\text{kg}}$	s $\frac{\text{kJ}}{\text{kg K}}$
−25	1588,2	176,22	0,9049	1588,4	176,26	0,9048	1588,6	176,30	0,9047
−20	1576,7	181,04	0,9241	1576,9	181,08	0,9240	1577,1	181,12	0,9239
−15	1565,1	185,89	0,9430	1565,3	185,93	0,9430	1565,4	185,97	0,9429
−10	1553,3	190,76	0,9617	1553,5	190,80	0,9616	1553,7	190,84	0,9615
−5	1541,5	195,66	0,9802	1541,7	195,70	0,9801	1541,9	195,73	0,9800
0	1529,6	200,58	0,9984	1529,8	200,62	0,9983	1530,0	200,66	0,9982
5	1517,6	205,54	1,0164	1517,8	205,57	1,0162	1518,0	205,61	1,0161
10	1505,4	210,52	1,0341	1505,7	210,56	1,0340	1505,9	210,59	1,0339
15	1493,2	215,53	1,0516	1493,4	215,56	1,0515	1493,7	215,60	1,0514
20	1480,8	220,57	1,0690	1481,0	220,60	1,0689	1481,3	220,64	1,0688
25	1468,2	225,64	1,0861	1468,5	225,67	1,0860	1468,8	225,70	1,0859
30	1455,5	230,73	1,1031	1455,8	230,76	1,1030	1456,1	230,80	1,1028
35	1442,7	235,86	1,1198	1443,0	235,89	1,1197	1443,3	235,92	1,1196
40	1429,7	241,02	1,1364	1430,0	241,05	1,1363	1430,3	241,08	1,1362
45	1416,5	246,20	1,1529	1416,8	246,23	1,1528	1417,2	246,26	1,1526
50	1403,1	251,43	1,1692	1403,5	251,45	1,1690	1403,8	251,48	1,1689
55	1389,5	256,68	1,1853	1389,9	256,70	1,1852	1390,3	256,73	1,1850
60	1375,6	261,97	1,2013	1376,1	261,99	1,2011	1376,5	262,01	1,2010
65	1361,6	267,29	1,2172	1362,0	267,31	1,2170	1362,5	267,33	1,2168
70	1347,2	272,65	1,2329	1347,7	272,67	1,2327	1348,2	272,69	1,2326
75	1332,5	278,05	1,2485	1333,0	278,07	1,2483	1333,6	278,09	1,2482
80	1317,5	283,49	1,2640	1318,1	283,51	1,2639	1318,6	283,52	1,2637
85	1302,2	288,98	1,2795	1302,7	288,99	1,2793	1303,3	289,00	1,2791
90	1286,4	294,51	1,2948	1287,0	294,52	1,2946	1287,6	294,53	1,2944
95	1270,1	300,10	1,3101	1270,8	300,10	1,3099	1271,5	300,11	1,3097
100	1253,3	305,74	1,3253	1254,1	305,74	1,3251	1254,9	305,74	1,3249
105	1235,9	311,45	1,3405	1236,8	311,44	1,3403	1237,6	311,43	1,3400
110	1217,9	317,22	1,3557	1218,8	317,21	1,3554	1219,7	317,20	1,3552
115	1199,0	323,07	1,3708	1200,0	323,05	1,3706	1201,0	323,03	1,3703
120	1179,1	329,02	1,3860	1180,3	328,99	1,3858	1181,4	328,96	1,3855
125	1158,1	335,06	1,4013	1159,4	335,02	1,4010	1160,7	334,98	1,4007
130	1135,7	341,24	1,4167	1137,2	341,18	1,4164	1138,7	341,12	1,4160
135	101,72	456,13	1,6984	1113,3	347,49	1,4319	1115,0	347,41	1,4315
140	97,904	461,36	1,7111	107,71	459,23	1,7036	1089,2	353,88	1,4473
145	94,587	466,46	1,7234	103,61	464,53	1,7164	113,49	462,45	1,7092
150	91,651	471,45	1,7352	100,06	469,69	1,7286	109,13	467,81	1,7219
155	89,018	476,36	1,7468	96,914	474,74	1,7405	105,35	473,02	1,7341
160	86,631	481,22	1,7581	94,102	479,71	1,7520	102,02	478,11	1,7460
165	84,448	486,02	1,7691	91,556	484,60	1,7633	99,039	483,12	1,7575
170	82,438	490,78	1,7799	89,230	489,45	1,7743	96,345	488,07	1,7687
175	80,574	495,52	1,7905	87,091	494,26	1,7850	93,885	492,95	1,7797
180	78,839	500,23	1,8010	85,109	499,03	1,7956	91,624	497,80	1,7904
185	77,215	504,91	1,8113	83,265	503,78	1,8060	89,531	502,60	1,8010
190	75,689	509,59	1,8214	81,541	508,50	1,8163	87,584	507,39	1,8113
195	74,251	514,25	1,8314	79,921	513,21	1,8264	85,764	512,14	1,8216
200	72,890	518,90	1,8413	78,396	517,90	1,8364	84,056	516,89	1,8316

R 123

t °C	$p = 1{,}90$ MPa (144,36 °C) ϱ $\frac{\text{kg}}{\text{m}^3}$	h $\frac{\text{kJ}}{\text{kg}}$	s $\frac{\text{kJ}}{\text{kg K}}$	$p = 2{,}00$ MPa (147,25 °C) ϱ $\frac{\text{kg}}{\text{m}^3}$	h $\frac{\text{kJ}}{\text{kg}}$	s $\frac{\text{kJ}}{\text{kg K}}$	$p = 2{,}10$ MPa (150,04 °C) ϱ $\frac{\text{kg}}{\text{m}^3}$	h $\frac{\text{kJ}}{\text{kg}}$	s $\frac{\text{kJ}}{\text{kg K}}$
−25	1588,8	176,34	0,9046	1588,9	176,38	0,9045	1589,1	176,42	0,9044
−20	1577,2	181,16	0,9238	1577,4	181,20	0,9237	1577,6	181,24	0,9236
−15	1565,6	186,00	0,9428	1565,8	186,04	0,9427	1566,0	186,08	0,9426
−10	1553,9	190,87	0,9614	1554,1	190,91	0,9613	1554,3	190,95	0,9613
−5	1542,2	195,77	0,9799	1542,4	195,81	0,9798	1542,6	195,85	0,9797
0	1530,3	200,70	0,9981	1530,5	200,73	0,9980	1530,7	200,77	0,9979
5	1518,3	205,65	1,0160	1518,5	205,68	1,0159	1518,7	205,72	1,0158
10	1506,2	210,63	1,0338	1506,4	210,66	1,0337	1506,6	210,70	1,0336
15	1493,9	215,63	1,0513	1494,2	215,67	1,0512	1494,4	215,70	1,0511
20	1481,6	220,67	1,0686	1481,8	220,70	1,0685	1482,1	220,74	1,0684
25	1469,1	225,74	1,0858	1469,4	225,77	1,0857	1469,6	225,80	1,0855
30	1456,4	230,83	1,1027	1456,7	230,86	1,1026	1457,0	230,89	1,1025
35	1443,6	235,95	1,1195	1443,9	235,98	1,1194	1444,3	236,01	1,1192
40	1430,7	241,11	1,1361	1431,0	241,14	1,1359	1431,3	241,17	1,1358
45	1417,5	246,29	1,1525	1417,9	246,32	1,1524	1418,2	246,35	1,1522
50	1404,2	251,51	1,1688	1404,6	251,53	1,1686	1404,9	251,56	1,1685
55	1390,7	256,75	1,1849	1391,1	256,78	1,1847	1391,5	256,81	1,1846
60	1376,9	262,04	1,2009	1377,3	262,06	1,2007	1377,7	262,09	1,2006
65	1362,9	267,36	1,2167	1363,3	267,38	1,2165	1363,8	267,40	1,2164
70	1348,6	272,71	1,2324	1349,1	272,73	1,2323	1349,6	272,75	1,2321
75	1334,1	278,10	1,2480	1334,6	278,12	1,2478	1335,1	278,14	1,2477
80	1319,2	283,54	1,2635	1319,7	283,55	1,2633	1320,3	283,57	1,2632
85	1303,9	289,01	1,2789	1304,5	289,03	1,2787	1305,1	289,04	1,2785
90	1288,3	294,54	1,2942	1288,9	294,55	1,2940	1289,6	294,55	1,2938
95	1272,2	300,11	1,3095	1272,9	300,12	1,3093	1273,6	300,12	1,3091
100	1255,6	305,74	1,3247	1256,4	305,74	1,3244	1257,1	305,74	1,3242
105	1238,4	311,43	1,3398	1239,3	311,42	1,3396	1240,1	311,42	1,3393
110	1220,6	317,18	1,3549	1221,5	317,17	1,3547	1222,4	317,16	1,3544
115	1202,0	323,01	1,3700	1203,0	323,00	1,3698	1204,0	322,98	1,3695
120	1182,6	328,93	1,3852	1183,7	328,90	1,3849	1184,8	328,88	1,3846
125	1162,0	334,94	1,4004	1163,3	334,90	1,4001	1164,5	334,87	1,3998
130	1140,2	341,07	1,4157	1141,6	341,02	1,4153	1143,0	340,97	1,4150
135	1116,7	347,34	1,4311	1118,4	347,27	1,4307	1120,1	347,20	1,4304
140	<u>1091,2</u>	353,78	1,4468	1093,2	353,69	1,4464	1095,2	353,60	1,4459
145	124,48	460,14	1,7016	<u>1065,4</u>	360,33	1,4624	1067,8	360,21	1,4618
150	119,03	465,77	1,7150	129,99	463,53	1,7078	<u>1036,8</u>	367,10	1,4782
155	114,43	471,18	1,7277	124,31	469,19	1,7211	135,20	467,02	1,7142
160	110,46	476,43	1,7399	119,52	474,64	1,7338	129,34	472,71	1,7275
165	106,95	481,57	1,7517	115,37	479,93	1,7459	124,38	478,19	1,7400
170	103,82	486,62	1,7632	111,71	485,10	1,7577	120,08	483,51	1,7521
175	100,99	491,60	1,7743	108,45	490,19	1,7691	116,29	488,71	1,7638
180	98,408	496,52	1,7853	105,49	495,20	1,7802	112,90	493,82	1,7751
185	96,033	501,40	1,7960	102,79	500,15	1,7911	109,84	498,86	1,7862
190	93,836	506,24	1,8065	100,31	505,06	1,8017	107,04	503,85	1,7970
195	91,792	511,05	1,8168	98,019	509,94	1,8122	104,46	508,79	1,8076
200	89,882	515,84	1,8270	95,885	514,78	1,8225	102,08	513,69	1,8180

Springer-Verlag und Umwelt

Als internationaler wissenschaftlicher Verlag sind wir uns unserer besonderen Verpflichtung der Umwelt gegenüber bewußt und beziehen umweltorientierte Grundsätze in Unternehmensentscheidungen mit ein.

Von unseren Geschäftspartnern (Druckereien, Papierfabriken, Verpackungsherstellern usw.) verlangen wir, daß sie sowohl beim Herstellungsprozeß selbst als auch beim Einsatz der zur Verwendung kommenden Materialien ökologische Gesichtspunkte berücksichtigen.

Das für dieses Buch verwendete Papier ist aus chlorfrei bzw. chlorarm hergestelltem Zellstoff gefertigt und im pH-Wert neutral.

Druck: Mercedesdruck, Berlin
Verarbeitung: Buchbinderei Lüderitz & Bauer, Berlin